# 解码者

## 珍妮弗·杜德纳
## 基因编辑的历史与未来

（Walter Isaacson）
[美] 沃尔特·艾萨克森 著

王宇涵/译 高福 崔樱子/主审

中信出版集团 | 北京

图书在版编目（CIP）数据

解码者：珍妮弗 · 杜德纳，基因编辑的历史与未来 /（美）沃尔特 · 艾萨克森著；王宇涵译 . -- 北京：中信出版社，2022.12（2024.11 重印）

书名原文：The Code Breaker: Jennifer Doudna, Gene Editing, and the Future of the Human Race

ISBN 978-7-5217-4452-1

Ⅰ . ①解… Ⅱ . ①沃… ②王… Ⅲ . ①詹妮弗 · 杜德纳－传记②基因工程－普及读物 Ⅳ . ① K837.126.2 ② Q78-49

中国版本图书馆 CIP 数据核字（2022）第 098374 号



解码者——珍妮弗 · 杜德纳，基因编辑的历史与未来
著者：　［美］沃尔特 · 艾萨克森
译者：　王宇涵
出版发行：中信出版集团股份有限公司
（北京市朝阳区东三环北路 27 号嘉铭中心　邮编　100020）
承印者：　嘉业印刷（天津）有限公司

开本：787mm×1092mm　1/16　　印张：31　　字数：460 千字
版次：2022 年 12 月第 1 版　　印次：2024 年 11 月第 4 次印刷
京权图字：01–2022–3622　　书号：ISBN 978–7–5217–4452–1
定价：79.00 元


服务热线：400–600–8099
投稿邮箱：author@citicpub.com

纪念

爱丽丝·梅休（Alice Mayhew）和卡洛琳·莱迪（Carolyn Reidy）

她们的微笑，令人心旷神怡

# 目 录

珍妮弗 · 杜德纳

# 推荐序一

新冠肺炎大流行进一步深化了人类文明的数字化进程：信息数据实时采集、数字会议智能升级、计算能力不断增强，人工智能依赖“代码”完成了对社会形态的革新与重塑。与此同时，信息化与数据共享的“零”时差又给人类社会带来了严重的负面影响，人们没有时间安静思考，躯干走得太快以至于灵魂没有跟上。新冠肺炎疫情期间的“信息流行病”，科学家受到攻击，错误信息、不实信息充斥在正确信息中，我们被“障目”，我们大脑的 CPU（中央处理器）的逻辑链接受到干扰，“代码”受到严重挑战。在一定程度上，我们人类本身的构成，也可以被视为一套代码——生命密码。达尔文、孟德尔、摩尔根、沃森、克里克……诸位先锋用无尽的好奇勇敢地迎接每一次尝试。在我看来，珍妮弗·杜德纳足以位列其间，堪称生命密码破解者。得知美国著名传记作家沃尔特·艾萨克森为其挥毫，我甚为欣喜。他以此细述基因编辑开拓者的荆棘历程，发掘诺贝尔奖背后的真实故事，记录引领科学的迭代突破，书中甚至涵盖激烈的学界竞争，直面科学发现的第一现场。

2020 年，斯德哥尔摩的市政厅首度迎来了女性科学家组合斩获诺贝尔奖，那是两朵铿锵玫瑰——珍妮弗·杜德纳和埃玛纽埃勒·沙尔庞捷。这一次，瑞典皇家科学院院长在宣布获奖者时说：“今年的诺贝尔化学奖与重写生命密码有关，这些基因剪刀将生命科学带入了新时代。”这不仅将助力抗癌疗法和抗感染（病毒）技术的研发，而且使遗传疾病和罕见病的治愈成为可能。

或许难以想象，如此卓著的功勋实际最初源自地球生命诞生起就不断积累进化的竞赛——细菌与病毒的斗争。细菌将“犯罪分子”的异己成分刻画进自己的生命密码，当再次遇到嫌犯时，就启用基因魔剪——快速识别并将其清除。这是细菌耗费30亿年与病毒作战而建立的精密系统——CRISPR-Cas系统。CRISPR就是细菌储存病毒感染罪证的代码，而Cas是这把魔剪，二者配合铸就了细菌对抗病毒的一道免疫防线。同样精明的病毒为了打赢这场战争，进化出抗CRISPR系统，来击破这道防线。这场斗争好似“猫鼠游戏”，双方的免疫系统在其中抗衡。而人类发明疫苗与免疫接种仅仅百年（尽管免疫的原理就在那里，但人类的觉醒认知滞后），疫苗已经帮助人类消灭了天花和动物的牛瘟，新冠肺炎疫情期间又帮助我们保护了无数生命。但是相较于细菌的免疫“策略”，人类发明的免疫接种还是“小学生”。读这样的传记故事，就是给我们提供未来科学研究的思路，在征服病原的道路上扎实走好每一步。

有考古学家认为，人类起源至今有300万年，而微生物游弋了至少34亿年，甚至有免疫学家认为，人类仅是微生物的交通工具。在我们傲慢地以地球统治者身份自居之时，可能并未意识到谁才是初来乍到的无名小卒。借助科学工具，我们不断探求微生物的生存之道，创制疫苗、研发新药，试图在人类疾病与健康的较量中占据主动。我们若止步不前，墨守成规，迅速进化的微生物将再次抢占上风。幸运的是，近年科学家从微生物中学到的CRISPR-Cas系统已经成功治疗多种单基因疾病，基于基因编辑技术开发的新的癌症疗法也正在临床试验中。此外，衍生的疾病检测工具也极大开拓了该技术的应用前景。这套“基因魔剪”在CRISPR先锋者的接力下日夜打磨，更加精巧、锋利。

科学发现、技术创新中最重要的是“包容”（tolerance）与“韧性”（resilience）。在范内瓦·布什先生《科学——无尽的前沿》报告中，大量篇幅论述了科学研究的自由必须得到保障，政府的稳定资金投入就是对科研工作者最大的包容与支持。从培养下一代科学家的角度讲，为了做出突破性发现，导师会为学生打造自由试错的安全空间，让学生适应挫折，进而审视方案、调整方法，继续开创探索，让他们既有独立变通的能力，又不乏锲而不舍的精神，也就是韧性。

另外，学术界的认可历来崇尚从0到1的突破。合作与竞争原本是一种常态，二者是“孪生兄弟/姐妹”。人类社会进步依靠科学，而科学遵循4C原则，即竞争（competition）、合作（corporation）、交流（communication）、协调（coordination）。像牛顿、爱因斯坦那样只身窥探科学原理的时代已然过去，在生命科学领域，团队合作与体系传承必不可少。生命密码的破解，“基因魔剪”的发现与应用，也并非珍妮弗·杜德纳一人之功。沃尔特·艾萨克森尽可能全面公正地展现了科学研究的另一面——竞争。从某种程度上讲，我们应该为此感到欣慰，科学难题的破解不再是压在个别人身上的重担，而是有更多有志者冲进赛道，共同开拓无尽的前沿。诚然，人非圣贤，在高强度的压力下，在荣誉和利益面前，每个人都在主观上放大自己的价值。借用范内瓦所讲：无论是在和平时期还是战争年代，科学都只是以团队中一员的身份贡献于国民之福祉。在我看来，学术创新需要长远规划、自由探索、全面合作，而过度的竞争压力、渴望功成名就带来的负面效应则可能与科学研究的原初本质相悖。其中一例，便是“基因编辑婴儿”的诞生。事发后，百名科学家联名呼吁：潘多拉魔盒已经打开，在不可挽回之前，关上它。这正是4C原则中的“交流”与“协调”发挥了重要作用。人类在没有很好地解决科学伦理与生物伦理问题之前，对任何“盲动”都需要进行认真、冷静的再思考。书中援引拉姆齐的《制造出的人——基因控制伦理》中的一句话，颇富冲击力：“在学会如何成为人类之前，人类不应扮演上帝。”基因编辑这把上帝的手术刀，从“治疗”到“预防”，看似合理，但实践中面临诸多伦理风险，从“预防”到“优化”的边界又在哪里？进一步的问题包括，人类基因库多样性的弱化，不平等的阶级固化，甚至是人类种族发展道路的改变。CRISPR先锋者引领我们仅仅瞥见大自然造物主的一隅，这是亿万年来细菌幸存者的记忆，在长久生存的命题尚未被破解之时，贸然开始改造生命的尝试，或将面临预料之外的后果。

作者花了大量篇幅对杜德纳的竞争与合作者进行了介绍，尤其是这场科学竞争中的张锋教授。书中既介绍了杜德纳和张锋等人的竞争，又重笔讲述了他们之间的合作与交流，也有第三者的协调，值得青年学者学习借鉴——如何做好科学研究中4C原则的平衡。也是读了这本书，我意识到与张锋有一段相似的经历——我们都在哈佛大学唐·威利实验室工作学习过，因此进一步了解到张锋成功的必然：在哈佛大学、麻省理工学院的多个著名实验室工作过，广泛的学习交流是科学探索的基石。张锋的执着更是这本书的每一位读者都应该学习的：对科学的热爱与执着是成功的“起点”。

我本人有幸多次与杜德纳教授接触。2017年，我和美国加州大学伯克利分校的刘奋勇教授一起与杜德纳教授参加香港大学李嘉诚医学院130周年庆典及学位颁授典礼，对她的激情、执着与亲和力深有感触，从她身上深刻地认识到，组织好团队、发现人才、把合适的人安排到适合的位置，合作与攻关才能成功。希望读者能够真正体会到这本书的很多细节，并用于自己的实践，因为细节决定成败。

高福（左）和刘奋勇（右）与杜德纳教授参加香港大学李嘉诚医学院130周年庆典

在尤瓦尔·诺亚·赫拉利的笔下，促进全球大一统、人类大融合的关键因素是金钱、帝国和宗教。我想，新冠肺炎大流行之后，各国政府、企业领导都看到了生命科学的力量，科学家们以最快的速度确定并分离了病毒，明确了流行病学的主要参数，开发了便捷的检测方法，研制出多种疫苗，为人类提供了有效的保护措施，相比于1918年的流感大流行，我们在应对这次大流行中拯救了无数生命，并进一步推动了科学发展（如 mRNA 疫苗的突破）。诺贝尔奖获得者、美国分子生物学家乔舒亚·莱德伯格曾言："人类继续主宰地球的最大威胁就是病毒。"而地球历史上最为漫长、规模最大、最为残酷的战争前线，正是细菌与病毒的交锋。从珍妮弗·杜德纳的传记中，我们不仅能纵观 CRISPR-Cas 系统的前世今生，更重要的是看到了科学家的韧性。对科学的执念意味着不断对未知发起挑战，时刻酝酿新的突破，而这最终将引发人类未来的巨大变革。

**高福**

**中国科学院院士**

推荐序二

# 怎么做科学界的弄潮儿？

科学的每一次突破都可能带来产业的大爆发，也可能引发影响深远的大讨论，尤其是与我们人类自身息息相关的基因科学。试管婴儿的诞生给不孕的夫妇带来了福音，同时引发了不小的伦理讨论。20 世纪 90 年代克隆羊多莉诞生，赢得科学界的一片喝彩，却也带来人们对克隆人的担忧。2018 年首例基因编辑胎儿的诞生，遭到全球科学家的围剿。

人工受精、基因排序、基因筛查、基因编辑、胚胎实验，看似递进的步骤，却越来越逼近生命本源的核心问题。这既是基因科学的魅力所在，又让人战战兢兢，因为人类可能将掌握改造自身的钥匙。一方面它神秘莫测，技术的进步打开了潘多拉盒子，赋予科学家近乎“造物主”的角色，责任重大；另一方面它又充满巨大的商业机会，尤其像 CRISPR 这样的新技术，可能在治疗遗传疾病、根治癌症、延缓衰老、定制化医疗等诸多领域大显身手，撬动 7 万亿美元的全球医疗大市场。

名与利的交织，科学与伦理的纠缠，让探索基因科学这一人类科技的前沿变得错综复杂。艾萨克森在《解码者》中很好地剖析了这种复杂性：当硅谷找寻下一只“独角兽”的孜孜以求遭遇科学发展所必须的协作与创新，当名利驱动的对科学圣杯的激烈竞争遭遇好奇心带来的偶然的科学发现，探索科学前沿便不再单纯。商业利益的驱动，名利双收的渴望，是拓展新边疆的动力，但对科学探索而言，不应是全部。

## 一、名利之争

当2020年诺贝尔化学奖宣布授予两位女科学家——美国人杜德纳和法国人沙尔庞捷时，全球轰动。首先这是对女性在科学领域内所取得突破的认可，从100年前的居里夫人到杜德纳，在累计184位诺贝尔化学奖获得者中，只有5位女性。其次，诺贝尔奖在认可新科技方面明显提速，杜德纳和沙尔庞捷因为发现CRISPR而获奖，而CRISPR刚刚引发全球对基因科学发展的关注热潮。当然，杜德纳研究的RNA在2020年也大放异彩，基于mRNA（信使RNA）迅速开发出的新冠肺炎疫苗效果卓著。最后，以诺贝尔奖通常会颁给三位科学家的惯例，另一位在CRISPR领域内成果颇丰的华裔科学家张锋这次与诺贝尔奖失之交臂，也引发了诸多猜想。

可以说，贯穿《解码者》的一条主线，是基因编辑技术CRISPR的两大创造者杜德纳和张锋之间的竞争。杜德纳发现了CRISPR可以应用于基因编辑，并在试管中完成了实验，但是没有在真核细胞或人类细胞中展开实验。当她的论文发表之后，各路科学家都意识到谁第一个完成人类细胞的基因编辑实验，谁就有机会不仅获得名望，而且成为基因编辑商业化的受益者。张锋则是第一个在人类细胞上尝试这项技术的科学家，其贡献足以获得诺贝尔奖。他与脸书创始人扎克伯格同一时间入学哈佛。科学界认为，几十年后俩人当中到底谁能给世界带来更多变化，尚未可知。可见，张锋的科研实力和基因科学的应用潜力得到了多方认可。

用CRISPR编辑基因，可能会带来更简单、更准确的各种疾病筛查机制，用CRISPR的基因编辑功能可以对各种致病基因发起直接的攻击。

一系列潜在的医学应用都让 CRISPR 成为未来各路资金争夺的对象。

杜 – 张之争凸显了过去 20 年商业、投资、创业对科研的渗透所带来的变化，而这 20 年恰恰是基因科学加速发展的时代。

1952 年，当索尔克发明脊髓灰质炎疫苗时，他根本没有想过去申请专利，因为这是造福人类的发明；20 世纪 70 年代，当转基因技术得以发明之后，科学家也并没有忙于创立公司，而是召开了第一次基因界的大会，讨论是否需要对改变生物基因构造的科研，即人可能扮演“上帝”的角色，设定边界和规则。

但 CRISPR 被发现之后，却引发了一系列专利权的争夺。硅谷文化对美国东西两岸学界的影响已经很深远，一旦有好的发现，科学家想到的第一件事就是创建公司，引入投资人，招募专业管理团队，研究赚钱的应用场景，甚至在他们撰写的论文最后，他们也都会对潜在的商业应用场景进行富有前瞻性的描述。

新的成功算式变成了“基础科学研究 + 专利律师 + 风险投资 = 独角兽”，科学家也成了“风口”上的弄潮儿。受到商业利益的影响，科学文化发生了巨大的改变。越来越多的重心被放在了惊人的研究、明星效应、国家之间的竞争和抢先成为“全球第一人”之上。这也是推动贺建奎于 2018 年开展人体胚胎基因编辑实验的主因。

这也意味着科学家之间的竞争日趋激烈，合作越来越难。

杜德纳团队与张锋团队之间的竞争，以及他们背后的两所院校之间在 CRISPR 领域内争取第一的竞争和随后的专利之争，最具代表性。很多竞争会演化成为谁最先在权威期刊上发表文章，而且一方一旦风闻另一方有所突破，就会加速自己论文的发表。这种竞争的升级的背后是名与利的推动，越来越与科学的精神背道而驰。科学似乎成了商业的零和游戏，有违科学发展的初衷。

## 二、开拓新边疆

过去一百年，人类在三个领域取得了重大跨越。第一个是物理学，在原子层面取得了突破，制造出原子弹；第二个是信息技术，令比特

（也就是 0/1）改变了世界；第三个，也是最新的一个，是基因科学，连接化学和生物科学，探索生命的奥秘，在 DNA/RNA 的层面解码生命科学。可以说，基因科学是下一个重要的科学探索新边疆。

用信息技术的发展轨迹看基因技术的发展，令人浮想联翩。

数字世界的发展，主要基于三方面的贡献：创造与应用和商业化的巨大成功推动产生了摩尔定律；计算机走入家庭之后营造出极客文化；普通人可以将其应用之后的网络效应。未来生物技术的发展也需要这几方面的发展：新冠肺炎已经让人们对 CRISPR 基因编辑的作用有更深的理解，尤其是依靠 mRNA 研制新疫苗带来的突破性；更多年轻人会对生物技术感兴趣，DIY（自己动手制作）的实验设备也会让更多年轻人着迷；而随着可穿戴技术（比如智能手环）及生物技术与计算机模拟技术的融合，每个人都可能在家里对自己的身体状况进行实验，而个人健康大数据、基因测序与基因技术的结合，让定制化医疗的实现变得更快。

但基因科学的发展也引发了各种讨论，涉及伦理、人性乃至社会的方方面面。

早在 20 世纪 90 年代利用基因克隆技术制造出的多莉羊诞生，就引发了一些人的担心。适用于动物的技术同样可以用在人身上，但人能够扮演“造物主”的角色吗？如果一个人用自己的基因克隆出一个迷你版的克隆人，他与迷你克隆人是什么关系？父子还是兄弟？ CRISPR 的发现也引发了类似的讨论。如果我们为了胎儿的健康，用 CRISPR 修改胚胎的基因，会带来什么样意想不到的后果？

为了治病而编辑筛除致病的基因，大多数人找不到反对的理由，但同样的技术也可以给胎儿添加新的基因，一旦允许这么做就可能带来一系列新问题。比如我们已经找到有利于运动发展的基因，未来也可能发现让人的大脑变得更聪明的基因，如果人把这样的基因植入自己孩子的胚胎，就可能制造出“超人”。奥林匹克公平竞争的规则会不会因为基因编辑而被打破？如果基因编辑很贵，只有有钱人支付得起，而他们通过基因编辑让下一代更聪明、更健康，是否会加剧贫富分化和阶层固化，甚至再现只有在小说《美丽新世界》中才会出现的全新种姓社会？

此外，一种基因并不一定只会带来一种结果，致病基因也可能给人类带来其他好处。例如导致镰状细胞贫血的是编码血红蛋白的基因发生突变。如果父母只有一人有这一基因，孩子身上的突变基因就以隐性状态存在，不会导致贫血，却可以帮助孩子预防疟疾。换句话说，突变基因是非洲黑人进化出来抵御疟疾的基因。如果为了根治贫血而筛除这一基因，有可能带来“意想不到”的后果。人类对自身基因的研究尚处初级阶段，简单的添加和删除基因，忽略它们在人生不同阶段可能扮演的不同角色，如同玩火。

杜德纳主导了2015年的基因编辑伦理和规范的研讨会，当时焦点放在是否应该允许基因编辑用于人类实验，尤其聚焦在是否应允许对人类胚胎进行基因编辑，并产生可遗传给下一代的新基因。这是非常敏感的领域，两派意见也非常鲜明。保守派觉得科学家不应该扮演改变人类的“造物主”的角色；激进派则认为，如果有机会改善人类的基因，为什么不去尝试？讨论折中的结果是，在无法确保基因编辑对人体无害之前，不应该从事可遗传给下一代的基因编辑工作。

这样的讨论完全无法约束个别科学家的冒险行为，尤其在成为“世界第一”很可能带来巨大的名利的情况下。2018年，在香港召开的第二届国际人类基因组编辑峰会上，基因编辑婴儿出生的消息让整个基因科学界炸了锅。

## 三、回归好奇心的世界

2020年新冠肺炎疫情大暴发让科学探索回归本来的轨迹。治疗新冠肺炎的紧迫性让基因科学家之间开展的合作，以及与其他跨领域的研究者的协作，变得十分重要，也让科学合作回归开源、协作、共享的道路。利用CRISPR快速检测新冠病毒，利用基因编辑工具帮助人类对新冠病毒和其他病毒产生免疫力，是基因编辑工具最基本的应用场景。过去两年，无论是杜德纳还是张锋，都忙于实验与开拓，也都在这一领域有不少的创举。

新冠肺炎让科学家重新意识到，他们职业的崇高之处不在于谁是某项科学发现的第一人，或是谁靠发明赚取了第一桶金，而是求真务实的探索精神，是应用科研解决实际问题、造福全人类的能力。

科学发现的基础是好奇心，是相互协作，绝对不是金钱和名利的诱惑。科学也需要贯彻长期主义，是一代又一代人前赴后继的成果。我们在记住那些“偶然”获得阶段性突破的名人的同时，千万不能忘记那些同样做出大量工作和贡献的同时代人。关于这一点，杜德纳和张锋很清楚。确切地说，CRISPR 不是他们俩人中的任何一个发现的。CRISPR 的发现源于许多科学家的好奇心和偶然的运气。究其根源，CRISPR 是细菌在亿万年的时间里形成的防御病毒攻击的一种复制编辑的手段，以让细菌产生免疫力。

鉴于许多基础科学的突破得益于政府基金，而大学和研究者却因为突破应用的商业化而获益，有科学家提出，应该把政府资助的科研成果的收益重新投入政府基金中，一方面补充政府对基础科学投入的不足，另一方面帮助科学家回归正常的合作关系。

当然，这并不是说要回到“象牙塔”中不食人间烟火。类似 CRISPR 这样的突破性发现能够被广泛推广，成为推动基因科学和相关医学应用的主要推手，还是得益于产学研背后的商业驱动。但如果商业利益过大，科学家之间的协作被专利权之间的交易取代，就可能催生不良的科学文化：为了追求第一，追求名利，而不顾一切。

此外，不能把生命科学的研究和发展混同于商业模式的创新。成功制造 mRNA 疫苗的生化公司莫德纳的董事长努巴尔·阿费扬（Noubar Afeyan）就指出，生物化学和互联网高科技企业有着本质的区别：与高科技企业平台化和寡头化不同，生物化学领域的游戏规则不是赢家通吃，甚至不是简单地比拼速度，科研之间的依赖性更强，更需要分享成果，协作共赢。

这恰恰是重新认识科学精神的关键：科学精神是站在前人 / 巨人的肩膀上的不断求索，而新冠肺炎带给人类的最大启示是敢于跨越！

**吴晨**

**《经济学人·商论》总编辑，《转型思维》作者**

前言

# 挺身而出

珍妮弗·杜德纳（Jennifer Doudna）躺在床上辗转反侧。她在发明CRISPR（规律间隔成簇短回文重复序列）基因编辑技术过程中发挥的作用，使其成为加州大学伯克利分校的明星。由于新型冠状病毒肺炎（后文简称“新冠肺炎”）大流行，加州大学伯克利分校刚刚关停。珍妮弗并未遵从理性判断，开车载着她上高三的儿子安迪驶往火车站，确保安迪能前往弗雷斯诺，参加机器人开发大赛。现在是凌晨2点，珍妮弗叫醒了丈夫，坚持要求在比赛开始前把孩子接回来，因为比赛时将有超过1 200个孩子聚集在会议中心。他们穿上衣服，上了车，找到一家正在营业的加油站，加上油，然后驱车三小时到达目的地。安迪是家中独子，看见父母来了，他并不开心，但父母还是说服了他。于是他收拾好行李，跟父母回家。他们刚离开停车场，安迪就收到了团队成员发的短信：“机器人比赛取消！所有人立刻离开！”[1]

杜德纳回忆道，正是此时此刻，她意识到她的世界和科学界已发生改变。美国政府应对新冠肺炎手足无措，所以对教授和研究生而言，到了握紧试管、拿起移液器，立刻挺身而出的时候。第二天，即2020年3月13日，星期五，杜德纳在旧金山湾区主持会议。她在伯克利分校的同事和其他科学家参加了会议，讨论自己在疫情期间可以发挥的作用。

十几个人穿过空空荡荡的伯克利校园，在造型优美、以石材和玻璃打造的楼内集合，杜德纳的实验室就在该栋建筑中。一楼会议室的椅子紧挨在一起，因此他们要先把椅子搬开，将椅子的间距保持在 2 米左右。随后，他们开启视频系统，让其他 50 名来自周边大学的研究人员通过 Zoom 软件加入会议。杜德纳一贯波澜不惊，总是将紧张情绪隐藏在平静的面色之下，而此刻，她流露出紧张情绪，站在会议室前号召大家："在一般情况下，这并非学术界的职责，但此刻，我们需要行动起来。"[2]

一位 CRISPR 先锋担任抗击病毒团队的领队，实乃恰如其分。2012 年，杜德纳和其他研究人员以一种细菌所用的抗病毒方法为基础，开发出 CRISPR 基因编辑工具。该种细菌与病毒抗争方法的历史超过十亿年。细菌在它们的 DNA（脱氧核糖核酸）里演化出成簇重复序列，即 CRISPR。它能记住并随后消灭攻击细菌的病毒。换言之，这是一套免疫系统，它可以进行自我调节，抗击一次又一次的病毒进攻。在一个遭受各种病毒反复折磨的时代，人类仿佛依然活在中世纪，而这一工具的出现可谓雪中送炭。

杜德纳总是未雨绸缪，有条不紊。她播放了幻灯片，介绍了可用的抗病毒方法。她领导团队的方式是倾听各人的意见。她虽然已是科学界名人，但是人们与她打交道仍感到轻松愉快。杜德纳游刃有余，在百忙之中依然能抽出时间和他人联络感情。

杜德纳组建的首个团队接到任务，要创立一间新冠病毒检测实验室。她任命的其中一位领队是名叫珍妮弗·汉密尔顿（Jennifer Hamilton）的博士后。几个月前，珍妮弗·汉密尔顿用一天时间，教会我使用 CRISPR 编辑人类基因。发现进行基因编辑是如此轻而易举，我既心满意足，又惴惴不安。谁能想到，连我都能完成这一操作！

另一个团队接到任务，要以 CRISPR 为基础，开发新冠病毒检测方法。这促使杜德纳对商业化的企业青睐有加。三年前，杜德纳和手下的两名研究生便成立了一家公司，利用 CRISPR 检测病毒性疾病。

在为找到病毒检测新方法而努力的过程中，杜德纳与一位跨国竞争对手进行着紧张激烈却又富有成效的角逐，开辟了新的战场。张锋是一位才华横溢的年轻研究员。他生于中国，长于美国艾奥瓦州，现于麻省理工学院和哈佛大学的布洛德研究所任职。2012 年，在开发 CRISPR 基因编辑工具的竞赛中，张锋与杜德纳棋逢对手。从那以后，两人一直在激烈竞争中有来有往，完成科学发现，创立基于 CRISPR 的公司。现在，随着新冠肺炎大流行，两人将在另一场竞赛中相遇。这场竞赛取胜的动力不仅源于获取专利，也来自行善济世的心愿。

杜德纳敲定了十个项目，为每个项目推荐领队，同时告诉其余人员自行组队。其余人员应与同自己职能相同的研究人员组合，形成战地晋升体系：任何人感染病毒，都会有人立刻顶上，继续工作。这是他们最后一次彼此面对面相见。自此，所有团队将使用软件 Zoom 和 Slack，在网络上开展合作。

杜德纳说："时间紧迫，我希望大家尽早开工。"

其中一位参与者向杜德纳保证："别担心，所有人都会坚守阵地。"

与会者们并没有讨论更为长远的设想：使用 CRISPR 改变人类遗传基因，进而提高我们子孙后代的抗病毒能力。这些基因改良可以永久改变人类。

会后，我提到这一话题。杜德纳一脸不屑地说："那是科幻小说的内容。"此言不虚，我赞同她的看法。这类内容与小说《美丽新世界》（*Brave New World*）或电影《变种异煞》（*Gattaca*）中的描述有些相似。但是，正如所有优秀科幻小说的内容一样，人类基因编辑所需要素已出现在现实之中。一位年轻的中国科学家曾数次参加杜德纳的基因编辑大会。2018 年 11 月，该科学家使用 CRISPR 技术编辑胚胎，移除了一个产生 HIV（人类免疫缺陷病毒）受体（HIV 会引发艾滋病）的基因。一对双胞胎姐妹由此诞生，成为世界首对"设计婴儿"。

人们对此立刻心生敬畏，随即深感震惊。有人遭到惩罚，相关委员会相继成立。在生命进化延续了 30 多亿年后，地球上有一个物种（我们人类）已培养出才能，以不计后果的方式，掌控了自身基因的未来。我感到我们跨入了一个全新时代，也许像偷食禁果的亚当和夏娃或从众神处盗取火种的普罗米修斯所处时代一样，这个全新时代是一个美丽新世界。

我们拥有了编辑自身基因的能力。这种能力引发了一些问题，而这些问题令人着迷。我们应该编辑自身基因，以降低感染致命病毒的风险吗？如果可以，那将是多么美妙绝伦的恩惠啊！对吗？我们应该使用基因编辑技术，消灭诸如亨廷顿病、镰状细胞贫血、囊性纤维变性等可怕疾病吗？这听起来也不错。失聪和失明呢？身材矮小呢？抑郁症呢？嗯……我们应该如何考虑这些问题呢？往后数十年，在保障安全、条件允许的情况下，我们应同意让父母提高孩子的智商、增强孩子的肌肉吗？我们应该让父母决定孩子眼睛和皮肤的颜色及身高吗？

且慢！我们要先暂缓片刻，避免径直陷入灾难。编辑自身基因可能会对社会多元化产生何种影响？在天资方面，如果不再听天由命，我们的共情与认可等的感受是否会弱化？如果在需付费（以后肯定需要支付费用）的基因超市出售此类能力，是否将极大加剧不平等，甚至使这种不平等永远与人类相伴相生？对于这些问题，应该仅由少数人展开讨论，还是让全社会发表意见？也许，我们应该制定一些规定。

刚才我所说的“我们”，是指包括你我在内的全人类。我们是否需要及何时编辑自身基因？这将是21世纪最具影响力的问题之一。因此我认为，理解如何实现对人类基因的编辑将大有裨益。无独有偶，由于疫情反复出现，因此理解生命科学也变得至关重要。在理解事物原理的过程中，人们内心会迸发出一种快乐，理解关乎我们人类自身的原理时尤为快乐。杜德纳乐此不疲，我们同样可以像她一样享受此种快乐。这正是本书的主旨所在。

CRISPR的发明和新冠肺炎大流行将推动我们过渡到第三次现代大革命。此类革命在一个多世纪前才刚刚开始，发源于与我们人类的存在相关的三个根本性核心发现：原子、比特和基因。

20世纪上半叶，物理学发展掀起革命，成为这一时期的显著特点。阿尔伯特·爱因斯坦于1905年发表关于相对论和量子理论的论文，革命大幕由此拉开。在爱因斯坦创造奇迹后的50年里，原子弹、核武器、晶体管、太空飞船、激光和雷达在其理论引领下横空出世。

20世纪下半叶则是信息技术时代。这一时代基于一个概念，即可通过二进制数字（比特）为所有信息编码，可通过开关电路执行所有逻辑进程。20世纪50年代，信息技术推动了微芯片、计算机和因特网的发展。这三项发明一经结合，数字革命便接踵而至。

现在，我们已经进入第三个时代。这一时代甚至更为重要，它是一场生命科学革命。研究遗传密码的孩子们将加入研究数字编码的孩子们，共同推动历史进程。

20世纪90年代杜德纳还是一个研究生时，其他生物学家正争先恐后地绘制我们DNA中基因的图谱。但是，杜德纳对DNA的知名度更低的“兄弟”RNA（核糖核酸）更感兴趣。在细胞中，RNA这种分子负责传递由DNA编码的具体指令，从而制造蛋白质，进而在细胞内发挥作用。为理解RNA，杜德纳孜孜不倦，进而驱使自己提出最根本的问题：生命是如何开始的？她研究了能自我复制的RNA分子，提高了证明一种理论的可能性，即40亿年前，在混沌地球的各类物质中，在DNA出现之前，RNA就已开始进行自我复制。

作为一名在加州大学伯克利分校研究生命分子的生化学家，杜德纳将研究重点放在了解析分子结构上。假如你是一名侦探，那么在生物学探秘中的主线是：发现一个分子如何通过扭转和折叠决定分子间的作用方式。对杜德纳而言，这意味着需要研究RNA的结构。这是罗莎琳德·富兰克林（Rosalind Franklin）开展DNA研究的延续。1953年，詹姆斯·沃森（James Watson）和弗朗西斯·克里克（Francis Crick）借助富兰克林的研究成果，发现了DNA的双螺旋结构。无巧不成书，老练复杂的人物沃森一直影响着杜德纳的人生。

杜德纳在RNA方面的专业知识引得加州大学伯克利分校的一位生物学家向她致电。当时，该生物学家正在研究细菌在抗病毒过程中形成的CRISPR系统。结果表明，与许多基础科学发现一样，该系统具有实际应用价值。虽然一些应用平平无奇，如保护酸奶中的细菌。但是在2012年，杜德纳和其他研究人员发现了CRISPR的一种更加震撼世界的用途：将CRISPR变为基因编辑工具。

现在，人们将CRISPR应用于治疗镰状细胞贫血、癌症和失明。2020年，杜德纳及其团队开始探索CRISPR发现并消灭新冠病毒的方法。

杜德纳说："CRISPR 之所以能在细菌中形成，是因为细菌与病毒间旷日持久的战争。我们人类没有时间等待自身细胞的演化，形成对该病毒的天然抵抗力。因此，我们必须借助自己的智慧。而其中一个工具正是这种叫作 CRISPR 的古老的细菌免疫系统。使用这一工具难道不是恰逢其时吗？大自然也因此而美丽迷人。"啊，此话不错。记住这句话：大自然美丽迷人。这是本书的另一个主题。

在基因编辑领域，还有其他明星成员。其中大部分可当之无愧地成为传记主人公，甚至电影主人公。（简而言之，就是《美丽心灵》和《侏罗纪公园》的结合。）他们在本书中具有至关重要的作用，因为我想说明，科学是一项团队活动。但是我也想说明，一名团队成员坚持不懈、聪明好学、坚持己见、不为人后，能够产生巨大影响。珍妮弗·杜德纳的微笑偶尔让她眼中透着谨慎，结果证明，她是一位出类拔萃的核心人物。她具有科学家必备的、寻求合作的直觉，但是与大多数伟大创新者一样，她不甘落后，这一点已深入她的骨髓。她通常会小心地控制情绪，并未因自己的明星身份而自视甚高。

杜德纳是研究员，是诺贝尔奖得主，是公共政策智库成员。其生平事迹将 CRISPR 的故事与某些更为重大的历史元素相连，其中包括女性在科学领域的作用。像列奥纳多·达·芬奇一样，珍妮弗的成绩也表明，创新的关键在于，把对基础科学的好奇心与发明创新的实际工作联系起来，制造出可应用于生活的工具，把实验台上的发现变为日常生活中的发明。

通过讲述杜德纳的故事，我希望对科学如何发挥作用一探究竟。在实验室里，实际发生了什么？新发现在多大程度上取决于个人的聪明才智？团队合作在什么阶段更具有决定性意义？争夺奖项和专利是否削弱了团队的合作？

最为重要的是，我想要说明基础科学的重要意义，阐释基础科学的研究动力并非源自追求应用，而是好奇心。在好奇心的推动下，对自然奇观的研究会为未来的创新播下种子，有时其方式出人意料。[3] 表面物理学研究最终催生了晶体管和微芯片。对细菌抵抗病毒的惊人方法的研究同样催生出一个基因编辑工具和数项技术，供人类在自己与病毒的抗争中使用。

从生命起源到人类未来，最为重大的问题在故事中处处可见。故事开头描写了一位六年级女孩儿，她喜爱搜寻含羞草，在夏威夷火成岩间寻找引人入胜的奇景。某一天，她放学回家，发现床上放着一本书，书中讲述了一个侦探故事：一群人有了一个发现，他们略显夸张地将该发现称为“生命的秘密”。

第一部分

# 生命起源

上帝在东方开辟伊甸园，把他造的人安置在里面。

他使土地生长各种美丽的树木，出产好吃的果子。

在那园子中间有一棵赐生命的树，

也有一棵能使人辨别善恶的树。

《创世记 2：8—9》

珍妮弗在希洛

唐・赫姆斯（Don Hemmes）

埃伦（Ellen）、珍妮弗、萨拉（Sarah）、父亲马丁（Martin）和母亲多萝西・杜德纳（Dorothy Doudna）

第 1 章

# 希洛

## 格格不入

假如珍妮弗·杜德纳在美国其他地方长大，她也许会觉得自己是个普通的孩子。但是她回忆道，在夏威夷岛火山密布地区的老镇希洛，她感觉一头金发、一双蓝眼睛、身材瘦长的自己“完完全全是一个怪人”。因为杜德纳的胳膊上长着汗毛，与其他孩子不同，因此其他孩子都取笑她，男孩儿尤甚。他们把珍妮弗叫作“哈欧雷”，这个词虽然并不像听起来那么不堪，但却是一个贬义词，常常指代夏威夷原住民之外的人。这个词与杜德纳略显谨慎的言谈举止融为一体，而这种谨慎就藏在她后来表现出来的亲切友善、魅力十足的举止之下。[1]

在家族传说中，有一段与珍妮弗曾祖母有关的故事。曾祖母家中还有三个兄弟和两个姐妹。由于父母无法负担六个子女的学费，所以他们决定送三个女儿去上学。其中一个女儿成为美国蒙大拿州的一位教师。这个女儿坚持记日记，而日记也代代相传。日记中记满了不屈不挠、骨折受伤、在家庭商店打工及其他的故事。珍妮弗的妹妹萨拉是这一代的日记保管人。萨拉说：“珍妮弗以前脾气暴躁，固执己见，具有开拓精神。”

虽然珍妮弗家中同样也有两个姐妹，但却没有兄弟。珍妮弗是家中长女，父亲马丁·杜德纳对她宠爱有加。父亲有时把孩子们称为“珍妮弗和其他姑娘们”。珍妮弗于 1964 年 2 月 19 日生于华盛顿特区。珍妮弗的父亲在美国国防部工作，是一位演讲稿撰稿员。母亲名叫多萝西，是一位社区大学教师。由于父亲渴望成为一位美国文学教授，因此便与母亲搬到安阿伯市（Ann Arbor）。此后，父亲就读于密歇根大学。

马丁取得博士学位后，发出了50份工作申请。只有位于希洛的夏威夷大学接受了申请，请马丁来学校任职。为此，马丁·杜德纳从妻子的养老保险里借了900美元，于1971年8月搬至希洛。当时珍妮弗7岁。

在成长过程中，许多富有创造力的人士都感到与周围环境格格不入。我为其中大多数人写过传记，比如列奥纳多·达·芬奇、阿尔伯特·爱因斯坦、亨利·基辛格和史蒂夫·乔布斯。当时在希洛，杜德纳是波利尼西亚人群中的一位金发姑娘。她遇到的情况与我之前的传记主人公相同。杜德纳说："在学校，我的确感到孤独无助，孤立无援。"三年级时，杜德纳感觉严重受到排挤，进而影响了饮食。她说："我出现了各种各样的消化问题。随后我发现，这些问题与情绪紧张有关。同学们每天都欺负我。"杜德纳埋头苦读，形成了自我防御。她告诉自己："我内心有一部分是他们永远无法触碰的。"

与其他许多感觉自己不合群的人一样，珍妮弗对人类如何成为适合在地球上生存的物种这一问题充满好奇，对与之相关的广泛问题也颇感兴趣。杜德纳后来说："我逐渐积累经验，设法弄清在这个世界上我是谁，以及我如何通过某种方式融入环境。"[2]

幸运的是，这种孤独感并非挥之不去。之后珍妮弗的学生生活状况有所好转，她培养出一种积极向上的精神，幼时的创伤开始逐渐淡去。除非她偶尔因某些行为（如因受骗而未申请到专利、男同事对她有所隐瞒或自己被男同事误导）而深受伤害，否则这种创伤情绪不会死灰复燃。

## 崭露头角

三年级上到一半时，杜德纳全家从希洛市中心搬到一片新的住宅区。

住宅区坐落在莫纳罗亚火山侧面位置更高的山坡上。山坡上森林茂密，房屋千户一面。从那时起，杜德纳的学生生活状况逐渐好转。她从一所大型学校转学，进入一所规模更小的学校。之前的学校每个年级有 60 名学生，而现在的学校每个年级只有 20 名学生。新学校的学生当时正在学习美国历史，这门课让杜德纳深受触动。她回忆道："学习美国历史对我来说是一个转折点。"杜德纳的成绩突飞猛进，势头喜人。上五年级时，她的数学和科学老师力劝她跳级。于是父母将她送进了六年级。

那一年，杜德纳终于交到了一位密友。在她的生命中，这位密友一直与她相伴。丽萨·欣克利［Lisa Hinkley，现在名为丽萨·特威格－史密斯（Lisa Twigg-Smith）］来自一个典型的夏威夷混血家庭：丽萨有苏格兰、丹麦、中国和波利尼西亚血统，知道如何应付恶棍。杜德纳回忆道："有人叫我哈欧雷时，我会心生怯意，畏畏缩缩。但是，当一个恶棍以侮辱性的称呼叫丽萨时，丽萨会转过身，瞪着恶棍，立刻予以还击。我下定决心，要像丽萨一样。"一天，老师在课堂上问同学们长大后想从事什么职业。丽萨郑重其事地回答道，自己想成为一名跳伞运动员。杜德纳说："我当时想，'这个想法太酷了'。我肯定想不到这样的答案。她英勇无畏，而我无法做到这一点。我下定决心，也要变得无所畏惧。"

杜德纳和欣克利经常在下午骑自行车，或者徒步，一起穿越甘蔗地。甘蔗地生机勃勃，物种多样：有苔藓和蘑菇，也有桃子和桄榔。她们看到草地上布满覆盖着蕨类植物的火山岩。在岩浆涌动的洞穴里，生活着一种没有眼睛的蜘蛛。杜德纳对眼前的景象惊叹不已，她想知道这是怎么形成的。杜德纳还对一种多刺藤本植物饶有兴趣，这种植物叫 hilahila，亦叫"含羞草"。因为一旦有人触摸，含羞草那与蕨类植物相似的叶子就会卷起来。杜德纳回忆道："我问自己：'你触碰叶子时，是什么导致叶子卷缩的？'"[3]

我们每天都会看到自然奇观，既有能自己移动的植物，也有用缕缕粉色光线触及深蓝天空的日落。真正的好奇心的关键在于，暂缓片刻，仔细思考其中缘由。天空为何是蓝色的？落日为何是粉色的？含羞草的叶子为何会卷缩？

不久，杜德纳便找到了可以解答这类问题的人。唐·赫姆斯是一位生物学教授，与杜德纳的父母是朋友。赫姆斯经常与杜德纳一家漫步于自然小径。赫姆斯回忆道："为了寻找蘑菇，我们远足前往威庇欧山谷，到达夏威夷岛的其他地方。这是我的科学兴趣所在。"为蘑菇拍完照片后，赫姆斯会拿出自己的参考书，向杜德纳展示如何鉴别蘑菇。赫姆斯也会在海滩收集小贝壳，和杜德纳一起将贝壳分类，便于他们厘清贝壳的进化过程。

杜德纳的父亲为她买了一匹栗色骟马[①]，以一种长着香果的夏威夷树的名字为马取名为莫基哈纳（Mokihana）。杜德纳加入了足球队，踢中卫，这要求运动员腿长、耐力好、善于奔跑，因此在杜德纳所在的足球队里，找到合适人选并非易事。杜德纳说："将我踢中卫的经历与我处理工作的方式进行类比恰到好处。我一直在寻找机会，找到适合我的工作。在此类工作中，没有太多人掌握我所具有的技能。"

数学课是杜德纳最喜欢的课，因为以证据为基础开展工作能让她联想到侦探。杜德纳也有一位热情洋溢、快乐友好的高中生物老师，名叫马琳·哈派（Marlene Hapai），她能传递由发现带来的快乐，令人拍案叫绝。杜德纳说："哈派教会我们，科学是一个认清事物的过程。"

虽然杜德纳在学习上开始崭露头角，但是她并未感到学校对自己寄予厚望。杜德纳说："我没有感到老师们对我抱有很大期待。"她会产生十分有趣的免疫反应：缺乏挑战的生活令其愿意做更多尝试。杜德纳回忆道："我下定决心，要努力争取，因为不管结果怎样，我都要竭尽全力，我因此更愿意承担风险。在后来选择开展科学项目时，我便依此采取行动。"

杜德纳的父亲不断鞭策她努力进步。在父亲眼中，大女儿是家里与自己志同道合的人，是一定会上大学、拥有学术生涯的知识分子。杜德纳说："我总觉得自己是父亲想拥有的儿子。和我的妹妹们相比，父亲待我有所不同。"

---

① 骟马，即阉割过的马。——编者注

## 詹姆斯·沃森《双螺旋》

杜德纳的父亲是一位求知若渴的读者。每周六，他都会从当地图书馆借走一摞书，在下周周末前全部读完。艾默生和梭罗是马丁最喜欢的作家。但是，随着珍妮弗不断长大，马丁越发意识到，他布置给班里学生阅读的书目的大部分都是由男性创作的。因此，他将多丽丝·莱辛、安妮·泰勒和琼·迪狄恩加入了教学大纲。

马丁经常带书回家，有时是从图书馆借的，有时是从当地二手书书店买的，供杜德纳阅读。正是通过这种方式，六年级的杜德纳一天放学回家后，在自己床上发现了一本二手平装版詹姆斯·沃森的《双螺旋》。

杜德纳将书放在一旁，以为书中讲述的是一个侦探故事。最终，在一个阴雨绵绵的周六下午，杜德纳开始读起这本书。她发现就某种意义而言，自己的判断没错。随着阅读速度的加快，这部极富个性化的侦探戏剧以追求大自然内在真理的雄心壮志和激烈竞争为主题，深深吸引了杜德纳。书中对人物的描写栩栩如生，令人物跃然纸上。杜德纳回忆道："我读完后，父亲会与我讨论书的内容。父亲喜欢书中故事，特别是故事中和人物内心相关的内容——进行该类研究表现出的人性的一面。"

在《双螺旋》一书中，沃森以戏剧化（和夸张的戏剧化）手法，讲述了一位 24 岁的傲慢的生物学学生的故事。这位来自美国中西部的学生进入英国剑桥大学，与生物化学家弗朗西斯·克里克合作。在 1953 年发现 DNA 结构的竞赛中，二者联手取胜。书中详细讲述了整个故事的来龙去脉。英国人在茶余饭后既会自嘲自讽，也会自吹自擂。而书中这位傲慢的美国人已深谙其道。作者便以这位傲慢的美国人充满活力的叙事语言，撰写了该书。作者在书中使用对著名教授的癖好进行闲言碎语式叙述的方式，在其间夹杂大量科学信息，同时体现了打情骂俏、网球、实验室实验和下午茶的乐趣，取得了理想效果。

作者以自己为原型，在书中塑造了那位好运常伴而又天真无邪的人物。除了这一人物，沃森笔下另一个最有趣的角色是罗莎琳德·富兰克林。罗莎琳德是一位结构生物学家，也是一位结晶学家。在未经罗莎琳德许可的情况下，沃森便私自使用了她的数据。沃森在无意之间展现出20世纪50年代存在的性别歧视，傲慢无礼地称罗莎琳德为“罗西”（Rosy）①，而罗莎琳德从未用过这个名字。沃森还取笑罗莎琳德的严肃外表和冷漠个性。但是，罗莎琳德精通复杂科学，掌握了使用X射线衍射的美妙艺术，由此发现了分子结构，而沃森从不吝惜对此表达自己的欣赏和敬意。

杜德纳说：“我觉得我注意到沃森对罗莎琳德有些傲慢。但我当时主要想到的是，一位女性可以成为一位伟大的科学家，这听上去可能有些不可思议。我想，我当时一定听说过玛丽·居里。但是读这本书时，我第一次真正思考这一问题，这使我开阔了眼界。女性可以成为科学家。”[4]

《双螺旋》这本书也指引了杜德纳，帮她意识到，某些自然事物会立刻显示出逻辑性，令人心生敬畏。生物体受到生物学机制控制，这些生物体包括杜德纳穿越雨林时吸引她注意的奇妙现象。她回忆道：“我在夏威夷长大，总喜欢和我父亲搜索自然中的有趣事物，比如受到触碰会卷缩的‘含羞草’。《双螺旋》这本书让我意识到，你也可以探寻自然为何以此方式运作。”

《双螺旋》的核心要义塑造了杜德纳的职业生涯：一个化学分子的外形和结构决定了其在生物学中所发挥的作用。对发掘生命根本性秘密颇感兴趣的人认为这一要义是一项惊人启示。化学——原子键如何创建分子——以这种方式，成了生物学。

从更广义的层面上看，杜德纳意识到，自己在第一次看见床上的《双螺旋》时的判断没错，那是她所喜爱的侦探故事之一。这种想法同样塑造了她的职业生涯。数年后，杜德纳说：“我一直喜爱解谜故事。也许这解释了对我而言科学为何魅力难当。对科学入迷是人类在试图理解我们已知的最为古老的秘密：自然世界的起源与作用，以及我们人类在自然界中的位置。”[5]

尽管杜德纳的母校并未鼓励女生成为科学家，但是她下定决心，要

① 此种称呼一般用于长辈对晚辈或好友之间，不太熟的人之间用此称呼则显得对他人不尊重。——译者注

投身科学，成为一名科学家。杜德纳拥有满腔热情，渴望理解自然是如何运转的。她不惧竞争，一心想将发现变为发明。在这种热情和渴望的驱使下，杜德纳将做出巨大贡献。而以后，在佯装的谦虚下隐藏着自傲自大的沃森会告诉杜德纳，她的贡献是自发现双螺旋结构以来最为重要的生物学进步。

第 2 章

# 基因

## 达尔文

沃森和克里克发现 DNA 结构的道路始于 19 世纪 50 年代。在那个年代，查尔斯·达尔文发表了《物种起源》，而在布尔诺①，失业牧师格雷戈尔·孟德尔开始在修道院花园中培育豌豆。基因是生物体内携带遗传密码的物质，达尔文雀的喙部具有不同特征，孟德尔豌豆展现出不同特点，基因概念由此应运而生。[1]

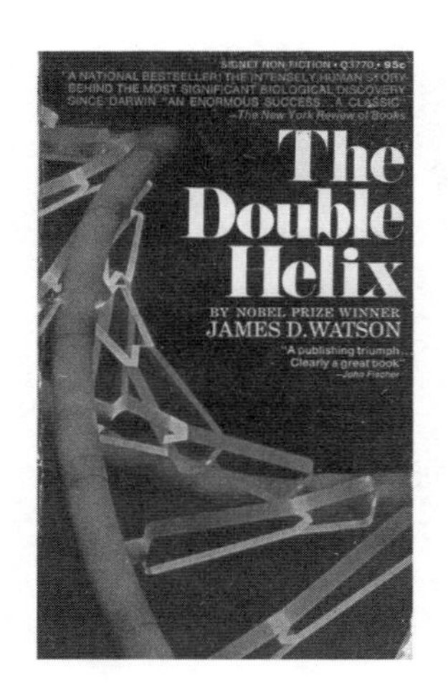

《双螺旋》封面

达尔文的父亲和祖父都是著名医生。最初，达尔文计划沿着两人的职业道路继续前进。但是，达尔文发现，自己一看到血、一听到固定在手术台上的孩子的尖叫声，就会惊恐不安。因此，他从医学院退学，开始学习如何成为一位英国圣公会牧师。结果表明，这又是一个达尔文特别不适合从事的职业。自达尔文 8 岁开始收集样本以来，他实际最想成为的是一名博物学家。1831 年，22 岁的达尔文得到机

① 布尔诺（Brno），现为捷克南摩拉维亚州首府，捷克第二大城市，是捷克最重要的工业城和铁路枢纽。——译者注

达尔文

会，以博物学家的身份，搭乘由私人出资建造的英国皇家军舰“贝格尔号”双桅杆帆船，踏上环游世界之旅。[2]

1835 年，即在 5 年旅行中的第 4 年，“贝格尔号”探索了南美洲太平洋洋面的加拉帕戈斯群岛的十多个岛屿。根据达尔文的记录，他在那里收集了雀鸟、黑鹂、松雀、嘲鸫和鷦鹩的尸体。但是两年后，达尔文回到了英格兰，鸟类学家约翰·古尔德告诉达尔文，后者所收集的这些鸟实际上属于不同雀种。达尔文便开始构建自己的理论，认为这些鸟均由一个共同祖先进化而来。

达尔文知道，在自己童年位于英格兰乡村的家附近出生的马和牛偶尔会出现一点儿变化。这些年来，饲养员会选择更符合其要求的最优品种育种繁殖。也许，大自然所做的事情与之如出一辙。达尔文将该种做法称为“自然选择”。他提出理论，认为在某些诸如加拉帕戈斯群岛等与世隔绝的地方，每一代物种都会发生变异（他幽默地将其称为“定向选择”）。在争夺稀缺食物的过程中，改变生理条件更可能帮助它们取胜，从而提高繁育后代的概率。假设有一种雀鸟长有适合吃水果的喙，随后一场干旱摧毁了所有果树，一些长出更适合凿开坚果的喙的雀鸟变种将会繁衍壮大。达尔文写道：“在此类情况下，顺应环境的物种将生存下来，不顺应环境的物种将走向灭亡。该过程的结果是新物种随之形成。”

因为自己的理论与主流宗教思想背道而驰，达尔文不知道是否要发表这种理论，为此犹豫不决。但是正如科学史中经常出现的情况一样，竞争成了一个刺激因素。1858 年，一位更年轻的博物学家阿尔弗雷德·拉塞尔·华莱士寄给达尔文一份论文初稿。在论文中，华莱士提出了与达尔文相似的理论。达尔文连忙做好发表自己论文的准备。两人约定，将于同一天在即将举行的著名科学学会会议上提交各自的论文。

达尔文和华莱士均拥有一项关键性特质，此项特质是实现创新的催化剂：两人都拥有广泛的兴趣，能够将不同学科融会贯通。两人都曾前往异国旅行，在途中观察到了物种的变种。两人也都阅读了英国经济学家托马斯·马尔萨斯撰写的《人口原理》。马尔萨斯认为，社会的人口增长速度可能高于粮食供给，进而造成人口过剩，导致饥荒，将弱者和穷人淘汰。达尔文和华莱士意识到，该理论可应用于所有物种，进而产生一种进化理论，而该种进化由适者生存法则推动。达尔文回忆道："我为了消遣，恰巧阅读了马尔萨斯关于人口的著作……读了这本书，我就立刻想到，在此类情况下，顺应环境的变种将更可能生存，而不顺应环境的变种会走向灭亡。"正如科幻小说家、生物化学教授艾萨克·阿西莫夫（Isaac Asimov）后来谈到进化论的起源时说的，"你需要一个人，此人研究物种，阅读马尔萨斯的作品，有融会贯通的能力"。[3]

科学家意识到，物种通过变异和自然选择实现进化后，有一个重大问题亟待解答：进化机制是什么样的？雀鸟喙部或长颈鹿脖子的一次有利变异是如何发生的？该种变异如何持续被传递给其子孙后代？达尔文认为，生物体可能拥有小型粒子，该类粒子内含有遗传信息。他推测，在胚胎阶段，雄性和雌性的信息是彼此混合的。但是，达尔文和其他科学家很快意识到，这意味着任何新的有益特征都将随着后代延续而淡化，无法完完整整地传递下去。

在自己的私人图书馆内，达尔文存放着一本鲜为人知的科学期刊，期刊内一篇写于 1866 年的文章提供了答案。但是达尔文从未抽出时间阅读这篇文章，当时几乎所有科学家都没有读到这篇文章。

## 孟德尔

这篇文章的作者是格雷戈尔·孟德尔。孟德尔生于1822年，是一位身材矮小、体形微胖的修道士。孟德尔的父母在摩拉维亚生活，说德语，以务农为生。摩拉维亚后来成为奥地利帝国的一部分。与成为一位教区牧师相比，孟德尔更善于在布尔诺修道院的花园里活动；他几乎不会说捷克语，胆小害羞，无法成为一位优秀牧师。因此，孟德尔决定成为一位数学和科学教师。不幸的是，他一直未能通

孟德尔

过资格考试，甚至在维也纳大学学习后，也无法通过考试。他在一场生物考试中的表现尤为惨烈。[4]

最后一次考试失败后，孟德尔无所事事，回到修道院花园，继续进行令他痴迷的豌豆培育。前几年，孟德尔一直专注于培育纯种豌豆。其所培育的植株具有 7 种特征，产生了 2 个变种：种子要么为黄色，要么为绿色；要么光滑，要么褶皱；花要么为白色，要么为紫色；等等。孟德尔精心挑选，培育出例如只开紫色花或只长出褶皱种子的纯种植株。

次年，孟德尔展开了新的实验：一次性培育出具有不同特征的植株，比如将长白花和长紫花的植株杂交。此项任务需要付出极大努力，需要用钳子剪掉每株植株的受体，再使用小刷子帮植株授粉。

鉴于达尔文当时正在撰写论文，孟德尔的实验结果具有重大意义。植株的特征并没有以混合方式呈现。与矮植株杂交的高植株并未产出中等高度的后代，与白花植株杂交的紫花植株也没有长出淡紫色花的后代。恰恰相反，所有高植株和矮植株的后代均为高植株，与白花植株杂交的紫花植株的后代只长出了紫花。孟德尔将这些特征称为显性特征，将未能在下一代身上体现的特征称为隐性特征。

第二年夏天，孟德尔用杂交豌豆培育出后代后，有了一个甚至更为重大的发现。虽然第一代杂交豌豆仅表现出显性特征（比如所有植株均开紫花，长有高茎），但是在其下一代植株中出现了隐性特征。孟德尔的记录揭示了一个规律：在第二代的四例植株中，三例表现出了显性特征，一例出现了隐性特征。当一株植株得到两种显性基因，或一个显性、一个隐性基因时，该植株就表现出了显性特征。但是如果该植株正巧得到两种隐性基因，它就会表现出隐性特征。

宣传会推动科学进步。然而，内向安静的修道士孟德尔似乎生来就消失在众人之中。1865 年，孟德尔在两个月时间里，分两次将自己的论文提交给布尔诺自然科学学会的 40 位农民和植物育种家，该学会后来将论文刊登于学会年刊上。从那以后到 1900 年，几乎没有人引用过该篇论文。1900 年，该篇论文被进行相似实验的科学家们重新发现。[5]

孟德尔和后来的科学家们的发现催生了遗传单位的概念。1909 年，一位名叫威廉·约翰森（Wilhelm Johannsen）的丹麦植物学家将该单位命名为“基因”。显而易见，有某种分子在为遗传信息编码。数十年来，科学家们不辞辛劳地研究各种生物，设法确认这种分子可能为何种物质。

第3章

# DNA

1953 年，沃森和克里克与两人的 DNA 模型

科学家们最初认为，蛋白质携带基因。毕竟，在生物体内，大部分重要任务是由蛋白质完成的。然而，科学家们最终发现，遗传物质依靠核酸承载，核酸是细胞中的另一常见物质。糖、磷酸和四种称作“碱基”的物质串联成链即为核酸。核酸有两种：一种是 RNA，另一种是 DNA。从进化角度看，简单的冠状病毒和复杂的人体，本质上均由蛋白质包裹遗传物质而成，都在极力复制其本身的核酸编码的遗传物质。

1944 年，生物化学家奥斯瓦德·艾弗里（Oswald Avery）在纽约洛克菲勒大学与同事一起最早发现并确认 DNA 为储存遗传信息的物质。他们提取了一株细菌的 DNA，将该 DNA 同另一株细菌混合，证明 DNA 传输遗传物质，能实现对另一株细菌的可遗传改变。

揭开生命谜题的第二步是弄清 DNA 如何发挥作用。这需要根据所有自然之谜的根本性线索破解谜题。确定 DNA 的精准结构——所有原子如何组合在一起，最终形成什么形状——能解释 DNA 的作用原理。此项工作需要融合 20 世纪出现的三项学科的内容：遗传学、生物化学和结构生物学。

## 詹姆斯·沃森

詹姆斯·沃森是一个来自芝加哥中产家庭的男孩儿，他轻而易举地完成了公立学校的课程学习。沃森既聪明过人，又莽撞无礼，他喜欢利用自己的聪明才智惹恼他人。后来，虽然这一特点对其科学家生涯大有裨益，但相比之下，作为一名公众人物，该特质对他却没有那么大的益处。在沃森的一生中，他会含混不清地快速说出不完整的句子，以此消除急躁情绪，帮助自己摒弃冲动的想法。沃森后来说，父母教会他的重要一课，就是"为寻求社会接纳而虚伪做作，会腐蚀你的自尊"。这一课，沃森学得很好，甚至过了头。从童年时期到鲐背之年，不论对错，沃森都对自己的主张和观点直言不讳，丝毫不顾及他人情面。有时，沃森因此不被社会接纳，但是他从不缺乏自尊。[1]

沃森从小到大最喜欢观鸟。在电台节目《神童》（*Quiz Kids*）上赢得三次战争债券后，沃森用债券购买了一副博士伦双筒望远镜。沃森每天黎明前便起床，和父亲前往杰克逊公园，花两个小时寻找罕见的鸣鸟，然后推着手推车去实验学校上学。手推车是神童的坩埚①。

沃森十五岁进入芝加哥大学学习。在那里，沃森打算成为一名鸟类学家，从而放纵自己，沉浸于对鸟的热爱，远离自己所厌恶的化学。但是在大学四年级，沃森读到了《生命是什么》（*What Is Life?*）一书的书评。在书中，量子物理学家埃尔温·薛定谔（Erwin Schrödinger）将自己的关注重点转向生物学，他认为基因分子结构的发现将能解释基因如何将遗传信息传递给子孙后代。第二天早上，沃森把这本书从图书馆借走，从那以后，他便沉迷于搞清楚基因是怎么回事。

沃森成绩平平，申请攻读加利福尼亚理工学院博士时遭到拒绝，而哈佛大学也未向他提供奖学金。[2]因此，沃森前往印第安纳大学就读。印

---

① 此处将沃森比作巫师，以显示沃森的聪明。巫师的标志性用具之一是坩埚。——译者注

第安纳大学通过招募在美国东海岸难以获得终身职位的犹太裔教授，外加其他方面的努力，建成了全美名列前茅的遗传学系，群星荟萃，未来诺贝尔奖得主赫尔曼·穆勒（Hermann Muller）和意大利移民、微生物学家萨尔瓦多·卢瑞亚（Salvador Luria）在此任教。

沃森在印第安纳大学研究病毒，卢瑞亚担任其博士生导师。本质上，病毒仅是由蛋白质包裹遗传物质组成的，不能独立生存。但是病毒入侵细胞后，会劫持细胞系统，进行自我增殖。在病毒中，攻击细菌的病毒最易于研究。科学家将其命名为“噬菌体”（请记住这一术语，因为在我们讨论 CRISPR 的发现时，它将再次出现），它是“侵袭细菌的病毒”的缩写，意为病毒的攻击对象为细菌。

沃森加入了卢瑞亚的国际生物学家圈子，这个圈子名为“噬菌体小组”。沃森说：“卢瑞亚对大多数化学家深恶痛绝，对纽约市科学界争强好胜的化学家尤甚。”但是卢瑞亚不久便意识到，要搞清楚噬菌体，化学不可或缺。因此他帮助沃森获得了博士后研究员一职，在哥本哈根研究噬菌体。

沃森感到乏味无趣，他也无法理解监管自己研究的口齿不清的化学家。1951 年春，沃森暂停研究，离开哥本哈根，参加在意大利那不勒斯举行的一场会议。会议主题是关于细胞内发现的分子的。对沃森而言，虽然大多数报告如同耳边风，但是伦敦国王学院生物化学家莫里斯·威尔金斯（Maurice Wilkins）的演讲让他着迷不已。

威尔金斯专门从事结晶学和 X 射线衍射研究。换言之，威尔金斯会将一种分子的饱和液体冷却，对所形成的结晶体进行提纯。随后，他会设法弄清这些结晶体的结构。如果从不同角度照射一个物体，你便可通过研究物体投射的影子，确认物体结构。X 射线结晶学家的工作与之大同小异：他们使用 X 射线从不同角度照射晶体，记录晶体的影子和衍射花样。在报告即将结束之际，威尔金斯在幻灯片上展示该项技术已经应用于 DNA 研究。

沃森回忆道：“突然之间，化学令我亢奋不已。我知道基因能够结晶，因此，基因一定具有规则的结构，我们可以通过直截了当的方式破解基因结构之谜。”在接下来的几天里，沃森寸步不离威尔金斯，希望能加入威尔金斯的实验室，但未能如愿。

## 弗朗西斯·克里克

1951年秋，沃森反而进入剑桥大学卡文迪许实验室，成为一名博士后。实验室由结晶学家先驱劳伦斯·布拉格爵士（Sir Lawrence Bragg）领导。从30余年前至今，布拉格爵士一直是科学领域最年轻的诺贝尔奖获得者。[3]布拉格与自己的父亲一起获得了诺贝尔奖——两人发现了晶体衍射X射线的基本数学定律。

在卡文迪许实验室，沃森与弗朗西斯·克里克相遇，形成历史上最为强大的一对科学家组合。克里克曾在第二次世界大战期间服役。身为一名生物化学理论家，他已36岁，却仍未取得博士学位。不管怎样，克里克对自己的直觉信心满满，对剑桥大学的规矩满不在乎。克里克无法自我克制，总是纠正同事漫不经心提出的想法，然后还会夸耀一番自己的做法。在《双螺旋》的开篇，沃森写下了令人难忘的一句话："我从未见过弗朗西斯·克里克表现出谦虚谨慎。"这句话同样适用于沃森。与他们各自的同事相比，沃森与克里克更加欣赏彼此的傲慢无礼。克里克回忆说："傲慢无礼、冷酷无情、心浮气躁，这些特质在我们两个人身上自然流露。"

沃森相信，弄清楚DNA的结构是解开遗传之谜的关键，克里克与他的想法不谋而合。不久，两人共进午餐，一起吃肉馅土豆泥饼，在实验室附近陈旧的老鹰酒吧高谈阔论。克里克的声音震耳欲聋，笑声活力十足，布拉格爵士会因此分散注意力。所以，爵士把沃森和克里克分配到一间破败的砖砌房间，专供两人使用。

悉达多·穆克吉①是一位作家，也是一名医生。他说："沃森和克里克彼此互补，因傲慢无礼、脾气古怪、才华横溢而走到一起。两人虽

---

① 悉达多·穆克吉（Siddhartha Mukherjee），印度裔美国医生、科学家和作家，代表作有《基因传》《众病之王——癌症传》。——译者注

然对权威嗤之以鼻，但又渴望得到权威的认可。两人认为，科学权威人士滑稽可笑，古板无趣，但两人知道自己如何能巧妙地融入其中。虽然两人将自己想象成典型的圈外人，但是坐在剑桥大学各学院内的四方院里，最能让两人感到轻松自在。两人自封为满朝弄臣中的小丑。”[4]

莱纳斯·鲍林（Linus Pauling）是加利福尼亚理工学院的生物化学家。鲍林刚刚综合利用 X 射线结晶学、自己对化学键量子力学的理解以及万能工匠（Tinkertoy）建模，揭示了蛋白质结构，震动了整个科学界，为自己获得首个诺贝尔奖铺平道路。在老鹰酒吧吃午餐期间，沃森和克里克秘密计划如何使用同样的伎俩，在发现 DNA 结构的竞争中击败鲍林。两人甚至请卡文迪许实验室工具车间的工作人员切割好马口铁和铜线，打算在确定所有元素和连接部分后，在供试验用的桌面模型中用马口铁和铜线代表 DNA 中的原子和其他组成部分。

此举存在一个障碍。莫里斯·威尔金斯是伦敦国王学院的生物化学教授，此前在那不勒斯，其 DNA 晶体的 X 射线照片已激起沃森的兴趣，而沃森和克里克将涉足威尔金斯所在的领域。沃森写道：“英国人具有公平竞争的意识，弗朗西斯因此不愿涉足莫里斯的领域。在法国，显然并不存在公平竞争，因而不会出现此类问题。美国也不会允许违反公平竞争的行为继续发展。”

罗莎琳德·富兰克林

威尔金斯在击败鲍林的问题上，似乎显得不慌不忙。他与一位聪慧过人的新同事陷入了痛苦的内部斗争，在沃森书内的描述中，此次斗争既有戏剧性，又无足轻重。威尔金斯的新同事是一位 31 岁的英国生物化学家，于 1951 年来到伦敦国王学院工作。在巴黎学习期间，她掌握了 X 射线衍射技术。这位新同事名叫罗莎琳德·富兰克林。

罗莎琳德·富兰克林认为，自己会带领一个团队研究 DNA。在此诱惑之下，富兰克林来到国王学院任职。威尔金斯比富兰克林年长 4 岁，当时已经进行 DNA 研究工作。威尔金斯以为罗莎琳德·富兰克林是以自己的下属的身份在国王学院就职，使用X射线衍射技术，帮助自己开展研究的。因此，两人的关系陷入紧张局面，冲突一触即发。几个月里，两人几乎不和对方说话。国王学院的体系存在一定的性别歧视，这有利于将两人分开：学院有两个教师休息室，一个供男教师使用，另一个供女教师使用。女教师休息室破旧昏暗，令人无法忍受，而男教师休息室条件优越，可当作雅致的午餐室。

富兰克林是一位专注的科学家，衣着得体。英国学术界喜欢怪人异类，倾向于透过有色性别眼镜看待女性，而富兰克林的做法与英国学术界的偏好背道而驰。沃森在书中对富兰克林的描述显示，这种态度颇为明显。“虽然她特点鲜明，但是她并非毫无吸引力。如果稍稍注意衣着打扮，她可能会魅力四射。但她并不注意这一点。她从不涂口红，无法让嘴唇与她的乌黑直发形成对比。她31岁，衣着却与英国青少年女性别无二致。”

虽然富兰克林拒绝与威尔金斯和其他人分享自己的X射线衍射花样，但是在1951年11月，富兰克林安排了一场讲座，总结了自己的最新发现。威尔金斯邀请沃森从剑桥乘火车南下。威尔金斯回忆道：“她语速飞快，紧张地与一位听众交流了15分钟。在一词一句间，既没有一丝热情，也未显一点儿轻浮。但是，我并不认为她完完全全令人厌烦。一时间，我想知道，如果她摘下眼镜，好好做个发型，会是什么模样。然而，我后来主要关注的是她对晶体X射线衍射花样的描述。”

第二天早上，沃森向克里克简单介绍了情况。沃森此前并没有做笔记，此举惹恼了克里克。因此，沃森的介绍中有许多要点模糊不清，尤其是富兰克林在自己的DNA样本中发现水分子的相关内容。然而，克里克漫不经心地绘制了图标，声称富兰克林的数据表明，DNA为2~4条长链扭转组成的螺旋结构。克里克认为，通过摆弄不同模型，他们不久便会找到答案。在一周时间内，即使一些原子受到挤压，距离过近，两人依然觉得自己找到了正确的答案：在其模型中，三条链在中间呈螺旋状，四个碱基从主干部分向外突出。

两人自鸣得意，邀请威尔金斯和富兰克林北上来到剑桥，亲眼看看自己的模型。威尔金斯和富兰克林于第二天早上抵达。克里克话不多说，开始展示三螺旋结构。富兰克林立刻发现，该结构存在缺陷。她说："你们错了，原因如下。"她像一位怒气冲冲的老师，疾言厉色地指出了问题所在。

富兰克林坚持认为，自己的 DNA 照片并未显示其分子为螺旋形。对于这一点，结果证明她判断错误。但是她的另两个反对理由准确无误：扭曲的主干必须位于外部，而非内部；该模型的含水量并不饱和。沃森冷冰冰地说："在此阶段，出现了令人尴尬的状况。我对罗西的 DNA 样本含水量的记录并不清晰。"威尔金斯立刻与富兰克林站到一边，告诉富兰克林，如果她和自己马上前往车站，两人还能赶上3:40返回伦敦的火车。于是两人即刻便启程。

沃森和克里克不仅颜面扫地，而且被迫坐上冷板凳。布拉格爵士命两人停止 DNA 研究。他将两人的建模组件打包发往伦敦，交给了威尔金斯和富兰克林。

祸不单行，在沃森灰心丧气之时，传来了消息：莱纳斯·鲍林将从加利福尼亚理工学院来到英格兰做讲座，此举很可能促使鲍林自己尝试展开行动，破解 DNA 结构之谜。此时，美国国务院雪中送炭。在催生党派斗争的古怪环境中，美国政府人员在纽约机场拦下鲍林，以其不停发表和平主义观点为由，没收了鲍林的护照。美国联邦调查局（FBI）认为，如果批准鲍林出行，他可能会威胁美国国家安全。因此，鲍林从未得到机会，在英格兰讨论其所做的结晶学的相关工作。这一情况促使美国在弄清 DNA 结构的竞赛中败北。

鲍林的儿子彼得是一个年轻学生，他在沃森和克里克所在的实验室学习。两人得以通过彼得，监视鲍林工作的部分进度。沃森认为，彼得热情友善，十分有趣。他回忆道："我们谈话的主题主要是比较英格兰、欧洲大陆和美国加利福尼亚州女孩儿的优点。"但是，1952 年 12 月的一天，彼得漫步到实验室，将双脚跷在桌子上，公布了沃森一直害怕听到的消息。彼得手里拿着一封自己父亲的来信。在信中，父亲称自己已经构想出一种 DNA 结构，即将就此项发现发表相关论文。

莱纳斯·鲍林的论文于 2 月初送抵剑桥。彼得最先拿到一份，然后他闲庭信步，走进实验室，告诉沃森和克里克，他父亲的答案与两人之前努力得到的结果颇为相似：一个含有三条链的螺旋，中间为主干。沃森一把抓过彼得外套口袋里的论文，念了起来。沃森回忆道："我立刻感到有什么不对劲，然而我找不出哪儿出了问题。我看了插图几分钟，才恍然大悟。"

沃森发现，在鲍林提出的模型中，部分原子连接并不稳定。沃森与克里克和实验室其他人员进行了讨论，随即确信，鲍林犯了一个"愚蠢的错误"。他们兴奋不已，便在下午提前下班，赶往老鹰酒吧。沃森说："酒吧晚上开门营业的那一刻，我们便已等在那里，为鲍林的失败举杯庆祝。弗朗西斯要请我喝雪莉酒，我让他换成了威士忌。"

## "生命的秘密"

沃森和克里克知道，他们不能再浪费时间，亦无法继续遵守命令，听从威尔金斯和富兰克林的意见。因此，一天下午，沃森带着早些时候收到的鲍林的论文，乘火车南下，前往伦敦与威尔金斯和富兰克林见面。沃森抵达时，威尔金斯不在。所以沃森不请自来，优哉游哉地走进富兰克林的实验室。富兰克林正俯身趴在一个灯箱上，鉴定她最新拍出、最为清晰的 DNA 的 X 射线花样。虽然富兰克林生气地瞪了沃森一眼，但是沃森仍然开始了对鲍林的论文内容进行总结。

有那么一会儿，沃森和富兰克林就 DNA 是否可能为单螺旋结构展开了争论，富兰克林对此持怀疑态度。沃森回忆道："在理解她长篇大论的过程中，我坚持认为，任何普通聚合分子的最简结构都是单螺旋。当时，罗西几乎无法控制自己的情绪。她提高嗓门儿，告诉我如果我停止大吵大闹，看看她的 X 射线照片，就能轻而易举地发现，我的说法是愚蠢可笑的。"

沃森指出，富兰克林如果知道如何同理论家合作，那她会成为一名更加成功的优秀实验人员。虽然此言不虚，却粗暴无礼。此后，双方的谈话急转直下。沃森说："突然之间，罗西从我俩之间的实验台后向我走来。我害怕她怒火中烧，可能向我发起攻击，于是我抓起鲍林的论文稿，急匆匆地离开了。”

在冲突达到高潮之际，威尔金斯从实验室路过，立马带沃森去喝茶，平复其情绪。威尔金斯坦言，富兰克林拍摄了一些含水 DNA 的图像，为证明 DNA 结构提供了新证据。威尔金斯随后进入邻近的一个房间，拿出了一张打印出来的照片。这张照片后来成为举世闻名的“照片 51 号”。威尔金斯通过正当方法获得了这张照片：他的博士生为富兰克林工作，拍下了这张照片。但把这张照片展示给沃森却不合适。沃森记下了一些关键参数，将这些参数带回了剑桥，与克里克共享。富兰克林认为，DNA 结构的主干链如同螺旋阶梯的线条，位于分子外部，而非分子内部。那张照片表明，富兰克林的这一说法乃不刊之论。但是富兰克林却错误地认为，DNA 不可能具有螺旋结构。沃森立刻发现，“只有在螺旋结构中，才会出现照片中凸显的黑色交叉影像”。一项针对富兰克林的记录的研究发现，甚至在沃森来访后，富兰克林与成功确定 DNA 结构依然相距甚远。[5]

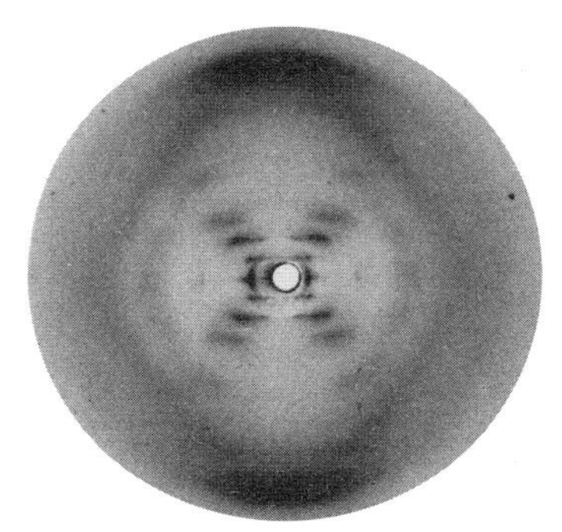

“照片 51 号”

返回剑桥的火车车厢内没有暖气。在车厢里，沃森在手中《泰晤士报》的页面空白边缘处快速写下了自己的想法。晚上，沃森所在的住宿学院大门紧锁，因此他不得不翻过后门才能进入学院。第二天早上，沃森进入卡文迪许实验室时，与劳伦斯·布拉格爵士不期而遇。此前，布拉格爵士下令，沃森和克里克不得进行 DNA 研究。沃森兴奋地把自己了解的情况做了总结。面对这种情况，加之此前听说沃森渴望回到剑桥建立模型，布拉格爵士准许了。于是沃森冲下楼，来到车间，开动机器，开始制作一套新的组件。

不久，沃森和克里克得到了富兰克林的更多数据。富兰克林已向英国医学研究理事会提交了与其研究相关的论文。一名理事会成员将论文分享给了沃森和克里克。虽然严格意义上说，沃森和克里克并未盗用富兰克林的发现，但是两人在未经富兰克林允许的情况下使用了她的研究成果。

届时，沃森和克里克已就 DNA 结构形成了非常不错的想法。该结构由两条核糖 – 磷酸链交缠而成。两条链呈扭曲的螺旋状，形成了双链螺旋结构。四个 DNA 碱基——腺嘌呤（adenine）、胸腺嘧啶（thymine）、鸟嘌呤（guanine）和胞嘧啶（cytosine）——从该结构中突出。现在，人们更加熟悉代表这些碱基的字母：A、T、G 和 C。富兰克林认为，在 DNA 结构中，主干部分在外，碱基指向内部，如同一架扭曲的梯子或一段螺旋形楼梯，沃森和克里克对该观点予以认同。后来，沃森在一次有气无力的祷告中承认："她（富兰克林）过去对该问题毫不退让，所言所述反映出其一流的科研水平，而非一位误入歧途的女权主义者的情感迸发。"

沃森和克里克最初认为，碱基会自行配对。例如，由一个腺嘌呤形成的半条横档[①]会与另一个腺嘌呤结合。一天，沃森使用自己剪制的碱基纸板模型，开始摆弄不同的碱基。他说："我突然意识到，腺嘌呤和胸腺嘧啶配对，由两个氢键固定。鸟嘌呤和胞嘧啶配对，至少由两个氢键固定。二者在形状上一模一样。"沃森所在的实验室拥有擅长不同领域的科学家，能在此工作，沃森非常幸运。其中一位是一名量子化学家。这位量子化学家证实，腺嘌呤会吸引胸腺嘧啶，鸟嘌呤会吸引胞嘧啶。

该结构产生了令人兴奋的结果：两条链分开时，它们可以得到完美复制。因为任意半条横档都会吸引其天然搭档。换言之，该结构可实现分子的自我复制，传送编入分子序列中的信息。

沃森随即回到车间，催促工人们加快生产四种碱基模型。此时，机器操作工人们受到沃森情绪的感染，兴奋不已，几个小时便焊好了闪闪发亮的铁板。现在，所有部件准备就绪。沃森仅花了一个小时，就根据 X 射线呈现图像的数据和化学键规则，将部件安装完毕。

在《双螺旋》一书中，沃森用令人难忘、略显夸张的措辞写道："弗朗西斯脚下生风，飞奔进老鹰酒吧，在大家都能听见他说话的位置，

---

① 形成梯子一阶的木棒或板子，此处为作者的比喻。——译者注

宣布我们已发现生命的秘密。”答案美妙绝伦，令人难以置信。该结构完美无缺，与分子功能珠联璧合，含有可进行自我复制的序列。

1953 年 3 月的最后一个周末，沃森和克里克完成了两人的论文。论文仅有 975 个字。沃森说服妹妹用打字机打出了该论文，他的理由是：“她将参与自达尔文出版《物种起源》以来生物学领域中可能最为著名的事件。”克里克希望论文包含一个扩展章节，阐明遗传的影响，但是沃森说服克里克打消了这一想法，理由是结尾越短，效果越好。自此，科学界最具意义的句子之一应运而生：“我们注意到，我们假设的特定配对直接表明，遗传物质中可能存在一种复制机制。”

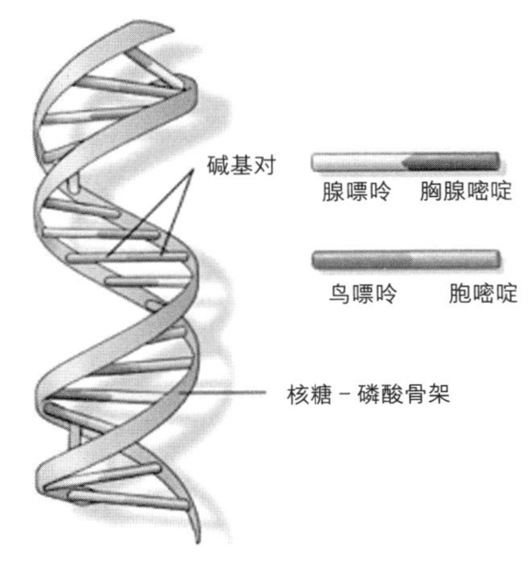


来源：美国国家医学图书馆

1962 年，沃森、克里克和威尔金斯荣获诺贝尔生理学或医学奖。富兰克林于 1958 年因卵巢癌去世，终年 37 岁，死因可能是经常暴露于辐射之中。由于已经离开人世，富兰克林不具备获奖条件。假如她在世，诺贝尔奖委员会将面临一个尴尬局面：每项诺贝尔奖最多只能由三名获奖人共享。①

① 有学者指出，富兰克林未获诺贝尔奖并非仅因为过世，也存在如性别歧视等其他因素。——编者注

20世纪50年代，同时发生了两场革命。克劳德·香农、艾伦·图灵等数学家证明，可使用名为比特的二进制码对所有信息进行编码，进而在装有开关、能处理信息的电路的推动下引发一场数字革命。与此同时，沃森和克里克发现了如何通过四个碱基字母的DNA序列，为构建各类生物体内所有细胞的指令进行编码。一个基于数字编码（0100110111001……）和遗传代码（ACTGGTAGATTACA……）的信息时代由此诞生。两波大潮奔腾交汇，推动历史洪流加速向前。

第4章

# 生物化学家的培养

## 女性也可以成为科学家

珍妮弗·杜德纳后来会与詹姆斯·沃森见面，时而还与沃森共事，能看到沃森复杂个性的方方面面。从某种程度上说，沃森如同一位学术教父，至少在他谈论原力的黑暗面之前，可谓当之无愧。（正如帕尔帕廷议长对阿纳金·天行者所说的：“原力的黑暗面是一条道路，引人获得多项能力。有人认为，这些能力有悖正道。”[①]）

但是，在杜德纳还是一名六年级学生时，她首次读到沃森的书，当时她的反应要简单明了得多。受到沃森的作品的启发，杜德纳意识到，拨开自然之美的层层面纱——用她的话说，就是发现“万物最为根本、最为内在的作用方式和原因”——并非遥不可及。生命由分子组成。此类分子的化学成分和结构决定了生命行为。

该书也激发了杜德纳的意识，促使她认为，科学可以趣味无穷。杜德纳之前读的所有科学类图书均配有图片。“在这些图片中，毫无情感的人物身着实验服，戴着护目镜。”但是，《双螺旋》一书配有一张更加充满生气的图片。杜德纳说：“这张图片令我意识到，科学可以如同破解一个引人入胜的谜题，你在这里找到些许线索，在那里发现蛛丝马迹。

① 此处引自电影《星球大战前传3：西斯的复仇》。——译者注

成功之后，你会激动万分，兴奋不已。”沃森、克里克和富兰克林的故事既含有竞争，又包括合作，既描写了数据与理论共舞，又展现了一场与竞争对手的实验室之间的激烈角逐。这一切在杜德纳儿时的内心引发了共鸣，乃至在其整个职业生涯中持续回响。[1]

拍摄于美国波莫纳学院实验室

在高中，杜德纳曾获得一次机会，开展与DNA相关的生物实验，其中包括破碎鲑鱼精细胞并用玻璃棒搅拌。杜德纳受到了两个人的鼓舞——一名活力四射的化学老师和一位女士。后者开设过讲座，解释了细胞癌变的生物学原因。杜德纳说：“我深受鼓舞，更加坚信女性也可以成为科学家。”

在童年时期，杜德纳对熔岩洞内的蜘蛛、一碰就卷缩的含羞草，以及能够癌变的人类细胞颇感兴趣。这些兴趣基于一个共同因素而相互交织：它们均与双螺旋“侦探故事”息息相关。

杜德纳下定决心，要在大学学习化学。但是，与当时的诸多女性科学家一样，杜德纳遭遇了重重阻力。学校指导老师是一位年长的日裔美国人，想法传统。杜德纳向这位指导老师说明了自己的大学目标，而他用低沉急促的声音说：“不行，不行，不行。”杜德纳看着他，一言不发。这位指导老师坚决表示："女孩儿不适合搞科研。"他甚至劝阻杜德纳，不要参加美国大学理事会的化学科目考试。他问杜德纳："你真的知道那是什么考试吗？你真的知道考试是为了什么吗？"

杜德纳回忆道："那段经历令我深感受伤。"但是，此段经历也让她下定了决心。她记得她告诉自己："我要搞科研。我要证明给你看。我如果想搞科研，就一定要做到。"她申请到美国加利福尼亚州波莫纳学院就读，该学院可提供优质的化学与生物化学课程。杜德纳最终被波莫纳学院录取，于 1981 年秋季报到入学。

## 波莫纳学院

最初，杜德纳并不高兴。由于此前在学校跳了一级，现在杜德纳只有 17 岁。她回忆道："突然之间，我成为巨大池塘中的一条小鱼。我怀疑自己是否具有学习化学所需的能力。"她想念家乡，再次迷失了自我。她的许多同学来自南加利福尼亚州的家庭，家境富裕，拥有自家的汽车，而杜德纳依靠奖学金和兼职工作支付生活费。在那段日子里，打电话回家花费不菲。杜德纳说："我家并不富裕，父母让我拨打对方付款的电话，但是一个月只能打一次。"

下决心主攻化学后，杜德纳开始怀疑自己能否学好化学。也许，自己的高中指导老师说得没错。在普通化学课上，班上有 200 名学生，其中大多数在大学先修课程化学考试中取得了 5 分的成绩。[①]杜德纳说："面对这种情况，我开始怀疑我是否好高骛远，给自己设定了无法实现的目标。"杜德纳喜爱竞争，但如果她仅会成为一名普通的学生，那么对她而言，该领域几乎毫无吸引力。她说："我当时想，'如果我不努力成为化学领域的顶尖人物，那我就不想成为化学家了'。"

杜德纳考虑过更改专业，学习法语。她回忆道："我就此同我的法

---

① 美国大学先修课程是由美国大学理事会赞助和授权的高中先修性大学课程，共有 34 门科目可供修读，每门科目考试满分为 5 分。——译者注

语老师聊了聊。她问我学的是什么专业。”杜德纳回答说是化学，于是法语老师告诉她要坚持学下去。杜德纳说：“她的态度非常坚决。她说，‘如果你的专业是化学，你将能够做各种各样的事情。如果你选择法语专业，你仅能成为一名法语老师’。”[2]

大学第一年的暑假，杜德纳在父母的好友唐·赫姆斯的实验室获得了一份工作，她的前景变得光明了。唐·赫姆斯是夏威夷大学生物学教授，曾带杜德纳漫步大自然。赫姆斯曾使用电子显微镜研究细胞内部化学物质的活动。赫姆斯回忆道：“珍妮弗对使用显微镜观察细胞内部、研究细小分子的作用极为着迷。”[3]

赫姆斯当时也在研究小型贝类进化。他是一位积极活跃的水肺潜水员，会采集大量最小贝类的样本。样本体积极小，几乎需要用显微镜才能看清。赫姆斯的学生会帮他将样本放入松脂中，随后切片，将其放在电子显微镜下进行分析。杜德纳说：“他教会我们如何使用各类化学试剂，将样本染成不同颜色，进而帮助我们观察贝类的进化过程。”生平第一次，杜德纳有了自己的实验室记录本。[4]

在学院的化学课上，同学们按部就班地完成了大多数实验，他们需要严格遵守规定，这样就能得到一个正确答案。杜德纳说：“在唐的实验室，工作内容与学校实验截然不同。与课堂不一样的是，我们并不知道应该得到什么样的答案。”因此，在赫姆斯实验室工作的杜德纳能体会到由发现所带来的激动之情。这也能帮助她明白如何成为科学家群体的一员，即取得进步，拼凑组合，从而发现自然的运作方式。

杜德纳于秋天返回波莫纳学院。她结交了朋友，更好地适应了校园生活，对自己学习化学的能力更有信心。作为勤工俭学项目的一部分，杜德纳在学院的化学实验室承担一系列工作。其中大多数工作对她毫无吸引力，因为这些工作和探索化学如何与生物学交叉毫无关联。但是大三结束后，情况发生了改变。生物化学教授莎伦·帕纳申科（Sharon Panasenko）是杜德纳的导师，杜德纳于是在导师的实验室得到了一份暑期工作。杜德纳说：“当时，大学中的女性生物化学家的处境更为困难。

我之所以欣赏她，不仅因为她是一名出色的科学家，也因为她是榜样。”[5]

帕纳申科当时正在研究一个课题，而该课题与杜德纳感兴趣的内容一致。杜德纳对活细胞机制颇感兴趣，即土壤中的某些细菌如何沟通，进而在缺乏营养的情况下彼此接合。这些细菌会形成一个菌群，名叫“子实体”（fruiting body）。数百万细菌会通过发送化学信号，确定如何聚合。帕纳申科将杜德纳纳入麾下，帮助自己弄清此类化学信号的作用原理。

帕纳申科告诉杜德纳：“我必须提醒你，在我的实验室里，一名技术员已经对这些细菌进行了 6 个月的研究，他目前还未成功。”杜德纳并未选择在普通培养皿中培育细菌，而是使用大型烤盘。一天晚上，杜德纳将盛有细菌的烤盘放入了恒温箱，她回忆道：“第二天，我进入实验室，揭开缺乏营养的烤盘上的锡纸，眼前的一幕令我震惊。我看到了美丽绝伦的结构！”它们看起来像小足球。其他技术员在这一工作上铩羽而归，而她则取得了成功。她说：“那是一个令人难以置信的时刻。我因此认为，我能搞科研。”

实验室获得的具有说服力的结果，帮助帕纳申科成功在《细菌学杂志》（*Journal of Bacteriology*）上发表了一篇研究论文。在论文中，帕纳申科向“提供基础观察，从而为本项目做出重大贡献”的四名实验室助手致谢，杜德纳便是其中之一。这是杜德纳的名字首次出现在科学期刊上。[6]

## 哈佛大学

尽管在物理化学班级中，杜德纳是尖子生，但到要进入研究生院时，她最初并未考虑哈佛大学。但是杜德纳的父亲鼓励她申请哈佛大学。杜德纳恳求父亲道：“求您了，爸爸，我永远进不了哈佛。”父亲回复说：“你如果不申请，就肯定进不了。”杜德纳最终被哈佛大学录取，学校甚至为她提供了一笔丰厚的奖学金。

杜德纳用从波莫纳学院勤工俭学项目中省下的钱，利用暑假部分时间在欧洲旅游。1985 年 7 月旅行结束，她立刻前往哈佛大学，以便在开学前投入工作。与其他大学一样，哈佛大学要求化学专业的研究生每学期必须在一位不同的教授的实验室工作。这种轮转的目的在于，帮助学生学习不同技术，随后选择实验室，完成论文研究。

罗伯托·考尔特（Roberto Kolter）是研究生项目带头人。杜德纳打电话给考尔特，询问自己能否从他的实验室开始轮转。考尔特是一位年轻的西班牙细菌专家，拥有灿烂的笑容，一头秀丽的头发，戴着无框眼镜，说话时充满活力。他的实验室人员来自世界各地，其中有许多来自西班牙或拉美，他们年轻有为，政治上表现活跃，杜德纳为此深感震撼。她说："媒体一直用高龄白人男性来呈现科学家的形象，我深受此影响。所以我认为，在哈佛大学，我会与这类人共事。这与我在考尔特实验室的经历大相径庭。"从 CRISPR 到冠状病毒，杜德纳随后的学术生涯将反映出现代科学的全球特性。

考尔特为杜德纳分配了任务，安排她研究细菌如何生成对其他细菌具有毒性的分子。杜德纳负责克隆细菌的基因（准确复制其 DNA），检测基因功能。她想使用一种新方法建立流程，但是考尔特认为这种方法不会成功。杜德纳坚持了自己的观点，并加以践行。她告诉考尔特："我用我的方法完成了研究，获得了克隆基因。"考尔特虽然感到意外，但依然表示支持。此举帮助杜德纳消除了潜藏在内心的不安。

杜德纳最终决定，在杰克·绍斯塔克（Jack Szostak）的实验室进行论文研究。绍斯塔克是哈佛大学的一名生物学家，是一位学术多面手，当时正在研究酵母 DNA。绍斯塔克是波兰后裔，是一名加拿大裔美国人，是哈佛大学分子生物系的年轻天才之一。即使身为实验室主管，绍斯塔克依然不离实验台，继续完成科学工作。因此，杜德纳能够观看绍斯塔克做实验，听他讲解思维过程，欣赏他如何冒险。杜德纳意识到，绍斯塔克的聪明才智的关键在于，他有能力以超乎寻常的方式，在不同领域之间建立联系。

杜德纳开展的实验帮助她瞥见，基础科学如何能转化为应用科学。酵母细胞能够非常高效地汲取 DNA 片段，将其与自身基因组合。为充分利用这一实际情况，杜德纳展开了方法研究。针对末尾序列与酵母序列匹配的 DNA 链，杜德纳使用基因工程技术进行了改造。通过少量电击，杜德纳在酵母细胞壁上打开了一条狭窄的通道，使自己制成的 DNA 扭动进入，与酵母 DNA 重组。由此，她制成了一种可以编辑酵母基因的工具。

第5章

# 人类基因组

## 詹姆斯和鲁弗斯：沃森父子

1986年，杜德纳在杰克·绍斯塔克的实验室工作。当时，一项大型国际科学合作正在秘密酝酿中。[1]该项目的名称为“人类基因组计划”，旨在测定人类DNA的30亿个碱基对的序列，绘制2万多个由这些碱基对编码的基因图谱。

人类基因组计划的实施原因众多，其中一个与詹姆斯·沃森和他的儿子鲁弗斯·沃森相关。詹姆斯·沃森是杜德纳儿时的英雄，是《双螺旋》一书颇具争议的作者，也是冷泉港实验室主任。冷泉港实验室是生物医学研究与研讨会的避风港。该实验室成立于1890年，坐落于长岛北岸，占地近45万平方米，树荫遮蔽，环境宜人，历来是展开重要研究的场所。20世纪40年代，萨尔瓦多·卢瑞亚和马克斯·德尔布吕克（Max Delbrück）正是在冷泉港实验室带领一支噬菌体研究小组开展研究的，年轻的沃森是小组中的一员。但是，更多富有争议的老问题在此阴魂不散。从1904年到1939年，在查尔斯·达文波特（Charles Davenport）的领导下，实验室起到优生中心的作用。实验室开展研究，进而证明，不同种族群体存在智力和犯罪行为等特性的不同。[2]从1968年到2007年沃森的主任任期结束之时，他自己针对种族和基因所发表的声明唤醒了这些实验室历史中的“幽灵”。

克雷格·温特（Craig Venter）和弗朗西斯·柯林斯（Francis Collins）

除了用作研究中心，冷泉港实验室全年还会以特定主题举行 30 场会议。1986 年，沃森决定启动题为“基因组生物学”的一系列年度会议。第一年会议的议程为：设计人类基因组计划。

会议召开当日，沃森向聚集在会场的科学家宣布了一个令人震惊的消息。他的儿子鲁弗斯·沃森从精神病医院逃走了。此前，鲁弗斯因企图打破窗户，从纽约世贸中心跳楼自杀而入院治疗。现在，他不知去向。詹姆斯·沃森便要在当时离开会场，协助相关人员找到自己的儿子。

鲁弗斯生于 1970 年。和父亲一样，鲁弗斯面部消瘦，头发蓬乱，笑起来嘴巴歪斜。鲁弗斯同样聪明过人。詹姆斯·沃森说：“我非常欣慰。因为过去有一段时间，他会和我一同观鸟，我们建立了些许感情。”在自己还是一个聪明机灵、皮包骨头的芝加哥孩子时，詹姆斯·沃森也会和自己的父亲一同观鸟。但是鲁弗斯在年幼时，就开始显示出无法与他人顺利互动的迹象。在埃克塞特寄宿学校上高一时，鲁弗斯出现了精神问题，随后学校建议他回家。几天后，鲁弗斯登上纽约世贸中心顶层，打算自我了断。医生诊断其患有精神分裂症。老沃森号啕大哭，他妻子伊丽莎白说：“我此前从未见过吉姆（Jim）[①] 掉眼泪，也许那是他一生中

---

① 指詹姆斯·沃森。——译者注

第一次落泪。”[3]

沃森错过了冷泉港基因组会议的大部分议程。与此同时，他和妻子一同搜寻儿子的下落。最终，人们发现了在森林中迷路的鲁弗斯。老沃森的科学研究与现实生活就此交会。对老沃森而言，旨在绘制人类基因图谱的大规模国际项目再也不是抽象的学术追求，而是事关个人的问题。该项目促使沃森坚定信念，陷入痴迷，探索遗传学的力量，解释人类生命的奥秘。是自然作用，而非人为培养，让鲁弗斯成为现在的样子的。自然作用也造就了不同人群的现状。

老沃森似乎受自己的DNA发现和儿子的病情影响，要透过这副眼镜看待事物。他说："鲁弗斯极为聪明，感知力强，时而具有同情心，但时而会爆发强烈的愤怒。我和我的妻子希望，在他年幼之际，我们可以为他创造合适的环境，帮他取得成功。但是我很快意识到，他的问题出在自身基因上。这一发现推动我牵头实施人类基因组计划。于我而言，要理解并帮助自己的儿子过上正常生活，唯一的方式就是破解基因组。”[4]

## 通向序列的竞赛

1990年，人类基因组计划正式启动，沃森受命成为首位计划负责人。所有重要成员均为男性。弗朗西斯·柯林斯最终从沃森手中接过负责人一职。2009年，柯林斯成为美国国立卫生研究院院长。埃里克·兰德尔（Eric Lander）是诸多青年英才中的一位。他是土生土长的布鲁克林人，聪明绝顶，令人惊叹，富有魅力，勤奋好学，曾担任高中数学队队长。兰德尔曾获得罗德奖学金，于牛津大学完成关于编码理论的博士论文。随后在麻省理工学院，兰德尔决定成为一名遗传学家。克雷格·温特疯狂无礼，是计划中最富争议的成员。在越南战争春节攻势期间，温特曾应召入伍，就职于美国海军战地医院。温特曾游入大海，企图以这种方式结束自己的生命。随后，他成为一名生物化学家，创建了自己的生物科技公司。

虽然人类基因组计划起初由成员合作开展，但是随着诸多发现的获得和技术革新的出现，该计划也成为一场竞赛。当温特发现了不同方法，以更低成本比其他人更快地测定基因组序列时，他便自立门户，成立了私人公司塞莱拉（Celera）。公司努力通过自身发明专利谋利。沃森招募了兰德尔，整顿团队，加快工作进度。兰德尔虽然自尊受了些伤害，但能够保证沃森的团队与温特的公司并驾齐驱。[5]

2000 年年初，随着竞争沦为公众笑话，比尔·克林顿总统敦促温特和柯林斯暂停斗争，因为他们俩曾在媒体上相互攻击。柯林斯把温特的序列测定比作“克里夫笔记”和“《疯狂》杂志”[①]；温特嘲笑道，政府项目的花费比自己项目的花费高十余倍，工作推进却极为缓慢。克林顿告诉自己的首席科学顾问：“把问题解决了——要让所有人通力合作。”因此，柯林斯和温特相约一起吃比萨，喝啤酒，探讨两人能否就分享荣誉、同意公开成果等问题达成一致，而不将研究成果用于谋取一己私利。不久，人类基因组计划的成果将成为世界最为重要的生物数据集。

经过几次私下会面后，克林顿在一次白宫举行的仪式上，成功邀请柯林斯和温特共同出席，宣布人类基因组计划的初步结果，各方就分享荣誉达成了共识。克林顿说：“过去几周的事件表明，与受个人利益驱使的人相比，为公共利益努力付出的人未必落后。”

我当时任《时代周刊》的编辑。我们曾与温特共事数周，获得了关于他的独家报道，并将其设为周刊封面人物。温特是一个魅力十足的封面人物。因为他当时使用从塞莱拉赚的钱购买了一艘游艇，成为一名争强好胜的冲浪运动员。他举办盛大聚会，过着纸醉金迷的生活。在我们完成报道的那一周，我意外接到了副总统艾伯特·戈尔的电话。戈尔软硬兼施，迫使我将弗朗西斯·柯林斯的照片也放在杂志封面上。温特则拒绝了这一要求。虽然在此前的一场新闻发布会上，温特已被迫与柯林斯共享荣誉，但他不希望与柯林斯同时成为《时代周刊》封面人物。虽然温特最终同意了这一请求，但在拍照期间，因柯林斯无法追赶塞莱拉

① 克里夫笔记是由教师和教授编写的学习指南，以帮助学生完成作业，提升考试成绩；《疯狂》杂志创办于 1952 年，专门恶搞电影、小说、电玩、卡通，是时代华纳的杂志之一。——译者注

测定序列的速度，温特开起了柯林斯的玩笑。柯林斯则面带微笑，一言不发。[6]

在一场温特、柯林斯和沃森出席的白宫仪式上，克林顿总统宣布：“今天我们正在学习上帝创造生命时所用的语言。”这一宣言令公众遐想联翩。《纽约时报》的头版标题为《科学家破解人类生命基因密码》。该篇文章的作者为杰出生物学记者尼古拉斯·韦德（Nicholas Wade）。文章开头写道：“在一项代表人类自我认知巅峰的成就中，两个互为对手的科学家团队于今日表示，他们已破译遗传文本，破解了一套定义人类机体的指令。”[7]

杜德纳与绍斯塔克、乔治·丘奇（George Church）和其他科学家在哈佛大学展开讨论，探讨是否值得为人类基因组计划投入30亿美元。当时，丘奇对其持怀疑态度，如今他的态度依旧没有改变。丘奇说：“30亿美元并没有买来多少成绩，我们什么也没发现。所有相关技术均未能沿用至今。”现实情况证明，获得DNA图谱并未引发人们预测的大多数巨大的医学突破。科学家们发现了4 000多个引发疾病的DNA突变，但是治愈方法并未应运而生。甚至诸如泰－萨克斯病、镰状细胞贫血或亨廷顿病等最简单的单基因疾病，也无法得到治愈。虽然测定DNA序列的科学家教会了我们如何阅读生命密码，但是学会如何编码更为重要。这需要一套与众不同的工具。而这套工具与作为“工蜂”的分子息息相关。杜德纳发现，这样的分子比DNA更加有趣。

第6章

# RNA

## 中心法则

要想实现拥有编写及阅读人类基因能力的目标，就需要将焦点从DNA转向其名气稍逊一筹的兄弟，这位兄弟实际上携带DNA的加密指令。RNA是细胞内的另一种分子，与DNA颇为相似。但是在自身核糖－磷酸骨架中，RNA多含一个氧原子，且其所含的四个碱基也有一个与DNA的不同。

DNA也许是世界上最为著名的分子，它既出现在杂志封面上，也用于比喻社会或组织中根深蒂固的特性。但是像许多知名分子一样，DNA自身不会发挥太大作用，它主要在我们细胞的细胞核内闭门不出，从不探索外面的世界。其主要活动是保护其编码的信息，偶尔也会进行自我复制。反观RNA，它会真真正正走出去，开展实际工作。RNA并没有坐在家中，负责管理信息，而是产出诸如蛋白质等实际产品。请注意！从CRISPR到新冠肺炎，RNA分子将成为本书和杜德纳学术生涯的主角。

人类基因组计划实施期间，科学家们主要将RNA视为信使分子，其作用是携带细胞核内DNA的指令。一小段编码基因的DNA会转录为一段RNA，随后，该RNA片段进入细胞生产区域。在那里，“信使RNA”促进生成正确的氨基酸序列，产生特定蛋白质。

这些蛋白质类型多样。例如，纤维状蛋白质会形成多种结构，如骨骼、组织、肌肉、毛发、指甲、肌腱和皮肤细胞。膜蛋白会在细胞内传递信号。此外，还有最令人着迷的蛋白质类型：酶。酶具有催化作用，可在所有生物体内激发、加快并调节化学反应。细胞内几乎所有活动都需要酶的催化作用。请多多关注酶，因为它将与 RNA 一起，在本书中联袂闪耀，成为彼此的舞伴。

与沃森共同发现 DNA 结构 5 年后，弗朗西斯·克里克想出了一个名称，为从 DNA 到 RNA 的遗传信息传递、形成蛋白质的过程命名。这一名称叫生物学“中心法则”。后来，克里克承认，“法则”一词暗指永恒不变、不容置疑的信仰①，选词不当。[1] 但是“中心”一词恰到好处。即使更改“法则”这一用词，这一过程依然处于生物学中心。

## 核酶

托马斯·切赫（Thomas Cech）和西德尼·奥尔特曼（Sidney Altman）基于独立研究发现，在细胞中，蛋白质并非构成酶的唯一分子。随后，中心法则首次获得微调。两人在 20 世纪 80 年代初进行研究，获得了令人意外的发现，即某些类型的 RNA 同样可以变为酶。该研究帮助两人获得了诺贝尔奖。具体而言，两人发现，某些 RNA 分子可通过激发一项化学反应，进行自我分裂。两人将此种具有催化作用的 RNA 称为“核酶”。这一名称由“核糖核酸”和“酶”两个词组合而成。[2]

切赫和奥尔特曼是通过研究基因内含子获得这一发现的。部分 DNA 序列不会为指导蛋白质生成的指令进行编码。此类序列转录进 RNA 分子后，致使 RNA 分子无法继续执行任务。因此，必须将该部分切除，确保 RNA 随后能快速指导生成蛋白质。切除这些内含子，并随后把 RNA 的有用部分重新拼接，是一个剪切－拼接的过程，需要一种催化剂。一般情况下，一种蛋白质酶会在此过程中发挥催化作用。但是，切赫和奥尔特曼发现，某些内含子可以不依赖于蛋白质酶，实现自我剪接！

---

① 原文对“法则”的用词为 dogma，有教条、教义、信条、信仰的意思。——译者注

该发现引出了一些有意思的推论。如果某些 RNA 分子可以储存遗传信息，同时具有催化剂作用，能促进化学反应，那么对于生命起源而言，这些 RNA 分子可能比 DNA 更具基础性作用。在没有蛋白质发挥催化剂作用的情况下，DNA 本身无法进行自我复制。[3]

## 研究 RNA，而非 DNA

1986 年春，杜德纳的实验室轮换任务画上了句号。她询问杰克·绍斯塔克自己能否留在实验室，请他做自己的导师，完成自己的博士研究。绍斯塔克虽然答应了，但是他告诉杜德纳，自己将放弃对酵母 DNA 的研究。在其他生物化学家对人类基因组计划的 DNA 测序兴奋不已之时，绍斯塔克却决定将实验室研究重点转向 RNA。他认为，RNA 研究可能会解释最大的生物学秘密：生命起源。

杰克·绍斯塔克

绍斯塔克告诉杜德纳，切赫和奥尔特曼发现了某些 RNA 具有酶的催化能力的原因。他自己对这一发现极感兴趣。他的目标是：确认此类核酶能否利用这一能力进行复制。绍斯塔克问杜德纳："这段 RNA 能产生化学反应，实现自我复制吗？”他认为，这一问题应成为杜德纳博士论文的主题。[4]

杜德纳发现，绍斯塔克的研究热情具有感染力，她随即报名，成为绍斯塔克实验室首位研究 RNA 的研究生。她回忆道：“学生物学时，我们学习了 DNA 的结构和密码，了解了细胞内的蛋白质是如何发挥催化作用，推动其进行重大活动的。我们将 RNA 视作反应迟钝的媒介，把其当作某种中间管理人。在哈佛大学认识杰克·绍斯塔克这位年轻天才，我颇感意外。他想全心全意投入于 RNA 研究。因为他认为，RNA 是理解生命起源的关键所在。”

当时，绍斯塔克久负盛名，杜德纳却是无名之辈。两人冒着风险，转而专注于 RNA 研究。绍斯塔克回忆道：“我们并没有随波逐流，去研究 DNA。我们要引领新研究，探索科学家们曾经视而不见而我们感到兴奋不已的前沿领域。”科学家们后来认为，RNA 是一项技术，可将其用于干预基因表达或编辑人类基因。在此之前很久，绍斯塔克和杜德纳便投入于 RNA 研究。出于对自然运作的纯粹好奇，绍斯塔克和杜德纳对此孜孜不倦。

绍斯塔克坚持一项指导原则：永远不做还有 1 000 人正在做的事情。杜德纳非常认同该项原则。她说：“这项原则的含义与我在足球场的经历契合，我在足球场就想踢一个其他孩子无法胜任的位置。我从杰克身上学到，这么做虽然增加了风险，但是如果你敢于冒险，钻研新领域，你将获得更多回报。”

此时，杜德纳知道，要理解一个自然现象，最为重要的线索是弄清相关分子的结构。这需要她学习一些技术，而沃森、克里克和富兰克林曾使用此类技术解开 DNA 结构之谜。杜德纳和绍斯塔克如果大获成功，将在回答重大生物问题之一的进程中，迈出意义非凡的一步。也许这一问题就是最为重大的问题：生命是如何开始的？

## 生命起源

绍斯塔克对发现生命起源的过程兴奋不已。除了进入新领域、承担风险，绍斯塔克还向杜德纳教授了第二个至关重要的课程：提出重大问题。即使绍斯塔克喜欢全身心研究实验细节，他也是一位伟大的思想家，他会不断地探究真正深奥的问题。绍斯塔克问杜德纳："如果不去探索意义深远的问题，你何必从事科学研究？"这道指令后来成为杜德纳自己的指导原则之一。[5]

有一些真正重大的问题，可能是我们凡夫俗子永远无法解答的：宇宙是如何起源的？为何世界上会存在万事万物，而非一片虚无？什么是意识？到 21 世纪末，科学家们通过艰苦努力，也许可以回答其他问题：宇宙具有确定性吗？我们有自由意志吗？在所有真正重大的问题中，最近能成功解谜的问题就是，生命如何起源。

对于生物学中心法则，DNA、RNA 和蛋白质不可或缺。因为这三种物质不太可能在同一时刻从最初的混沌中横空出世，所以在 20 世纪 60 年代早期，无人不知的弗朗西斯·克里克和其他科学家独立提出一个假说，称在地球早期历史中，RNA 能够进行自我复制。该假说的提出引出了一个问题：第一个 RNA 从何而来。有人猜测，首个 RNA 源自外太空。但是更为简单的答案可能是，在早期地球上，就存在 RNA 所需的化学组成物质，只需要自然随机混合，便可使此类物质碰撞挤压，形成 RNA。在杜德纳加入绍斯塔克实验室的那年，生物化学家沃尔特·吉尔伯特（Walter Gilbert）将这一假说命名为"RNA 世界"假说。[6]

生物能够创造更多近似于自身的生物：它们能够繁殖。这是生物必不可少的一项特质。因此，如果你想提出观点，说明 RNA 可能是生命起源的早期分子，那么证明 RNA 能自我复制将有助于证明你的观点。这正是绍斯塔克和杜德纳着手开展的项目。[7]

杜德纳使用多种策略，制成了一种 RNA 酶，即核酶。此种酶能促使小型 RNA 碎片彼此结合。最终，杜德纳和绍斯塔克使用生物工程技术，制成一种可剪接成自身复制体的核酶。1998年，在一篇准备在《自然》杂志上发表的论文中，杜德纳和绍斯塔克写道："这一反应证明，在 RNA 催化条件下实现 RNA 复制具有可行性。"后来，生物化学家理查德·利夫顿（Richard Lifton）称，该篇论文为一篇"技术杰作"。[8] 在曲高和寡的

RNA 研究领域，杜德纳成为一颗冉冉升起的明星。虽然当时 RNA 研究依然是生物学中近乎无人问津的领域，但是在未来 20 年，人类对小段 RNA 作用原理的理解将越发重要，它对基因编辑领域和抗击冠状病毒都举足轻重。

作为一名年轻有为的博士生，杜德纳掌握了多种技术，以特殊方式将其组合使用，体现自己区别于绍斯塔克及其他伟大科学家的特点：杜德纳既擅于亲自动手做实验，也擅长提出重大问题。她知道，上帝不仅存在于细节之中①，也存在于大局之中。绍斯塔克说："珍妮弗极其擅长动手做实验。因为她行动迅速，思维敏捷，似乎总是手到擒来。但是我们就重大问题为何重要，展开了大量讨论。"

杜德纳证明，自己是一位具有团队合作精神的成员，这对绍斯塔克至关重要。在哈佛大学医学院校园，绍斯塔克和乔治·丘奇及其他一些科学家一样，均具有团队合作精神。在科学刊物上，所列第一作者往往是更为年轻的研究人员，他们对动手实验负最大责任；列于最后的作者是首席研究员或实验室负责人；列于名单中间的人通常按贡献度大小排序。1989 年，杜德纳指导了一位幸运的哈佛大学本科生，在由杜德纳协助撰写、最终发表于《科学》杂志的一篇重要论文中，杜德纳的名字出现在名单中间的位置。这个本科生利用课余时间在实验室工作。杜德纳认为，这个学生应该成为举足轻重的第一作者。在绍斯塔克实验室工作的最后一年里，她的名字出现在 4 篇学术论文中。这些论文均发表于著名期刊中，介绍了 RNA 分子如何进行自我复制。[9]

对绍斯塔克而言，杜德纳另一引人注意的品质在于，她愿意甚至渴望应对挑战。1989 年，在杜德纳行将结束绍斯塔克实验室的工作时，她将这一品质展现得淋漓尽致。杜德纳发现，要理解 RNA 自我剪接片段的原理，就必须以原子为单位，彻底弄清 RNA 的结构。绍斯塔克回忆道："当时，科学界认为，研究 RNA 的结构难于登天，可能无法成功，几乎没人为之开展实验。"[10]

---

① 此典故引自西方学者米斯·范·多罗的话："上帝存在于细节之中。"——译者注

## 会见詹姆斯·沃森

在冷泉港实验室，杜德纳首次在科学大会上做报告。当时，詹姆斯·沃森一如既往地以主持人身份坐在第一排。那是 1987 年夏天，沃森之前组织了一场研讨会，探讨“可能产生地球现存生物的进化事件”[11]。换言之，生命如何开始?

会议将重点放在近期的发现上。这些发现显示，某些 RNA 分子可以自我复制。因为绍斯塔克无法参会，所以大会向年仅 23 岁的杜德纳发出了邀请函，请她展示两人使用基因工程技术制成能自我复制的 RNA 分子的相关工作。杜德纳接到邀请函，上面有沃森的亲笔签名，收件人一栏写着“亲爱的杜德纳女士”（她当时还不是杜德纳博士）。那时那刻，杜德纳不仅立刻接受了邀请，而且将那封邀请函装裱留存起来。

杜德纳所做报告以她与绍斯塔克撰写的论文为基础，具有很强的技术性。报告开始后，她说：“我们论述的是：自我剪接的内含子在催化和底物的结构域中发生的缺失和置换突变。”正是这类表达激发了生物学家们的兴趣，沃森当时正心无旁骛地做着笔记。杜德纳回忆道：“我紧张极了，手心直冒汗。”最终，沃森向杜德纳表示了祝贺。汤姆·切赫对内含子的研究，为杜德纳与绍斯塔克的论文铺平了道路。报告结束后，切赫来到杜德纳身边，俯下身来，低语道：“干得不错。”[12]

会议期间，杜德纳沿邦顿路（Bungtown Road）漫步。邦顿路蜿蜒曲折，贯穿校园。她沿途看见一位伛偻老人正朝着自己的方向走来。此人是生物学家芭芭拉·麦克林托克（Barbara McClintock）。芭芭拉在冷泉港当了 40 余年的研究员，近期刚刚发现了转座子。它可被理解为“跳跃基因”，这种基因能够改变自身在基因组中的位置。芭芭拉·麦克林托克凭借此项发现，荣获诺贝尔奖。在谈到当时的场景时，杜德纳依然心生敬畏：“我当时觉得，迎面而来的是一位女神。这位女士举世闻名，在科学界举足轻重，言谈举止却显得谦虚谨慎，平易近人。她正向自己的实验室走去，满脑子都是自己的下一场实验。我想成为她这样的人。”

杜德纳与沃森保持了联系，她参加了沃森在冷泉港组织的多场会议。多年来，沃森逐渐变成一个越发具有争议性的人物。因为他口无遮拦，头脑发热，大谈种族基因差异。总体而言，杜德纳要避免自己因其言行而减少对他的尊敬，毕竟他取得了令人瞩目的科学成就。杜德纳稍稍掩盖了情绪，笑着说："他经常会说自认为富有挑衅意味的话。他就是这种风格。你了解他的处世之道。"从《双螺旋》中的罗莎琳德·富兰克林开始，沃森频频公开评论女性的外貌。尽管如此，他依然是女性的好导师。杜德纳说："我有一位非常要好的女性朋友，是一位博士后。沃森非常支持她，这影响了我对沃森的评价。"

第 7 章

# 螺旋与折叠

## 结构生物学

杜德纳小时候在夏威夷漫步，发现含羞草的叶子对接触颇为敏感，她对此疑惑不解。从那以后，她一直对自然的根本机制充满好奇，热情不减。这种蕨类植物的叶子被触摸后为何卷缩？化学反应如何引发生物活动？像我们儿时所做的一样，杜德纳学会了停下脚步，安静思考，想要弄清其背后的原理。

生物化学领域展现了活细胞内化学分子的运动方式，为这些问题提供了许多答案。但是，有一个专业对大自然展开了更加深入的探究，那就是结构生物学。罗莎琳德·富兰克林曾使用 X 射线晶体学成像技术，发现了 DNA 结构的支持证据。结构生物学家利用该类技术，努力呈现分子的立体图像。20 世纪 50 年代早期，莱纳斯·鲍林发现了蛋白质的螺旋结构，沃森和克里克的 DNA 双螺旋结构论文应运而生。

杜德纳意识到，要想真正理解某些 RNA 分子是如何自我复制的，她就必须加强对结构生物学的学习。她说："为了弄清此类 RNA 如何进行化学反应，我首先要知道它们的结构。"具体而言，杜德纳需要弄清自我剪接 RNA 在三维结构中的折叠方式。杜德纳清楚，此项工作与富兰克林的 DNA 结构研究异曲同工，这一对比令杜德纳心满意足。她说："她（罗莎琳德·富兰克林）对所有生命的核心分子的化学结构提出了类似的问题。她认为，该分子结构会帮助我们全面理解 DNA 分子的自我复制机理。”[1]

杜德纳还感觉到，一旦弄清核酶结构，便可能开发出开创性基因技术。托马斯·切赫与西德尼·奥尔特曼曾共同荣获诺贝尔奖，在两人的颁奖词中，我们可以找到些许暗示：“以后，治愈基因性疾病将成为可能。我们若在未来使用基因剪接技术，就需要更进一步了解相关分子的机制。”基因剪接技术，没错，诺贝尔奖委员会确有先见之明。

耶鲁大学冉冉升起的明星珍妮弗·杜德纳

杰克·绍斯塔克承认，自己并非一位视觉思想家，也不是结构生物学领域的专家。而对杜德纳而言，这便意味着她要离开绍斯塔克实验室了。因此，1991 年，杜德纳开始考虑选择自己博士后研究工作的地点。有一个显而易见的选择：博尔德市科罗拉多大学的托马斯·切赫。切赫是一位结构生物学家，因发现具有催化作用的 RNA，与奥尔特曼共同获得诺贝尔奖，而杜德纳和绍斯塔克此前一直从事该类研究。切赫当时正使用 X 射线结晶，探究 RNA 结构中的每一个细节。

## 托马斯·切赫

杜德纳此前就已认识切赫。1987 年夏，杜德纳在冷泉港做完报告、手心冒汗之际，正是切赫轻声告诉她："干得不错。"同一年，杜德纳在一次科罗拉多之旅期间，再次与切赫见面。杜德纳回忆道："因为我们是友好相待的竞争对手，在内含子自我剪接的发现方面彼此竞争，所以我交给他一张纸条。"

因为当时电子邮件尚未普及，杜德纳交给切赫的纸条名副其实。在纸条上，她写道，自己打算去博尔德市，她询问切赫她有没有可能参观他的实验室。一天，杜德纳在绍斯塔克实验室工作时，切赫打来电话，同意她参观其实验室。对于切赫迅速予以答复，杜德纳喜出望外。接到切赫电话的同事打电话告诉杜德纳："嗨，汤姆·切赫想要和你通话。"杜德纳的实验室同事好奇地看着她，而杜德纳只是耸了耸肩。

周六，两人在博尔德市见面。切赫把自己两岁的女儿带到了实验室。切赫将女儿抱到自己腿上，与杜德纳聊天。切赫的智慧和父爱深深吸引了杜德纳。两人的相遇是竞争与合作结合的一个例证，是科学研究（以及诸多其他工作）所具有的特征。杜德纳说："我认为，汤姆之所以和我见面，不仅是因为绍斯塔克实验室当时正在进行具有潜在竞争力的研究，还由于我们可能存在彼此学习的机会。他可能认为，他能以此获得我们实验室工作的一些信息。"

1989 年，杜德纳获得博士学位。随后，她决定在切赫这里完成博士后工作。"我意识到，如果我真想弄清 RNA 分子结构，那么进入顶尖的 RNA 生物化学实验室将是明智之举。有比汤姆·切赫更好的人选吗？切赫实验室是最先发现自我剪接的内含子的地方。"

## 时时刻刻想的是科学

杜德纳决定前往博尔德市完成博士后工作还有一个原因。1988 年 1 月，杜德纳与汤姆·格里芬结婚。格里芬是哈佛大学医学院的一名学生，当时在杜德纳隔壁的实验室工作。杜德纳说："他在我身上看到了当时我自己看不到的东西，包括科学方面的能力。他鞭策我，使我变得更加自信无畏。没有他，我就不会完成这种改变。"

格里芬出身于军人家庭，热爱科罗拉多。杜德纳说："获得学位后，我们便考虑去哪里，他非常想搬到博尔德市。我意识到，如果我们去博尔德市，我可以和汤姆·切赫共事。"因此，1991年夏，两人搬到博尔德市，格里芬在一家初创生物技术公司任职。

最初，两人的婚姻幸福美满。杜德纳买了一辆山地自行车，两人会沿着博尔德河骑行。杜德纳还学会了溜旱冰，而且她会到全美各地去滑雪。但是，杜德纳热爱的是科学，而格里芬无法像她一样一心一意地专注于研究。对格里芬而言，科学是一个朝九晚五的工作，自己也无意成为一名科研人员。格里芬热爱音乐和阅读，并且成为早期的个人计算机爱好者。他兴趣广泛，杜德纳对此予以尊重，却没有与之共同的兴趣。杜德纳说："我是一个心里时时刻刻想着科学的人。我一直关注实验室的化学实验和下一项实验，以及需要钻研的更为重大的问题。"

杜德纳认为，两人的差异"反映了自己的缺点"，但是我不确定她是否真的这么认为。人们在完成工作、满足兴趣方面所用的方法各不相同。杜德纳希望晚上和周末在实验室做实验。并非所有人都应像她一样，但有些人的确应该如此。

几年以后，两人决定分道扬镳，办理离婚。杜德纳说："我的下一项实验在我脑海中挥之不去，我无法自拔，而他却没有同样强烈的感受。因此，我们之间出现了一道无法修复的隔阂。"

## 核酶的结构

杜德纳以博士后身份来到科罗拉多大学时，她的任务是绘制切赫发现的内含子的衍射花样，显示所有原子、连接和形状，该内含子可能是一个能够自我剪接的RNA片段。如果杜德纳成功弄清其三维结构，这将有助于解释该内含子的弯曲与折叠过程如何组合正确的原子，引起化学反应，使RNA片段自我复制。

这是一次风险颇高的冒险，需要进入该领域人迹罕至的区域。当时，与RNA结晶相关的研究并不多。在大多数人眼中，杜德纳是一个疯子。但是假如她大获成功，这将为科学带来巨大回报。

20 世纪 70 年代，生物学家就已弄清了一个更小、更简单的 RNA 分子的结构。但是在那以后的 20 年里，科学家们在该项研究中几乎没有取得任何进步。因为科学家们发现，分离更大且复杂的 RNA、获得其衍射花样困难重重。杜德纳的同事告诉她，在当时，只有傻瓜才会大费周章，寻求复杂 RNA 分子的清晰图像。正如切赫所言："假如我们为该项目向美国国立卫生研究院申请资金，他们一定会对我们冷嘲热讽，然后把我们赶出去。"[2]

该项研究要做的第一步是 RNA 结晶。换言之，将液态 RNA 转变为井然有序的固态结构。为了使用 X 射线晶体学和其他成像技术，看清 RNA 的外形和组成部分，这一步必不可少。

杜德纳的助手名叫杰米·凯特（Jamie Cate），是一位沉默寡言却积极向上的研究生。此前，凯特一直使用 X 射线结晶研究蛋白质结构。而他在见到杜德纳后，便加入了她的探险，专注于 RNA 研究。杜德纳说："我向他介绍了我正在研究的项目，他颇感兴趣。答案的确存在，正等待我们获取。但我们不知道会有何发现。"他们将成为一个新领域的先驱。当时，连 RNA 分子是否像蛋白质一样具有清晰分明的结构，都尚不明确。与汤姆·格里芬不同，凯特喜欢全身心投入实验室工作。他和杜德纳每天都就 RNA 如何结晶展开讨论。不久，两人便一起喝咖啡或偶尔共进晚餐，继续着讨论。

在科学界，随机事件屡见不鲜：一个微不足道的错误会带来重大发现。比如亚历山大·弗莱明（Alexander Fleming）培养皿内的霉菌推动了青霉素的发现。一天，一名与杜德纳共事的技术员尝试培养晶体，她在一个无法正常工作的培养箱内进行了实验。两人原以为实验会毁于一旦，但是通过显微镜观察样本时，两人可以看到晶体在不断增加。杜德纳回忆道："晶体内含有 RNA。这些晶体美丽迷人。此项突破首次向我们证明，要获得此类晶体，就必须提高温度。"

另一项进展表明，其他聪明人在同一地点能产生同样持久的力量。汤姆和琼·斯蒂兹是一对夫妻，是耶鲁大学的生物化学家，从事 RNA 研究。两人当时正在博尔德市享受为期一年的公休假。汤姆特别善于社交，喜欢拿着一杯咖啡，在切赫实验室的午餐室闲逛。杜德纳告诉汤姆，一天早上，她得到了自己所研究的 RNA 分子的漂亮晶体，但是在 X 射线下，这些结晶很容易迅速分解。

汤姆·斯蒂兹告诉杜德纳，他在耶鲁大学自己的实验室一直在测试一项新的低温冷冻晶体技术。实验室研究人员会将晶体投入液氮，使晶体迅速冷却。这样一来，即使晶体暴露于 X 射线中，其结构也可以得到保存。汤姆随后便安排杜德纳乘机飞往耶鲁大学，与自己实验室开创该技术的研究人员共处一段时间。这一做法取得了令人满意的效果。杜德纳说："当时我们知道，我们的晶体结构清晰有序，足以使我们最终破解其结构之谜。"

## 耶鲁大学

在汤姆·斯蒂兹位于耶鲁大学的实验室，诸如低温制冷机等创新技术和设备获得了资金支持。杜德纳走访该实验室的经历帮助她下定决心，于 1993 年秋接受该实验室的教授职位，并可能成为终身教授。杰米·凯特想要陪她一同前往，这并不令人意外。杜德纳联系耶鲁大学，帮助杰米做了安排，让他以研究生身份转入杜德纳的实验室。杜德纳说："耶鲁大学要求他重新参加资格考试。你肯定能想象，他在考试中获得了很棒的成绩。"

通过使用过冷技术（super-cooling techniques），杜德纳和凯特获得了可以进行良好衍射的晶体。但是，晶体学中的"相位问题"成了两人面前的拦路虎。X 射线探测器只能准确测量波的强度，但无法测量其相位。攻克该问题的一个方法是，将重金属化合物与蛋白质晶体结合。X 射线衍射花样会显示重金属离子的坐标，可用于帮助计算分析出分子的其他结构。此前，科学家用这种方法解析了蛋白质结构，但是却没有人知道如何将该方法用于研究 RNA 结构。

凯特解决了这一问题。他使用了一种叫六亚甲基四胺锇（osmium hexamine）的物质。该物质结构有趣，可自行嵌入 RNA 分子。因此，通过 X 射线衍射，一张电子密度图得以生成，以提供他们所研究的 RNA 重要折叠结构的线索。像沃森和克里克过去为研究 DNA 结构所做的一样，杜德纳和凯特启动了创建此类密度图的流程，随后搭建可能的结构模型。

## 思想的互通更强大

1995 年秋，两人的研究工作进入最关键的时期。此时，杜德纳接到了父亲的一通电话。她的父亲确诊长有黑色素瘤，而肿瘤已转移至大脑。父亲告诉杜德纳，自己的生命仅剩下三个月。

在那年秋天的剩余时间里，杜德纳乘飞机一直往返于纽黑文和希洛，单程用时超过 12 个小时。杜德纳花了大量时间在病床边陪伴父亲，其间花了数小时与凯特通电话。凯特每天会通过传真或电子邮件，向杜德纳发送一张新的电子密度图，两人会探讨如何解析它。杜德纳回忆道："那段时间令人难以置信，我经历了大起大落，情绪起伏剧烈。"

幸运的是，杜德纳的父亲对其研究确实颇感兴趣，她遭受的折磨也因而有所减轻。在病痛缓和的间隙，杜德纳的父亲会让她解释最新收到的图像。她会走进父亲的卧室，而父亲躺在床上，眼睛盯着最新数据。父亲会先就图像进行提问，然后两人才会谈论父亲的身体状况。杜德纳说："父亲的做法使我想起在我小时候，他就对科学充满好奇，我也因他而同样拥有这份好奇心。"

那年 11 月，杜德纳看望父亲，陪他过了感恩节。在此期间，杜德纳收到从纽黑文发来的一张电子密度图。她发现，这张图的质量颇高，可以依据这张图确定 RNA 分子结构。在图中，她可以实实在在地看见 RNA 如何折叠成一个令人惊叹的立体结构。虽然无数同事都声称杜德纳和凯特必将无功而返，两人依然进行了两年多的研究。现在，最新数据显示，两人已大获成功。

当时，杜德纳的父亲卧床不起，几乎不能动弹。但是，他意识清醒。杜德纳走进父亲的卧室，向他展示了一张打印出来的彩色图像。图像是根据最新密度图数据文件绘制的，看上去如同一根绿色丝带，弯折成了很酷的形状。父亲打趣道："这看起来像绿色的意大利宽面条。"然后，他严肃地问："这张图说明了什么？"

杜德纳设法向父亲解释。在此过程中，她得以厘清自己对数据的想法。两人注视着图上的一块区域，这片区域由一簇金属离子构成。杜德纳思考着 RNA 在该金属离子簇周围折叠的方式。她认为："也许此处有一个金属核心，促使 RNA 折叠成此类扭曲的形状。"

父亲问："为什么这至关重要？"杜德纳解释说，由于 RNA 仅含有几个化学组成部分，因此 RNA 会通过不同的折叠方式完成复杂任务。随着 RNA 研究而来的其中一个挑战在于，RNA 是一种仅由 4 种化学组成部分构成的分子，这与蛋白质截然不同——蛋白质含有 20 种组成部分。杜德纳说："因为 RNA 的化学组成更为简单，所以挑战在于想明白 RNA 如何折叠成一个独特的形状。"

那次探访让杜德纳明白，时间如何加深了自己与父亲的关系。父亲会严肃地对待科学，也认真地对待杜德纳。他不仅关注所有细节，也着眼大局。杜德纳回想起自己参观父亲的教室，看见父亲满怀热情地表达心声的时光，也回想起不那么愉快的时光——因为认为父亲以貌取人甚至对他人怀有偏见，她便对父亲火冒三丈。不论是在化学领域还是在生活中，"纽带"的形式各有不同。有时，思想的互通最为强大。

几个月后，马丁·杜德纳离开人世。珍妮弗与母亲、妹妹和朋友一起进行远足，将父亲的骨灰撒在希洛附近的威庇欧山谷。山谷名字的含义是"蜿蜒曲折的河流"。山谷的河流蜿蜒曲折，穿过郁郁葱葱的荒野，途经许许多多美丽迷人的瀑布。在陪同杜德纳一家的朋友中，有曾指导珍妮弗的生物学教授唐·赫姆斯，还有珍妮弗的儿时密友丽萨·欣克利·特威格－史密斯。特威格－史密斯回忆道："随着他的骨灰随风飘散，当地特有的一种叫艾奥的老鹰从高空飞过。这种鹰与神明密切相关。"[3]

杜德纳说："父亲去世后，我才意识到，他对我做出成为科学家的决定产生了多么重要的影响。”父亲赐予杜德纳的多种天赋包括热爱人类，以及理解人类如何与科学彼此相连。当科学研究面临的不仅是电子密度图，还关乎道德选择时，父亲的馈赠变得越发可贵。她反思道：“我认为，父亲会对学习 CRISPR 充满兴趣。他是一位人文主义者，是一位人文教授，同时热爱科学。在谈论 CRISPR 对我们社会的影响时，我的脑海中回响着我父亲的声音。”

## 重大突破

杜德纳的父亲去世和她的首个重大科学突破几乎同期而至。她和凯特及实验室的同事成功确定了自我剪接的 RNA 分子中每一个原子的位置。具体而言，他们发现了促使 RNA 弯曲折叠的关键结构域，并确定了它的三维结构。在这一关键结构域，一簇金属离子成了一个结构折叠的核心。如同 DNA 双螺旋结构揭示了 DNA 如何存储并转移遗传信息一样，杜德纳和其团队发现的结构说明了 RNA 如何变成酶，如何能够自我切割、拼接和复制。[4]

论文发表后，耶鲁大学发布了一条通讯，吸引了纽黑文当地一家电视台的关注。在设法解释核酶为何物后，新闻主持人报道称，核酶令科学家们迷惑不解，因为科学家们从未见过核酶的形态。主持人说：“但是现在，一支由耶鲁大学科学家珍妮弗·杜德纳领导的团队终于能够捕捉到该分子的一隅。”该篇报道放了一张杜德纳的特写。她朝气蓬勃，一头黑发，在实验室里展示着自己电脑屏幕中一张模糊的图像。她说：“我们希望我们的发现能提供线索，帮助我们理解如何改造核酶，将其用于修复存在缺陷的基因。”虽然杜德纳当时并没有考虑太多，但这是一段意义重大的讲话。这段话将成为征程的起点。在这段征程中，人类将把关于 RNA 的基础科学转变为基因编辑的工具。

一档在多家电视台播放的新闻科学节目发布了另一份更高水平的报道。在该报道中，杜德纳身着白色的实验室工作外套，手拿移液器，将溶液装入试管。她解释说：“15 年前，人类就已知道，在细胞中，RNA

分子具有同蛋白质一样的作用，但是没人知道 RNA 分子发挥该作用的原理，因为没人真正知道 RNA 分子是什么样子的。现在，我们已能看到，RNA 分子是如何自我折叠成一个复杂的三维结构的。”当被问及该发现有何意义时，杜德纳再次说明了自己的未来研究：“一种可能性是，我们将可以治愈或治疗存在基因缺陷的人。”[5]

在接下来的 20 年，许多人为基因编辑技术的发展做出了贡献。杜德纳的故事的与众不同之处在于，她进入基因编辑领域时已功成名就，在最为基础的科学领域扬名立万。这一领域就是 RNA 结构研究。

第8章

# 伯克利

## 向西进发

杜德纳和同事所撰写的关于发现RNA结构的文章，于1996年9月发表在《科学》杂志上。在该篇文章中，杜德纳的名字位于最后。这表明，她是实验室负责人，是主要研究员。杰米·凯特的名字位于首位，因为他完成了最为重要的实验。[1]到那时，两人不仅仅是科学研究上的伙伴，而且已经成为恋人。杜德纳办理完离婚手续后，与杰米于2000年夏在梅拉卡沙滩酒店结婚。该酒店与希洛之间隔着整个夏威夷岛。两年后，两人生下了独生子安德鲁（昵称为安迪）。

那时，凯特已成为麻省理工学院的助理教授，因此两人往返于纽黑文和剑桥。虽然乘火车不到三个小时，但是对于一对新婚夫妇而言，这段旅程也令人身心俱疲。因此两人决定看看是否能在同一座城市工作。[2]

为了留住杜德纳，耶鲁大学做出了努力，将她提拔至一个重要的教授职位。为解决学术研究方面“两地分居”的问题，耶鲁大学也为凯特提供了一个职位。但是结构生物学家汤姆·斯蒂兹曾向两人展示低温制冷技术，而此项研究与凯特想进行的研究属于同一类型，于是斯蒂兹认为凯特会给自己的成功带来冲击。凯特说：“我的直接竞争对手在耶鲁大学。他是一个了不起的人。但是和他在同一所大学共事并非易事。”

2003 年在夏威夷，杜德纳、丈夫杰米·凯特和儿子安迪

哈佛大学为杜德纳在化学和化学生物学系提供了一个职位，该系刚刚更名，正在不断发展壮大。杜德纳以客座教授的身份前往。第一天，系主任便亲手将一封终身职位的聘用函交给杜德纳。对杜德纳而言，鉴于凯特在麻省理工学院，她在哈佛大学工作的这一安排似乎完美无缺。[①] 杜德纳说："我正在考虑，我定居在波士顿是多么棒的一件事。这儿是我研究生时期所在城市，我曾在这儿度过一段美好时光。"

设想假如杜德纳留在哈佛大学，她的职业生涯将多么不同，这是一件有意思的事情。与麻省理工学院和两校共同管理的布洛德研究所一样，哈佛大学也是生物技术研究的孵化池，在基因工程技术领域尤为如此。十年后，杜德纳会和在剑桥[②]的各领域的研究人员一起，你追我赶，将 CRISPR 开发成一种基因编辑工具。与她合作的研究人员包括哈佛大学教授乔治·丘奇，以及布洛德研究所的张锋和埃里克·兰德尔——两人后来成为杜德纳的死敌。

然后，杜德纳接到加利福尼亚大学伯克利分校的一通电话。她的第一反应是，不论学校提供何种条件，自己要一律回绝。但是，杜德纳告诉凯特这一情况时，凯特深感震惊。凯特说："你应该回电话。伯克利不错。"

① 两座学校均位于美国马萨诸塞州波士顿市，距离较近。——译者注

② 美国波士顿市剑桥，为哈佛大学和麻省理工学院所在地。——译者注

凯特成为加利福尼亚大学圣克鲁兹分校的博士后研究员时，经常前往由伯克利管理的劳伦斯伯克利国家实验室，用粒子回旋加速器进行实验。

两人参观了伯克利校园。在此期间，杜德纳仍然不愿前往伯克利工作，但凯特却兴致盎然。凯特说："我的性格与西部人更为相像。剑桥令我紧张焦虑。我当时的老板总是打着领结上班。而伯克利对我来说充满活力，一想到能在伯克利工作，我的心情就变好了。"伯克利是一所公立大学，这一点令杜德纳满意。她非常听劝，到 2002 年夏，两人进入伯克利工作。

两人选择伯克利，体现了他们对美国公立高等教育的信念。其根源要追溯到美国南北战争时期。当时，亚伯拉罕 · 林肯认为，公立教育至关重要，进而推动通过了 1862 年的《莫里尔法案》。该法案通过销售联邦土地，得到资金，建立了新的农业和机械学院。

其中一所学院为农业矿业机械艺术学院。该学院成立于 1866 年，位于美国加利福尼亚州奥克兰附近。学院成立两年后，与邻近的加利福尼亚学院合并，后者为私立院校。合并后的学校成为加利福尼亚大学伯克利分校，并逐渐跻身世界最大的研究机构和最高学府。20 世纪 80 年代，加利福尼亚大学伯克利分校超过一半的资金由美国国家层面提供。然而，从那以后，伯克利分校和其他大多数公立大学一样，一直存在资金减少的问题。杜德纳入职伯克利分校时，学校获得的国家资金仅占预算的 30% ；到 2018 年，国家资金再遭削减，占学校资金的总比重不到 14%。结果，2020 年，加州居民在伯克利分校的本科学费为每年 14 250 美元，比 2000 年的本科学费高两倍多。加上住宿费、伙食费及其他费用，每学年的总花费约为 36 264 美元。对于加利福尼亚州外的学生，每学年的总花费约为 66 000 美元。

## RNA 干扰

杜德纳对 RNA 结构的研究，无意间将她带入其职业生涯的下一个领域——病毒学。具体而言，杜德纳对一个问题饶有兴趣：冠状病毒等一些病毒的内部含有 RNA，而此类 RNA 又是如何帮助这些病毒入侵细胞的蛋白质合成系统的呢？2002 年秋，杜德纳度过了自己在伯克利的第一个学期。在此期间，中国报告了一种病毒。该病毒会导致引发一种重症急性呼吸综合征（非典型肺炎，SARS）。虽然许多病毒是由 DNA 组成遗传物质的，但 SARS 病毒是一种含 RNA 的冠状病毒。18 个月后，SARS 疫情退去，全球近 800 人因疫情殒命。该病毒的官方名称为重症急性呼吸综合征冠状病毒（SARS-CoV）。2020 年，该病毒被更名为重症急性呼吸综合征冠状病毒 1 型（SARS-CoV-1）。

杜德纳也对 RNA 干扰的现象产生了兴趣。一般情况下，细胞内由 DNA 编码的基因会派出信使 RNA，指导蛋白质生成。RNA 干扰的作用与其名称的含义一致：小分子会找到方法，干扰此类信使 RNA。

20 世纪 90 年代，科学家发现了 RNA 干扰。研究人员当时设法加强牵牛花的颜色基因，使其紫色加深，此举在一定程度上促进了人们对 RNA 干扰的发现。但是，该过程最终抑制了某些基因，色彩斑驳的牵牛花应运而生。1998 年，克莱格·梅洛（Craig Mello）和安德鲁·法尔（Andrew Fire）在一篇论文中创造了“RNA 干扰”这一术语。两人后来发现了 RNA 干扰在线虫（一种小蠕虫）体内发挥作用的原理，并因此获得诺贝尔奖。[3]

RNA 干扰通过使用 Dicer 酶发挥作用。Dicer 酶会将一长段 RNA 剪切为小段。小段 RNA 随后将执行搜寻与摧毁的任务：这些小段会寻找与其碱基[①]配对的信使 RNA 分子，随后使用一种如同剪刀的酶，将该信使 RNA 分子切碎。该信使 RNA 携带的遗传信息因而无法表达出来。

杜德纳开始进行研究，旨在发现 Dicer 酶的分子结构。此前，她使用 X 射线结晶，研究了自我剪接 RNA 内含子的结构。这次，杜德纳使用同样的方法，绘制 Dicer 酶扭转、折叠的过程，希望以此揭示其作用原理。那时研究人员并不知道，该 Dicer 酶怎样得以精准无误地将 RNA

---

① RNA 碱基有 4 种，A（腺嘌呤）、G（鸟嘌呤）、C（胞嘧啶）、U（尿嘧啶），DNA 含 T（胸腺嘧啶），不含 U。——译者注

切割成特定长度的碱基序列，进而抑制某一特定基因的表达。杜德纳研究 Dicer 酶结构，证明了 Dicer 酶的作用如同一把尺子。这把尺子的一端有一个夹子，用以抓住一条长 RNA 链；另一端有一把刀，用于切割出特定长度的 RNA 片段。

杜德纳和其团队进行了进一步研究，证明为了创制抑制其他基因的工具，Dicer 酶中的一个特定部分可以获得替换。在 2006 年撰写的论文中，杜德纳团队写道："也许，此项研究中最令人激动的发现是，可以重新构造 Dicer 酶。"[4] 此项发现颇为实用。凭借该发现，研究人员可以使用 RNA 干扰来移除多种基因，既能以此发现各个基因的作用，也可调节基因活动，达到医疗目的。

在冠状病毒时代，RNA 干扰可能还具有另一项作用。纵观地球生命史，有些生物（但不是人类）已进化出使用 RNA 干扰的能力，以抗击病毒的攻击。[5] 正如杜德纳于 2013 年在一份学术期刊中所写的，研究人员希望找到使用 RNA 干扰的方法，进而保护人类免遭感染。[6] 同年，《科学》杂志上发表的两篇论文提供了强有力的证据，证明使用 RNA 干扰保护人类可能行之有效。当时，科学家希望，未来某一天，RNA 干扰药物将成为治疗严重病毒感染的好方法，其中就包括由新冠病毒引发的感染。[7]

2006 年 1 月，杜德纳关于 RNA 干扰的论文发表在《科学》杂志上。几个月后，一份名不见经传的期刊刊登了一篇论文，论文作者描述了自然界中一种截然不同的抗病毒机制。该论文作者为一位没什么名气的西班牙科学家。这位科学家发现了细菌等微生物中的机制。与人类相比，微生物与病毒的对抗历史更为久远，甚至更加残酷。起初，研究该系统的许多科学家认为，该机制是通过 RNA 干扰起作用的。不久，科学家们便会发现，这一现象甚至更加有趣。

第二部分

# CRISPR

科学家不为利用自然而研究自然，

他之所以研究自然是因为乐在其中，

之所以乐在其中是因为自然充满魅力。

——亨利·庞加莱（Henri Poincaré），

《科学与方法》（*Science and Method*），1908

弗朗西斯科·莫伊卡

埃里克·松特海姆（Erik Sontheimer）与卢西亚诺·马拉菲尼（Luciano Marraffini）

第9章

# 成簇重复序列

## 弗朗西斯科·莫伊卡

石野良纯（Yoshizumi Ishino）在日本大阪大学就读期间，其博士研究就包括为大肠杆菌的一种基因测序。当时是1986年，基因测序虽然费时费力，但是石野良纯最终成功地测定了该基因的1 038个碱基对。次年，石野良纯就该基因发表了一份长篇论文。他在论文的最后一段提到一件怪事，但他认为这件事无关痛痒，所以未在论文摘要中提及。他写道："我发现了一种非同寻常的结构。5段高度同源的29个核苷酸组成的片段重复相连。"换言之，石野良纯发现了5个一模一样的DNA片段。这些重复序列中的每一个都含有29个碱基对，分布在他命名为"间隔序列"的看起来正常的DNA序列之间。他并不知道这些成簇的重复序列有何意义。在论文的最后一行，石野良纯写道："这些序列对生物学的意义尚不清楚。"他并未就这一话题展开探讨。[1]

阿利坎特大学坐落于西班牙靠地中海的海岸。弗朗西斯科·莫伊卡是该大学的一位研究生，同时是首位尝试弄清重复序列功能的研究人员。1990年，莫伊卡开始撰写一篇关于古菌的博士论文。古菌与细菌一样，是没有细胞核的单细胞生物体。莫伊卡研究的古菌在盐池中大量繁殖，此类盐池的盐度是海洋盐度的11倍。他希望通过测定基因序列了解这类古菌嗜盐的原因。而他注意到了14个完全相同的DNA序列，它们每隔一定距离便会重复。它们看起来是回文结构，即顺读或反读的序列一致。[2]

最初，莫伊卡认为，自己的测序工作出错了。他面带笑容，充满活力地说道："我当时以为我犯了个错误，因为测序并非易事。"但是到1992年，莫伊卡的数据不断表明，这些规律间隔的重复是存在的。他想知道，其他人是否也发现了类似的情况。那时，谷歌搜索引擎尚未问世，联机索引也并不存在。因此，莫伊卡在一套名为《现刊目录》（*Current Contents*）的印刷版学术论文索引中，通过查找"重复"一词的引用，人工对其进行分类。因为事情发生在20世纪，人们鲜能在网络上找到刊物，所以每当找到一份看上去会有所收获的列表，莫伊卡就一定会前往图书馆，找到相关期刊。最终，他找到了石野的文章。

与莫伊卡研究的古菌相比，石野研究的大肠杆菌是一种截然不同的微生物。因此，两人均发现了重复序列和存有间隔的片段便令人颇感惊讶。1995年，石野发表了一篇论文。在论文中，石野和他的导师将其命名为"串联重复序列"（tandem repeats）。两人错误地推测，此类重复可能与细胞复制相关。[3]

1997年，在盐湖城和牛津迅速完成两段博士后工作后，莫伊卡回到距离自己出生地仅数千米远的阿利坎特大学，在那里成立了研究小组，研究这些神秘的重复序列。但研究资金的获取并非易事。莫伊卡说："有人告诉我，不要再对这些重复执迷不悟，因为微生物体内存在许许多多此类现象，我研究的微生物可能并没有什么特别之处。"

但是莫伊卡知道，细菌和古菌所含的基因组很小，没有必要将基因组序列浪费在没有重要功能的序列上。因此莫伊卡坚守使命，想努力弄清此类成簇重复序列。也许，此类序列能帮助塑造DNA的结构，或形成无规则的环状结构，使蛋白质能够依附。最终的情况证明，两种猜测同样不正确。

## "CRISPR"之名

当时，研究人员已经在20种不同的细菌和古菌中发现此类重复序列，随后为之起了许许多多不同的名字。莫伊卡对石野和他的导师所起的“串联重复序列”这一名字并不满意。因为此类序列中存在间隔，并未彼此直接串联。因此，莫伊卡起初将此类序列重新命名为“规律间隔短重复序列”，也叫 SRSR（short regularly spaced repeats）。这一名称虽然解释性更强，但是难以记忆，其英文缩写无法组成可念出的词。

莫伊卡一直与吕德·詹森（Ruud Jansen）保持通信来往。詹森在荷兰的乌得勒支大学任职，当时正在研究结核菌中的此类序列。虽然詹森一直将这些序列称为“直接重复序列”（direct repeats），但是他也认为两人需要想出更好的名字。一天晚上，莫伊卡开车从实验室回家，他灵光乍现，想出了 CRISPR 这个名字。CRISPR 是“规律间隔成簇短回文重复序列”的缩写。虽然人们几乎不可能记住其冗长的表达，但缩写的 CRISPR 的确简洁明快，朗朗上口，听上去不会令人紧张不安，而是感到亲切愉快。[①] 莫伊卡到家后，问妻子觉得这个名字怎么样。他的妻子说：“它听起来非常适合作为狗的名字。Crispr，Crispr，到这儿来，小狗狗！”莫伊卡忍俊不禁，认定这个名字非常合适。

2001 年 11 月 21 日，在一封回复莫伊卡建议的电子邮件中，詹森选定了 CRISPR 这个名字。詹森写道：“亲爱的弗朗西斯，CRISPR 是很棒的缩写词。我认为，每换掉其中一个字母，这个词便会少散发一分活力。与 SRSR 和 SPIDR 相比，我更喜欢活力四射的 CRISPR。”[4]

在 2002 年 4 月发表的一篇论文中，詹森正式确定使用 CRISPR 作为该序列的名称。该篇论文介绍了由他发现的似乎与 CRISPR 相关的基因。在大多数含有 CRISPR 的生物体内，重复序列的邻近位置都存在一类基因，它为生成一种酶所需的指令进行编码。詹森将这些酶命名为“与 CRISPR 相关的”酶，亦叫 Cas 酶[②]。[5]

① 与 crisp 和 crispy 相似，两者均有松脆、有活力的意思。—— 译者注

② “CRISPR 相关的”英文为 CRISPR-associated，缩写为 Cas。——译者注

## 防病毒机制

1989年，莫伊卡开始对其嗜盐微生物的DNA测序时，基因测序过程非常漫长。彼时，最终催生出快速测序方法的人类基因组计划刚刚起步。而到2003年莫伊卡专注于研究CRISPR的作用时，近200种细菌（以及人类与老鼠）的基因组测序已经完成。

当年8月，在阿利坎特以南约20千米的圣波拉，莫伊卡正在沙滩上度假。度假期间，他住在岳父岳母的房子里。在他看来，那并不是一段美好时光。他以一种尽职尽责的科学家的口气说："夏天的沙滩酷热难耐，人潮涌动。我不喜欢沙子，也不喜欢在夏天待在沙滩上。我的妻子会躺在沙滩上晒太阳，而我则掉头离开，然后开车前往我在阿利坎特的实验室，在那里度过一天。虽然她在沙滩上过得很开心，但是对我来说，分析大肠杆菌序列能让我得到更多快乐。"[6]

"间隔序列"令莫伊卡颇为着迷。看似普通的DNA片段出现在间隔序列中，而间隔区位于重复的CRISPR片段之间。莫伊卡将大肠杆菌间隔序列置于数据库中进行比对。他发现了一个有趣的现象：大肠杆菌的间隔序列与攻击大肠杆菌的病毒的序列一致。莫伊卡立刻惊呼："噢，我的老天！"

莫伊卡对自己的发现确信无疑。一天晚上，他回到海滨别墅后，向自己的妻子解释该项发现。莫伊卡说："我刚刚发现了一件惊人的事情。细菌有一套免疫系统。它们能够记住以往攻击它们的病毒。"妻子笑了，告诉莫伊卡自己并不太理解。但是妻子说，她相信这件事情一定举足轻重，因为莫伊卡非常激动。莫伊卡回答说："几年后，你将看到，我刚刚发现的这一情况会登上报刊，载入史册。"对于这段话，莫伊卡的妻子并不相信。

莫伊卡已站在地球历史上最为漫长、规模最大、最为残酷的战争前线，这是细菌与病毒之战。此类病毒名叫"噬菌体"，会向细菌发动攻击。噬菌体是自然界中数量最为庞大的病毒种类。到目前为止，噬菌体的确是地球上数量最多的生物体，总数达$10^{31}$个。每粒沙子上就有1万亿个噬菌体，超过所有生物体（包括细菌）数量的总和。一毫升海水中就有多达 9 亿个该类病毒。[7]

随着我们人类努力抗击新型病毒株，我们发现细菌耗费约 30 亿年与病毒作战颇具实际意义。几乎自地球生命诞生起，细菌和不停进化的病毒间便持续进行着一场紧张激烈的军备竞赛。细菌进化出抵御病毒袭击的复杂而细致的手段，而病毒则千方百计地攻破细菌的防御。

莫伊卡发现，面对含相同序列的病毒，含有 CRISPR 间隔序列的细菌具有免疫性，可以免受该病毒感染。但是，没有间隔序列的细菌的确会感染病毒。这是一套设计精巧的防御系统，但是它还有更加令人拍案叫绝的能力：该套系统能够适应新威胁。病毒入侵时，幸存的细菌能够合并该病毒的部分 DNA，进而在子代细菌中形成针对该病毒的获得性免疫力。莫伊卡回忆道，自己发现这一现象后，激动得热泪盈眶。[8] 有时，自然之美的确会令你情不自禁。

如此巧妙绝伦的发现的确令人震惊，它将产生巨大反响。但是莫伊卡在发表此项发现的相关论文的过程中，度过了极为艰难的时光。2003 年 10 月，他向《自然》杂志递交了一篇论文，标题为《原核重复序列与免疫系统相关》。换言之，CRISPR 系统是细菌获得对某些病毒的免疫力的一种方式。杂志编辑甚至未将该篇论文送审。编辑们错误地认为，该篇论文不存在以往 CRISPR 相关论文中未包含的内容。编辑们还宣称，莫伊卡并未提供实验室的相关实验结果，以证明 CRISPR 系统的有效性。该说法在一定程度上言之有理。

另外两家刊物也拒绝发表莫伊卡的论文。最终，莫伊卡在《分子进化杂志》上发表了自己的论文。该杂志虽然未享有盛誉，但却是一份能获得同行评议的刊物。就算是这本杂志，莫伊卡也不得不对效率低下的编辑死缠烂打。他说："我积极行动，几乎每周都努力与编辑联系。每一周都糟糕透顶，如同噩梦。因为我知道，我发现了至关重要的东西。我知道，在某个时刻，其他人会获得同样的发现。我无法让编辑们了解，该项发现有多么重要。"[9] 2004 年 2 月，该杂志接收了莫伊卡的论文，但直到 10 月才有了定论。2005 年 2 月，论文才得以发表。那时距离莫伊卡获得该发现已过去两年。[10]

莫伊卡说，自己对自然之美的热爱推动自己前进。他有幸在阿利坎特进行研究，无须展示如何将研究成果转变为具有实用价值的产物。莫伊卡从未设法为自己发现的 CRISPR 申请专利。他说："当你像我一样研究奇奇怪怪、生活在诸如盐池等非常规环境中的生物体时，好奇心是你唯一的动力。我们的发现似乎不可能适用于其他正常生物体。但我们错了。"

正如在科学史上令人们习以为常的情况一样，科学发现可能具有意料之外的用途。莫伊卡说："在好奇心的驱使下开展研究时，你永远不知道，在某一天，这种研究将把你引向何处。"某些基础发现可能在以后产生广泛影响。莫伊卡告诉妻子，自己预测，未来某一天自己的名字将载入史册。结果证明，他的确有先见之明。

莫伊卡的论文是一个开端，它掀起了一波发表论文的浪潮。此类论文均提供了证据：CRISPR 的确是细菌遭受新型病毒袭击时所使用的一种免疫系统。尤金·库宁（Eugene Koonin）在美国国家生物技术信息中心（NCBI）任职。一年之内，库宁就证明了 CRISPR 相关酶的作用是：抓取入侵病毒的 DNA 片段，随后将其融入细菌自身的 DNA。该过程类似复制粘贴危险病毒的面部照片。尤金·库宁以此发展了莫伊卡的理论。[11] 但是，库宁和其团队犯了一个错误。他们猜测，CRISPR 防御系统是通过 RNA 干扰发挥作用的。换言之，他们认为，细菌使用病毒"嫌犯"照片，从而找到干扰信使 RNA 的方法，而信使 RNA 携带着 DNA 编码的指令。

其他人也持相同看法。正因所有人观点一致，作为加利福尼亚大学伯克利分校 RNA 干扰研究的权威专家的珍妮弗·杜德纳最终意外接到一位同事的电话，这位同事当时正设法研究清楚 CRISPR。

第10章

# 言论自由运动咖啡馆

## 恰逢其时的合作

2006年年初，在发表关于Dicer酶的论文后不久，杜德纳在自己位于伯克利的办公室接到了伯克利一位教授的电话。杜德纳对她有所耳闻，两人却素不相识。这位教授名叫吉莉安·班菲尔德，和莫伊卡一样，是一位微生物学家，对在极端环境中发现的小型生物体颇感兴趣。班菲尔德是一位热爱交际的澳大利亚人。她拥有与生俱来的合作精神，笑起来嘴巴微微倾斜。当时，班菲尔德正在研究一种细菌。在澳大利亚的一片高盐度咸水湖、美国犹他州的一口热喷泉和由加利福尼亚州铜矿排入盐沼的极端酸性废水中，班菲尔德的团队发现了该种细菌。[1]

班菲尔德在为细菌DNA测序期间，不断发现CRISPR成簇重复序列。许多研究人员认为，CRISPR系统通过使用RNA干扰发挥作用。班菲尔德就是其中之一。她在谷歌中敲入“RNAi（RNA干扰）和加州大学伯克利分校”时，杜德纳的名字位于搜索结果之首。因此，班菲尔德给杜德纳打了一通电话。她告诉杜德纳：“我正在寻找伯克利研究RNA干扰的研究员。我用谷歌搜索，弹出了你的名字。”两人同意见面喝茶。

杜德纳从未听说过CRISPR。实际上，她以为，班菲尔德当时说的是“保鲜储藏盒”[①]。杜德纳挂了电话，迅速在网上搜索，只发现几篇关于 CRISPR 的文章。在一篇文章中，杜德纳弄清楚了这一概念。文章写道：“CRISPR 是规律间隔成簇短回文重复序列的缩写。”杜德纳决定等到与班菲尔德见面时听她的解释。

吉莉安·班菲尔德

在一个狂风大作的春日，两人在言论自由运动咖啡馆院内的石桌旁见面。咖啡馆位于伯克利本科生图书馆入口，是供应汤和沙拉的娱乐社交场所。班菲尔德已将莫伊卡和库宁的论文打印出来。班菲尔德意识到，为了弄清这些 CRISPR 序列的功能，她需要与一位像杜德纳这样的生物化学家合作，后者可以在实验室分析这一神秘分子的各个组成部分。

在我与她们二人一同坐下，了解那次会面的经过时，两人都显得非常兴奋。她们说这种感觉记忆犹新，与当时别无二致。两人说话语速飞快，班菲尔德尤为如此。两人在短促的笑声中彼此帮忙，接着说完对方的话。杜德纳回忆道：“我们坐在那儿，喝着茶，你拿着一大摞论文，

① “保鲜储藏盒”英文为 crisper，发音与 CRISPR 一致。—— 译者注

论文包括你发现的序列的所有数据。”班菲尔德对此表示同意，因为她通常用电脑工作，几乎不打印任何材料。班菲尔德回忆道：“我一直向你展示序列。”杜德纳接着班菲尔德的话说：“你热情洋溢，讲话飞快。你有大量数据。我当时想，‘她的的确确对此兴致高昂’。”[2]

在咖啡桌上，班菲尔德画了一串菱形和方形，代表她发现的细菌体内 DNA 的片段。她说这些菱形拥有完全相同的序列，但是每一个分散的方形都拥有独一无二的序列。班菲尔德告诉杜德纳：“它们好像对什么东西做出了反应，迅速变得多种多样。是什么导致这些奇怪的 DNA 序列形成的？它们如何发挥作用？”

彼时，CRISPR 主要受到诸如莫伊卡、班菲尔德等研究生物体的微生物学家的关注。这些微生物学家已经提出许多关于 CRISPR 的精妙理论，其中一些准确无误，但是他们尚未在试管中对此进行对照实验。杜德纳说：“当时，没人真正成功分离出 CRISPR 系统中的分子成分，也没人进行检测，弄清其结构。因此，像我一样的生物化学家和结构生物学家立刻开展研究，可谓恰逢其时。”[3]

第 11 章

# 果断投身

## 布雷克 · 威登海夫特

班菲尔德请杜德纳合作研究 CRISPR 时，杜德纳起初并未同意，因为她的实验室没人从事相关研究。

随后，一位非同一般的候选人走入杜德纳的办公室，接受博士后职位面试。布雷克 · 威登海夫特来自美国蒙大拿州，魅力非凡，身体健硕，惹人喜爱，对户外运动充满热情。除了抽出时间进行野外冒险，威登海夫特和班菲尔德与莫伊卡一样，大部分时间都在收集极端环境中的微生物，地点既包括俄罗斯堪察加半岛，也包括自家附近的黄石国家公园。威登海夫特的推荐信非常普通，但是他态度真诚，热情满满，要将自己的研究重点从小型生物体生物学转到分子生物学。当杜德纳问他想要研究什么时，他说了一句充满魔力的话："你听说过 CRISPR 吗？"[1]

威登海夫特生于美国蒙大拿州佩克堡。佩克堡仅有 233 人，是距离加拿大边境约 130 千米的前哨，人迹罕至。威登海夫特的父亲是蒙大拿州野生动植物局的渔业生物学家。高中时期，威登海夫特参加过田径比赛，酷爱滑雪、摔跤和橄榄球。

威登海夫特本科就读于蒙大拿州立大学，学习生物学。但是他几乎不去实验室，而是喜欢前往附近的黄石公园，收集能在酸性热泉中生存的微生物。威登海夫特说："我从酸性热泉中取得生物样本，将它们放入保温瓶带回实验室，在实验室人工热泉中培养，随后将样本置于显微镜下。通过显微镜，我看到了前所未见的东西，令我终生难忘。我对生命的想象由此发生改变。”

对威登海夫特而言，蒙大拿州立大学最为合适。因为这所大学能让他沉浸在对冒险的热爱之中。他说：“我总是在寻找下一座山峰上的东西。”[2] 大学毕业时，他无意成为一名科研人员。相反，他与自己的父亲一样，对鱼类生物学颇感兴趣。他找了一份工作，工作在捕蟹船上开展，地点位于阿拉斯加附近的白令海峡。工作内容是为政府机构收集数据。随后，威登海夫特用一个夏天，在加纳向年轻学生教授科学课程。之后他在蒙大拿州做了一段时间的滑雪巡逻员。他说：“我对冒险无法自拔。”

但是，在其旅行过程中，他会在晚上重读自己的旧生物课本。马克·杨（Mark Young）是威登海夫特的大学导师，当时正在研究攻击黄石公园酸性热泉内细菌的病毒。威登海夫特说：“马克对理解这些生物体作用原理的热情的确具有感染力。”[3] 经历漂泊不定的三年，威登海夫特发现，他不仅可以在户外，也可以在实验室里冒险。于是他以一名博士生的身份回到蒙大拿州立大学，由杨担任他的导师。两人共同研究此类病毒侵入细菌的原理。[4]

布雷克·威登海夫特于俄罗斯堪察加

虽然威登海夫特能够为病毒的 DNA 测序，但是他自己并不满足于此。他说：“我一看见 DNA 序列，就发现它们无法提供信息。我们必须确定其结构。因为与核酸序列相比，结构、折叠和形态是经过更为长期的进化过程而保留下来的。”换言之，DNA 序列无法表明其作用原理。序列弯折排列的方式至关重要，将揭示其如何与其他分子相互作用。[5]

威登海夫特决定学习结构生物学。为实现这一目标，没有比在伯克利的杜德纳实验室更好的去处了。

威登海夫特坦诚待人，从不缺乏安全感。在接受杜德纳面试时，他的这一特点助他取得了成功。威登海夫特回忆道：“我来自蒙大拿州的一间小实验室。我信心十足，不会胆怯，但是我本应该胆怯。”虽然威登海夫特计划就几个领域进行研究，但是当杜德纳展现出对 CRISPR 的兴趣时，他来了精神。CRISPR 是威登海夫特第一个酷爱的生物技术领域。他说：“我开始滔滔不绝，竭尽所能地推销自己。”他走向白板，列出其他研究人员正在进行的 CRISPR 项目。这些研究人员包括约翰·范德乌斯特（John van der Oost）和斯坦·布龙斯（Stan Brouns）。威登海夫特曾与这支荷兰团队共事。他们曾共同前往黄石公园，收集热泉中的微生物。

威登海夫特和杜德纳进行了头脑风暴，探讨他在杜德纳实验室可能获取的机会。最值得注意的是，他们可能会弄清 CRISPR 相关酶的功能。威登海夫特活力十足，热情洋溢，颇具感染力，令杜德纳印象深刻。对威登海夫特而言，杜德纳对 CRISPR 怀有与自己一样的热情，这使他颇为动容。威登海夫特说：“杜德纳拥有全面看待问题的特殊本领，能够预料到下一件大事。”[6]

作为一名门外汉，威登海夫特怀着愉悦的心情，展现出满满的热情。他带着这股劲头投入杜德纳实验室的工作。他愿意竭尽全力，研究他从未使用过的技术。在午餐时间，他会坚持骑行，然后整个下午投入工作，晚上仍然穿戴着骑行装备，戴着头盔，在实验室闲逛。一次，威登海夫特连续 48 小时不间断进行实验，连睡觉都在实验室。

## 马丁·吉尼克

威登海夫特对学习结构生物学充满渴望，因而在学术研究和社交方面，他与杜德纳实验室的一位博士后结晶学专家形影不离。马丁·吉尼克生于当时捷克斯洛伐克的特日内茨（Třinec）西里西亚镇（Silesian）。马丁·吉尼克在剑桥大学研究有机化学，在意大利生物化学家埃琳娜·康蒂（Elena Conti）的指导下，于德国海德堡取得博士学位。除了培养出敏锐的科学视野，这段学习经历还让吉尼克拥有了混合口音，在句子中反复以准确的发音，穿插着使用“基本上说”（basically）一词。[7]

在康蒂的实验室，吉尼克培养出了对本书明星分子 RNA 的热情。后来，吉尼克告诉《CRISPR 杂志》（*CRISPR Journal*）的凯文·戴维斯（Kevin Davies）：“RNA 是一种功能多样的分子，既能发挥催化作用，也可以折叠成立体结构。与此同时，RNA 也是信息载体，是生物分子世界中的多面手！”[8] 吉尼克的目标是在一个实验室工作，使自己能够弄清将 RNA 和酶结合的复合体结构。[9]

吉尼克善于制定自己的路线。杜德纳说：“他能够独立工作。在我的实验室，这一能力至关重要，因为我不是那种会手把手指导学生的导师。受我青睐的人应拥有自己的创新想法，愿意接受我的指导，成为我团队的一员，而不用我每天告诉他该做什么。”杜德纳在前往海德堡参加一场会议期间做了安排，与吉尼克见面，然后怂恿他来到伯克利，和自己的实验室人员进行深入交流。杜德纳认为，自己团队的成员能与每一名新加入的成员和睦相处，这一点十分重要。

在杜德纳的实验室，吉尼克最初的研究重点是 RNA 干扰的原理。研究人员虽然已描述了其在细胞内的变化，但是吉尼克知道，要充分揭示这一点，就需要在体外对该过程进行重建。体外实验能够帮助吉尼克分离出干扰基因表达必不可少的酶。吉尼克也能借此确定一种特殊酶的晶体结构，进而证明，该种酶如何切割信使 RNA。[10]

吉尼克和威登海夫特的背景与个性均有差异，因此他们成了杜德纳团队中能彼此互补的成员。吉尼克是一位结晶学家，希望进行更多实验，研究细胞。威登海夫特是一位微生物学家，想要学习晶体学。两人一见如故，相互欣赏。与吉尼克相比，威登海夫特更喜欢开玩笑，富有幽默感。但是这种幽默感颇具感染力，吉尼克没过多久也变得幽默风趣。一次，两人与实验室其他成员前往芝加哥附近的阿贡国家实验室

（ANL），在一座巨型环状建筑内开展研究。建筑内存放着一台强大的 X 射线机——先进光子源（APS）。该机器太大，以至于现场为研究人员提供了三轮车，方便他们前往特定的设备位置。凌晨 4：00，威登海夫特结束了通宵工作，组织了一场环实验室大楼的三轮车赛。当然，他赢得了比赛。[11]

杜德纳认为自己实验室的目标是分解 CRISPR 系统，将该系统分割成具体的化学成分，并研究各个成分的功用。她与威登海夫特决定，首先专注于研究 Cas 酶。

## 专注于 Cas1 的研究

让我们暂停一下，快速上一堂复习课。

酶是一种蛋白质。其主要功能是发挥催化剂作用，在从细菌到人类等生物体的细胞内，促进化学反应。酶能对 5 000 余种生物化学反应产生催化作用。此类反应包括在消化系统中分解淀粉和蛋白质、引发肌肉收缩、在细胞间发送信号、调节新陈代谢，以及（本节讨论中最为重要的）剪切和拼接 DNA 及 RNA。

到 2008 年，科学家们已经发现由基因产生的许多种酶。此类基因与细菌 DNA 的 CRISPR 序列相邻。当细菌遭到病毒攻击时，这些 Cas 酶使系统能够剪切和拼接与该病毒相关的新记忆。此类酶也会创建小段 RNA 序列，即 CRISPR RNA（crRNA）。该短序列能够将剪刀一般的酶引向危险病毒，剪切病毒的基因组。转瞬之间，大功告成！足智多谋的细菌就是以如此方式，创建了一个能够自我适应的免疫系统。

2009 年，关于这一系统的解释仍然众说纷纭。很大一部分原因在于，不同的实验室均发现了该种酶。最终，研究人员以标准化方式为其命名，如 Cas1、Cas9、Cas12 和 Cas13。

杜德纳和威登海夫特决定，专注于 Cas1 的研究。在所有拥有 CRISPR 系统的细菌中，都能发现该种 Cas 酶的存在。具有这一特性的酶独此一种。这表明，该种酶具有最基本的作用。对于使用 X 射线晶体学解析分子结构如何决定其功能的实验室而言，Cas1 具有另一个优势：轻易便能形成结晶。[12]

威登海夫特成功将 Cas1 基因从细菌中分离，并于随后完成了基因克隆。通过使用蒸汽扩散法，威登海夫特随后成功获得了 Cas1 的结晶。但是在设法弄清晶体的具体结构时，他遇到了障碍。因为他在使用 X 射线结晶方面经验不足。

吉尼克刚刚与杜德纳发表了一篇关于 RNA 干扰的论文[13]，便加入杜德纳麾下，帮助威登海夫特开展结晶工作。两人共同前往劳伦斯伯克利国家实验室附近，以使用那里的粒子加速器进行工作。吉尼克帮助了威登海夫特分析数据，搭建 Cas1 蛋白的原子模型。吉尼克回忆道："在这一过程中，我深受布雷克巨大热情的感染。随后，我决定留在杜德纳实验室，参与 CRISPR 研究。"[14]

两人发现，Cas1 拥有一个独特的折叠。这表明，细菌使用该机制，在入侵病毒的 DNA 上切下一个片段，将其并入 CRISPR 阵列，进而成为免疫系统记忆形成的关键。2009 年 6 月，两人将自己的发现撰写为论文并发表。该篇论文是杜德纳实验室对 CRISPR 领域的首个贡献。论文基于 CRISPR 的一个组成部分的结构分析，首次解释了 CRISPR 的作用机制。[15]

第 12 章

# 科学是创新之母

## 基础研究和创新的线性模型

包括我自己在内的科技史学家经常撰写关于“创新的线性模型”的内容。该模型由范内瓦·布什（Vannevar Bush）提出。范内瓦·布什是麻省理工学院工程系主任，是美国雷神（Raytheon）公司联合创始人之一。在第二次世界大战期间，范内瓦·布什担任美国科学研究与发展办公室主任。该部门负责监督雷达和原子弹的发明工作。在 1945 年的一份名为《科学——无尽的前沿》的报告中，布什表示，受好奇心驱动而发展的基础科学是种子，最终将催生新技术与创新。布什写道：“新产品和新工艺不会以完全成熟的状态出现，而是建立于新原理和新概念之上。最纯粹的科学领域的研究历经千辛万苦，提出了此类新原理和新概念。基础研究会引领技术进步。”[1] 根据该份报告，哈里·杜鲁门总统成立了美国国家科学基金会。该基金会是政府机构，为基础研究提供资金，支持对象主要为大学院校。

关于线性模型的部分内容的确属实。在量子理论和半导体材料表面物理学领域，基础研究促进了晶体管发展。但是情况并不简单，也并非全然线性。晶体管由贝尔实验室开发。贝尔实验室是美国电话电报公司（AT&T）的研究机构。该实验室聘用了诸多基础科学的理论学家，比如威廉·肖克利（William Shockley）和约翰·巴丁（John Bardeen）。甚至阿尔伯特·爱因斯坦也曾到访此处。但是，除了理论学家，实验室还拥有实践能力强的工程师和攀爬信号塔的技术工人，他们知道如何增强电话信号。实验室将两类人员融为一体，同时让业务开发管理人员加入其中。管理人员懂得如何努力推动实现洲际长途通话。这些人员会相互学习，促进彼此进步。

起初，CRISPR 的故事似乎与线性模型吻合。诸如弗朗西斯科·莫伊卡等基础科学研究人员纯粹出于好奇，钻研一种自然怪象，为诸如基因编辑和抗击冠状病毒工具等应用技术的发明奠定了基础。然而，与晶体管一样，该项研究的进展并非单向线性过程。恰恰相反，基础科学家、实践创新者和商业领袖轮番登场。

科学可以成为创新之母。但是，正如马特·里德利（Matt Ridley）在其作品《创新的起源》一书中指出的，有时，创新走的是双行道。里德利写道："虽然创新是科学之母，但被开发的技术和工艺常常起效在先，而对其形成理解往往在后。蒸汽机促使人们理解热力学，而非相反。装有动力装置的飞机近乎全面推动了空气动力学的发展。"[2]

CRISPR 的历史丰富多彩，提供了又一个精彩绝伦的故事，再次印证了基础科学和应用科学共荣共生。而这一故事与酸奶密不可分。

## 酸奶制造者：巴兰古和霍瓦特

随着杜德纳和团队成员开始就 CRISPR 进行研究，两位来自不同大洲的年轻的食品科学家也在研究 CRISPR。两人的目标是改进酸奶和芝士的制作方法。鲁道夫·巴兰古身在美国北卡罗来纳州，菲利普·霍瓦特则在法国。两人在丹尼斯克任职。丹尼斯克是一家丹麦食品原料公司，生产发酵剂，该产品能促进并控制乳制品发酵。

酸奶和芝士的发酵剂由细菌制成。发酵剂的全球市场价值为 400 亿美元，其最大威胁是能将细菌赶尽杀绝的病毒。因此，丹尼斯克愿意投入大量资金，研究细菌针对病毒的防御方法。该公司拥有一项重大优势：它拥有它所用过的所有细菌 DNA 序列的历史记录。巴兰古和霍瓦特在一次会议上首次听说莫伊卡进行的 CRISPR 研究，两人便利用公司的细菌 DNA 序列记录，建立了基础科学与商业之间的往来。

鲁道夫·巴兰古

巴兰古生于巴黎，因此他与生俱来对食品心怀热情。他也热爱科学。上大学时，巴兰古决定将两种热情融为一体。为了进一步了解食品，巴兰古从法国搬到北卡罗来纳州。他是我有生以来遇见的唯一一个做出如此举动之人。巴兰古进入位于罗利的北卡罗来纳州立大学就读，取得酱菜泡菜发酵学硕士学位。随后，巴兰古继续在母校深造，取得博士学位，与一位在课堂上相遇的食品科学家喜结连理。巴兰古的妻子前往奥斯卡·迈耶肉制品公司工作时，巴兰古便跟随妻子到了威斯康星州麦迪逊。麦迪逊也是丹尼斯克所在地。该公司生产成百上千吨细菌发酵剂，用于制作包括酸奶在内的发酵乳制品。2005 年，巴兰古在该公司任研究总监一职。[3]

几年前，巴兰古与另一位法国食品科学家菲利普·霍瓦特成为朋友。霍瓦特当时在丹尼斯克的一所实验室任研究员。该实验室坐落于法国中部城镇当热圣罗曼。霍瓦特当时正在开发工具，以鉴定攻击不同菌株的病毒。两人开启了远程合作，共同开展 CRISPR 研究。

在法国期间，两人每天通话两到三次，制订详细计划。两人的方法是，使用计算生物学，研究丹尼斯克海量数据库中细菌的 CRISPR 序列。他们首先研究的是嗜热链球菌。这种细菌是乳制品培养菌产业的“老黄牛”。两人获得该类细菌的 CRISPR 序列后，将其与攻击该类细菌的病毒的 DNA 进行对比。丹尼斯克历史数据的美妙之处在于，自 20 世纪 80 年代早期以来，每年都有菌株被纳入数据库。因此，巴兰古和霍瓦特能观察到细菌随时间推移所发生的变化。

两人注意到，在一次大型的病毒入侵后不久，数据库所收集的细菌就为抗击此类病毒的序列产生了新间隔序列。这一现象表明，细菌获取了病毒序列，用以抗击病毒未来的进攻。由于现在免疫力成为细菌 DNA 的一部分，因此这种免疫力将传递给细菌未来所有的后代。2005 年 5 月，在完成一次具体对比后，两人发现，他们大功告成。巴兰古回忆道："我们看到，菌株的 CRISPR 序列和攻击细菌的病毒的序列百分之百吻合。那是发现答案的时刻。"[4] 两人的成功至关重要，是对弗朗西斯科·莫伊卡和尤金·库宁所发表论文的证明。

菲利普·霍瓦特

随后，巴兰古和霍瓦特取得了颇具价值的成绩：两人证明，他们可以自己设计并增加间隔区，改造此种免疫力。由于霍瓦特所使用的法国的研究设施未获授权，无法进行基因工程改造，因此巴兰古选择在威斯康星的实验室完成该部分实验。巴兰古说："我发现，将病毒的序列置入 CRISPR 内，细菌就会产生针对该种病毒的免疫力。"[5] 此外，两人还证明，对于获取新间隔序列、抗击病毒攻击，Cas 酶具有决定性作用。巴兰古回忆道："我提取了两种 Cas 基因。12 年前，做到这点并不容易。其中一个基因是 Cas9。我们证明，离开 Cas9 基因，你就会失去抵抗力。"

2005 年 8 月，两人用这些发现申请专利，其中一项成为 CRISPR-

Cas 系统首批专利之一。那年，丹尼斯克开始使用 CRISPR，为其菌株接种疫苗。

2007 年 3 月，巴兰古和霍瓦特在《科学》杂志上发表了一篇论文。巴兰古说："那是美妙绝伦的时刻。我们是一家不知名的丹麦公司的员工，向杂志递交了一篇关于生物体内鲜为人知系统的论文，而科学家对这一系统不屑一顾。论文进入审核阶段，就已使我们喜出望外。结果，杂志通过了我们的论文！"[6]

## CRISPR 会议

巴兰古和霍瓦特的论文推动科学家显著提升了对 CRISPR 的兴趣。伯克利生物学家吉莉安·班菲尔德曾于言论自由运动咖啡馆邀请杜德纳加入其研究。这次，班菲尔德立刻给巴兰古打了电话。两人决定采取新兴领域先驱经常做出的行动：召开年会。首场会议由班菲尔德和布雷克·威登海夫特组织，于 2008 年 7 月末在加利福尼亚大学伯克利分校的斯坦利楼举行。杜德纳的实验室就位于此处。此次会议只有 35 人参加，其中包括弗朗西斯科·莫伊卡。莫伊卡从西班牙来到现场，担任演讲嘉宾。

在科学界，远距离合作具有良好成效，在 CRISPR 领域尤为如此，巴兰古和霍瓦特便是证明。但是距离相近可以激发更为剧烈的反应。人们在诸如言论自由运动咖啡馆之类的地方饮茶时，便能集思广益。巴兰古说："如果没有 CRISPR 会议，该领域就不会按照现在的速度发展，也不会形成合作，大家永远无法建立友谊。"

会议规则十分宽松，有利于人们建立对彼此的信任。参会人员可以随意谈论他们尚未发表的数据，其他参会者也不会利用这些数据。班菲尔德后来说："在小型会议上，参会者共享未发表的数据和观点，人人为我，我为人人。这些会议能够改变世界。"在诸多创举中，有一项是规范术语和名称，包括使用统一名称，命名 CRISPR 相关的蛋白质。西尔万·莫罗（Sylvain Moreau）是参加会议的先驱之一。莫罗将 7 月的会议称为“我们的科学圣诞聚会”。[7]

## 松特海姆与马拉菲尼

会议首次召开那年，取得了一项重大进步。卢西亚诺·马拉菲尼和其导师——芝加哥西北大学的埃里克·松特海姆证明，CRISPR 系统的目标是 DNA。换言之，CRISPR 并未通过 RNA 干扰发挥作用。班菲尔德首次联系杜德纳时，学界普遍达成共识，认为 RNA 干扰是 CRISPR 起效的途径。恰恰相反，CRISPR 系统的目标是入侵病毒的 DNA。[8]

这一发现具有惊天动地的影响。正如马拉菲尼和松特海姆所发现的，如果 CRISPR 系统的目标是病毒的 DNA，那么该系统便可能成为一个基因编辑工具。这一影响深远的发现把全世界对 CRISPR 的兴趣推向新高度。松特海姆说：“该发现催生了一个想法，可实现对 CRISPR 本质的改变。如果 CRISPR 可以瞄准并剪切 DNA，它就能帮你根除基因问题。”[9]

还有许多问题需要解决，才能让这一设想变为现实。马拉菲尼和松特海姆并不知道 CRISPR 酶究竟如何剪切 DNA。CRISPR 酶可能会以一种与基因编辑不相容的方式，进行 DNA 剪切。然而，2008 年 9 月，两人就将 CRISPR 用作 DNA 编辑工具，提交了一份专利申请。该项申请遭到拒绝，这一结果合情合理。两人认为，在未来某一天，CRISPR 可以成为基因编辑工具。这种想法虽然并无不妥，但是尚未有实验证据对此予以支持。松特海姆坦言：“你无法为一个想法申请专利。你必须实实在在地发明出你声称存在的东西。”两人也试图向美国国立卫生研究院申请一笔资金，致力于将基因工具变为现实，但这项申请同样遭到拒绝。但是，两人创造了历史，他们最先提出，可将 CRISPR-Cas 系统作为基因编辑工具使用的方法。[10]

此前，松特海姆和马拉菲尼一直研究诸如细菌等细胞内的 CRISPR。有些分子生物学家同样进行了此类研究，也于当年发表论文。但是，为了确定系统中的基本组成部分，研究者需要采用不同方法：通过在试管中分离出组成部分，生物化学家得以从分子层面解释微生物学家和计算遗传学家的发现。前者使用试管获得发现，后者利用在电脑中对比测序数据获得发现。

马拉菲尼坦言："在试管中进行实验时，你永远无法完全确定反应原因。我们无法看到细胞内部，看不到物质作用的原理。"为了充分理解每个组成部分，你需要将其从细胞中取出，放入试管。在试管中，你可以准确控制其中的物质。这是杜德纳的专长，也是布雷克·威登海夫特和马丁·吉尼克来杜德纳实验室的目的。杜德纳后来写道："解决此类问题需要我们越过遗传学研究，采取更具生物化学特性的方法。这种方法将帮助我们分离出组成 CRISPR 的分子，研究分子行为。"[11]

但是首先，杜德纳虚晃一枪，走上了一段莫名其妙的职业发展弯路。

第 13 章

# 从基础科学到应用科学

## 转移重心

2008 年秋，就在如潮水般的 CRISPR 论文出版之后，吉莉安·班菲尔德告诉杜德纳，自己担心，最为重要的发现已经完成，也许是时候“向前看”了。杜德纳对此并不赞同，她回忆道：“在我眼中，目前所获得的所有发现是一场激动人心之旅的开始，而非结束。我知道，存在某种具有适应能力的免疫，我想知道其作用原理。”[1]

赫伯特·博耶（Herbert Boyer）和罗伯特·A. 斯万森（Robert A. Swanson）

但是，在那时那刻，杜德纳个人正计划将研究重点转向新的研究对象。

杜德纳当时 44 岁，婚姻幸福美满。儿子 7 岁，聪慧机灵，彬彬有礼。尽管杜德纳已功成名就，但她正经历一场不大不小的中年危机。部分原因也许正是在于其取得的成就。杜德纳回忆道："我运营一所研究型实验室 15 年，我开始思考：'还有更多需要我去追求的吗？'我想知道，我的研究是否具有更为广义的影响。"

杜德纳处于 CRISPR 新兴领域前沿。尽管她对此兴奋不已，但是她渐渐对钻研基础科学感到焦躁不安。她渴望开展更多应用科学和转化研究，旨在将基础性科学知识转化为促进人类健康的治疗方法。即使有迹象表明 CRISPR 可以变成基因编辑工具，拥有巨大的实际价值，但是杜德纳感到，自己更愿意投身于能产生即刻影响的项目。

起初，她考虑进入医学院。她说："我当时认为，我可能想接触真正的患者，参与临床试验。"她也曾考虑进入商学院。哥伦比亚大学开设的高级工商管理硕士（MBA）课程，可让学习课程的同学每月上一周课，并在线完成剩余学习任务。杜德纳的妈妈在夏威夷，年老体弱。虽然往返于伯克利、纽约和夏威夷会令杜德纳精疲力竭，但是她依然认真考虑前往哥伦比亚大学。

随后，她遇见曾经的一位大学同事。这位同事曾于一年前在旧金山生物技术集团基因泰克任职。基因泰克公司将基础科学、技术专利和风险资本完美融合，开拓创新，盈利颇丰，因而成为一家模范公司。

## 基因泰克

基因泰克创立于 1972 年。当年，斯坦福大学医学教授斯坦利·科恩（Stanley Cohen）与旧金山加利福尼亚大学生物化学家赫伯特·博耶于檀香山出席一场会议，探讨 DNA 重组技术。该技术由斯坦福大学生物化学家保罗·伯格（Paul Berg）发现。伯格使用该技术，发现了如何拼接不同生物体的 DNA，进而创建杂合体。博耶自己则发现了一种酶，可以高效创建此类杂合体。在会上，博耶就该项发现做了报告。随后，科恩谈及如何通过将一段 DNA 引入大肠杆菌，克隆出成千上万个与该片段一模一样的 DNA。

一天晚上，结束会议晚餐后，科恩和博耶感到无聊，觉得还没填饱肚子，便步行来到一家纽约风格的熟食店。熟食店位于威基基海滩附近的一条商业街上，门面上挂着霓虹灯牌子，牌子上用希伯来语写着“你好”（Shalom），而通常情况下，此类店面挂的牌子上都写着夏威夷问候语“你好”（Aloha）。两人一边吃着烟熏牛肉三明治，一边讨论如何将两人的发现合二为一，创造改造、操作新基因的方法。于是两人同意进行合作，开展研究，努力把这一想法变为现实。他们用时 4 个月，便拼接了不同生物体的 DNA 片段，克隆了几百万个片段。生物技术领域应运而生，基因工程革命由此拉开大幕。[2]

一位有着敏锐洞察力的斯坦福大学知识产权律师与两人取得联系，伸出援助之手，帮助两人申请专利，令两人颇感意外。1974 年，两人提交专利申请，最终获批通过。两人从未充分意识到可为在自然界发现的 DNA 重组过程申请专利，其他科学家同样未曾意识到这一点。许多科学家对此怒不可遏，保罗·伯格尤甚，他曾率先在 DNA 重组方面取得突破。伯格称这种申请专利的做法“疑点重重、无礼、过分，是骄傲自大之举”。[3]

罗伯特·斯万森是一位年纪轻轻、努力奋斗、胸怀大志的风险投资家。1975 年晚些时候，科恩和博耶提交专利申请一年后，罗伯特·斯万森开始主动打电话，联系有意成立基因工程公司的科学家。当时，斯万森住在与他人合租的公寓里，开着一辆破破烂烂的达特桑，靠冷切三明治填饱肚子。但是斯万森认真研究了 DNA 重组技术，相信自己终于找到制胜法宝。于是斯万森按照姓名字母排序，一个个联系他名单上的科学家。随着这项工作的进行，博耶成为首个同意与他见面的科学家。（伯格拒绝了斯万森的请求。）于是斯万森前往博耶的办公室与他见面。此次会面原定只持续 10 分钟，但是斯万森和博耶最终在街区酒吧内畅谈了 3 个小时。在酒吧里，两人计划成立一家新兴公司，使用经改造的基因生产药物。两人同意，各自出资 500 美元，支付最初的法务费用。[4]

斯万森建议，使用两人名字的组合词，将公司命名为赫鲍勃（HerBob）。这个名字听起来像一家在线约会服务公司，或廉价市场中的一家美容院。博耶当机立断，否决了这一提议，并提议以“基因工程技术”（genetic engineering technology）的组合词，将公司命名为基因泰克。公司成立后，便开始生产基因改造药物。1978 年 8 月，公司与对手竞争，生产合成胰岛素治疗糖尿病。在这场赌上了自己前途的竞争中，基因泰克取得胜利，进而实现爆发式发展。

而在基因泰克取得成功之前，人们大约需要从 23 000 多头猪或牛身上摘取 8 000 磅①胰腺，才能制成一磅胰岛素。基因泰克通过胰岛素取得成功，不仅改变了糖尿病患者（以及许许多多猪和牛）的生活，也将整个生物技术产业带入新的轨道。《时代周刊》将博耶设为封面人物。封面照片上的博耶面带微笑，而封面标题为《基因工程蓬勃发展》。在同一周，英格兰查尔斯王子迎娶戴安娜。在那个新闻业并不发达的时代，查尔斯与戴安娜大婚的新闻却排在该期《时代周刊》封面的第二位。

1980 年 10 月，基因泰克成为首家完成首次公开募股（IPO）的生物技术公司，可进行公开上市交易。这一新闻成功使公司登上《旧金山观察家报》头版，令人难忘。公司在股票市场以基因（GENE）为股票代码进行交易。公司股票开盘价为每股 35 美元，一小时内，卖出价便达到每股 88 美元。《旧金山观察家报》的头版标题为《基因泰克震动华尔街》。在标题下方，则是一篇与之毫无关联的新闻报道的照片：保罗·伯格面带微笑，通过电话得知，自己于同一日因发现重组 DNA 获得诺贝尔奖。[5]

## 换道：研究型科学家与商业化

2008 年末，在基因泰克开始招募杜德纳时，该公司价值接近 1 000 亿美元。杜德纳的一位前同事当时已在基因泰克任职，研究基因改造的癌症药物。这位前同事告诉杜德纳，他十分喜欢自己的新角色。与自己

① 1 磅约为 0.45 千克。——编者注

在学术界时期相比，这位同事的研究重点更为集中：他直接研究能催生新疗法的问题。杜德纳说："他的情况致使我思考，也许我应该前往一个可以直接应用我已掌握的知识的地方，而不是回归学校。"

杜德纳做出改变的第一步，是在基因泰克的数场研讨会上做报告，介绍自己的研究。此举帮助了杜德纳和基因泰克团队了解彼此。在努力争取杜德纳的诸多人士中，有产品开发主管苏·德斯蒙德－赫尔曼（Sue Desmond-Hellmann）。德斯蒙德－赫尔曼与杜德纳个性相近，都思维敏捷、善解人意、热情洋溢、善于倾听。杜德纳说："在准备招募我的时候，她和我坐在她的办公室，她告诉我，如果我来基因泰克，她会成为我的导师。"

杜德纳决定接受这份工作时得知，自己可以将伯克利团队的部分成员带入公司。雷切尔·赫尔维茨（Rachel Haurwitz）是杜德纳手下的一名博士生。与杜德纳其他大多数博士生一样，赫尔维茨决定追随杜德纳。雷切尔·赫尔维茨回忆道："我们都整装待发，准备搬家。我们正考虑带走哪些设备，同时已着手将设备收拾打包。"[6]

但是，杜德纳于 2009 年 1 月在基因泰克开始工作时，就意识到自己犯了一个错误。她说："我迅速意识到我来错了地方，那是一种本能反应。我日日夜夜、时时刻刻都感觉自己做了错误的决定。"她难以入睡，在家中心情沮丧，难以完成基础的工作。她的中年危机继续发展为一场轻微的精神崩溃。她一直以来谨言慎行，能隐藏并控制自己的不安和偶尔出现的焦虑。而现在，情况变了。[7]

仅仅数周，杜德纳的情绪焦虑就达到顶点。1 月末，在一个雨夜，她躺在床上，没有入睡。随后她起身，穿着睡衣走到屋外。她回忆道："我冒着雨，坐在我家后院，淋得全身湿透。我想：'我不干了。'"她的丈夫发现她一动不动，冒着雨，坐在外面，便哄着她回到了屋里。杜德纳想知道，自己是否患上了抑郁症。她知道，自己想回到在伯克利的研究实验室，但是她担心那扇大门已经对她关上了。

迈克尔·马利塔（Michael Marletta）是杜德纳的邻居，也是伯克利化学系主任，他向杜德纳伸出了援助之手。第二天早上，杜德纳打电话给迈克尔·马利塔，请他来家里坐坐。马利塔应邀前往。杜德纳让杰米和儿子安德鲁离开，使自己能私下与马利塔谈话，吐露自己的真情实感。马利塔立刻意识到杜德纳看起来有多么不开心，他大吃一惊，并实话实说，告诉了杜德纳自己的感觉。马利塔说："我猜，你想重回伯克利。"

杜德纳回答道："我想我可能已经用力把那扇门关上了。"

马利塔向杜德纳保证："还没有。我能帮你回到伯克利。"

杜德纳的情绪立刻好转。那天晚上，她能再次入睡了。她说："我知道我要回到我该回的地方。"3 月初，在离开仅两个月后，杜德纳回到了自己在伯克利的实验室。

通过此次错误，杜德纳对自己的热情、技能及软肋有了更为清晰的认识。她喜欢成为一名在实验室工作的研究型科学家，擅长与信赖的人探讨问题的解决方法，而不善于在企业环境中工作。在那里，人人为权力和晋升而竞争，而非努力获得发现。杜德纳说："我没有在大公司工作所需的技能或热情。"但是即使在基因泰克短暂的工作并未结出硕果，杜德纳仍旧渴望将自己的研究与创造实用新工具及创建新公司关联，并使之商业化。这种渴望促使她开启她生命中的下一个篇章。

第 14 章

# 杜德纳实验室

## 招兵买马

科学发现由两个部分组成：出色完成研究和组建一个可以出色完成研究的实验室团队。我曾问史蒂夫·乔布斯，他最为出色的产品是哪一款。我以为他会说麦金塔（Macintosh）电脑或苹果手机（iPhone）。乔布斯却说，创造优秀的产品至关重要，但是创建一支能够持续做出此类产品的团队更为重要。

杜德纳非常享受成为一名实验科学家——早早进入实验室、戴上乳胶手套、穿上白大褂，开始用移液器和培养皿开展实验。在伯克利建立实验室后的最初几年，杜德纳能将自己一半的时间花在实验台前。她说："我不想放弃。我认为我是一位非常优秀的实验人员。我的大脑靠做实验运转。我能在头脑中看到实验，我独自工作时尤为如此。"但是到 2009 年，杜德纳从基因泰克回到伯克利后，她发现自己必须花更多时间改善实验室，而非将其用于培养细菌。

诸多领域都会出现此类从球员到教练式的转变，既包括从作者转变为编辑，也包括从工程师转变为经理。实验科学家成为实验室领导后，他们的新管理职责包括招聘合适的年轻研究员、为研究员提供指导、检查其研究结果、提议开展新实验，以及根据实践经验提供相关见解。

在完成上述任务方面，杜德纳出类拔萃。在考虑自己实验室中博士生或博士后候选人时，杜德纳会确保其他成员确信，新兵们能够融入队伍。其选拔标准在于，找到能自我指导又具有团队精神的人。随着杜德纳关于 CRISPR 的研究迅速得到推进，她发现了两名既热情洋溢又聪明过人的博士生，能够成为像布雷克·威登海夫特和马丁·吉尼克一样的团队核心成员。

## 雷切尔·赫尔维茨

雷切尔·赫尔维茨在美国得克萨斯州奥斯汀长大。用赫尔维茨自己的话说，她小时候是“一个一心学习科学的书呆子”。与杜德纳一样，雷切尔·赫尔维茨渐渐对 RNA 产生兴趣。在哈佛大学读本科时，赫尔维茨将学习重点放在了分子上。后来，赫尔维茨进入伯克利，攻读博士学位。不出所料，她渴望在杜德纳的实验室工作。2008 年，雷切尔·赫尔维茨加入杜德纳实验室。布雷克·威登海夫特颇具人格魅力，其本人对稀奇古怪的细菌充满热情，并乐在其中，这深深吸引了雷切尔·赫尔维茨。她很快进入布雷克·威登海夫特的 CRISPR 研究领域。赫尔维茨回忆道：“刚开始与布雷克共事时，我几乎对 CRISPR 闻所未闻。我仅用了两个小时，就读完了所有已发表的该领域论文。布雷克和我都没意识到，我们正站在冰山一角。”[1]

2009 年年初，赫尔维茨正在家中准备博士生资格考试。突然，她听到新闻中说，杜德纳决定不继续留在基因泰克，而会重返伯克利。此乃一件幸事。赫尔维茨此前一直计划追随杜德纳，但是自己真心希望留在伯克利，与威登海夫特合作，完成自己关于 CRISPR 的论文。赫尔维茨与威登海夫特均热爱生物化学，也喜爱户外活动。威登海夫特甚至帮助赫尔维茨开发了一种新型训练和饮食计划，促使她能够重新参加马拉松比赛。

杜德纳在赫尔维茨身上发现了自己所具有的一些特点：CRISPR 是一个风险重重的领域，因为该领域出现不久，所以赫尔维茨不做过多考虑，希望立刻进入该领域。杜德纳说：“CRISPR 是一个新兴领域，虽然一些学生对此心生畏惧，但对她而言却正合心意。所以我告诉她：‘放手去做吧！’”

威登海夫特通过研究发现 Cas1 结构后，决定对自己正在研究的细菌中的其他 5 种 CRISPR 相关蛋白进行相同研究。他轻松完成了其中 4 种蛋白的研究，但却难以攻克 Cas6①。因此，威登海夫特将赫尔维茨招入队中。赫尔维茨说：“他把问题儿童交给了我。”

马丁 · 吉尼克、雷切尔 · 赫尔维茨、布雷克 · 威登海夫特、周凯虹与珍妮弗 · 杜德纳

结果表明，困难的根源在于，在教科书和数据库中，细菌基因组测序注解有误。赫尔维茨解释说：“布雷克发现，我们遇到重重困难，是因为它们一开始便出了问题。”他们弄清了问题所在，便立刻成功地在实验室制成 Cas6。[2]

接下来，他们需要弄清该蛋白的作用和作用原理。赫尔维茨解释说：“我利用杜德纳实验室涉及的两个领域，用生物化学弄清了 Cas6 的功能，用结构生物学弄清了 Cas6 的结构。”生物化学实验揭示，Cas6 的作用是锁定 CRISPR 阵列产生的长 RNA，将其切割成更短的 CRISPR RNA 片段。该片段能准确瞄准入侵病毒的 DNA。

① 当时，蛋白质一开始叫作 Csy4，最终确认为 Cas6f。

下一步是破解 Cas6 的结构，进而解释 Cas6 的作用原理。赫尔维茨说："当时，我和布雷克并未掌握独立进行结构生物学研究所需的全部技能。因此，我们向坐在旁边实验台的马丁·吉尼克求助。我问他是否愿意加入项目，向我们演示如何进行结构生物学研究。"

三位科学家发现了一些非同寻常的现象。Cas6 与 RNA 以某种方式连接，而教科书上却说该种方式并不会起效：Cas6 可以在 RNA 中找到能在空间上与之结合的目的序列。赫尔维茨说："在我们之前见过的其他 Cas 蛋白中，没有一种能做到这一点。"结果表明，Cas6 能够识别并精确切割特定位置，而不扰乱其他 RNA。

在三人的论文中，他们将这一发现称为"意料之外的识别机制"。在 Cas6 与正确序列相互作用的位置，存在一种"RNA 发夹"。在发现其作用原理的过程中，分子外形的扭曲和折叠再次成为关键。[3]

## 山姆·斯腾伯格

2008 年年初，山姆·斯腾伯格入选多个顶级博士项目，其中不乏哈佛大学和麻省理工学院。他最终决定进入伯克利。因为此前，斯腾伯格曾与杜德纳见面，想要与她共同开展 RNA 结构研究。但最终，山姆·斯腾伯格为能完成一篇科研论文而推迟入学。论文与他在哥伦比亚大学读本科时期的研究有关。[4]

在延期入学的那段时间，山姆·斯腾伯格听说杜德纳突然加入基因泰克，也听说杜德纳更为突然地重整旗鼓，他对此颇感惊讶。他担心，自己是否做出了正确的选择，于是便向杜德纳发了一封邮件，询问她在伯克利做研究的决心有多么坚定。斯腾伯格坦言："我不敢当面问她，因为我当时太紧张了。"杜德纳回复了斯腾伯格的邮件，令他心安志定。在邮件中，杜德纳表示，自己现在坚定不移，确定伯克利是适合自己的地方。斯腾伯格说："我对她的回复确信无疑，我决定坚决执行我的计划，前往伯克利就读。"[5]

赫尔维茨邀请斯腾伯格到自己和男朋友共同居住的公寓，共进逾越节晚餐。与其他大多数逾越节晚餐不同，此次晚餐对话的主题是CRISPR。斯腾伯格说："我一直让她向我介绍她所做实验的更多内容。"赫尔维茨正在撰写一篇关于 Cas 酶的论文。她给斯腾伯格看了该篇论文，斯腾伯格为之着迷。斯腾伯格说："后来，我向珍妮弗明确表态，我不想一直研究 RNA 干扰。我告诉她，我想转而研究 CRISPR 这一新物质。"

哥伦比亚大学教授埃里克·格林（Eric Greene）做了一场关于单分子荧光显微镜技术的报告。听了报告后，斯腾伯格试探着问杜德纳，自己是否能够尝试采用该方法，将其用于一种 CRISPR-Cas 蛋白研究。杜德纳答复说："没问题。一定要用。"此举属于杜德纳喜欢的那种冒险方式。将点点滴滴相连，进而纵览全局，一直是杜德纳取得科学成就的原因。杜德纳担心，斯腾伯格只能解决关于 CRISPR 的小型课题。在夸奖斯腾伯格聪明过人、天赋异禀之后，杜德纳直截了当地说："现在，你属于大材小用了。你没有承担与你这样的学生的能力相匹配的项目。否则，我们何必从事科学研究？我们进行科学研究的目的是紧紧抓住重大问题，承担风险。如果不尝试，你就永远无法取得突破。"[6]

杜德纳说服了斯腾伯格。斯腾伯格此前曾询问，自己能否前往哥伦比亚大学，用一周时间进一步了解该项技术。后来，斯腾伯格在自己的博士论文的致谢部分写道："她（杜德纳）不只把我送往那里待了一周，尝试使用这一技术。最终，我在那里待了整整 6 个月，而她支付了全部费用。"在回到自己母校后的 6 个月里，斯腾伯格学会了使用单分子荧光法检测 Cas 酶的行为。[7] 此项研究催生了两篇突破性论文。斯腾伯格、哥伦比亚大学的埃里克·格林、吉尼克、威登海夫特和杜德纳为共同作者。两篇论文首次准确表明，CRISPR 系统中受 RNA 引导的蛋白如何找到入侵病毒的目标序列。[8]

威登海夫特变成了榜样。斯腾伯格对他越发友善。2011 年年末，威登海夫特为《自然》杂志撰写关于 CRISPR 的评论文章时，两人有机会在紧张忙碌的一周共同进行研究。[9] 两人花了几天时间，一起坐在电脑前，讨论措辞，选择供出版使用的插图。在温哥华参加一场会议时，两人住在同一个房间，关系更加紧密。斯腾伯格说："我自己的科学盛宴正是从那时开始的。因为我开始思考，我如何能够开展更为重大的研究，吸引布雷克与我共事。”[10]

斯腾伯格、威登海夫特和赫尔维茨坐在实验室的一个隔间内，彼此仅相距几米。这里成为生物怪咖的藏身之所。在开展大型实验期间，他们会就实验结果打赌下注。布雷克会问：“我们的赌注是什么？”然后他自己回答：“我们赌一杯奶昔。”问题在于，也许是因为伯克利成了流行之地，也许它尚未引领潮流，校园里并没有奶昔店。但是，他们会记录奶昔数量，统计比分。

实验室里产生的友情并非意外：在招聘过程中，杜德纳既注重确保新人适合团队，也会认真评估他们的科研成就。一天，我们走进杜德纳的实验室，我问她，她的做法是否可能淘汰了一些并不合适的杰出人才，比如喜欢质疑他人或扰乱团队思考却令团队受益匪浅的人？杜德纳说：“我有所考虑。我知道，有些人喜欢具有创造性的冲突。但是我喜欢在实验室中能团结协作的人。”

## 女性领导力

罗斯·威尔逊（Ross Wilson）是俄亥俄州立大学刚刚毕业的博士生。威尔逊申请杜德纳实验室博士后的职位时，吉尼克单独与他谈话，给他提了个醒。吉尼克告诉威尔逊：“你必须自食其力。如果你不算积极上进，那珍妮弗不会提供太多帮助，也不会替你进行研究。有时，她似乎不闻不问。但是如果你积极主动，她就会为你提供冒险的机会，给你真正能启迪心智的指导，在你需要时出手相助。”[11]

2010年，威尔逊申请博士后职位时只到杜德纳的实验室参加了面试。威尔逊尤为关注RNA与酶相互作用的原理，认为杜德纳是世界领先的专家。杜德纳同意威尔逊加入团队时，他喜极而泣。威尔逊说：“我当时的确留下了喜悦的泪水。在我的一生中，仅此一次。”

威尔逊说，吉尼克的提醒“分毫不差”。但是对于威尔逊这样一个自驱型的人而言，吉尼克的话使杜德纳的实验室成为一个激动人心的工作场所。现在，威尔逊在伯克利运营自己的实验室，与杜德纳的实验室合作进行研究。威尔逊说："她绝对不会紧紧盯着你，但是她会与你共同检查实验和实验结果。有时，她会压低声音，盯着你的眼睛，身体前倾，说：'如果你试试……会怎么样？'"然后，她会介绍一种新方法、一项新实验，甚至提出一个重大的新想法，通常还涉及一些使用 RNA 的新方法。

比如，有一天，威尔逊来到杜德纳的办公室，向她展示实验结果，说明自己利用晶体学解析的两个分子是如何相互作用的。杜德纳说："如果在了解其作用原理的基础上，你能干扰此种互动，也许我们可以在细胞内部进行相同干扰，进而能观察到这种做法如何改变细胞行为。"杜德纳的建议促使威尔逊不局限于试管，而进一步潜心钻研细胞内部的工作原理。威尔逊说："我从来没有考虑过这么做，但是这种做法的确奏效了。"

在自己的实验室时，杜德纳在上午几乎都会安排实验室中一定数量的研究人员展示最新成果。杜德纳会提出苏格拉底式的问题：你有没有考虑过添加 RNA？我们可以设想在细胞中加入 RNA 吗？吉尼克说："你在开展自己的项目时，她能用熟练的技巧，提出恰到好处又至关重要的问题。"这些问题的作用是让杜德纳的实验人员见微知著，看到大局。杜德纳会问，你为何这么做？这有何意义？

虽然在一名实验人员的项目进行的早期阶段，杜德纳会采取放任自流的方式开展工作，但是随着项目越发接近取得成果的阶段，杜德纳会积极参与。卢卡斯·哈林顿（Lucas Harrington）曾经是杜德纳的学生。哈林顿说："在研究中，一旦出现令人激动的情况，或真正的发现，她能感觉到何时至关重要，然后便全身心投入。这是一种与生俱来的能力。"那正是杜德纳争强好胜的天性显露的时刻。她不愿意看到别的实验室先于自己获得发现。哈林顿说："她可能会出人意料地冲入实验室，却不会提高嗓音，而是明确地告诉我们，该做什么，要迅速完成什么。"

杜德纳的实验室获得一项新发现后，杜德纳会坚持不懈地发表论文。她说："我发现期刊编辑青睐咄咄逼人或争强好胜的人。我的天性虽然未必如此，但是当期刊编辑认为我们的研究并不重要时，我就会变得更为大胆激进。”

在自我推销方面，科学界的女性易于腼腆害羞。2019 年，一项针对超过 600 万篇由女性担任主要作者的文章的研究发现，女性使用“新奇”“独一无二”“史无前例”等自我推销术语描述自己的发现的可能性更小。在最权威的期刊中，该项研究中说明的趋势尤为明显。一般来说，此类期刊介绍的几乎都是具有突破性的研究。在影响力最大、介绍最为尖端的研究的期刊中，女性在描述自己的研究时，使用积极、自我推销式的词汇的可能性要比男性低 21%。这种情况在一定程度上导致女性论文被引频次比男性论文低 10%。[12]

杜德纳并未落入这一陷阱。例如，2011 年的某一天，杜德纳、威登海夫特和杜德纳的伯克利同事伊娃·诺加莱斯完成了一篇论文。论文主题是名为 CASCADE 的 Cas 酶的排列问题。此种酶可以将目标精准锁定于发起入侵的病毒的 DNA，然后产生一种酶，将 DNA 切割成成百上千段。三人将论文递交至最为权威的期刊之一——《自然》杂志。论文通过了审核。但是编辑们表示，该项突破的重要程度不足以让论文成为期刊中的专题“文章”，所以他们希望将论文作为“报告”发表。此举令论文的重要性有所下降。面对论文迅速得到重要发表机构的通过，大多数团队会兴奋不已。但是杜德纳却心烦意乱。她坚持认为，该篇论文是一项重大进步，理应得到重视。她写了一封信，请求他人写信支持。但是编辑们态度坚决。威登海夫特说：“如果《自然》杂志同意发表论文，大多数人会高兴得手舞足蹈，珍妮弗却坐立难安。论文将以报告而非文章的形式发表，她因此怒不可遏。”[13]

第 15 章

# 卡利布

## 从实验台到病床边

即使杜德纳拒绝加入基因泰克的企业科学圈，她依然热情不减，渴望将对 CRISPR 的基础发现转化为对医学有所帮助的工具。威登海夫特和赫尔维茨成功发现 Cas6 的结构后，杜德纳迎来了自己的机会。

当时，杜德纳正处于职业生涯新旅程的起始阶段：她正在寻找方法，将自己的 CRISPR 发现转化成对医学有所帮助的工具。赫尔维茨进一步发展了这一理念。如能将 Cas6 转化成一种医学工具，Cas6 便可成为一家公司建立的基石。杜德纳说："一旦我们理解了 Cas6 蛋白的工作原理，我们便开始有了一些想法，思考如何从细菌中获取 Cas6 蛋白，为达到我们自己的目的对其进行修改。"[1]

雷切尔 · 赫尔维茨

在 20 世纪的大部分时间里，大多数新型药物都是在化学进步的基础上开发而成的。但是 1976 年基因泰克成立，通过基因工程，转移商业化重点，从化学转至与操纵细胞相关的生物技术，创造出了新的医学治疗方法。基因泰克成为生物技术发现的商业化的典型：科学家和风险投资家分摊股权，筹集资本，随后与大型制药公司达成协议，为科学家们所获发现颁发许可证，进而进行投资生产和营销推广。

因此，生物技术步了数字技术的后尘，模糊了学术研究和商务间的界限。在数字领域，此类融合始于第二次世界大战之后，主要以斯坦福大学为中心。在斯坦福大学弗雷德里克·特曼（Frederick Terman）院长的刺激下，斯坦福大学鼓励其教授将自身发现商业化。企业如雨后春笋般从斯坦福大学扩散开来，其中包括利顿工业公司、瓦里安联合公司、惠普公司、太阳微系统公司及谷歌。在这一进程的推动下，杏园山谷变成了硅谷。

在此期间，还有诸如哈佛和伯克利等许多大学认为，坚持基础科学研究更为合适。这些大学的传统型教授和院长对涉足商业嗤之以鼻。但是，斯坦福大学在信息技术和生物技术领域的商业化大获成功后，其他大学教授羡慕不已，便开始拥抱企业家精神。这些大学鼓励研究人员为自己的发现申请专利，与风险投资家携手合作创办企业。哈佛大学商学院教授加里·皮萨诺（Gary Pisano）写道："此类公司与大学频繁联系，它们与大学教职工和博士后候选人密切合作，开展研究项目，有时也会使用大学实验室。在许多情况下，发起项目的科学家甚至会保留自己在学校的职位。"[2] 杜德纳走的就是这种路径。

## 创业公司

在此之前，杜德纳从未仔细考虑走商业化道路。在当时及以后，金钱都不是她的主要动力。杰米、安迪和杜德纳住在伯克利一处宽敞朴素的房子里，她从不希望换更大的房子。但是杜德纳的确喜欢创建运营公司这一想法，尤其是能够对人类健康产生直接影响的公司。创业公司与基因泰克不同，既没有公司政策，也能令她专心投入于学术工作。

赫尔维茨同样感受到了公司带来的吸引力。虽然赫尔维茨擅长在实验室工作，但是她发现，自己天生不是做科研的料。因此，赫尔维茨开始在伯克利哈斯商学院学习课程。她最喜欢的课程的授课教师是风险投资家拉里·拉斯基（Larry Lasky）。拉里·拉斯基将自己的学生分成 6 个小组，其中一半为商科学生，另一半为科研人员。每个小组要为一家虚构的生物科技公司打造一系列结构，然后用一学期时间，完善吸引投资者的方法。赫尔维茨还学习了由杰西卡·胡佛（Jessica Hoover）讲授的一门课程。杰西卡·胡佛一直担任一家生物技术公司业务发展部门的领导。该公司致力于研究医学产品商业化的方法，包括如何获取、保护专利。

赫尔维茨在杜德纳实验室的最后一年里，被杜德纳问到接下来想做什么。赫尔维茨回答道："经营一家生物技术公司。"如果是在提倡研究商业化的斯坦福大学，这一回答并不令人意外。但是，在伯克利，大多数博士生都立志以学术研究为己任。这是杜德纳首次在伯克利听到赫尔维茨这样的回答。

几天后，杜德纳走进实验室，找到赫尔维茨。杜德纳说："我一直在想，也许我们应该将 Cas6 和其他一些 CRISPR 酶用作工具，以此为核心，创建一家公司。"赫尔维茨毫不犹豫地回答道："我们当然应该这么做。"[3]

因此，2011 年 10 月，两人共同创立的公司应运而生。在接下来的一年里，杜德纳的研究型实验室成了公司总部。而赫尔维茨利用这一年时间完成了自己的学业。2012 年春，赫尔维茨获得博士学位后，担任新成立公司的总裁，杜德纳任首席科学顾问。

两人的想法是，将公司搬入附近商业街地势较低的位置，通过 Cas6 结构的相关专利所获收益，以及最终凭借杜德纳实验室的其他发现，使公司不断发展壮大。两人最初的目标是，把 Cas6 转化为诊断工具，供诊所使用，以检测人体内的病毒。

## 资金筹集

2011 年杜德纳和赫尔维茨创建公司时，伯克利已对鼓励研究员创建企业有了更好的理解。伯克利启动了多种多样的项目，促进由学校学生和教授所创建企业的发展。其中一个项目为加利福尼亚州定量生物科学研究所（QB3）。该项目成立于2000年，由伯克利和位于湾区的加利福尼亚大学其他校区合作成立。项目旨在“建立大学研究和私人产业间的催化合作关系”。一项盒子项目选中了杜德纳和赫尔维茨，使得两人成为QB3的参与人。该项目向科学家兼企业家提供培训、法律建议和银行服务，帮助他们将自己的基础发现转化为商业产品。

一天，杜德纳和赫尔维茨乘地铁来到旧金山，与一位律师见面。这名律师在一个盒子项目中建立了一家创业公司，帮助两人合法组建公司。律师询问两人公司名称时，赫尔维茨说：“我一直在和我的男友讨论公司名称，我们认为，应该把公司称为卡利布（Caribou）。”这一名称由“Cas”和核苷酸（ribonucleotides）中的部分字母拼接而成，二者均为RNA和DNA的基础成分。

赫尔维茨具有硅谷企业家鲜有的天赋。她性格稳重，是天生的管理行家。她脚踏实地，遇事不惊，求真务实，正直坦诚，不像许多创业公司的首席执行官那样自高自大或焦躁不安。她不会夸大其词，也不会过度承诺，这会带来很多好处，其中之一便是人们往往会低估她。

另外，赫尔维茨从未当过首席执行官，因此她仍需学习。为此，赫尔维茨加入总裁联盟，该组织是为年轻首席执行官设立的当地职业发展小组。小组成员每个月见一次面，用半天时间分享问题，共同寻找解决方案。虽然难以想象史蒂夫·乔布斯或马克·扎克伯格加入这一互助小组会是怎样一番景象，但是赫尔维茨和导师杜德纳一样，颇具自知之明，为人谦和，这些都是通常在顶尖男性管理者身上难以发现的特质。除此之外，赫尔维茨所在的联盟小组对她进行了悉心指导，教授她如何创建一支包含不同专业技能人才的团队。

今天，只要计划书中出现CRISPR一词，风险投资家便会兴奋不已。但是，在杜德纳和赫尔维茨设法筹集资金期间，两人却运气不佳。杜德纳说：“当时，风险投资家对分子诊断学话题唯恐避之不及。我也感到，他们中存在反对女性的潜在倾向。我担心，如果我们筹集到风险资金，雷切尔可能会遭到排挤，被迫卸任首席执行官。”与两人会面的风险投资家中，没有一位是女性。当时是 2012 年。因此，两人并未继续筹集风险资金，而是决定从家人和朋友处尽可能筹集资金。同时杜德纳和赫尔维茨也都将自己的钱用于资金筹集。

## 三角关系

从表面来看，卡利布生物科学公司自力更生的成功，使自己如同纯粹自由市场资本主义的典范。其中自有道理。但是它仍需要更加深入地观察从英特尔到谷歌等诸多其他公司，发现创新是如何成为独特的美国混合催化剂的产物的，这一点至关重要。

随着第二次世界大战结束，伟大的工程师和公职人员范内瓦・布什认为，美国的创新引擎需要政府、企业和院校三方合作驱动。布什拥有独一无二的资格，可以构想这一三角关系，因为布什对三个阵营均有所涉足。他曾担任麻省理工学院工程系主任，是雷神公司的创始人，也曾担任政府首席科学顾问，负责监督原子弹建造及其他项目。[4]

布什建议，政府不应像进行原子弹项目时一样建造自己的大型研究实验室，而应该为大学和企业实验室的研究提供支持。政府、企业和大学催生了创新，在战后时期推动了美国经济的发展，其产物包括晶体管、微芯片、计算机、图形用户界面、全球定位系统、激光、互联网和搜索引擎。

卡利布便是这一举措的范例。作为与私人慈善支持者合作的公立大学，伯克利为杜德纳实验室提供了场地，与受联邦政府资金支持的劳伦斯伯克利国家实验室建立伙伴关系。美国国立卫生研究院向伯克利提供联邦拨款 130 万美元，支持杜德纳对 CRISPR-Cas 系统的研究。[5] 此外，卡利布自身从美国国立卫生研究院小型企业创新计划中获得 159 000 美元的联邦拨款，进而创造条件，分析 RNA 蛋白合成物。该计划的设计目的是帮助创新者将基础研究转化为商业产品。在运营早期，卡利布无法获得风险投资时，该计划确保了公司能够生存下来。[6]

现在，院校、政府和企业的组合常常附带另一元素：慈善基金会。

比如，比尔及梅琳达·盖茨基金会（后文简称“盖茨基金会”）向卡利布提供了 100 000 美元的慈善基金，为将 Cas6 用作诊断病毒感染的工具提供资金支持。在向盖茨基金会提交的计划书中，杜德纳写道：“我们计划创建一组酶，专门识别病毒特有的 RNA 序列，其中包括艾滋病病毒、丙肝病毒和流感病毒。”此次资金支持拉开了 2020 年盖茨基金会资助杜德纳的序幕。她在那一年使用所获得的资金，研究了如何利用 CRISPR 系统检测新冠病毒。[7]

第 16 章

# 埃玛纽埃勒·沙尔庞捷

## 漫步者

会议产生了结果。2011 年春，在出席一场于波多黎各举行的会议期间，杜德纳有机会与埃玛纽埃勒·沙尔庞捷见面。沙尔庞捷是一位四处奔波的法国生物学家，既充满神秘感，又具有巴黎人无忧无虑的特质，颇具吸引力。沙尔庞捷同样一直从事 CRISPR 研究，全心专注于 Cas9 这一 CRISPR 相关酶的研究。

沙尔庞捷谨小慎微，却魅力十足，是一个在诸多城市和实验室之间奔走的女性。沙尔庞捷获得了许多学位，参与了诸多博士后项目，却几乎从未全身心投入任何项目，而总是愿意收拾好实验设备，奔走四方，从不表现出担忧或暴露自己热爱竞争的天性。因此，沙尔庞捷与杜德纳截然不同。也许正因如此，两人起初一见如故，但与建立情感联系相比，两人更多地在科学方面产生了共鸣。两人的微笑都温暖人心，令自己的保护层几乎无影无踪。

沙尔庞捷在巴黎塞纳河以南一个绿树成荫的郊区长大。她的父亲负责管理街区公园系统，母亲是一家精神病院的行政护士。一天，12 岁的沙尔庞捷路过巴斯德研究所。该研究所是巴黎的传染病研究中心。她告诉自己的母亲："我长大后要在那里工作。"几年后，在必须为自己的中学毕业会考选择专业领域，决定大学要学习的课程时，沙尔庞捷选择了生命科学。[1]

沙尔庞捷对艺术也颇感兴趣。她的一位邻居是音乐家，会参加音乐会表演。沙尔庞捷曾在这位邻居那里上钢琴课。她还曾学习芭蕾，20 岁前，她持续接受了良好的训练，具备成为职业舞者的潜力。她说："我想成为一名芭蕾舞者，但是最终我意识到，以跳芭蕾舞为职业需承担太多风险。我的身高距标准高度差几厘米，我的韧带也存在问题，影响了我右腿的伸展动作。"[2]

沙尔庞捷发现，有些艺术课的内容同样适用于科学。她说："在艺术和科学领域，方法论至关重要。你还必须了解基本原理，掌握相关方法。做到这一点，需要坚持不懈，不断重复实验，完善基因克隆所需的 DNA 的方法，然后继续重复进行实验。这是训练的一部分，就像芭蕾舞演员努力训练一样，需要夜以继日重复相同的动作，使用相同的方法。"无独有偶，一旦科学家掌握了基本规律，她就必须融入创新。她解释说："你必须严以律己，而且必须知道何时放松自我，使用创新方法。在生物研究中，我学会了如何将坚持和创新正确结合。"

埃玛纽埃勒·沙尔庞捷

为了兑现自己对母亲的诺言，沙尔庞捷在巴斯德研究所攻读研究生。在研究所学习期间，她了解到细菌是如何对抗生素产生抗性的。在实验室，她感到轻松自在。实验室是坚持自我和进行深思的圣殿。在追求自我发现的道路上，沙尔庞捷既能富于创造力，也能独立自主。她说："我希望自己不仅把自己视为一个学生，也视作一名科学家。我不仅想学习知识，也想看到自己创造知识。"

沙尔庞捷努力成为博士后，进入位于曼哈顿的洛克菲勒大学，在微生物学家伊莱恩·图曼宁（Elaine Tuomanen）的实验室从事研究工作。当时，图曼宁正就导致肺炎的细菌如何发生 DNA 序列变化进行研究，正是该变化令其对抗生素产生抗性。到实验室的那天，沙尔庞捷发现图曼宁正带着博士后们将实验室搬到孟菲斯的圣裘德儿童研究医院。沙尔庞捷在该医院与图曼宁实验室的另一位博士后罗杰·诺瓦克（Rodger Novak）共事。诺瓦克在随后的一段时间与沙尔庞捷成为情侣，之后两人成为业务伙伴。在孟菲斯期间，两人与图曼宁就一项重要研究联合发表论文，证明诸如青霉素等抗生素如何激活细菌中的自杀性酶，溶解细菌自身的细胞壁。[3]

沙尔庞捷拥有亚里士多德式的思想和精神，每时每刻都整装待发，她以这样的精神面貌搬到了新城镇，开展新课题。她之所以如此，是因为她在孟菲斯获得的一项发现令她感到不快。此项发现是：密西西比河的蚊子喜爱法国人的血。此外，沙尔庞捷想要转移注意力，不再关注诸如细菌等单细胞微生物，转而了解哺乳动物基因，其中以老鼠为主。因此，她转至纽约大学的一间实验室。在该实验室，她撰写了一篇论文，论述了操控老鼠基因从而调节其毛发生长的方法。沙尔庞捷还进行了第三项博士后研究。在此期间，她与诺瓦克一起，专注于研究小 RNA 分子在调节酿脓链球菌基因表达中的作用。酿脓链球菌是一种细菌，会引发皮肤感染和链球菌性咽炎。[4]

2002 年，在美国学习 6 年后，沙尔庞捷回到欧洲，担任维也纳大学一间微生物和基因学实验室负责人。但是，她再度变得心神不宁。沙尔庞捷说："维也纳人太了解彼此了。人与人之间的互动影响近乎停止，社会结构束缚了人的手脚。"显然，她并未将此视为一种好处，而是一个问题。因此，2011 年，沙尔庞捷与杜德纳见面时，几乎没有带走自己实验室的研究员，而是只身搬到瑞典北部的于默奥。于默奥距离斯德哥尔摩 400 英里，与维也纳迥然不同。于默奥大学建于 20 世纪 60 年代，由现代建筑群组成。其所在土地曾是驯鹿群牧场。该所大学的树木研究最为著名。沙尔庞捷承认："的确，搬到于默奥是一次冒险举动，但是我获得了思考的机会。"

自1992年进入巴斯德研究所以来，沙尔庞捷在10所研究院工作过，遍及5个国家的7个城市。她漂泊不定的生活既反映也强化了她拒绝建立纽带的事实。沙尔庞捷没有结婚，没有家人，在不影响个人人际关系的情况下，她会努力做出改变并适应环境。她说："我自己一个人自由自在，不依靠合作关系，我享受这种自由。"她讨厌"工作与生活间的平衡"这种说法，因为这表明，工作与生活是非此即彼的关系。她说，自己在实验室工作，对"科学热情满满"，这些"与对其他事物的热情一样，能带给我充实的幸福感"。

与其研究的微生物一样，沙尔庞捷对适应新环境的需要促使她持续创新。她说："我的直觉让我永不停步。这种直觉虽然可能时有时无，但是颇为有益，可以确保你永远不会故步自封，停滞不前。"对沙尔庞捷而言，辗转各地是她反复思考自己的研究、迫使自己重新开始的方式。她说："一个人四处辗转越频繁，分析新情况的能力就越强，也越能看到长期在系统内的其他人无法发现的事情。"

在大多数情况下，辗转各地也令沙尔庞捷感到自己是一位外国人。这种感受与珍妮弗·杜德纳儿时在夏威夷的感受别无二致。沙尔庞捷说："明白如何做一名局外人至关重要，你永远不会感到舒适自在。知道这一点可以为你带来动力，促使你不去追求安逸。"和许多善于观察、创意十足的人一样，沙尔庞捷发现脱离感或一点儿距离感能帮助自己更擅长认清事物本质，有助于自己践行路易·巴斯德[①]常说的格言："命运总是垂青有准备的人。"

因此在一定程度上，沙尔庞捷成了既能全神贯注又会心神不定的科学家。她的穿衣打扮无可挑剔，甚至在骑自行车时也张弛有度，优雅迷人。但是她属于典型的心不在焉的教授。离开于默奥后，沙尔庞捷搬至德国柏林。我去柏林与她见面时，她骑自行车来到我所在的酒店，迟到

① 路易·巴斯德，法国著名微生物学家，近代微生物学奠基人。——译者注

了几分钟。原来她早上刚去游览了慕尼黑。离开车站时，她发现自己把行李忘在了火车上。她努力在终点站赶上了火车，拿回了行李，然后骑自行车来到我所在的酒店。沙尔庞捷的实验室位于酒店附近的马克斯·普朗克传染病研究所。研究所位于柏林市中心著名的夏里特医学院内。在我和沙尔庞捷出行前往她实验室的路上，她刻意沿着一条主干道，推着自行车前行。经过几个街区后，她发现自己带错了路。第二天，我和一个朋友带沙尔庞捷去艺术博物馆参观展览。在从售票处前往主入口的路上，沙尔庞捷弄丢了入场门票。我们去一家安静的日本餐馆吃晚餐时，她把手机落在了餐馆。但是，当我们坐在她实验室的办公室，或享用寿司套餐时，沙尔庞捷能全神贯注、滔滔不绝地说上几个小时。

## tracrRNA

2009年，沙尔庞捷即将离开维也纳，前往于默奥。CRISPR研究人员均在专注于研究Cas9酶，认为其是最有趣的CRISPR相关酶。研究人员已证明，如果你抑制细菌中的Cas9酶，CRISPR系统就再也无法切割入侵细菌的病毒。研究人员还确定了复合体中的另一元件，即CRISPR RNAs，简称crRNAs的关键作用。这些RNA小片段包含以往向细菌发动攻击的病毒的部分基因密码。病毒设法再次入侵时，该crRNA会引导CRISPR相关酶向该病毒发起攻击。这两个元素是CRISPR系统的核心：发挥导向作用的一小段RNA片段，以及一种起剪刀作用的酶。

在CRISPR-Cas9系统中，还有一个组成部分发挥了根本性作用，或者说，研究证明它发挥了两项作用。该部分名叫“反式激活CRISPR RNA”，或叫tracrRNA，念作“tracer-RNA”（示踪RNA）。请记住该分子。在我们的故事中，它将发挥巨大作用。因为科学往往不会因发现带来的巨大飞跃而日新月异，而是一步一个脚印地取得进步的。科学争论的焦点往往在于有谁留下脚印，以及每个脚印有多么重大的实际意义。结果证明，在获得tracrRNA相关发现的过程中，情况同样如此。

事实证明，tracrRNA完成了两项重大任务。第一，它促进生成了

crRNA。crRNA 携带了此前入侵病毒的信息的序列。第二，它发挥了手柄的作用，帮助锁定入侵细菌的病毒，进而使 crRNA 得以瞄准正确位置，帮助 Cas9 酶进行切割。

发现这些 tracrRNA 作用的进程始于 2010 年。当时，沙尔庞捷发现，自己的细菌实验中不断出现了 tracrRNA 分子。虽然她无法确认该分子的作用，但是她发现，该分子位于 CRISPR 间隔序列附近。因此，沙尔庞捷猜测，两者彼此关联。通过删除某些细菌中的 tracrRNA，她成功通过检测发现了两者的关系。结果显示，删除 tracrRNA 后，细菌无法生成 crRNA。研究人员此前从未证实细菌细胞内的 crRNA 是如何生成的。现在，沙尔庞捷提出了一个假设：tracrRNA 指引短 crRNA 产生。

当时，沙尔庞捷即将前往瑞典。她在维也纳的实验室的研究人员向她发了一封电子邮件，在邮件中称他们已证明，缺少 tracrRNA 就无法产生 crRNA。看到这一消息，沙尔庞捷通宵制订了实验室长期计划，要求实验室研究人员按计划采取下一步行动。沙尔庞捷说："我对 tracrRNA 着了迷。我坚持己见。坚持不懈对我而言至关重要。我说：'我们必须努力研究！必须有人关注 tracrRNA 研究。'"[5]

问题在于，在沙尔庞捷位于维也纳的实验室，没人有时间和意愿开展 tracrRNA 研究。这是一名四处辗转的教授具有的劣势：你没带学生一起做研究，他们就转而研究其他事物了。

即使沙尔庞捷不断辗转各地，她也曾考虑亲自做实验。但是最终，她在自己维也纳的实验室找到了一名志愿者：伊莉莎·德尔切娃（Elitza Deltcheva）。德尔切娃是一名年轻的保加利亚学生，当时正努力攻读硕士学位。沙尔庞捷说："伊莉莎活力十足，她对我充满信心。虽然她当时仅仅是一名硕士研究生，但是她理解当时的情况。"德尔切娃甚至说服了一名研究生与她合作。这位研究生名叫克日什托夫·奇林斯基（Krzysztof Chylinski）。

沙尔庞捷的小团队发现，CRISPR-Cas9 系统仅使用三种成分，便完成了防病毒任务：tracrRNA、crRNA 和 Cas9 酶。tracrRNA 获取长 RNA 链，通过处理，将其变为小段 crRNA，然后这些小片段会瞄准发动攻击的病毒的特定序列。团队成员准备了一篇论文，打算在《自然》杂志上发表。2011 年 3 月，《自然》杂志发表了该论文。在论文中，德尔切娃为第一作者。其他拒绝提供帮助的研究生则遭历史遗忘，不见踪影。[6]

## 未解之谜

2010 年 10 月，在一场于荷兰举行的 CRISPR 会议上，沙尔庞捷就团队发现做了报告。她遭遇困难，论文无法通过《自然》杂志的编审流程。在论文出版前，将研究公之于众则颇具风险。但是沙尔庞捷认为，也许其中一名论文审稿人就在听众之中，自己能说服他加快完成审稿流程。

在做报告的过程中，沙尔庞捷紧张不安。因为她还没有弄清，tracrRNA 促进 crRNA 生成后会怎么样。届时，tracrRNA 是否已经完成任务？或者指导 Cas 蛋白切割发动入侵的病毒时，两个小型 RNA 是否行动一致？其中一名听众直截了当地问了沙尔庞捷一个问题："三个元素是否能组成一个复合体？"沙尔庞捷尝试回避了这一问题。她说："我设法一笑了之，故意以难以理解的解释蒙混过关。"

根据沙尔庞捷当时的了解，这一问题可能会让人难以理解。但是，该问题引发了一系列争论，证明了在涉及谁来获得每一个小进步所带来的荣誉的问题时，CRISPR 研究人员，尤其是杜德纳，有多么争强好胜。事实上，tracrRNA 的确会在切割处继续发挥作用。后来，沙尔庞捷和杜德纳共同于 2012 年撰写并发表了一篇开创性论文，tracrRNA 的作用便是论文提及的诸多发现之一。但是，数年后，沙尔庞捷有时会做出暗示，表明自己在 2011 年便已知道这一发现。杜德纳对此颇为生气。

我就此事追问沙尔庞捷时，她承认，实际上，2011 年在《自然》杂志上发表的论文中，自己并未描述 tracrRNA 的全部作用。沙尔庞捷说："tracrRNA 需要继续保持同 crRNA 的关联性。对我而言，这一点似乎显而易见，但是我们并没有充分理解全部细节。因此，我们并未在论文中提及该方面的内容。"沙尔庞捷进而决定，在找到令人信服的方式再用实验进行证明后，才会就 tracrRNA 的全部功能撰写论文。

沙尔庞捷曾研究活细胞内的 CRISPR 系统。该项研究需要生物化学家参与，才能进行下一步。参与其中的生物化学家必须有能力在试管中分离各个化学成分，弄清各成分的作用。这就是沙尔庞捷想要与杜德纳见面的原因。2011 年 3 月，美国微生物学会在波多黎各举行会议，安排杜德纳在会上发言。沙尔庞捷说："我知道我们两人都将参会。我提醒自己，要找机会与她谈谈。"

## 携手合作

会议第二天下午，珍妮弗·杜德纳走进在波多黎各下榻的酒店的咖啡店时，沙尔庞捷正按照自己的习惯，独自一人坐在角落的一张桌子旁。在所有赞助人中，沙尔庞捷最为优雅迷人。杜德纳和朋友约翰·范德乌斯特结伴而行。范德乌斯特是荷兰的 CRISPR 研究员。他看见了沙尔庞捷，主动把她介绍给杜德纳。杜德纳回答道："太好了，我读过她的论文。"[7]

杜德纳发现，沙尔庞捷可爱迷人：她略显羞涩，或佯装羞涩，又幽默风趣，引人注意，同时颇具时尚气质。杜德纳说："我马上感到她充满热情，机智幽默，令我印象深刻。我立刻对她心生好感。"两人聊了一会儿。接着，沙尔庞捷建议，她们共同展开一场更为严肃的讨论。沙尔庞捷说："我一直想联系你，谈谈合作的事情。"

第二天，两人共进午餐。餐后，两人在老城圣胡安的鹅卵石街道上漫步。当讨论内容转向 Cas9 时，沙尔庞捷兴奋起来。她力劝杜德纳："我们必须彻底弄清其作用原理，搞清楚 Cas9 用何种机制剪切 DNA。"

沙尔庞捷为杜德纳严肃认真和对细节的关注所吸引。沙尔庞捷告诉杜德纳："我认为，和你合作会颇为有趣。"沙尔庞捷热情洋溢，杜德纳同样为之动容。杜德纳回忆道："沙尔庞捷说，与我合作会颇为有趣。不知为何，她的表达方式令我很紧张。"引起杜德纳兴趣的另一个原因是，这种类似侦探故事的情况赋予自己使命感：搜寻解开一项生命基本奥秘的钥匙。

就在杜德纳出发前往波多黎各前，她与马丁·吉尼克进行了一场关于职业咨询的对话。吉尼克是杜德纳实验室的博士后，一直从事 Cas1 和 Cas6 的结构研究。吉尼克怀疑自己能否成为成功的科研人员。结果证明，这种担心是杞人忧天。此前，吉尼克考虑过转行成为一家医学期刊的编辑，但是他最终决定放弃。吉尼克告诉杜德纳："我认为，我会在你的实验室再工作一年。你想让我进行哪方面的研究？"吉尼克说他对开展自己的 CRISPR 项目尤为感兴趣。

因此，听说沙尔庞捷对 CRISPR 研究热情满满时，杜德纳认为这是完美适合吉尼克的项目。杜德纳告诉沙尔庞捷："我的实验室有一位出色的生物化学家，他也是一名结构生物学家。"[8] 两人同意，为吉尼克和沙尔庞捷实验室的博士后克日什托夫·奇林斯基牵线搭桥。奇林斯基生于波兰，是一位分子生物学家。沙尔庞捷搬到于默奥时，奇林斯基留在了维也纳。此前，奇林斯基参与了沙尔庞捷早期关于 Cas9 的论文的相关研究。四人携手合作，将获得现代科学中最为重大的一项进步。

第 17 章

# CRISPR-Cas9

## 大获成功

杜德纳回到伯克利时，她和吉尼克使用了 Skype 与身在于默奥的沙尔庞捷和身在维也纳的奇林斯基进行视频通话，制定策略，弄清 CRISPR-Cas9 的机制。几人的合作如同联合国：一位来自夏威夷的伯克利教授及其来自捷克共和国的博士后，在瑞典工作的巴黎教授及其生于波兰、在维也纳工作的博士后。

吉尼克回忆道："我们之间的合作成为一场 24 小时不间断行动。在一天的最后，我会进行一项实验，向维也纳发送一封邮件；克日什托夫早上一起床，便会阅读邮件。"随后，他们会进行一次 Skype 通话，决定下一步的行动。"克日什托夫会在白天做该项实验，在我还在梦乡时把结果发送给我。我醒来后打开收件箱，便会看到最新情况。"[1]

起初，沙尔庞捷和杜德纳每月只会加入一两次 Skype 通话。但是，2011 年 7 月，沙尔庞捷和奇林斯基飞往伯克利，参加迅速扩大的 CRISPR 年会时，工作节奏随之加快。即使吉尼克和奇林斯基通过 Skype 建立了工作关系，两人在年会上也才首次面对面相见。奇林斯基是一位身形瘦长的研究人员，平易近人，友善可亲，渴望参加将基础研究转化为工具的工作。[2]

两人亲临现场，彼此相见，能产生电话会议和 Zoom 会议中无法生

埃玛纽埃勒·沙尔庞捷、珍妮弗·杜德纳、马丁·吉尼克和克日什托夫·奇林斯基，2012 年于伯克利

成的想法。在波多黎各时，这种情况就曾出现。四名研究人员在伯克利首次相聚时，便梅开二度，再结硕果。在伯克利，四人能集思广益，制定策略，弄清在 CRISPR 系统中，究竟是哪些分子对剪切 DNA 不可或缺。项目在早期阶段时，需要到场参加的会议尤为有效。杜德纳说："与人们坐在同一个房间，看见彼此的反应，面对面你来我往地探讨问题。没有什么能与之相提并论。这种讨论是我们每一次合作的基石，甚至我们通过电子通信开展大量工作时亦是如此。"

起初，吉尼克和奇林斯基无法在试管中使用 CRISPR-Cas9 剪切病毒的 DNA。此前，两人一直仅使用两种成分——Cas9 酶和 crRNA，设法使其起效。理论上说，crRNA 会把 Cas9 酶引至目标病毒处，随后 Cas9 酶会对病毒进行切割。但是这种方法并未奏效。两人忽略了某些东西。吉尼克回忆道："我们对这一情况极度困惑不解。"

tracrRNA 在此重新进入我们的故事。在 2011 年发表的论文中，沙尔庞捷表明，要产生 crRNA 向导，就需要 tracrRNA。她后来说，尽管在自己的首轮实验中未做证实，但是自己怀疑，tracrRNA 甚至会持续不断地发挥更为巨大的作用。实验失败后，奇林斯基决定将 tracrRNA 投入自己的试管中进行混合。

此举产生了效果：三种成分的混合物不负众望，切割了目标 DNA。吉尼克立刻将这一消息告诉了杜德纳："在缺少 tracrRNA 的情况下，crRNA 向导无法与 Cas9 酶结合。"实现该项突破后，杜德纳和沙尔庞捷在日常工作中的合作更加密切。显而易见，两人正朝着一项重大发现稳步前行：确定 CRISPR 基因切割系统中的必要成分。

奇林斯基和吉尼克日复一日，彼此交换实验结果，每一次都为拼图增加了一小块。与此同时，沙尔庞捷和杜德纳越发频繁地加入策略讨论。他们成功发现了 CRISPR-Cas9 复合体所需三种成分各自确切的作用机制。crRNA 包含一个有 20 个字母的序列，该序列起到一系列坐标作用，将复合体引至一段含有相似序列的 DNA。tracrRNA 此前推动了 crRNA 产生，现在发挥了类似脚手架的额外作用，在其他成分争先恐后奔向目标 DNA 时，把它们固定在正确位置。随后，Cas9 酶开始切割 DNA。

一天晚上，就在一项关键性实验产生可喜结果后，杜德纳在家烹制意大利面。沸腾的开水在锅里打转，杜德纳想起了在高中学习 DNA 时，通过显微镜研究的鲑鱼精子。想到这里，她笑了起来。杜德纳 9 岁的儿子安迪问她为什么笑。杜德纳解释说："我们发现了一种蛋白，一种叫作 Cas9 的酶。通过编辑，这种酶能发现并切割病毒。这种酶厉害极了。"安迪一直追问这种酶的作用原理。杜德纳解释说，数十亿年来，细菌进化出一种不可思议、令人震惊的方式来保护自己，抗击病毒。细菌拥有自我适应能力。每当新病毒出现，细菌便学习如何识别新病毒，将其击退。安迪听得入了迷。杜德纳回忆道："我获得了双重喜悦。当时的我既就某个十分重要的事物做出了基础性发现，又得以和我的儿子分享，用他可以理解的方法向他解释。"好奇心能以此种方式展现其魅力。[3]

## 基因编辑工具

没过多久，情况变得十分明朗，这一令人称奇的微小系统具有实实在在的巨大潜在应用价值：人们可以修改 crRNA 的导向，锁定任何你想要切割的 DNA 序列。这一切可以通过编辑实现。该系统可以变成一个编辑工具。

CRISPR 研究成为生动案例，证明了基础科学和转化医学之间你呼我应的二重奏效应。最初，该项研究的动力源自"微生物猎人"纯粹的好奇心。他们在为另类细菌的 DNA 测序时，遇到了怪事，想做出解释。随后，CRISPR 研究的目的变为保护酸奶中的细菌，使其免受病毒攻击。这一阶段的研究促成了一项基础发现，帮助人们认识生物学的基本作用原理。现在，生物化学分析为发明一项具有潜在实用价值的工具指明了道路。杜德纳说："一旦我们搞清楚 CRISPR-Cas9 复合体的成分，我们便发现，我们可以对其进行编辑，使之为我们所用。换言之，我们增加一个不同的 crRNA，就能使 CRISPR-Cas9 切割我们所选的任何不同的 DNA 序列。"

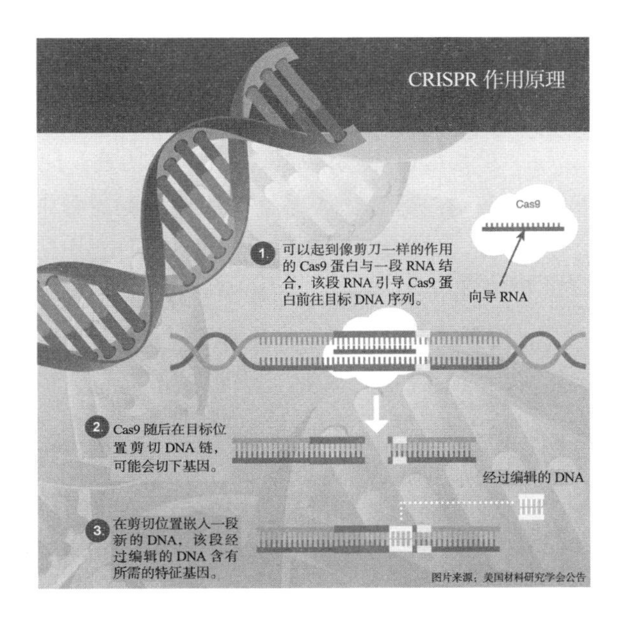


在科学史中，虽然鲜有真正成功获得发现的重大时刻，但是这一次，成功近在咫尺。杜德纳说："这并不仅仅是某种循序渐进接近成功的过程，而是一个令人惊喜的时刻。"吉尼克向杜德纳展示数据，证明可用不同向导 RNA 编辑 Cas9，切割 DNA 的任何部分。当时，两人实际上激动得说不出话，望着彼此。然后杜德纳高声说道："我的天，这可以成为一个强大的基因编辑工具。"简而言之，两人意识到，他们已开发出重写生命密码的方法。[4]

## 单链向导 RNA

下一步是弄清能否进一步简化 CRISPR 系统。如果可以，该系统不仅可能成为一种基因编辑工具，而且比现有方法更易使用，价格更为低廉。

一天，吉尼克从实验室穿过走廊，走进杜德纳的办公室。吉尼克一直在进行实验，以确定作为向导的 crRNA 和将其固定在靶标 DNA 上的 tracrRNA 的最低要求。杜德纳的办公桌前立着一块白板。两人站在白板前，吉尼克绘制了两种小型 RNA 的结构图示。吉尼克问，在 crRNA 和 tracrRNA 中，哪些是在试管中切割 DNA 必不可少的部分？吉尼克说："在确定两种 RNA 长度的问题上，该系统似乎存在一定弹性。"在两种小型 RNA 中，每一种都可以缩短，却依然会发挥功效。杜德纳对 RNA 结构形成了深刻理解，在弄清 RNA 结构作用原理的过程中，产生了一种近乎获得童趣的快乐。随着两人齐心协力，共同探讨解决方法，他们逐渐发现，可以将两种 RNA 相连，将其中一种 RNA 的尾部与另一种 RNA 的前部结合，确保结合后的分子能正常发挥作用。

两人的目标是制成一种单一 RNA 分子，使其既包含向导信息，也具有绑定功能。如此一来，两人将创造出"单链向导"RNA（sgRNA）。当时，两人沉默了片刻，彼此相望，随后杜德纳说："哇！"她回忆道："那是我在科学界感受到的妙不可言的时刻之一。我浑身发冷，脖子后的汗毛都竖了起来。在那一刻，我们意识到，此项受好奇心驱动、乐趣无穷的项目意义重大，可以从根本上改变项目发展的方向。"这一场景不难想象：一个小小分子的活动令杜德纳脖子后的汗毛竖了起来。

杜德纳力劝吉尼克马上开始工作，研究如何融合两种 RNA 分子，使之成为 Cas9 的单一向导，发挥自身作用。吉尼克赶忙离开杜德纳的办公室，穿过走廊，向一家公司订购必要的 RNA 分子。吉尼克也就这一想法同奇林斯基做了讨论。两人迅速设计出一系列实验，确定了可删除两种 RNA 中的哪些部分，两种 RNA 如何融合，仅用了三周，便制成有效的单链向导 RNA。

没过多久，这一单链向导将 CRISPR-Cas9 变成功能更多、更易使用、可以改编的基因编辑工具。其效果显而易见。从科学和知识产权的立场看，单链向导系统之所以意义尤为重大，是因为该系统是一项真真正正的人类发明，而不仅仅是对一种自然现象的发现。

到目前为止，杜德纳与沙尔庞捷的合作已产生了两项重大进步。第一项进步是发现了 tracrRNA 的根本性作用。其作用不仅影响 crRNA 导向的产生，更为重要的是，还保障了 crRNA 与 Cas9 酶的结合，将其与目标 DNA 绑定，完成切割进程。第二项进步是发明了一种方法，将两种 RNA 融合为单链向导 RNA。通过研究细菌内部经十亿年左右进化而完善的现象，杜德纳和沙尔庞捷将自然奇迹转化为一种工具，为人类所用。

一天，杜德纳与吉尼克共同讨论了如何创制一种单链向导 RNA。在吃晚饭时，杜德纳向自己的丈夫解释了这一想法。杰米・凯特意识到，这一想法可能会变为一项基因编辑技术专利。于是，他告诉杜德纳，她需要在旁人的见证下，将其完完整整地写在实验室记录本上。因此，吉尼克当晚回到实验室，将关于这一概念的细致描述写了下来。虽然当时临近晚上 9 点，但是山姆・斯腾伯格和雷切尔・赫尔维茨依然没有离开。在实验室记录本每一页的底部，均有证人签字行，用于记录重大进展。吉尼克要求斯腾伯格和赫尔维茨两人在记录本页面上签字。此前，从没有人向斯腾伯格提出过这一要求。因此，他意识到，这是一个具有历史意义的夜晚。[5]

第 18 章

# 2012 年《科学》杂志

撰写介绍 CRISPR-Cas9 的学术论文的时机到来之际，杜德纳和其团队成员采用之前在实验中所用的相同方法，全天不间断分工合作。他们在多宝箱①中共享原稿，每时每刻跟踪修改情况。白天，吉尼克和杜德纳在美国加利福尼亚州工作，在深夜，即欧洲行将破晓之时，通过 Skype 通话，将任务交给其他成员。随后，沙尔庞捷和奇林斯基会接过任务，在接下来的 12 个小时牵头完成工作。由于在春季，于默奥不会经历日落，因此沙尔庞捷表示，她可以在一天中的任何时间工作。她说："如果天色一直大亮，你实际上睡不了多久。在那几个月，你不会有非常疲惫的时候。因此，我能在任何时候上岗工作。"[1]

沙尔庞捷与杜德纳

① 多宝箱（Dropbox）是一款云盘类型的应用。——译者注

2012 年 6 月 8 日，杜德纳在电脑上点下发送按钮，将原稿提交给《科学》杂志的编辑。论文原稿列有 6 位作者：马丁・吉尼克、克日什托夫・奇林斯基、伊内丝・方法拉（Ines Fonfara）、迈克尔・豪尔（Michael Hauer）、珍妮弗・杜德纳和埃玛纽埃勒・沙尔庞捷。吉尼克和奇林斯基的名字旁边标有星号，表明两人做出同等贡献。杜德纳和沙尔庞捷位于名单最后，因为两人是领导实验室的主要研究人员。[2]

3 500 字的论文详细解释了 crRNA 和 tracrRNA 如何作用，将 Cas9 蛋白绑定至目标 DNA。该篇论文也证明，两个 Cas9 结构如何确定二者在具体位置切割一段 DNA 链的方法。最后，论文还描述了实验人员如何接合 crRNA 和 tracrRNA，制造出一种单链向导 RNA。作者表示，可使用该套系统编辑基因。

《科学》杂志的编辑们收到论文后兴奋不已。虽然此前有研究人员描述过细胞内 CRISPR-Cas9 的诸多活动，但是这一次，研究人员首次分离出该系统的必要成分，发现这些成分的生物化学机制。该篇论文还包含一个具有潜在使用价值的发明：单链向导 RNA。

在杜德纳的催促下，编辑们迅速跟踪审核进程。杜德纳知道，编辑们已开始审阅其他研究人员的 CRISPR-Cas9 论文，包括立陶宛的一位研究人员（本书稍后会做更多介绍）的论文，她想要确保自己团队的论文最先发表。《科学》杂志的编辑们有自己的竞争动力：他们不希望其他期刊抢先独家刊登论文。于是编辑们请 CRISPR 先锋埃里克・松特海姆担任其中一位评审员，告诉他必须在两天内返回审核意见。形势峰回路转，速度之快，非同寻常。松特海姆拒绝了这一任务，因为他自己正在进行 CRISPR 方面的研究。但是《科学》杂志的编辑们另请高明，快速完成了评审。

评审意见只包括几项澄清要求，并未提及一个至关重要的问题。酿脓链球菌是一种普通细菌，可导致链球菌性咽炎。论文中的实验研究了该细菌的 CRISPR-Cas9 系统。与所有细菌一样，该细菌是一种没有细胞核的单细胞生物。但是在该论文中，作者认为，CRISPR-Cas9 系统可用于人类基因编辑。沙尔庞捷认为，这会引出几个问题。她回忆道："我当时以为，评审会询问是否有证据表明，该系统可在人类细胞中产生作用，但是他们从未就此提问。我在结论中甚至表示，该系统可替代现有基因编辑方法，他们对此也只字未提。”[3]

《科学》杂志的编辑过审了修订稿，并于2012年6月20日周三接受论文。当时恰逢所有人相聚伯克利，参加CRISPR年会。在那之前几天，沙尔庞捷已从于默奥抵达伯克利，奇林斯基也从维也纳来到这里。因此，他们可以完成论文的最终校对和编辑工作。沙尔庞捷回忆道："克日什托夫抵达后出现时差反应，但是我却丝毫未受时差影响。因为之前一直在终日阳光普照的于默奥，我一直无法获得规律的睡眠。”[4]

他们在杜德纳的七楼办公室会合，在沙尔庞捷的电脑上见证了最终版PDF文件和图表上传至期刊在线系统的过程。吉尼克回忆道："我们四个人坐在办公室里，观看着上传进度条。最后一个文件的上传进度达到百分之百时，大家欢呼雀跃，兴奋不已。”

提交最终修订稿后，杜德纳和沙尔庞捷两人单独坐在杜德纳的办公室。自两人在波多黎各首次见面，仅过去14个月。在沙尔庞捷欣赏旧金山湾黄昏日落之时，杜德纳谈到与她合作有多么愉快。杜德纳回忆道："我们最终面对面分享了发现的乐趣，那是一个美妙的时刻。我们必须歇口气，谈谈我们多么努力地跨越千山万水，携手合作。”

对话主题转向未来时，沙尔庞捷表示，与制作基因编辑工具相比，更让自己感兴趣的是把重点转回微生物基础科学。沙尔庞捷坦言，自己已做好准备，再次进行实验室搬迁，也许会搬到马克斯·普朗克研究所。杜德纳略带调侃地问，沙尔庞捷是否曾希望安定下来，结婚生子。杜德纳回忆道："她说她不想。她享受孑然一身，珍惜自己的私人时间，不想要伴侣陪伴。”

帕尼斯之家（Chez Panisse）是一家位于伯克利的餐馆。厨师爱丽丝·沃特斯（Alice Waters）就是在这家餐馆成为“农场到餐桌”美食的先锋的。当天晚上，杜德纳在帕尼斯之家举办了一场庆祝晚宴。在神秘的科学界之外，杜德纳当时并不知名，无法在更为高档的餐馆预定位置。但是，她在一家氛围更轻松的咖啡馆订到了一张长桌。大家点了香槟酒，为生物学新时代举杯祝酒。杜德纳回忆道："科学开始开花结果时，我们感觉自己好像处在这一快节奏时代的开端。我们会思考它将带来哪些影响。”吉尼克和奇林斯基在上甜点前便离开了。两人必须在当晚为第二天的会议准备幻灯片。在两人步行返回实验室的路上，奇林斯基在黄昏的最后一缕余光中点燃了一支烟，悠然自得，尽情享受。

第19章

# 报告决斗

## 维吉尼亚斯·斯克斯尼斯

维吉尼亚斯·斯克斯尼斯就职于立陶宛维尔纽斯大学，是一位温文尔雅的生物化学家，戴着金属框眼镜，笑起来腼腆羞涩。他在维尔纽斯大学学习有机化学，在莫斯科国立大学获得博士学位，随后返回祖国立陶宛。2007年，斯克斯尼斯阅读了丹尼斯克乳酸研究者鲁道夫·巴兰古和菲利普·霍瓦特的论文。在论文中，两人证明，在努力抗击病毒的过程中，细菌获得了一种武器，该武器就是CRISPR。斯克斯尼斯随即对CRISPR产生了兴趣。

维吉尼亚斯·斯克斯尼斯（Virginijus Šikšnys）

到2012年2月，斯克斯尼斯便完成了自己的论文，巴兰古和霍瓦特为该论文的第二作者。论文描述了在CRISPR系统中，crRNA如何引导Cas9酶，使其切割发动入侵的病毒。斯克斯尼斯将论文送至《细胞》(*Cell*) 杂志社，杂志社立刻拒绝接收。事实上，《细胞》杂志认为，斯克斯尼斯的论文平淡无奇，不具备报送同行评议的资格。斯克斯尼斯说："更令人沮丧的是，我们将论文送至《细胞报告》(*Cell Reports*) 杂志，该杂志为《细胞》杂志的子刊。论文同样遭到拒收。"[1]

克日什托夫·奇林斯基

马丁·吉尼克

因此，斯克斯尼斯接着尝试将论文送至《美国科学院院报》(*PNAS*)。有一条快捷通道可促使*PNAS*接收论文：论文获得美国国家科学院院士的认可。2012年5月21日，巴兰古决定将论文摘要发给一位院士。在该领域，这位成员无出其右，她就是珍妮弗·杜德纳。

杜德纳刚刚与沙尔庞捷完成论文。因此，为避免不良影响，杜德纳只看了该篇论文的摘要，并未阅读整篇论文。但是杜德纳看完摘要便明白，斯克斯尼斯已获得大量发现，正如其论文摘要中所说，对"Cas9如何造成DNA断裂"的机制有了诸多认识。在摘要中，斯克斯尼斯表示，该发现可能催生一种DNA编辑方法："对于创造普遍可编辑、由RNA引导的DNA核酸内切酶，这些发现为其做了铺垫。"[2]

杜德纳随后赶忙推进自己团队论文的发表。此举引发了一次小争议，或者至少在CRISPR研究人员中，有些人对此举表示怀疑。巴兰古告诉我："你该看看珍妮弗申请专利、向《科学》杂志提交论文的时间。"乍一看，时间点非常可疑。杜德纳于5月21日获得斯克斯尼斯的论文摘要，5月25日便与自己的团队成员提交专利申请，并于6月8日将论文提交至《科学》杂志。

事实上，在获得斯克斯尼斯的论文摘要很久之前，杜德纳团队便已开始进行专利申请，开展论文相关工作。巴兰古强调，自己不会指责杜德纳存在过失。他说："杜德纳并无过错，甚至并无异常表现，她并未剽窃任何内容。是我们将论文发给她的。我们不能责怪她。当你意识到处于竞争状态时，科学便在这种状态下加速前进。你因此能获得推动进程的动力。"[3]结果表明，杜德纳与巴兰古和斯克斯尼斯仍是朋友。他们既彼此竞争，又相互合作。这是推进科研过程的一部分，他们都能理解。

然而，有一名竞争对手的确质疑了杜德纳的快速行动：麻省理工学院和哈佛大学布洛德研究所所长埃里克·兰德尔。兰德尔说："杜德纳告诉《科学》杂志的编辑，有人与《科学》杂志竞争。因此杜德纳迅速把论文提交至《科学》杂志，杂志便催促评审人员快速审阅。所有程序在三周内全部完成。因此杜德纳抢在立陶宛人之前发表了论文。"[4]

我认为，兰德尔对杜德纳的含沙射影耐人寻味，甚至有些引人捧腹。因为在我所认识的最乐于竞争的人中就有兰德尔。他与杜德纳都很享受竞争。我猜测，这加剧了二人之间的竞争。但是我也认为，这意味着二人能理解彼此，就像在C. P. 斯诺①的小说《院长》中，两个对手比任何局外人都更能理解对方一样。一天晚上，我与兰德尔共进晚餐。他告诉我，自己有杜德纳发给《科学》杂志编辑的电子邮件。这些邮件可以证明，杜德纳看过斯克斯尼斯论文的摘要后，推动编辑们加快发表自己2012年的论文。我向杜德纳问及此事时，她毫不犹豫地承认，自己当时告诉《科学》杂志的编辑，有人正向其竞争对手提交一篇论文，同时自己要求编辑推动审稿人加快工作进度。杜德纳说："那又如何？问问埃里克他以前有没有这么干过。"因此，在与兰德尔下一次共进晚餐时，我告诉他杜德纳让我向他提出这一问题。兰德尔先是停顿了片刻，然后

① 查尔斯·珀西·斯诺，英国科学家、小说家。——译者注

发出笑声，随即愉快地承认："我当然这么干过。科学会以这种方式获得进步。这种做法完全正常。"[5]

## 斯克斯尼斯的报告

巴兰古是 2012 年 6 月伯克利 CRISPR 会议的组织者之一。沙尔庞捷和奇林斯基曾乘机赶往现场参加那次会议。巴兰古邀请了斯克斯尼斯参加会议，以展示其研究成果。此举为两个争相解释 CRISPR-Cas9 机制的团队搭建了舞台，提供了同台竞技的机会。

6 月 21 日周四的前一天，杜德纳向《科学》杂志上传了最终版论文，并与自己的同事在帕尼斯之家庆祝。6 月 21 日，斯克斯尼斯和杜德纳-沙尔庞捷团队均按照会议组织方的安排，在下午就各自的研究成果做报告。虽然期刊尚未接收并发表斯克斯尼斯的研究论文，但是巴兰古已决定，斯克斯尼斯应首先做报告，杜德纳-沙尔庞捷团队紧随其后。

在历史记录中，论文发表顺序已板上钉钉：《科学》杂志已接收杜德纳-沙尔庞捷的论文，将于 6 月 28 日在线发表，而斯克斯尼斯则要等到 9 月 4 日才能发表自己的论文。然而，假如斯克斯尼斯的研究最终与杜德纳-沙尔庞捷的旗鼓相当，或者更胜一筹，那么巴兰古让斯克斯尼斯在伯克利的会议上首先做报告的决定，可能会给予斯克斯尼斯些许荣誉。巴兰古说："杜德纳实验室有人向我请求，将其报告安排在维吉尼亚斯之前，我拒绝了。早在 2 月，维吉尼亚斯便将论文发送给我，这一时间早于杜德纳-沙尔庞捷团队的时间。当时，我们正设法在《细胞》杂志上发表该篇论文。我认为，维吉尼亚斯先做报告的安排合情合理。"[6]

因此，就在 6 月 21 日周四的午餐后，维吉尼亚斯·斯克斯尼斯在会议举行地——伯克利李嘉诚中心[①]一楼的七十八座礼堂，就自己未发表的论文内容，用幻灯片展示了研究成果。斯克斯尼斯说道："我们分离

---

① 全称为李嘉诚生物医学和健康科学中心。—— 译者注

出 Cas9-crRNA 复合物，证明在试管中，该物质在目标 DNA 分子的特定位置产生了双链断裂。”他接着说道，有朝一日，该系统可成为一种基因编辑工具。

然而，斯克斯尼斯的论文和展示中存在一些空白。最显而易见的是，他提及“Cas9-crRNA 复合物”，却并未提到 tracrRNA 在基因切割过程中的作用。虽然斯克斯尼斯描述了 tracrRNA 在生成 crRNA 中的作用，但是他并未意识到，若要使 crRNA 和 Cas9 与锁定要破坏的 DNA 位置结合，周围环境中就必须含有 tracrRNA 分子。[7]

对于杜德纳而言，这意味着，此前斯克斯尼斯未能发现 tracrRNA 举足轻重的作用。后来，杜德纳说：“如果你不知道 tracrRNA 对于 DNA 切割必不可少，你便无法将其作为一项技术加以应用。你尚未确定该系统有效运作所需的组成部分。”

会议气氛因双方的竞争而变得紧张。杜德纳坐在礼堂的第三排，想确保凸显斯克斯尼斯关于 tracrRNA 作用的错误。斯克斯尼斯一做完报告，她便立刻举手提问。她问道：你的数据能证明 tracrRNA 在断裂过程中的作用吗？

起初，斯克斯尼斯并未正面回答杜德纳的问题。因此，杜德纳不断向斯克斯尼斯施压，迫使他予以解释。但斯克斯尼斯没有尝试驳斥杜德纳。山姆·斯腾伯格说：“我记得，杜德纳提问后，两人的讨论有一丝辩论意味。杜德纳坚定不移地发声，让在场观众知道，tracrRNA 不可或缺，而在维吉尼亚斯所做的展示中，tracrRNA 遭到了忽视。维吉尼亚斯虽然并无异议，但是也并未完全承认自己遗漏了对 tracrRNA 的研究。”沙尔庞捷同样感到意外。毕竟，她曾于 2011 年撰文谈及了 tracrRNA 的作用。沙尔庞捷说：“我无法理解，斯克斯尼斯读过我在 2011 年发表的论文后，为何没有进一步研究 tracrRNA 的作用。”[8]

说句公道话，斯克斯尼斯获得了许许多多生物化学方面的发现，其时间与杜德纳和沙尔庞捷的大致相当。斯克斯尼斯应获得诸多赞扬，而且受之无愧。我希望我已对斯克斯尼斯给予了称赞。也许，既因为我站在对杜德纳有利的角度撰写本书，也由于杜德纳在我们多次访谈中强调此事，我因此有些过度关注极其微小的 tracrRNA 的作用。但是实际上，我确实认为，关注 tracrRNA 至关重要。在解释令人惊叹的生命机制的过程中，微小事物不可或缺，十分微小的事物甚至举足轻重。精确证明 tracrRNA 和 crRNA 这两小段 RNA 必不可少的作用，是完全理解如何将 CRISPR-Cas9 转变为基因编辑工具的关键，对充分厘清两种 RNA 如何融合、创造一种引向正确基因目标的单链向导，同样至关重要。

## 引领时代的竞赛

斯克斯尼斯的报告结束后，便立刻轮到杜德纳和沙尔庞捷就当时大多数参会者所知的一系列重大突破做报告。在观众席，杜德纳和沙尔庞捷两人相邻而坐，早已决定请吉尼克和奇林斯基两位博士后做报告，相关实验大多由他们俩亲手完成。[9]

报告即将开始之时，两位伯克利生物学教授和他们的几位博士后及学生一道步入会场。此前，杜德纳一直和他们探讨合作事宜，努力使 CRISPR-Cas9 在人体中发挥作用。但是，其他大多数参会者与吉尼克和奇林斯基素不相识。斯腾伯格以为两人是专利律师。两人的出现增加了戏剧性。杜德纳说："我记得，随着十几个不为人知的人排队进场，人们惊讶不已，这提醒人们，将有非同寻常的事情发生。"

吉尼克和奇林斯基努力使自己的报告趣味十足。两人准备了幻灯片，方便轮流解释自己此前完成的实验。在登台做报告前，两人演练了两次。观众人数不多，不拘礼节，和善友好。不过显而易见，吉尼克和奇林斯基紧张不安，吉尼克尤为如此。杜德纳说："马丁焦躁不安，我也因此替他感到紧张。"

其实他们没必要感到紧张——报告大获成功。西尔万·莫伊诺（Sylvain Moineau）是魁北克拉瓦尔大学的 CRISPR 研究先驱。报告结束后，莫伊诺起立高喊："哇！"其他观众赶忙向未到现场的实验室同事发送邮件和短信，告知他们这一惊人发现。

丹尼斯克的研究员巴兰古此前一直与斯克斯尼斯合作撰写后者的论文。巴兰古后来说，自己一听到报告内容就知道，杜德纳和沙尔庞捷已将该领域提升至一个崭新的高度。巴兰古坦言："毋庸置疑，珍妮弗的论文远超我们的，我们的竞争并非旗鼓相当。珍妮弗的论文是临界点，它将 CRISPR 领域从一个异常有趣的微生物世界特征转变成一项技术。因此，我和维吉尼亚斯既没有愤愤不平，也没有心怀不甘。"

埃里克·松特海姆做出了尤为明智的反应，既兴奋不已，又心生嫉妒。有人曾预测 CRISPR 会成为基因编辑工具，而松特海姆就是最早做出这一预测的人之一。吉尼克和奇林斯基做完报告后，松特海姆举手示意，提了一个问题：如何将单链向导技术应用于拥有一个细胞核的真核细胞中，进而进行基因编辑？更具体来说，该技术在人类细胞中是否有效？有人认为，可像此前对诸多分子技术的应用一样，改造该技术，使其适用于人体细胞。杜德纳当时坐在松特海姆后面第三排。经过讨论，这位温文尔雅的老派科学家转过身，向杜德纳做出"我们谈谈"的口形。在第二次会议休息期间，两人离开会场，在门厅见面。

松特海姆说："与杜德纳交谈，我感到轻松自在。因为即使我们也想尝试做类似的事情，我也知道她值得信赖。我告诉她，我正努力让 CRISPR 在酵母中发挥作用。杜德纳说，她想继续与我保持沟通，因为改造 CRISPR，使其在真核细胞中得到应用将很快变成现实。"

那天晚上，杜德纳漫步至伯克利商业中心，与三位研究人员在一家寿司店用餐。这三人是埃里克·松特海姆、鲁道夫·巴兰古和维吉尼亚斯·斯克斯尼斯。杜德纳刚刚令后两位的论文相形见绌。一直以来，杜德纳与三人既是同事，也是竞争对手。以后，这一关系还将继续保持。两人并未因落后于人而心烦意乱。巴兰古说，自己认为，杜德纳赢得光明正大。实际上，在四人走下山、前往餐馆的路上，巴兰古问杜德纳，自己和斯克斯尼斯将两人尚待发表的论文撤回是不是好主意。杜德纳微微一笑，说："没必要，你们的论文不会有问题。不要撤回论文。如同我们所有人所做的努力一样，你们的论文有其积极作用。"

晚餐期间，四人阐述了各自实验室未来可能的发展方向。松特海姆说："尽管可能陷入尴尬，但是一切都其乐融融。那是一顿令人激动的晚餐，在一个非常令人兴奋的时刻，我们所有人都意识到，我们实验室未来的发展将多么重要。”

2012 年 6 月 28 日，杜德纳-沙尔庞捷的论文发表于网络，激发了一个崭新生物技术领域的发展：使 CRISPR 在人类基因编辑中发挥作用。松特海姆说：“我们都知道，为了在人类细胞中成功使用 CRISPR，我们将开展一场规模宏大的赛跑。所有人都想引领时代，都会全力冲刺，努力成为时代第一人。”

第三部分

# 基因编辑

人类是多么美丽！

啊，新奇的世界，

有这么出色的人物！[①]

——威廉·莎士比亚，《暴风雨》

① 引自朱生豪译本。——译者注

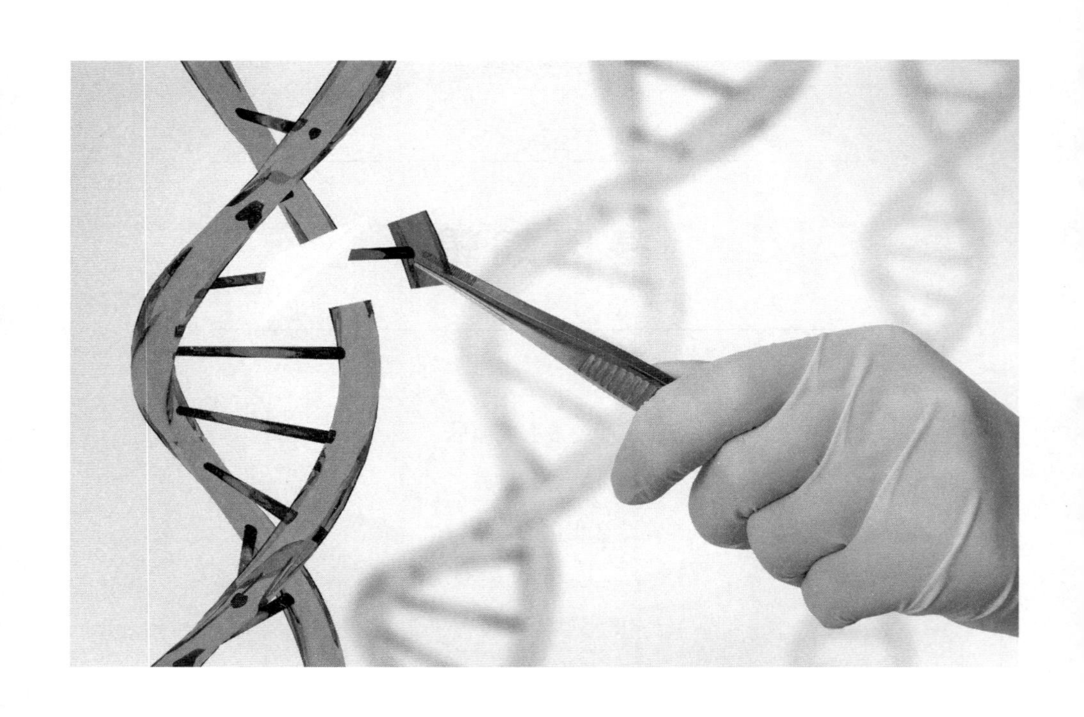

第 20 章

# 人类工具

## 基因疗法

改造人类基因的道路始于 1972 年。当年，斯坦福大学教授保罗·伯格发现了一种方法，从一种在猴子身上发现的病毒的基因组中取一小段 DNA，将其与一种完全不同的病毒的 DNA 拼接。瞧！保罗·伯格制造出了一种物质，将其命名为“重组 DNA”。赫伯特·博耶和斯坦利·科恩发现了更加高效的改造此类基因的方法，随后克隆出数百万份。基因工程科学和生物技术行业应运而生。

又过了 15 年，科学家才开始将编辑过的 DNA 应用于人类细胞中。其目的与创制一种药物大同小异。科学家们并未尝试改变患者的 DNA，这并不是基因编辑。基因治疗是需要将经过改造的 DNA 送入患者细胞，从而中和引发疾病的问题基因。

1990 年，科研人员在一名 4 岁女孩儿身上进行首次实验。这名女孩儿出现一种基因突变，使自己的免疫系统瘫痪，将自己置于遭受感染的风险之中。医生发现了一种方法，可将女孩儿缺失的、功能正常的基因送入女孩儿血液系统的 T 细胞中。医生将该 T 细胞从女孩儿身体中分离，在 T 细胞中补充缺失基因，随后再将 T 细胞送回女孩儿体内。此举使女孩儿的免疫系统情况大为改善，使她能过上健康的生活。

最初，基因疗法领域虽然有了一定成绩，但是不久便遭遇挫折。

1999 年，在费城进行的一次临床试验戛然而止。由于病毒传送的治疗基因引发大规模免疫反应，一位年轻男性在实验中死亡。21 世纪初，在使用一种基因疗法治疗免疫缺陷疾病时，一种引发癌症的基因遭到意外激活，导致 5 名患者患上白血病。虽然此类悲剧致使大多数临床试验至少停滞了十年，但是基因疗法仍不断得到改进，为更具挑战性的基因编辑领域的发展奠定了基础。

## 基因编辑

一些医学研究人员并未通过基因疗法处理基因问题，而是开始寻找治本之策。其目标是在患者相关细胞内，编辑存在缺陷的 DNA 序列。为此，研究人员开始为实现基因编辑而努力。

哈佛大学教授杰克·绍斯塔克是杜德纳的论文导师。20 世纪 80 年代，绍斯塔克发现编辑基因的一个关键：断开 DNA 双螺旋结构中的双链，即人们所知的双链断裂。出现双链断裂时，两条链无法起到模板作用，不能相互修复。因此，基因组会使用两种方法进行自我修复。一种叫作“非同源末端连接”[ nonhomologous end-joining，“同源”（homologous）源自希腊语“匹配”（matching）一词 ]。在此类情况下，仅通过连接两端，而无须找到匹配序列，便可修复 DNA。这一过程并非精准细致，会导致多余嵌入及基因物质缺失。另一种方法更为精准，叫作“同源介导的修复”。受切割的 DNA 在附近找到合适替代模板时，该修复过程便会启动。细胞通常会在双链断裂处进行复制并嵌入可用的同源序列。

基因编辑的发明需要两个步骤。首先，研究人员必须找到合适的酶。该种酶能够通过切割，形成 DNA 双链断裂。随后，研究人员必须找到一个向导。该向导将把酶准确引至细胞 DNA 中的目标。该目标是研究人员希望切割的位置。

能够切割 DNA 或 RNA 的酶叫作“核酸酶”。为了构建基因编辑系统，研究人员需要一个核酸酶，该核酸酶可按研究人员的指令，切割任何指定的目标序列。到 2000 年，研究人员已发现了获取该种酶的工具。

研究人员在某种存在于土壤和池塘里的细菌中发现了 FokI 酶。FokI 酶有两个结构域：一个起到剪刀作用，切割 DNA；另一个发挥向导作用，指明切割位置。这些区域可彼此分割。第一个区域可被重新编辑，使其前往研究人员需要的任何位置。[1]

研究人员能够制作出具有向导作用的蛋白质，指引具有切割功能的蛋白质抵达目标 DNA 序列。其中有一种系统，锌指核酸酶（ZFNs）系统，来自切割区域与蛋白质的融合。该蛋白质在锌离子的作用下，生成手指状结构，因此具有紧紧抓住特定 DNA 序列的能力。还有一个与之类似却更加可靠的方法，叫作"转录激活因子样效应物核酸酶"（TALENs）。研究人员将切割功能与一种蛋白质融合，开发出该种方法。其所用蛋白质能将具有切割功能的蛋白质引至更长的 DNA 序列中。

就在研究人员不断完善转录激活因子样效应物核酸酶之际，CRISPR 横空出世。二者或多或少有些类似：CRISPR 拥有具有切割功能的 Cas9 酶，同时拥有一个向导，它能引领 Cas9 酶切割 DNA 链上的目标位置。但是在 CRISPR 系统中，向导并非一种蛋白质，而是一小段 RNA。这一构成具有一项巨大优势。如果使用锌指核酸酶或转录激活因子样效应物核酸酶，每次你想切割不同目标基因序列时，你就必须构建一个新的蛋白质向导。这一做法既颇具难度，又费时费力。但是，如果使用 CRISPR，你只需修改向导 RNA 的基因序列。一个出色的学生在实验室便可迅速完成此项工作。

这里存在一个问题，该问题要么事关重大，要么微不足道，具体取决于你个人对随后爆发的专利大战的看法和立场。CRISPR 系统在细菌和古菌中能发挥作用。细菌和古菌均为不含细胞核的单细胞生物。但这就留下了一个问题：在含细胞核的细胞中，尤其是在诸如植物、动物、你我等多细胞生物体中，CRISPR 系统是否有效？

杜德纳-沙尔庞捷的论文于 2012 年 6 月发表，在世界各地引发了包括杜德纳实验室在内的多个实验室的激烈竞争，相关人员争相证明 CRISPR 可在人体细胞中起作用。在约半年时间里，有 5 个团队在该方面研究中取得重大胜利。杜德纳和同事随后认为，这项迅速实现的成功可证明，让 CRISPR-Cas9 在人体中起效是简单易行、平淡无奇的一步，而非一项独立发明。或者，可以如杜德纳的竞争对手所做的，用此项成功证明，这是紧张激烈的竞争比拼后，实现的一项重大创造。

这一问题将决定专利和奖项的归属。

第21章

# 生命科学的竞赛

竞争能驱动发现。杜德纳将其称为“点燃引擎的火焰”。毫无疑问，竞争点燃了杜德纳的引擎。自儿时起，她就不羞于展现自己的雄心壮志，但是她知道如何通过分享权力和坦诚相待实现与雄心壮志的平衡。通过阅读《双螺旋》，杜德纳就已经了解竞争的重要性。《双螺旋》描述了莱纳斯·鲍林启迪心智的足迹如何驱动詹姆斯·沃森和弗朗西斯·克里克。杜德纳后来写道：“健康的竞争推动了许许多多人类最伟大发现的诞生。”[1]

在理解自然的过程中获得乐趣是科学家做研究的主要动力。但是大多数科学家会承认，成为首个发现人，其所带来的精神与物质奖励也是驱使他们前进的动力：发表论文、获得专利、赢得奖项、业界留名。与所有人一样（这是进化特征吗？），科学家们想要因自己的成就获得荣誉，因自己的努力获得回报，获得公众的称赞，在脖子上挂上获奖绶带。这就是他们工作至深夜、聘用宣传人员和专利律师，并邀请（像我一样的）作家进入他们实验室的原因。

竞争会遭受厉声指责。[2]竞争会阻碍合作、限制数据共享、促使人们坚持保有知识产权，而不允许将其开放共享，供大众免费使用。因此竞争成为众矢之的。但是竞争也会带来巨大益处。如果竞争能加快治疗肌肉萎缩、预防艾滋病或诊断癌症的方法的发现，英年早逝的人将会减少。举一个与现状相关的例子。1894年，日本细菌学家北里柴三郎（Kitasato Shibasaburō）和其瑞士竞争对手亚历山大·耶尔森（Alexandre

Yersin）均赶到中国香港，调查肺炎疫情。两人采用不同方法，在几天内发现了致病细菌。

在杜德纳的学术生涯中，有一场竞争因紧张激烈、严酷痛苦而尤为突出：2012 年，杜德纳为证明 CRISPR 是如何编辑人类基因的展开了竞争。查尔斯·达尔文和阿尔弗雷德·拉塞尔·华莱士曾因进化观点不谋而合而彼此竞争；牛顿和莱布尼茨曾为谁先发明微积分而争论不休。虽然杜德纳在 2012 年的竞争未达到前人之高度，但在当代，其重要性与鲍林和沃森及克里克团队发现 DNA 结构之争不相上下。

杜德纳加入竞争时，还没有人类细胞研究专家组成的合作团队，因此处于不利位置。杜德纳的实验室并不专门开展此类研究，其研究人员主要为生物化学家，擅长在试管中研究分子。杜德纳最终克服重重困难，确保在为期 6 个月的疯狂竞争中与对手并驾齐驱。

虽然在全球各地，有许多实验室参与此次竞赛，但是其中主要的情感、个人和科学竞争与三人有关。三人均以各自的方式展开竞争。但是对于自己的竞争力，三人的自信程度截然不同。

张锋

乔治·丘奇

杜德纳

· 张锋于麻省理工学院和哈佛大学的布洛德研究所任职。虽然张锋与所有明星研究员一样热爱竞争，但是他天生温文尔雅，相处起来令人愉悦，不愿展示自己争强好胜的特点。受其母影响，张锋拥有一种与生俱来的谦逊，这常常掩盖了其同样与生俱来的雄心壮志。张锋仿佛拥有两种性格，一个热爱竞争，另一个幸福快乐。两种性格和谐共存，互不影响。张锋的微笑温暖人心，几乎时刻挂在脸上。当话题转向竞争，或杜德纳的成就的重要意义时，张锋的嘴角虽然依然上扬，但是他的眼神表明，他另有想法。张锋不愿成为万众瞩目的焦点，但是他的导师埃里克·兰德尔会鞭策他争取荣誉，努力获得发现。兰德尔之前是一名数学家，后来转型成为科学家，是布洛德研究所所长，才智过人，充满活力。

· 哈佛大学的乔治·丘奇是杜德纳的老朋友。丘奇认为，自己曾经至少在一段时间里是张锋的导师和学术指导。不论是从表面还是我所深入观察之处，丘奇是三人中最不争强好胜的一个。他是一位素食主义者，留着与圣诞老人一样的胡子，想要使用基因工程技术让长毛的猛犸起死回生。简单纯粹而充满乐趣的好奇心是丘奇的动力。

· 最后是杜德纳。她不仅热爱竞争，而且对自己的竞争力充满信心。杜德纳和沙尔庞捷合作顺利的原因之一便在于此。杜德纳强烈渴望荣誉。沙尔庞捷认为这有些可笑，并对此略显蔑视。沙尔庞捷说："杜德纳有时会对荣誉问题焦虑不安，这使她似乎显得缺乏安全感，或者说不是对自己的成功诚心实意地充满感激。我是法国人，不像她那样情绪激昂，所以我总是告诉她：'顺势而为。'"但是，在追问之下，沙尔庞捷承认，杜德纳展现的竞争力是推动大多数科学先驱前进的力量，也是推动科学进步的力量。沙尔庞捷说："若不是因为像珍妮弗这样热爱竞争的人，我们的世界不会像现在这般美好。因为人们做好事的动力是获得外界认可。"[3]

第 22 章

# 张锋

## 得梅因（Des Moines）

我首次联系张锋，询问我是否可以和他聊聊时，我感到紧张不安。此前，我告诉张锋，自己正撰写一本书，而他的对手杜德纳是该书主人公。我以为他会拒绝我的要求，甚至也许会对此表示不满。

相反，当我去他在麻省理工学院附近的布洛德研究所的实验室拜访他时，他表现得非常和蔼可亲。在随后的谈话、午餐和晚餐中，他都是如此。他的实验室装有高高的窗户，透过窗户，查尔斯河和哈佛大学的尖塔一览无余。我无法判断，张锋的温文尔雅是真心实意，还是由于他希望自己在我的书中以更好的形象出现。但是与他相处的时间越长，我就越对前一种情况深信不疑。

张锋的个人经历本身就值得有人为其著书立说。其经历是一个让美国变得伟大的典型移民故事。张锋 1981 年生于石家庄。石家庄位于北京的西南部，当时是一座拥有 430 万人口的工业城市。张锋的母亲是一名教授计算机科学的教师，父亲是一所大学的管理人员。石家庄的大街小巷挂满了具有中国特色的宣传横幅。号召人们学好科学、报效祖国的横幅最为引人注目。他对此坚信不疑。张锋回忆道："在我成长的过程中，我喜欢玩机器人套件，对所有与科学有关的事极感兴趣。"[1]

1991 年，张锋 10 岁。他的母亲以杜比克大学访问学者的身份来到美国。杜比克大学是艾奥瓦城的城市之珠。艾奥瓦城坐落于美国密西西比河沿岸，有多种多样的建筑。一天，张锋的母亲参观了当地一所学校。学校设有计算机实验室，在教学方面并不强调死记硬背。张锋的母亲对此颇感惊异。与所有关爱子女的家长一样，她想象着自己的孩子来到此处会是怎样的情景。张锋回忆道："我母亲认为，我会享受在这样的一间实验室里学习，我会喜欢这样的学校内的学习生活。因此，她决定留下，把我接到美国。"张锋的母亲在得梅因一家造纸公司获得了一份工作。通过自己的 H-1B 签证，她第二年可将儿子接到美国。

虽然没过多久，张锋的父亲也到了美国，但是父亲一直没有学好英语，因此张锋的母亲成为家中顶梁柱。她率先踏上通往美国的道路，在美国找到工作，在工作中结交朋友，并自愿为当地慈善机构安装电脑。因为张锋的母亲，也由于中心城镇根深蒂固的好客基因，张锋一家经常受邀到邻居家共度感恩节等节日。

张锋说："我的母亲总是告诉我，做人要谦虚，不能自高自大。"母亲赋予张锋随和、谦逊的品格，而张锋表现得并不明显。但是他的母亲通过潜移默化的方式，使他拥有抱负，积极乐观，志在创新。张锋说："母亲鞭策我进行创新，甚至在使用计算机时也是如此，而不是玩弄其他人创造的东西。"多年后，在我撰写本书之际，张锋的母亲已搬到波士顿，用一部分时间与儿子和儿媳相处，帮助他们照看两个年幼的孩子。在剑桥的一家海鲜餐馆，张锋一边点汉堡，一边谈论自己的母亲。此时，他低下头，沉默了片刻，用非常轻柔的声音说："我肯定，将来要是母亲不在了，我会想念她。"

起初，张锋似乎沿着20世纪90年代许多天才儿童的道路前进，成了一个电脑极客。12岁时，张锋得到了自己的第一台电脑（个人计算机，不是苹果电脑）。他学会了拆机，使用组件组装其他电脑。他也成为使用开源操作系统Linux的奇才。因此，张锋的母亲将他送至电脑夏令营，确保他能取得成功，同时让张锋参加辩论夏令营。此举对张锋是一种提升。而特权阶层的父母甚至不用基因编辑，便可实现这种提升。

然而，张锋并未继续学习计算机科学，而是成为一位开路人，其兴趣从数字技术转向生物技术。在我看来，不用多久，张锋所在领域便会聚集富有抱负的人才。计算机编码是张锋父母和他们那一代人所追求的事业。而张锋对基因密码的兴趣更浓。

张锋的生物学之路始于其就读的得梅因中学的天才计划。该计划包括于周六举行的分子生物学兴趣提高班。[2] 张锋回忆道："到那时，我才开始了解生物学。此前，我对生物学毫无兴趣，因为初中一年级时，学校只给你一个托盘和一只青蛙，告诉你把青蛙开膛破肚，找到它的心脏。当时的学习全凭死记硬背，并没有多大挑战。"在周六的兴趣提高班上，DNA及RNA如何执行指令是学习重点。课程强调酶在此过程中的作用。酶是一种蛋白质分子，能激活细胞内的反应，具有催化作用。张锋说："我的老师喜欢酶。他告诉我，不论你在什么时候遇见困难的生物学问题，'酶'都能帮你解决。在生物学中，大多数问题的正确答案都是酶。"

他们亲自动手做了许多实验，包括改造细菌，使细菌对抗生素产生抗性。他们还观看了1993年的电影《侏罗纪公园》。在电影中，科学家们将恐龙与青蛙的DNA结合，使已经灭绝的恐龙起死回生。张锋说："发现动物具有可编辑系统，使我兴奋不已。这意味着我们可以编辑人类的遗传代码。"这比Linux操作系统更加振奋人心。

张锋对学习和发现充满渴望，他成为例证，证明天才计划影响巨大，可将美国孩子变为世界级科学家。1993年，美国教育部发布了一项题为《培养美国人才案例》的研究。该项研究促使美国向地方学区提供资金，"激励我们表现最为优异的学生，达到更高的高度"。那时，即便意味着需要使用税金，人们也严肃对待了创建世界一流教育体系的目标。该目标会确保美国在创新领域引领世界。在得梅因，该目标包含一个名为“针刺”（STING）的计划[①]。该计划选出了一小群天资过人、好学上进的学生，让他们在地方医院或研究院开展原创性的项目和研究。

在周六兴趣提高班的老师的帮助下，张锋获选进入该计划，并利用下午和闲暇时间，在得梅因卫理公会医院基因治疗实验室学习。作为一名高中生，张锋跟着约翰·利维（John Levy）学习。约翰·利维是一位精神紧张却风度翩翩的分子生物学家，会在每天喝茶期间解释自己所进行的研究，并循序渐进，派张锋做复杂程度不断增加的实验。有时，张锋放学后来到医院，要忙到晚上 8 点。张锋说：“我亲爱的母亲会每天开车去学校接我，将我送到医院，然后将车停在停车场，坐在车里，等我完成实验，再带我回家。”

张锋的首个重大实验与分子生物学的一个基本工具相关：水母中产生绿色荧光蛋白的基因。在紫外线的照射下，该种蛋白会发光，因此可用作细胞实验中的标记。利维首先要确保张锋理解这一蛋白的根本自然作用。利维一边小口喝茶，一边绘出一张草图，解释水母在其生命周期不同阶段于不同海水层游动期间，为何需要该种荧光蛋白。张锋说：“他绘制草图的方式使你能在头脑中呈现水母、海洋和自然奇观的画面。”

张锋回忆道：“在我做自己首个实验期间，利维手把手教我，给予了悉心指导。”在实验中，张锋需要将绿色荧光蛋白放入人类黑色素瘤（皮肤癌）细胞中。这是一个简单易懂却令人兴奋的基因工程的例子：张锋将一个生物体（一只水母）的基因注入另一个生物体（人类）细胞中。当受控细胞中散发出蓝绿色的光时，张锋得以亲眼见证自己的实验取得成功。他说：“我当时非常激动，开始高喊：‘发光了！’”他成功重新制出了一个人类基因。

随后数月，张锋对发光时吸收紫外线的绿色荧光蛋白进行了研究，以弄清此种蛋白能否保护人类细胞 DNA 不受紫外线伤害。他的研究取得了成功。张锋说：“我用水母的绿色荧光蛋白作为遮光剂，保护人类

① 下一代科学技术调查（Science/Technology Investigation: The Next Generation）。——译者注

DNA 免受紫外线伤害。”

张锋与利维开展的第二个科学项目是拆分导致艾滋病的 HIV 病毒，研究该病毒各部分的作用。得梅因提高计划的一个目标是，帮助学生实施项目，在美国国家级竞赛英特尔科学研究竞赛中进行角逐。张锋的病毒实验帮助他获得了该项大赛的第三名。他因此获得 50 000 美元的丰厚奖金。2000 年，张锋进入哈佛大学学习，用该笔奖金支付了自己的学费。

## 哈佛和斯坦福

张锋在哈佛大学学习期间，马克·扎克伯格也在哈佛就读。猜测两人最终谁能对世界产生最大影响，实为一件趣事。从更为宏观的层面而言，这一问题事关数字革命和生命科学革命哪一个更为重要。未来的历史学家会提供答案。

张锋修了化学和物理两个专业。最初，张锋跟随结晶学家唐·威利（Don Wiley）开展研究。在确定复杂分子结构方面，威利是一位大师。张锋喜欢说：“除非我知道其外形结构，否则我对生物学一窍不通。”从沃森和克里克到杜德纳，这是所有结构生物学家共同坚守的信条。但是在张锋大二那年的 11 月，威利有一天晚上在孟菲斯圣裘德儿童医院参加年会期间神秘失踪，他将自己租来的车停在了一座桥上。后来，人们在河中找到了威利的尸体。

在同一年，张锋还要对一名同班密友施以援手。这位密友逐渐患上重度抑郁症。两人会坐在房间里共同学习，随后，这位朋友会突然陷入焦虑，或抑郁发作，无法起身或动弹不得。张锋说：“虽然我以前听说过抑郁症，但是我以为患上抑郁症如同经历了不顺的一天，而你只需要一鼓作气挺过去就行。由于我的家庭成长环境，我错误地认为，内心不够强大的人才会患上心理疾病。”张锋会陪着朋友坐下，在他想自杀时阻止他。（那名学生后来休学在家，最终恢复健康。）此段经历促使张锋转移其研究重点，专注于心理疾病治疗方法的研究。

因此，张锋进入斯坦福大学攻读研究生时，申请进入卡尔·迪赛罗斯的实验室。迪赛罗斯是一位精神病学家及神经系统科学家，当时正在开发帮助科学家看见大脑和脑神经细胞神经元工作方式的方法。他们与其他研究生一起，在光遗传学领域开拓创新。在该领域，研究人员会使用光刺激大脑神经元。通过这种方法，他们绘制出大脑回路图，以理解大脑回路如何运作，弄清大脑为何出现问题。

张锋的工作重点在于，将光感蛋白注入神经元。在高中时期，张锋曾将绿色荧光蛋白注入皮肤细胞，此次工作与之颇为相似。其所用方法是将病毒用作输送机制。在一次演示中，张锋将此类蛋白质注入老鼠大脑中控制运动的部分，这些蛋白质受光照后得到激活。研究人员利用光脉冲，触发神经元，使老鼠在原地打转。[3]

张锋面临一项挑战，将光感蛋白分毫不差地嵌入脑细胞 DNA 的正确位置并非易事。的确，由于缺少简单分子工具，难以剪切目标基因并将其粘贴进细胞内 DNA 链中，整个基因工程领域因此备受束缚。于是，2009 年，在获得自己的博士学位后，张锋在哈佛大学获得了一份博士后工作，开始研究诸如转录激活因子样效应物核酸酶等当时可获取的基因编辑工具。

在哈佛大学，张锋专注于研究各种方法，将转录激活因子样效应物核酸酶多能化，使研究人员可进行编辑，将目标对准不同基因序列。[4]这并非易事。转录激活因子样效应物核酸酶难以改造，也难以重制。幸运的是，张锋当时正在哈佛大学医学院最令人兴奋的实验室工作。管理实验室的教授因乐于接受新想法而备受爱戴。有时，教授甚至愿意接受疯狂的想法。在实验室中，这位教授营造了热闹活跃的氛围，鼓励大家进一步探索。这位教授是杜德纳的老朋友——和善慈祥、胡子茂盛的乔治·丘奇。丘奇是当代生物学领域的传奇人物之一，也是一位科学界名人。与对待自己近乎所有学生一样，丘奇关爱张锋，也受到张锋的爱戴——直到有一天丘奇认为张锋背叛了自己。

第23章

# 乔治·丘奇

乔治·丘奇身材高大，体形瘦长，看起来既像一位温文尔雅的巨人，也像一位精神错乱的科学家。实际上，他本人确实如此。他是一位标志性人物，不论是在史蒂芬·科拜尔（Stephen Colbert）① 的电视节目上，还是在波士顿热闹繁忙的实验室内一群心怀崇敬的研究人员中，丘奇都魅力四射。他总是波澜不惊，和蔼可亲，言谈举止有如一位渴望回到未来的时空旅人。丘奇满脸胡须，不修边幅，发如光晕，仿佛将查尔斯·达尔文和长毛猛犸合二为一。可能由于朦胧的亲近感，丘奇希望使用 CRISPR，使猛犸起死回生。[1]

乔治·丘奇

① 史蒂芬·科拜尔，美国知名脱口秀主持人，喜剧演员，艾美奖获得者。因其幽默讽刺和故作正经的喜剧表演风格在美国广为人知。——译者注

虽然丘奇平易近人，魅力十足，但是在他身上，经常可以看到成功科学家和天才具有的朴实无华。有一次，我们正在讨论杜德纳此前所做的某个决定。我问丘奇，他是否认为该决定必不可少。丘奇回答道："必不可少？没有什么事情是必不可少的。即使呼吸亦是如此。如果你真的不想呼吸，你甚至可以停止呼吸。"我开玩笑说，他对我的问题咬文嚼字了，而他回应道，自己之所以成为一位出色的科学家，别人之所以认为自己有些疯疯癫癫，其中一个原因就是自己会对任何前提的必要性提出疑问。随后，丘奇转移话题，谈论起一篇关于自由意志（他认为人类没有）的论文，直到我成功将话题引回他的职业生涯。

丘奇生于 1954 年，在克利尔沃特潮湿的远郊长大。克利尔沃特位于坦帕市附近的佛罗里达墨西哥湾沿岸地区。丘奇的母亲在那里有过三段婚姻。丘奇因此拥有许多姓氏，在多个不同的学校上学。丘奇说："这样的经历令我感觉自己是一个局外人。"丘奇的生父是一位飞行员，在麦克迪尔空军基地任职，其父还是一位跻身滑水名人堂的赤脚滑水冠军。丘奇解释说："但是，他没有稳定的工作，我母亲因此离他而去。"

年轻的丘奇对科学尤为着迷。在那个父母不那么溺爱孩子的年代，丘奇的母亲允许丘奇独自一人，在坦帕湾附近的沼泽泥滩自由漫步，捕蛇捉虫。丘奇会穿过长着高草的沼泽地，收集标本。一天，他发现了一只奇怪的幼虫。这只幼虫看起来如同"长着腿的潜水艇"。丘奇将幼虫放入了自己的罐子。第二天，他发现，这只幼虫已经变成一只蜻蜓，令他吃惊不已，这一变化是大自然中每天都在创造的真正令人兴奋的自然奇迹之一。丘奇说："这段经历促使我走上了成为生物学家的道路。"

晚上，丘奇回到家，靴子上满是泥巴。他埋头查找母亲买给他的书，其中包括一套《科利尔百科全书》和一套配有生动插图的 25 本装《时间 – 生命》自然图书。丘奇患有轻度阅读困难，无法正常阅读，但是他可以从图片中获取信息。丘奇说："阅读困难让我更加依赖视觉。我可以想象出立体物体，通过在头脑中形成结构图像，我可以理解事物作用的原理。"

乔治 9 岁时，母亲嫁给了一位名叫盖洛德·丘奇（Gaylord Church）的医师。盖洛德·丘奇收养了乔治，给予他永久的姓氏。乔治的新继父有一个鼓鼓囊囊的医疗包，乔治喜欢将这个医疗包翻个底朝天。乔治对皮下注射针头尤为着迷。继父会毫不遮掩地使用针头，为自己和自己的患者注射止痛剂及能产生愉悦感的激素。继父会教乔治如何使用医疗包内的设备，有时会在上门问诊期间带上乔治。在哈佛大学广场素食汉堡店旁的一间酒馆里，丘奇一边低声轻笑，一边回忆自己非同寻常的童年时光。“我的父亲会准许我为其女患者注射激素，父亲因此深受她们喜爱。父亲会让我为他注射盐酸哌替啶。我后来发现，他对止痛剂上瘾。”

丘奇使用继父医疗包内的药物，开始做实验。其中一项实验涉及甲状腺激素。丘奇的继父会为那些对其心怀感激的、抱怨自己疲惫不堪或抑郁的患者注射甲状腺激素。13 岁时，丘奇在一组蝌蚪生活的水中放入激素，而将另一组蝌蚪放入未经处理的水中。结果发现第一组蝌蚪以更快的速度生长。丘奇回忆道：“那是我第一个真真正正的生物学实验。实验包括控制组和其他所有必要部分。”

1964 年，丘奇的母亲开着自己的别克，载着丘奇前往纽约世界博览会。当时，丘奇对未来颇为向往。而此段经历使他对受困当下感到焦躁不安。丘奇说：“我想要进入未来世界，我觉得我属于未来。在那时，我意识到，我必须尽自己的一份力，创造未来。”正如科普作家本·麦兹里奇（Ben Mezrich）对丘奇的描写：“在生命后期，随着他首次开始将自己视为时间旅人，他会立刻回到当下。在内心深处，他开始相信，自己来自遥远的未来，却不知为何留在了过去。努力重返未来、使世界朝他原本所在的方向发展，是他毕生的使命。”[2]

在自己位于穷乡僻壤的高中里，丘奇感到乏味无趣。他很快成了捣蛋鬼，对最初溺爱纵容他的继父尤为如此。丘奇说：“继父决定让我离开。我母亲发现，这是一个绝好的机会，因为继父会支付寄宿学校的学费。”因此，父母将丘奇打发到马萨诸塞州安多弗的菲利普斯学院。该学院是美国历史最悠久的预科学校。与丘奇童年时期所在的湿漉沼泽相比，位于田园间的院子和格鲁吉亚建筑几乎同样令人叹为观止。丘奇自学了计算机编码，他的所有化学课程的成绩均名列第一，随后学校给了丘奇化学实验室钥匙，方便他自由探索。在丘奇取得的诸多成功中，有一项便是通过在水中掺入激素，增加捕蝇草的生长尺寸。

随后，丘奇进入杜克大学就读。他在两年内获得两个本科学位，随后直接跳级进入一项博士生计划。在该计划中，丘奇栽了跟头。他潜心于其导师的实验室研究，包括利用结晶学弄清不同 RNA 分子的立体结构。为此，他不再上课。挂科两门后，丘奇收到系主任的来信，他无情地通知丘奇："你不再是杜克大学生物化学系博士生候选人。"像其他人保存装裱的学位证书一样，他一直保存着这封信，将其作为自豪之源。

丘奇此时已是 5 篇重要论文的共同作者，能够利用出众的口才，进入哈佛大学医学院。在一段口述历史中，丘奇说："我被杜克大学退学后，哈佛大学却愿意接收我，其原因一直是个谜。因为通常情况恰恰相反。"[3] 在哈佛大学，丘奇与诺贝尔奖获得者沃尔特 · 吉尔伯特共事，共同开发 DNA 测序方法。1984 年，他参加了由美国能源部发起的首次提案会议，该会议促成了人类基因组计划的启动。但是，在他们对后期出现的争执的预演中，丘奇与埃里克 · 兰德尔发生了冲突。丘奇通过克隆扩增 DNA 的方法简化了测序任务，而兰德尔对此拒不接受。

2008 年，丘奇成为一名性情古怪却大受欢迎的名人。同年，他接受《纽约时报》科普作家尼古拉斯 · 韦德的采访，谈论是否可能使用自己的基因工程工具，利用在北极发现的长毛象象毛，使长毛猛犸起死回生。这一想法颇有玩笑意味，对丘奇却颇具吸引力。这一点并不令人意外。在用激素刺激蝌蚪生长的日子里，丘奇就萌生了这一念头。至今，人们依旧在为复活猛犸努力，从现代大象身上获取皮肤细胞，将其恢复至胚胎状态，随后改造基因，使其与长毛猛犸测定的基因匹配。而丘奇则是这方面的代言人。[4]

20 世纪 80 年代，珍妮弗 · 杜德纳还是哈佛大学的博士生。当时，杜德纳对丘奇打破常规的风格和思维欣赏有加。她说："丘奇是一位前所未有的教授。他身材高大，体形瘦长，留着大胡子，非常特立独行。丘奇并不害怕与众不同，我十分喜欢这一点。"丘奇也回忆说，杜德纳的言谈举止给自己留下了深刻印象。他说："杜德纳的研究世界一流，尤其是对 RNA 结构的研究。我们都拥有他人难以理解的这种兴趣。"

在 20 世纪 80 年代，丘奇开展研究，旨在创造新的基因测序方法。

不论是作为研究人员，还是作为将实验室研究成果商业化的公司创始人，丘奇都取得了丰硕成果。后来，丘奇将工作重点放在发现新型基因编辑工具之上。因此，当2012年6月杜德纳和沙尔庞捷在《科学》杂志发表的介绍CRISPR-Cas9的文章在网上公布时，丘奇决定，自己将尝试在人体中使用CRISPR-Cas9。

丘奇遵守礼节，向杜德纳和沙尔庞捷同时发送了一封电子邮件。丘奇回忆道："我亲切友好地分享了我的想法，设法弄清是谁在该领域进行研究，看看如果我开展研究，两人是否介意。"他习惯早起。一天早上4点，他将电子邮件发出。在邮件中，丘奇写道：

珍妮弗和埃玛纽埃勒：

首先，我想简单说明，你们在《科学》杂志上发表的CRISPR论文鼓舞人心，大有裨益。

我的团队正设法将你们研究中所获得的部分经验应用于人类干细胞基因组的编辑。我相信，你们已收到其他实验室类似的感谢与称赞。

我期待在研究推进过程中与你们保持联系。

祝好，乔治

当天晚些时候，杜德纳给他回信：

乔治，你好：

感谢来信。了解到你的实验推进过程，我们颇感兴趣。的确，当前有许多人对Cas9抱有极大兴趣。Cas9将能发挥作用，推动各种细胞类型的基因组的编辑和调控。

祝一切顺利，珍妮弗

后来，两人通过电话数次交谈。杜德纳告诉丘奇，自己同样在开展研究，设法使 CRISPR 在人类细胞中发挥作用。丘奇进行科学研究的方式独具特色：友好待人，共享观点，更倾向于开放合作，而非保密竞争。杜德纳说："这是乔治的典型特点。他做不到拐弯抹角，遮遮掩掩。"若想使他人相信你，最好的办法就是你自己也相信他们。虽然杜德纳是个有戒心的人，但她总是对丘奇开诚布公。

丘奇并未考虑联系张锋。丘奇表示，自己之所以没联系张锋，是因为当时并不知道自己曾经的这位博士生也在研究 CRISPR。丘奇说："如果我知道张锋当时正在研究 CRISPR，我也会问问他。但是，他是突然之间开始研究 CRISPR 的，且对此一直守口如瓶。"[5]

第 24 章

# 张锋破解 CRISPR

## 暗度陈仓

张锋在丘奇管理的位于波士顿的哈佛大学医学院实验室完成博士后工作后，搬到了查尔斯河对岸，进入位于剑桥的布洛德研究所。布洛德研究所位于麻省理工学院校园旁的顶级实验楼。2004 年，活力无穷的埃里克·兰德尔使用伊莱和伊迪丝·布洛德基金会提供的资金（最终达到 8 亿美元），创建了布洛德研究所。该研究所的使命是使用人类基因组计划催生的知识，推进疾病治疗。在人类基因组计划中，兰德尔是成果最丰富的基因测序人员。

兰德尔是数学家出身，后来转型成为生物学家。在他的设想中，布洛德研究所是一个让不同学科凝聚力量的场所。为达到这一效果，需要一种新型机构——将生物学、化学、数学、计算机科学、工程学和医学充分融合的机构。兰德尔还做到了更为困难的事情：实现麻省理工学院与哈佛大学的通力合作。到 2020 年，布洛德研究所拥有超过 3 000 名科学家和工程师。兰德尔是一位令人感到愉悦而又尽心尽力的导师、啦啦队队长兼筹资人，令一批又一批深受布洛德研究所吸引的年轻科学家受益匪浅，研究所因此蒸蒸日上。兰德尔还在科学与公共政策和社会公益间建立联系。例如，他领导了一场名为“算我一个”（Count Me In）的运动。该运动鼓励癌症患者以匿名方式，共享自己的医学信息和 DNA

序列，将其传入公共数据库，供所有研究人员获取。

2011 年 1 月，张锋来到布洛德研究所工作，继续他原来在丘奇实验室的研究，使用转录激活因子样效应物核酸酶，进行基因编辑。但是，每个新的编辑项目都需要构建新转录激活因子样效应物核酸酶。张锋说："有时，构建转录激活因子样效应物核酸酶最多需要耗费三个月，于是我开始寻找更好的方法。"

结果证明，CRISPR 是张锋口中更好的方法。张锋来到布洛德研究所几周后，参加了一场由哈佛大学微生物学家举行的研讨会。这名微生物学家当时正在研究一种细菌。张锋正好顺便提到，此种细菌包含 CRISPR 序列，序列内含有酶，能够切割侵入细菌的病毒的 DNA。虽然张锋此前几乎对 CRISPR 闻所未闻，但是自初一的兴趣提高班以来，他已经学会在听到有人提到酶时便立刻振奋精神。张锋对该类酶尤为感兴趣。该类酶叫作核酸酶，能够切割 DNA。因此，张锋做了我们所有人都会做的事情：在谷歌上搜索 CRISPR。

卢西亚诺·马拉菲尼

第二天，张锋乘机飞往迈阿密，参加一场关于基因表达方式的会议。但是张锋并未坐在座位上听完所有报告，而是自己待在酒店房间，阅读十几份在网上找到的关于 CRISPR 的重要论文。他对其中一篇的印象尤为深刻。该篇论文于上一年 11 月发表，作者是在丹尼斯克工作的两位年轻的乳酸研究者——鲁道夫·巴兰古和菲利普·霍瓦特。该篇论文说明，CRISPR-Cas 系统可以在特定目标上切割一个双链 DNA。[1] 张锋说："该篇论文令我眼界大开。"

张锋有一个门徒，这位门徒也是他的朋友。此人名叫丛乐（Le Cong），同样是一位在丘奇实验室工作的研究生，是一位生于北京、戴着大眼镜的天才。丛乐儿时热爱电子学。与张锋一样，他之后也将热情转向了生物学，对基因工程颇感兴趣，因为他希望减少诸如精神分裂、躁郁症等心理疾病带来的痛苦。

在迈阿密酒店房间读完 CRISPR 相关论文后，张锋立刻给丛乐发送邮件，建议两人开展合作，研究是否能将 CRISPR 变成一种适用于人类的基因编辑工具。也许这种工具比他们此前使用的转录激活因子样效应物核酸酶的效果更加出色。张锋在邮件中附上了巴兰古和霍瓦特撰写论文的链接，并写道："看看这个。也许我们可以在哺乳动物系统中进行实验。"丛乐同意张锋的看法，回复说："这应该很棒。"几天以后，张锋又给丛乐发了一封电子邮件。丛乐当时依然是丘奇实验室的一名学生，而张锋希望丛乐对两人的想法保密，甚至不能告诉丛乐的导师。张锋在邮件中写道："嘿，我们要对这一想法保密。"[2] 虽然丛乐形式上依然是丘奇在哈佛大学的研究生之一，但是他按照张锋的要求，并未告诉丘奇自己将前往布洛德研究所，与张锋合作研究 CRISPR。

张锋的办公室、门厅、会议室和实验室区域设有多块白板，为随时记录灵光乍现的想法做好准备。布洛德研究所的氛围可见一斑。白板记录如同一项运动，就像放在私密性较弱的办公室内的桌上足球。张锋对白板进行了充分使用。在其中一块白板上，张锋和丛乐开始列清单，列出应采取哪些措施，使 CRISPR-Cas 系统成功进入人类细胞的细胞核。然后，两人会在实验室通宵达旦，只靠吃拉面填饱肚子。[3]

甚至在两人开始实验之前，张锋于 2011 年 2 月 13 日便向布洛德研究所提交了一份"机密发明实验记录"。实验记录上写道："此项发明的关键概念基于在诸多微生物体内发现的 CRISPR。"张锋解释说，该系统使用 RNA 片段，引导酶在目标位置切割 DNA。他表示，如果该系统在人体中成功起作用，其将成为一种基因编辑工具，功效远超锌指核酸酶和转录激活因子样效应物核酸酶。张锋从未公开分享自己的实验记录。在实验记录末尾，他写道："此项发明对于微生物、细胞、植物和动物的基因组修饰颇有帮助。"[4]

尽管其中含有"发明"一词，但是张锋的实验记录中并未描述真正的发明。他仅大致介绍了一项研究计划。张锋既没有进行实验，也没有发明出任何技术将其概念转化为实际应用。实验记录的作用仅表明张锋自己率先在该领域占得先机。研究人员有时会提交此类材料，进而在他们最终成功做出发明，需要证据（的确会取得成功）时，证明他们就该想法进行了长期研究。

从一开始，张锋似乎就感到，这场将 CRISPR 转化为人类基因编辑工具的竞赛终将竞争激烈。张锋一直就自己的计划保密，从不与他人谈及发明实验记录。在 2011 年年底自己制作的视频中，张锋介绍了此前开展的研究项目，对 CRISPR 只字未提。但是他开始按照日期，在他人的见证下，将自己的每一次实验、每一项发现记在记录本上。

在这场将 CRISPR 转变为人类基因编辑工具的竞赛中，张锋和杜德纳沿着不同路线同台竞技。张锋此前从未研究过 CRISPR。后来，该领域人员将张锋称作一名后来者，一位闯入者，指代在他人于 CRISPR 领域开拓创新后突然进入该领域的人。事实恰恰相反，基因编辑是张锋的专长。于他而言，CRISPR 仅仅是除锌指核酸酶和转录激活因子样效应物核酸酶外，实现相同目标的又一个方法，但这一方法更为好用。对杜德纳而言，她和自己的团队从未研究过细胞内的基因编辑。5 年来，杜德纳和其团队一直将研究重点放在弄清 CRISPR 的组成部分上。结果，张锋最终遇到困难，难以区分 CRISPR-Cas9 系统中的必要分子。相比之下，杜德纳遇到的困难在于，弄清如何能让系统进入人体细胞核。

到 2012 年年初，杜德纳和沙尔庞捷于 6 月在线发布其《科学》杂志论文，指出 CRISPR-Cas9 系统中必不可少的三个组成部分。在此之前，张锋并未取得有记录的进展。张锋和一组来自布洛德研究所的同事提交了一份申请，请求获取资金支持，开展基因编辑实验。张锋在申请书中写道："我们将改造 CRISPR 系统，使 Cas 酶能够锁定哺乳动物基因组中多个具体目标。"但是张锋并未表示，自己已完成实现该目标所需的重大措施。确实，提交此份申请意味着，哺乳动物细胞研究预计几个月后才会开始。[5]

张锋也未充分弄清令人头疼的 tracrRNA 的全部作用。回想沙尔庞捷于 2011 年发表的论文，以及斯克斯尼斯于 2012 年发表的论文，两篇论文均介绍了相关研究。其中一项研究证明，在生成一种名叫 crRNA 的向导 RNA 过程中，该分子发挥了作用。该分子能引导一种酶前往正确的 DNA 位置进行切割。然而，2012 年，在杜德纳和沙尔庞捷的论文报告的多项发现中，tracrRNA 具有另一个至关重要的作用：为了使 CRISPR 系统切切实实地切割目标 RNA，tracrRNA 需要在附近停留。张锋进行资金申请表明，他尚未获得该项发现。在申请中，张锋仅仅提到"tracrRNA 是可以促进向导 RNA 加工的元件"。其中一个解释表明，只有 crRNA 是 Cas9 复合体的一部分，能够协助进行切割，而 tracrRNA 并不是该复合体的组成部分。这似乎是一件小事。但是，正是因为此类小发现，抑或是因为缺少此类发现，才导致了争夺具有历史意义的荣誉的战争。[6]

## 马拉菲尼出手相助

如果情况发展截然不同，张锋和卢西亚诺·马拉菲尼可能创造出一段合作共赢的佳话，与杜德纳和沙尔庞捷的故事一样鼓舞人心。张锋的故事本身就非常精彩：充满渴望、争强好胜、来自中国的神童在美国艾奥瓦州由家人培养长大。其始终如一的好奇心促使他成为斯坦福大学、哈佛大学和麻省理工学院的明星。加上阿根廷移民马拉菲尼的经历，这段故事能很好地呈现双链效应。2012 年年初，马拉菲尼和张锋联手合作。

马拉菲尼热爱研究细菌。在芝加哥大学读博期间，马拉菲尼对新发现的 CRISPR 产生了兴趣。因为自己的妻子在芝加哥的法院担任翻译，马拉菲尼想要留在芝加哥。所以，他在西北大学埃里克·松特海姆实验室获得了一个博士后职位。当时，松特海姆正像杜德纳曾经做的一样，研究 RNA 干扰，但是松特海姆和马拉菲尼迅速意识到，CRISPR 系统以一种更有效的方式发挥了作用。两人由此于 2008 年获得他们的重要发现，即 CRISPR 系统通过切割入侵细菌的病毒的 DNA 发挥作用。[7]

马拉菲尼与杜德纳于次年见面。当时，杜德纳来到芝加哥参加一场会议。马拉菲尼刻意在杜德纳旁边的桌子旁坐下。马拉菲尼说："我的确很想见见她，因为她研究 RNA 结构，该项研究极为困难。进行蛋白质结晶是一方面，而实现 RNA 结晶的难度远远超过蛋白质结晶。这令我印象深刻。"杜德纳此前刚刚开始研究 CRISPR。两人探讨了马拉菲尼加入杜德纳实验室的可能性。但是，杜德纳实验室没有适合马拉菲尼的职位。因此，2010 年，马拉菲尼进入位于曼哈顿的洛克菲勒大学，在那里建起一间实验室，研究细菌中的 CRISPR。

2012 年伊始，马拉菲尼收到张锋发来的一封电子邮件。他并不认识张锋。在邮件中，张锋写道："新年快乐！我叫张锋。我是麻省理工学院的一位研究人员。我读过多篇您撰写的关于 CRISPR 系统的论文，对此抱有极大兴趣。我想知道，您是否有意与我合作，共同研发 CRISPR 系统，将其应用于哺乳动物细胞中。"[8]

于是马拉菲尼在谷歌上进行搜索，以了解张锋是何许人也。对于 CRISPR 研究领域的大多数人而言，张锋依然不为人知。张锋是在晚上 10:00 左右向马拉菲尼发送邮件的。约一小时后，马拉菲尼便予以回复："我对合作很感兴趣。"他还补充道，自己一直在研究一种"极简"系统——换言之，自己此前不断拆解该系统，使其仅剩必不可少的分子。两人同意于第二天通过电话交谈。这似乎是一段美好友谊的开始。

在马拉菲尼的印象中，张锋当时遇到了阻碍，正就多种 Cas 蛋白进行实验。马拉菲尼说："张锋不仅就 Cas9 开展测试，还对所有不同 CRISPR 系统进行实验，包括 Cas1、Cas2、Cas3 和 Cas10，无一奏效。他当时做事时像一个没头没脑的孩子。"因此，至少根据马拉菲尼自己的回忆，是他鞭策张锋专注于 Cas9 研究的。马拉菲尼说："我对 Cas9 坚信不疑。我是该领域的一名专家。我发现，针对其他酶的研究过于困难。”

两人通过电话后，马拉菲尼发给张锋一张清单，清单上列有两人应完成的工作。第一项就是停止关于其他酶的研究，只专注于研究 Cas9。[9] 马拉菲尼还通过信件，向张锋寄了一份细菌所有 CRISPR 序列的多页打印资料（ATGGTAGAAAACACTAAATTA……）。马拉菲尼告诉我这段往事时，从桌子后起身，帮我打印出了该序列资料。他告诉我：“通过这些数据，我让张锋意识到，他必须使用 Cas9。我为他提供了路线图，他也按照这张图走了下去。”

在一段时间里，两人通过任务分工进行合作。张锋提出了设想和办法，希望这些设想和办法能在人体内起作用。然后，以微生物学为专长的马拉菲尼会进行测试，检测张锋的办法是否对细菌起作用，这是一种更为简单的实验。其中有一个与增加核定位信号（NLS）相关的重要情况。为使 CRISPR-Cas9 进入人体细胞核，增加核定位信号不可或缺。张锋设计出数种方法，向 Cas9 增加不同的核定位信号。随后，马拉菲尼对张锋的方法进行测试，检查在细菌中此类方法是否有效。马拉菲尼解释说：“如果你增加核定位信号，而该信号在细菌中不起作用，那么你就知道它在人体内同样不会起作用。”

马拉菲尼认为，两人的合作基于互相尊重，现在成果颇丰。如果取得成功，两人将会成为论文的共同作者，也会成为一套利润丰厚的专利的共同发明人。在一段时间里，情况确实朝着这一方向在发展。

## 何时知晓？

张锋与马拉菲尼于 2012 年早期进行研究，直到 2013 年年初，该研究才产出可发表的结果。后来，这一成绩为评奖审查委员、专利审查员和评判伟大的 CRISPR 竞赛的历史编纂人员带来一个问题，其价值为数百万美元：2012 年 6 月，杜德纳和沙尔庞捷在网上发表了关于 CRISPR-Cas9 的《科学》杂志论文，而在此之前，张锋对 CRISPR 了解多少，又做了哪些工作？

埃里克·兰德尔是张锋在布洛德研究所的导师。后来，兰德尔成为重建那段历史的人。在一篇名为《CRISPR 英雄》的文章中，兰德尔大加赞扬了张锋的重要作用。该篇文章颇具争议，在本书之后的内容中，我将对此予以论述。兰德尔写道："到 2012 年中期，张锋已经建立起一个可靠的系统，该系统由三个部分组成，包括化脓链球菌或嗜热链球菌的 Cas9、tracrRNA 和一个 CRISPR 阵列。张锋将目标锁定在人类和老鼠基因组中的 16 个位置，证明高效准确地改变基因并非天方夜谭。"[10]

兰德尔并未就此说法提供任何证据。张锋也未发表任何证据，证明他已经通过实验，明确 CRISPR-Cas9 所有组成部分的所有作用。张锋说："我们有所保留，我并未意识到存在一场竞赛。"

但是随后，在当年 6 月，杜德纳和沙尔庞捷的论文在网上发表。张锋收到《科学》杂志发送的普通信件警告后，阅读了两人的论文。该篇论文促使张锋开始行动。他说："正是在那时，我意识到，我们必须完成此项研究，发表研究成果。我心想：'在 CRISPR 研究的基因编辑部分，我们不想让他人抢得先机。'对我而言，这是底线：证明可以利用 CRISPR 编辑人类细胞。"

我问张锋，他是否在沙尔庞捷和杜德纳的发现的基础上，进行了进一步研究。他认为，自己在一年多的时间里，一直努力将 CRISPR 改造为一种基因编辑工具。他说："我认为，我并未从她们手中接过火炬。"当时，张锋不仅在试管中，也在老鼠和人类的活细胞内进行研究。他说："她们发表的并非一篇与基因编辑相关的论文，而是在试管中进行的生物化学实验。"[11]

张锋说："在基因编辑领域，证明 CRISPR-Cas9 在试管中切割 DNA 并非一项进步。在基因编辑过程中，你必须知道在细胞中的 CRISPR-Cas9 是否能够切割 DNA。我总是直接在细胞中而不是在试管中进行研究。因为细胞内的环境与生物化学环境截然不同。"

杜德纳提出了截然相反的观点。她表示，当分子的组成部分在试管中被分离出来时，生物学中的一些最重要的进步就出现了。杜德纳说："张锋当时所做的是使用整个 Cas9 系统，涉及系统中所有基因和 CRISPR 阵列，在细胞中进行表达。他们并未进行生物化学研究，所以他们实际上对各个成分并不清楚。我们发表论文后，他们才知道哪些部分不可或缺。”

两人说得都没错。细胞生物学和生物化学相辅相成。对于基因学中的许多重要发现而言，此言千真万确，最为引人注意的当属 CRISPR。将两种方法结合的需求是沙尔庞捷和杜德纳合作的基础。

张锋坚持认为，在读到杜德纳和沙尔庞捷的论文之前，自己就已产生基因编辑的想法。他展示了笔记本中描述实验的记录。在实验中，张锋使用由三个部分组成的 CRISPR-Cas9 系统，编辑人类细胞。三个组成部分分别为 crRNA、tracrRNA 和 Cas9 酶。[12]

然而，有证据表明，2012 年 6 月，张锋依然与成功相去甚远。林帅亮是一位来自中国的研究生，在张锋的实验室工作了 9 个月。在张锋最终发表的论文中，林帅亮是共同作者。2012 年 6 月，在林帅亮即将回中国之际，他准备了一场幻灯片报告，题为“2011 年 10 月至 2012 年 6 月 CRISPR 研究总结”。此次报告表明，张锋当时所做的基因编辑尝试的结果并不明确，或者说，其尝试并不成功。其中一张幻灯片显示：“未发现改变。”另一张幻灯片展示了一种不同的方法，并显示：“CRISPR 2.0 并未促使基因组发生改变。”最后的总结幻灯片页显示：“也许，Csn1（Cas9 当时的叫法）蛋白过大，我们尝试采用数种方法，使其以细胞核为目标，但是均以失败告终……也许，需要鉴定其他影响因素。”换言之，根据林帅亮的幻灯片报告内容，到 2012 年 6 月，张锋的实验室未能实现 CRISPR 系统在人类细胞内进行切割。[13]

三年后，张锋卷入与杜德纳的一场专利之战时，林帅亮在一封发给杜德纳的电子邮件中扩展了自己幻灯片报告中的内容。林帅亮在邮件中写道：“在关于荧光素酶数据的 15 页声明中……非常遗憾，在看过您的论文前，我们并未获得研究成果。”[14]

布洛德研究所认为，林帅亮的电子邮件内容不实，因此未予理会，并表示林帅亮发送此封电子邮件的目的在于希望获取杜德纳实验室的职位。在一份声明中，布洛德研究所表示：“许多其他例证明确表明，2011 年年初，在杜德纳和沙尔庞捷发表论文之前，张锋和其实验室其他成员一直积极改造一种独一无二的 CRISPR-Cas9 真核基因编辑系统并取得成功。其与杜德纳和沙尔庞捷所发表论文并无关联。”[15]

张锋的笔记本中的一页纸上记录了 2012 年春天的实验内容。张锋表示，该页记录证明，他能够得出结果，表明 CRISPR-Cas9 系统在人类细胞中实现了编辑。但是，正如在科学实验中经常出现的情况，对该数据的解读具有开放性。这些数据并未明确证明，张锋成功编辑了细胞，因为其中的一些结果对得出最终结论毫无帮助。达纳 · 卡罗尔（Dana Carroll）是犹他大学的一位生物化学家。他代表杜德纳和杜德纳的同事，以专家证明人身份检查了张锋笔记本中的内容，并表示张锋的笔记本中有一些存在矛盾或无法得出结论的数据。卡罗尔最终得出结论：“张锋对数据进行过筛选。在尚未进行涉及 Cas9 的研究时，他们甚至就已获得证明编辑效果的证据。”[16]

在张锋 2012 年早期的研究中，还有一个方面似乎存在不足。这需要回到 tracrRNA 作用的问题上。你是否还记得，沙尔庞捷在其 2011 年发表的论文中的所述发现表明，在生成发挥 Cas9 酶向导作用的 crRNA 的过程中，tracrRNA 必不可少。但是，2012 年 6 月杜德纳和沙尔庞捷发表论文时，才最终确定，tracrRNA 不仅是绑定机制中的一部分，还推动实现 Cas9 切割 DNA 的目标位置，而且后者显然发挥了更为重要的作用。

在张锋自己于 2012 年 1 月提交的资金申请中，他并未描述 tracrRNA 的全部作用。无独有偶，在自己的记录本和描述自己 2012 年 6 月之前所做研究的声明中，并没有证据表明张锋发现了 tracrRNA 在切割目标 DNA 中发挥的作用。卡罗尔说，其中一页与之相关的记录“包含一份颇为详细的组成成分清单，该清单上并未记录任何内容，以证明组成成分中包含 tracrRNA”。杜德纳和其支持者后来表示，张锋缺乏对 tracrRNA 作用的理解，是 2012 年 6 月之前张锋的实验未能取得理想成果的主要原因。[17]

在张锋和同事于 2013 年 1 月最终发表的论文中，张锋自己似乎也承认，在阅读杜德纳和沙尔庞捷发表的论文前，自己并未全面理解 tracrRNA 的作用。他表示，“此前已证明”，tracrRNA 对切割 DNA 不可或缺。张锋当时在此处加了脚注，注明了杜德纳和沙尔庞捷的论文。杜德纳说："张锋之所以知道需要两种 RNA，是因为他读过我们的论文。如果读了张锋 2013 年的文章，你就会发现其中引用了我们论文的内容。正因为其中包含需要两种 RNA 的内容，所以他引用了我们的论述。"

我向张锋问及此事时，张锋说自己之所以做脚注，是因为这是标准做法——关于 tracrRNA 全部作用的论文，杜德纳和沙尔庞捷的论文是第一篇。但是张锋和布洛德研究所表示，张锋当时已经针对将 tracrRNA 与 crRNA 关联的系统进行实验。[18]

有许多模糊不清的说法需要厘清。不管怎样，我个人认为，张锋当时正就使用CRISPR进行人类基因编辑做研究。此项研究于2011年开始。到 2012 年年中，张锋的研究重点为 Cas9 系统，并在使该系统发挥效用方面取得了一些成果，但数量不多。然而，既没有明确证据，也自然没有已发表或出版的证据表明，张锋已完全弄清了其中具体的必要组成部分。没有证据表明，在阅读杜德纳和沙尔庞捷于 2012 年 6 月发表的论文之前，张锋就认识到 tracrRNA 的重要作用。

张锋公开承认，自己从杜德纳和沙尔庞捷共同创作的论文中了解到一件事情：将 crRNA 和 tracrRNA 融入单链向导 RNA 的可能性，使其将目标锁定指定的 DNA 序列。他后来写道："我们对一种嵌合 crRNA-tracrRNA 的设计进行了改造，并于近期通过试管实验确认该设计有效。"在脚注中，张锋引用了杜德纳和沙尔庞捷的论文。2012 年 6 月，马拉菲尼依然在与张锋合作。他对张锋的说法表示赞同："我和张锋看过珍妮弗的论文后，才开始使用单链向导 RNA。"

正如张锋所指出的，创制单链向导虽然大有裨益，但并非完全不可或缺的发明。tracrRNA 和 crRNA 无须合二为一，成为一个更为简单的分子，即使二者彼此分离，CRISPR-Cas9 系统依然可以发挥作用。杜德纳和沙尔庞捷团队已将其变为现实。单链向导可将该系统简化，使其能够更容易地进入人体细胞，但是单链向导并非该系统产生作用的决定因素。[19]

第 25 章

# 杜德纳加入竞赛

## “我们并非基因组编辑者”

在实现 CRISPR-Cas9 在人体起作用的竞赛中，杜德纳甚至能成为一名竞争者，这令人颇感惊讶。她此前既没有用人类细胞进行过实验，也没有改造出诸如转录激活因子样效应物核酸酶等基因编辑工具。对于杜德纳的主要研究人员马丁·吉尼克而言，情况同样如此。杜德纳说：“在我的实验室里，满是生物化学家和进行结晶等实验的研究人员。不论是培养人类细胞还是线虫，我的实验室都不擅长。”这场竞赛中人才济济，竞争激烈，杜德纳心知肚明。她突然加入此次竞赛，在对 CRISPR-Cas9 所做发现的基础上，将其改造为一种适用于人类细胞的工具，并为此承担风险，这对她的意志是一次考验。

杜德纳正确意识到，使用 CRISPR 编辑人类基因是有待实现的下一项突破。她认为，其他研究人员都会争先恐后，努力实现该项突破，其中包括埃里克·松特海姆，也可能包括布洛德研究所的其他人员。她感到竞争激烈，刻不容缓。她回忆道：“我们在 6 月发表论文后，我知道我们必须加快进度。我们的合作者是否具有同样的敬业献身精神尚且不得而知。我为此感到沮丧，因为我是一个争强好胜的人。”因此，杜德纳鞭策吉尼克更加积极地工作。她反复告诉吉尼克：“你需要把这件事看作绝对首要的任务。因为如果 Cas9 是一项对人类基因编辑大有帮助的技术，那么世界将会因此发生改变。”吉尼克担心会遇到重重困难。他说：“和创建该方法的某些实验室的情况有所不同，我们并非基因组编辑者，因此我们必须重做其他人已做到的事情。”[1]

## 亚历山德拉·伊斯特

杜德纳后来承认，在为使 CRISPR-Cas9 在人类细胞内起效的征程之初，自己遭受了“许多挫折”。[2]但是，随着 2012 年秋季开学，杜德纳得到了幸运女神的眷顾。在此期间，张锋正全力以赴，完成自己的实验。亚历山德拉·伊斯特（Alexandra East）是一位新来的研究生，有从事人类细胞研究的经验，她加入了杜德纳实验室。伊斯特的到来之所以颇为有趣，是因为她之前所在的研究单位。此前，她以技术员身份在布洛德研究所接受培训，提升自己的基因编辑技能。张锋和研究所其他研究人员都曾与伊斯特共事。

伊斯特能培育必要的人类细胞，随后开始检测让 Cas9 进入细胞核的方法。当她开始通过实验取得数据时，她自己并不确定数据是否可以证明基因编辑取得成功。有时，生物实验的结果并不明朗。但是，在评估实验结果方面，杜德纳具有远胜于他人的能力。她认为实验取得了成功。杜德纳说："伊斯特向我展示数据时，我立刻明白，她获得了绝佳证据，证明 Cas9 能在人类细胞中进行基因组编辑。一个是尚在培训阶段的学生，另一个是在此方面进行长时间研究的研究员。两者在评估结果的能力上存在显著不同。我知道我在找什么。看到伊斯特获得的数据后，我自然而然地认为我们取得了成功。我想：'没错，她得到了证据。'虽然伊斯特并不确定，认为自己也许必须再做实验，但是我说：'我的天，这是重大发现！太令人兴奋了！'"[3]

对于杜德纳而言，这些数据证明了 CRISPR-Cas9 成功在人类细胞内进行编辑并非一次困难的飞跃，也不是一项重大新发明："如何使用核定位信号标记蛋白，使其进入细胞核，已是众所周知的事。我们使用 Cas9 成功实现了这一点。如何优化基因中的密码子使用，使其在哺乳动物细胞中与在细菌中实现同样良好的表达效果，也已众所周知。我们也成功做到了。"因此，杜德纳认为，即便自己正努力成为完成该类编辑的第一人，这也并非一项伟大发明，因为这仅需要改造其他人以往所用的方法。伊斯特在前几个月内便成功进行了该类编辑。杜德纳说："一旦你知道相关组成部分，一切便手到擒来。研一的学生就能够做到。"

杜德纳认为，尽快发表相关论文至关重要。她意识到，如果其他实验室抢先证明 CRISPR-Cas9 能够转而在人类细胞内使用，他们会宣称其为一项重大发现。结果表明，杜德纳的这一想法颇为正确。因此，她鞭策伊斯特反复进行实验，增强其数据可靠性。与此同时，吉尼克使用数种方法进行研究，将他们在试管中制成的单链向导 RNA 变成一种向导，能够使 Cas9 锁定人类细胞中的正确目标。这并非易事。结果表明，他们设计的单链向导 RNA 长度不足，无法实现高效靶向人类 DNA。

第 26 章

# 毫厘之差

## 张锋的冲刺

在开始尝试使用单链向导 RNA 时，张锋发现，杜德纳和沙尔庞捷于 2012 年 6 月发表的论文中所描述的单链向导 RNA 在人类细胞中效果不佳。因此，张锋制作了长度更长的单链向导 RNA。该 RNA 中含有发卡结构。单链向导效率由此得以提高。[1]

张锋做出的改进表明，与像杜德纳团队一样在试管中进行实验相比，在人类细胞中进行实验有所不同。张锋说："珍妮弗也许对生化结果深信不疑，坚信 RNA 并不需要额外部分。她认为，吉尼克制成的短单链向导 RNA 足以实现目标，因为该单链向导在试管中能发挥作用。但我知道，生化结果并不总能预测细胞内实际发生的情况。"

张锋也开展了其他工作，以改进 CRISPR-Cas9 系统，使系统在人类细胞中发挥作用。有时，大分子很难穿过细胞核周围的膜。张锋使用了一种技术，该技术能将 Cas9 酶附着在一个核定位序列上，确保蛋白质进入曾经牢不可破的细胞核。

此外，张锋使用一种叫"密码子优化"（codon optimization）的著名技术，成功让 CRISPR-Cas9 系统在人类细胞中起作用。密码子是由三个碱基组成的 DNA 片段，为氨基酸的具体排列提供指令。而氨基酸的排列是生成蛋白质的基石。同一氨基酸可由多种密码子编码，在不同生物体中，此类可供选择的密码子可更加高效地发挥作用。如若需要将某些基因的表达体系转移到其他物种中——比如将细菌的 CRISPR-Cas9 系统应用于人体细胞，密码子优化可以调整最优的碱基序列，从而更高效地合成目的蛋白质。

2012 年 10 月 5 日，张锋将自己的论文发送给《科学》杂志的编辑。12 月 12 日，论文被接受。林帅亮和卢西亚诺·马拉菲尼位列作者名单。此前，林帅亮表示，在杜德纳和沙尔庞捷的论文发表前，张锋的研究近乎停滞不前。马拉菲尼帮助了张锋专注于 Cas9 研究，但在张锋后来主要的专利申请中，马拉菲尼的名字并未出现。描述了实验过程和实验结果后，三人的论文用意义重大的结尾句作结："在基础科学、生物技术和医学领域，CRISPR-Cas9 由于能在哺乳动物细胞中进行复杂基因编辑，因此可得到广泛应用。"[2]

## 张锋对决丘奇

25 年来，乔治·丘奇一直致力于研究各种各样的基因改造方法。张锋曾师从丘奇，而丘奇名义上依然是张锋论文的主要共同作者丛乐的学术导师。但是在 2012 年晚秋之前，丘奇都没有被告知（或者丘奇认为自己没有被告知），张锋和丛乐用一年多的时间研究了如何将 CRISPR 转化为一种基因编辑工具。

直到当年 11 月，丘奇前往布洛德研究所做报告时，他才发现张锋已向《科学》杂志提交一篇论文，论述在人类细胞中使用 CRISPR-Cas9 的问题。这令丘奇震惊不已。因为丘奇刚刚就同一主题，向同一家期刊提交了论文。丘奇怒不可遏，认为张锋背信弃义。此前，丘奇和张锋合作发表了数篇基因编辑相关论文。丘奇并未意识到，自己曾经的学生现在将自己视为竞争对手，而非一位合作伙伴。丘奇说："我觉得张锋并未充分理解我实验室的文化，或者说，他可能仅仅觉得风险过高，所以没有告诉我。"丛乐虽然已进入布洛德研究所与张锋共事，但仍是哈佛大学的研究生，而丘奇依旧是丛乐名正言顺的导师。丘奇说："我心烦意乱。我自己的学生瞒着我进行研究，而这个学生知道我对该研究颇感兴趣。这种行为似乎破坏了规矩。”

丘奇向哈佛大学医学院研究生院院长反映了这一问题。院长认为，张锋的行为并不妥当。随后，埃里克·兰德尔指责丘奇欺压丛乐。丘奇说：“我不想小题大做。我认为我并没有欺压丛乐，但是埃里克并不认同我的看法。因此，我妥协了。”[3]

为厘清此事，我一直穿梭于争议各方之间。在此期间，我不断想起，记忆无法成为可靠的历史向导。张锋强调，实际上，2012 年 8 月，他曾与丘奇驱车离开一场名为“科学富营”（Science Foo Camp）的尖端会议的会场，前往旧金山机场。会场位于谷歌园区，距旧金山机场一小时车程。途中，他告诉丘奇，自己正就 CRISPR 开展研究。丘奇患有嗜睡症，他承认，张锋与他讲话时，自己可能睡着了。但是即使丘奇所说属实，至少在他看来，张锋也无法洗清自己未能就自己的计划进行沟通的错误。因为如果丘奇睡着了，张锋当时肯定会注意到丘奇并未对此予以回应。

一天晚上，我在用餐期间询问兰德尔对此次争论的看法。兰德尔坚持认为，丘奇的嗜睡症问题是“无稽之谈”。而且兰德尔指责丘奇，称在张锋告诉丘奇自己开始研究 CRISPR 后，丘奇才开始展开 CRISPR 研究。我在就此事询问丘奇时，我觉得能透过丘奇的胡子发现，他平静温柔的脸庞紧绷了起来。丘奇回答道：“如果我的学生真的告诉了我，他们想要通过此项研究扬名立万，我会为他们让路。我还有很多其他事情可以做。”

丛乐腼腆害羞，彬彬有礼，因为此次争吵而心绪不宁。随后，丛乐不再进行 CRISPR 领域的研究。我在斯坦福大学医学院找到了丛乐。他刚刚度完蜜月，当时正专注进行关于免疫学和神经系统科学的研究。丛乐告诉我，他认为自己未将张锋实验室的研究细节告知丘奇并无不妥。丛乐说：“两个实验室位于两个研究所，是独立的研究团队，由主要研究人员（张锋和丘奇）负责共享信息。刚刚成为博士生时，我们在负责任研究行为课上学习的就是这一内容。”[4]

我告诉丘奇丛乐的说法时，丘奇轻声笑了起来。在哈佛大学，丘奇教授了一门道德课程。他认为，张锋和丛乐的行为并非违背道德。丘奇说："两人的做法符合科学标准。"但丘奇仍然认为二人的行为有不妥之处。丘奇说，如果张锋和丛乐一直在自己的实验室工作，而不是前往布洛德研究所，历史会略有不同。"如果他们留在我的实验室，受开诚布公行为文化的熏陶，我会确保他们与珍妮弗形成更具合作性的关系，所有专利之战就会随之避免。"

在丘奇的性格中，促成和解的本能根深蒂固。张锋生性温和，同样不愿与人发生冲突。他会将其用作有效护盾，避免产生冲突。丘奇说："我的孙子出生时，张锋送给我们一块五彩缤纷、带有字母的游戏垫。每年，他会邀请我前往他的研讨会。我们已冰释前嫌。"张锋有同样的感受，他说："我们见面时，会彼此拥抱。"[5]

## 丘奇取得成功

最终，在展示如何改造 CRISPR-Cas9 使其在人类细胞中起作用的研究中，丘奇和张锋几乎难分伯仲。在张锋向《科学》杂志提交论文三周后，丘奇于 10 月 26 日向《科学》杂志提交了自己的论文。在根据评审意见进行修改后，两人的论文均于 12 月 12 日被杂志接受。2013 年 1 月 3 日，两人的论文同时于网上发表。

与张锋一样，丘奇创造了一种优化了密码子、拥有核定位序列的 Cas9。参考（并比张锋更慷慨地将功劳归于）杜德纳和沙尔庞捷于 2012 年 6 月发表的论文后，丘奇也合成了一种单链向导 RNA。该单链向导 RNA 的长度超过张锋的单链向导 RNA，甚至其最终效果也更为出色。此外，丘奇提供了模板，供 CRISPR-Cas9 完成双链断裂后进行同源定向 DNA 修复。

虽然两人的论文或多或少有所不同，但是两人均得出了同样具有历史意义的结论。丘奇在论文中表示："我们的结果建立了一种 RNA 引导的编辑工具。"[6]

《科学》杂志的编辑收到这两篇关于同样主题的论文时颇感惊讶，

毕竟提供论文的研究人员本应为同事和合作伙伴。杂志编辑有些心生疑虑，怀疑自己是不是遭到了欺骗。丘奇回忆道："编辑认为，我和张锋仿佛双管齐下，在本应提交一篇论文的情况下提交了两篇论文。编辑要求我写信说明，两篇论文是在我们彼此对对方的论文均不知情的情况下完成的。"

第27章

# 杜德纳的最后冲刺

2012年11月，杜德纳和她的团队努力确定了实验的结果，确保他们最终在发表关于在人类细胞中使用CRISPR-Cas9的论文的竞争中获胜。杜德纳并不知道，丘奇最近已向《科学》杂志提交了一篇论文。杜德纳几乎对张锋闻所未闻，而张锋也于近期提交了论文。随后，杜德纳接到一位同事的电话。来电的同事说："我希望你此时已经坐稳了。乔治·丘奇已证明CRISPR是绝对令人惊叹的研究。"[1]

杜德纳已从丘奇的电子邮件中获悉，他正在研究CRISPR。丘奇在使CRISPR作用于人类的研究中取得了进展。杜德纳了解到这一情况后，便给丘奇打电话。丘奇彬彬有礼，向杜德纳解释了自己已完成的实验和提交的论文。此时，丘奇也已对张锋的研究有所了解。丘奇告诉杜德纳，杂志也做好了刊登张锋论文的安排。

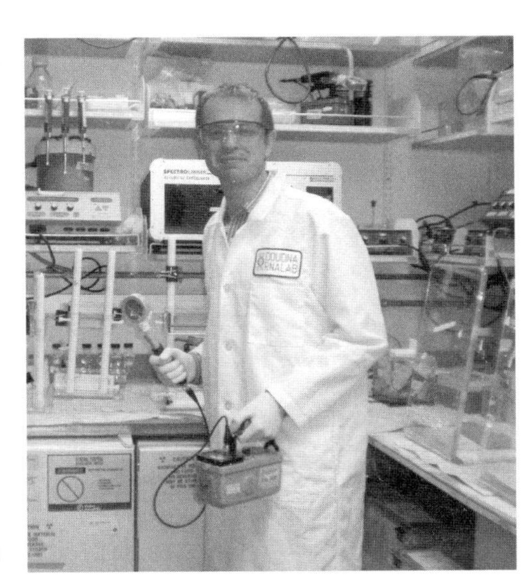

马丁·吉尼克

丘奇同意，一旦《科学》杂志编辑接受自己的论文，他会立刻向杜德纳发送一份自己的论文原稿。12 月初，杜德纳收到丘奇的论文时，她感到灰心丧气。吉尼克仍在自己的实验室进行实验，但他们所获数据量与丘奇获得的实验数据量存在差距。

杜德纳问丘奇："我应该继续努力发表我的研究结果吗？"丘奇给予了肯定的回答。杜德纳说："丘奇十分支持我们的研究，支持我们发表研究结果。我认为，他的行为体现出他是一位出色的同行。"丘奇告诉杜德纳，不论她获得什么实验数据，都会为证据积累添砖加瓦，尤其将推动发现如何制出最佳向导 RNA。

杜德纳后来告诉我："我觉得，即使其他人已开始进行相同研究，持续推进我们的实验依然至关重要。因为这将证明，将 Cas9 用于人类基因组编辑多么简单。这证明，你无须拥有特殊的专业知识便可使用该项技术。我认为，让人们知道这一点非常重要。"发表研究结果也有助于杜德纳证明，自己与竞争对手的实验室几乎能同时证明，CRISPR-Cas9 在人类细胞中有作用。

这意味着杜德纳需要迅速发表自己的论文。因此，她打电话联系了一位在伯克利的同事。这位同事近期创建了一家供开放阅读的电子期刊，名为《电子生命》(*eLife*)。与《科学》和《自然》等传统期刊相比，该期刊接受论文的审核时间更短。杜德纳说："我和他谈了谈，描述了数据，发给他一个标题。他说这听起来很有吸引力，他会迅速完成评审。"

然而，吉尼克并不愿意操之过急。杜德纳回忆道："吉尼克是一位真真正正的完美主义者。他想要获得更多数据，建立更为全面的理论。他觉得，我们当时的研究不值得发表。"两人进行了多次激烈讨论，包括在斯坦利楼、杜德纳实验室前的伯克利院内的一场讨论。

杜德纳说："马丁，即使论文并没有提供我们希望讲述的内容，我们依然必须发表论文。我们必须尽己所能，使用我们现有的数据，发表我们能撰写的最佳论文，因为我们的时间所剩无几。其他论文在不断涌现，我们必须发表自己的论文。"

吉尼克高声回答道："如果我们就目前的研究发表论文，我们看起来会像基因组编辑领域的业余爱好者。"

杜德纳回答道："但是马丁，我们的确是业余爱好者，这没关系。我认为人们不会对我们感到不满。如果我们还有半年多时间，我们可以进一步做研究。但是我认为，随着时间流逝，你会越发理解，现在发表论文对于我们来说举足轻重。"[2]

杜德纳回忆道，自己"立场坚定"。在进一步讨论之后，两人达成共识：吉尼克会整理实验数据，而杜德纳负责撰写论文。

当时，杜德纳正忙于修改编写第二版分子生物学课本。该书由杜德纳与两位同事共同编写。[3]杜德纳说："一直以来，我们对第一版并不完全满意。所以我们在卡梅尔租了一间房子，花两天时间讨论如何进行修改。"结果，12 月中旬，外面天寒地冻，而卡梅尔这间屋里的暖气却出现了故障。房主说他们会打电话请修理工上门维修，但是他们无法保证修理工能立刻抵达。因此杜德纳和其他课本编者围着一个火炉，挤在一起，修改他们的课本至深夜。

晚上 11 点，大家都上床睡觉后，杜德纳继续熬夜，准备自己要提交至《电子生命》杂志的 CRISPR 论文。杜德纳说："我身心俱疲，瑟瑟发抖。我发现自己必须在那时撰写论文，否则就无法完成论文。因此，我坐在床上，为保持清醒而掐自己，花了三个小时在电脑上敲出了论文草稿。"杜德纳将草稿发给了吉尼克。吉尼克不断向杜德纳提供反馈和意见。杜德纳说："我没有把这一情况告诉其他课本编者或编辑。你可以想象当时的场景，屋子如同冰窖，而我们在那里设法探讨课本修改事宜。而实际上，我完全心不在焉，因为我知道我必须撰写论文，而马丁不断在向我提供修改意见。"最终，杜德纳不再接受吉尼克的意见，宣布论文撰写完成。12 月 15 日，杜德纳通过电子邮件将论文发送给《电子生命》杂志。

几天后，杜德纳和丈夫杰米及两人之子安迪前往犹他州的一个滑雪度假区。在旅馆房间里，杜德纳花大量时间与吉尼克探讨论文的小问题，并催促《电子生命》杂志的编辑加快推动评审进度。每天早上，杜德纳都会检查《科学》杂志网站，看看杂志是否发表了丘奇或张锋的论文。对杜德纳的论文进行同行评议的主要学者身在德国。[4]杜德纳几乎每天都通过电子邮件敦促这位学者完成审批。

杜德纳也与前合作者埃玛纽埃勒·沙尔庞捷通了电话。沙尔庞捷当时处于极夜中的于默奥。杜德纳说："我设法维护我与她之间的关系。我不想让她觉得，我们已经同她断了联系，论文与她毫不相关。但实际情况是，沙尔庞捷并未参与向《电子生命》杂志所提交论文的相关研究工作。所以我们虽然在致谢中提到了她，但是最终，她并未成为共同作者。"杜德纳向沙尔庞捷发送了论文草稿，希望她不会感到不快。沙尔庞捷并未做太多解释，只是简单回复："我没事。"这一回复自然含有一种冷淡情感。令杜德纳不解的是，即使沙尔庞捷不希望就编辑人类细胞展开合作，沙尔庞捷依然认为，自己对 CRISPR-Cas9 系统有一定的所有权。毕竟，两人于波多黎各会面时，是沙尔庞捷牵头与杜德纳开展该项研究的。[5]

德国的同行评议协调人最终反馈评审意见时，要求再进行一些额外实验。协调人写道："必须对几个突变靶点进行测序。其目的是证明，存在预期的突变类型。"杜德纳予以回应道："您建议的实验将需要分析近百个克隆样本，在更大规模的研究中进行该项实验，效果才更好。"[6]

杜德纳取得了胜利。2013 年 1 月 3 日，《电子生命》杂志接受了杜德纳的论文。但是她无法为之庆祝。1 月 2 号晚上，杜德纳突然收到一封庆祝新年快乐的邮件，邮件内容却并未使她觉得迎来了快乐的新年：

发件人：张锋
时间：2013 年 1 月 2 日周三，晚上 7：36
收件人：珍妮弗·杜德纳
主题：CRISPR
附件：CRISPR 论文 .pdf

亲爱的杜德纳博士，

我在波士顿向你问好，祝你新年快乐！

我是麻省理工学院的一位助理教授，致力于 CRISPR 系统的发展应用研究。2004 年，我在研究生入学面试期间与你有一面之缘。从那以后，你的研究一直激励着我。我们的团队与洛克菲勒大学的卢西亚诺·马拉菲尼进行合作，于近期完成一系列研究，应用Ⅱ型 CRISPR 系统，进行哺乳动物细胞基因组编辑。《科学》杂志于近期接受了该项研究的论文，将于明日在网上予以发表。随函附上我们的论文，以供审阅。Cas9 系统功能强大，我希望有机会与你进行探讨。我确信，我们能产生强烈共鸣，甚至也许我们会在未来就某些研究展开合作！

向你致以最深的祝福

张锋博士

麻省理工学院和哈佛大学布洛德研究所核心成员

我后来问杜德纳，如果吉尼克不那么固执己见，他们的论文是否有可能早点儿发表？即使她的团队完成实验的时间晚于张锋和丘奇，她是否可能与二人平分秋色，甚至使二人成为手下败将？杜德纳说：“那会非常困难。我觉得不可能。在最后一刻，我们依然在做实验。因为马丁希望确保三次得出的论文数据完全一致。我希望能再早些提交论文，但是也许这只是痴人说梦。”

杜德纳团队的论文中并未介绍加长版向导 RNA。此前，张锋和丘奇都证明，该向导 RNA 在人类细胞中的作用效果更佳。与丘奇的论文不同，杜德纳的论文并不包含同源定向修复所需模板，而同源定向修复会创建更多可靠的 DNA 编辑行为。然而，其论文的确证明，一所专门从事生物化学研究的实验室具备能力，迅速改变 CRISPR-Cas9 的作用场景，使之从试管转移至人类细胞。杜德纳写道：“我们借此证明，可在人类细胞核中表达 Cas9，使其在人类细胞核中发挥作用。这些结果证明，由 RNA 提供指令的人体细胞内基因组编辑具有可行性。”[7]

一些伟大发现和发明，比如爱因斯坦的相对论和贝尔实验室发明的晶体管，是独一无二的进步。而其他发现和发明，比如芯片的发明和 CRISPR 在人类细胞编辑中的应用，则由多个团队在近乎同一时间完成。

2013 年 1 月 29 日，杜德纳的论文发表于《电子生命》杂志。就在同一天，第四篇关于 CRISPR-Cas9 可在人类细胞中发挥作用的论文在网上发表。论文作者是一位名为金镇秀（Jin-Soo Kim）的韩国研究人员。此前，金镇秀一直与杜德纳互通邮件，他对杜德纳发表于 2012 年 6 月的论文大加称赞，称论文为自己的研究奠定了基础。在 7 月的一封邮件中，金镇秀写道："您在《科学》杂志上发表的文章激励我们启动了本项目。"[8] 当天发表的第五篇论文，由哈佛大学的基思·荣格（Keith Joung）撰写。该篇论文证明，可以通过基因工程技术，使用 CRISPR-Cas9 改造斑马鱼胚胎。[9]

即使杜德纳因晚几周提交论文而惜败于张锋和丘奇，但是 5 篇不同的关于 CRISPR-Cas9 在动物细胞中编辑的论文均于 2013 年 1 月发表，进而证明，该发明经过验证可成功在试管中发挥作用后，必将大有可为。不论这一步是像张锋所说的那样困难重重，还是如杜德纳所称的平淡无奇，对于人类而言，使用可以简单编辑的 RNA 分子、锁定特定基因并对其加以改变的这一想法始终是跨入一个新时代的一大步。

第 28 章

# 组建公司

## 方块舞

2012 年 12 月，在多篇关于 CRISPR 基因编辑论文正式发表的几周前，杜德纳安排自己的一位商业伙伴安迪·梅与乔治·丘奇到丘奇在哈佛大学的实验室见面。梅是一位分子生物学家，曾就读于牛津大学，是卡利布生物科学公司的科学顾问。该公司由杜德纳和雷切尔·赫尔维茨于 2011 年创建。梅想将基于 CRISPR 的基因编辑作为医学技术使用，探索该技术的商业潜力。

梅设法联系杜德纳，想向她汇报与丘奇的会面情况时，杜德纳正于旧金山举行一场研讨会。杜德纳发短消息回复梅："今天晚些时候再聊，可以吗？"

梅回复说："可以。但是我确实需要和你谈谈。"

在驱车返回伯克利的路上，杜德纳与梅联系。梅说的第一句话是："你现在坐着吗？"

杜德纳回答："当然。我正开车回家。"

梅说："我希望你握好方向盘。因为我与丘奇的会面令人难以置信。丘奇说，这将是最令人震惊的发现。他正将所有基因编辑研究的重点转向 CRISPR。"[1]

CRISPR 的潜力令人激动，这促使所有主要竞争者开始跳起方块舞——他们组建团队，交换合作伙伴，力图创建公司，实现 CRISPR 的商业化，将其转化为医学应用。杜德纳和梅起初希望与丘奇成立一家公司，如果还能召集 CRISPR 研究领域的其他一些先锋人物就更好了。因此，2013 年 1 月，赫尔维茨陪同梅返回波士顿，再次与丘奇见面。

茂密的胡须和后天培养的怪癖让丘奇一直是科学界的名人。在会面当天，这样的特点分散了丘奇自己的注意力。在接受德国杂志《明镜周刊》（*Spiegel*）的采访期间，丘奇即兴推测了复活尼安德特人的可能性。其所用方法是将尼安德特人的 DNA 注入一位代孕母亲志愿者的卵子。小报记者争相报道这一新闻，丘奇的手机因此响个不停。这丝毫不令人意外（也许丘奇自己除外）。[2] 但是，丘奇最终还是做到专注于会面。不到一个小时，他们便制订了一项计划：尝试招募埃玛纽埃勒·沙尔庞捷和张锋，还包括几位顶级风险投资家，组建一个大型联合体，实现 CRISPR 的商业化。

与此同时，沙尔庞捷正努力创建属于自己的颇具潜力的企业。2012 年早些时候，沙尔庞捷联系了自己的前男友、长期科学合作伙伴罗杰·诺瓦克。在洛克菲勒大学和孟菲斯做研究员期间，两人成为朋友。如今两人依然保持着私人关系，是彼此的密友。那时，诺瓦克已经入职位于巴黎的制药公司赛诺菲。

罗杰·诺瓦克、珍妮弗·杜德纳和埃玛纽埃勒·沙尔庞捷

沙尔庞捷问诺瓦克：“你对 CRISPR 有何看法？”

诺瓦克回答道：“我不明白你在说什么。”

但是，研究过沙尔庞捷的数据并咨询了几位赛诺菲的同事之后，诺瓦克立刻意识到，以 CRISPR 为基础成立一家企业的做法合情合理。因此，诺瓦克给一位风险投资家密友打了电话。这位密友名叫肖恩·福伊（Shaun Foy）。两人决定一同前往温哥华岛北部冲浪（虽然两人都不会冲浪），探讨成立公司的前景。一个月后，福伊在做了调查之后给诺瓦克打电话，告诉他两人需要尽快成立一家公司。福伊对诺瓦克说：“你必须先辞职。”最终，诺瓦克辞去了工作。[3]

为了增强所有主要成员的凝聚力，2013 年 2 月，他们在蓝房间（The Blue Room）举行了一次早午餐会议。蓝房间位于麻省理工学院附近一家经过翻修的砖厂内，曾是一家时尚餐厅，内有镀锌餐桌。它位于研究所集中地的剑桥肯德尔广场，那里是研究人员将基础科学转化为可盈利的应用的机构中心。诺华公司、渤健公司、微软等企业研究中心，布洛德研究所和怀特海德研究所等非营利机构，以及诸如美国国家交通系统中心等几个由联邦提供资金的机构均坐落于此。

受邀参加早午餐的有杜德纳、沙尔庞捷、丘奇和张锋。就在会议开始之前，张锋决定不参加会议，但是丘奇强烈要求会议照常进行。丘奇说：“我们需要成立一家公司。因为通过功能强大的 CRISPR，我们将大有可为。”

杜德纳问丘奇：“你认为，CRISPR 会产生多大影响？”

丘奇回答道：“珍妮弗，我只能告诉你，一场海啸即将袭来。”[4]

即使杜德纳与沙尔庞捷两人在科学研究方面分道扬镳，但是杜德纳依然希望与沙尔庞捷合作。杜德纳说：“我花了很长时间与她通话，努力说服她加入，成为我和乔治的公司的共同创始人。但是沙尔庞捷确实不愿与波士顿的某些人共事。我认为，沙尔庞捷不信任他们。最终，我觉得她的想法没错。但是，我当时并未发现。我当时正设法使自己相信，所有人都诚实可靠，值得信赖。”

对于说服沙尔庞捷加入，丘奇并未持积极态度。“我对与沙尔庞捷合作多少持谨慎态度。我们未与她走到一起的一个原因在于，沙尔庞捷的男友想担任首席执行官。我们觉得这不可能。选择首席执行官必须遵循某个流程。我愿意顺其自然。我能灵活变通。但是珍妮弗列举了要遵循流程的理由，我说：‘对，你说得没错。’”（实际上，诺瓦克和沙尔庞捷那时已不是情侣关系。）[5]

杜德纳安排了安迪·梅与诺瓦克和福伊见面，但是梅同样没有予以积极回应。谈到沙尔庞捷的两个业务合作伙伴时，梅说：“我与两人见面时，两人盛气凌人。他们最初的做法是让我们站到一边，让他们决定如何处理事务。”[6]

说句公道话，诺瓦克和福伊都曾参与业务经营，对自己要做什么一清二楚。因此他们和沙尔庞捷一起，终止了与杜德纳–丘奇团队的讨论，转而成立自己的公司。公司名为 CRISPR 治疗（CRISPR Therapeutics）。起初，公司总部位于瑞士，后来移至马萨诸塞州剑桥。诺瓦克说：“当时获得资金轻而易举，对于名字内含有 CRISPR 的公司尤为如此。”[7]

2013 年的一段时间内，尽管杜德纳和张锋互为竞争对手，但是两人仿佛成了商业盟友或商业合作伙伴。在缺席了于 2013 年 2 月在蓝房间举行的早午餐会议后，张锋向杜德纳发了一封邮件，询问她是否愿意就与大脑相关的主题展开合作。长期以来，张锋一直对该主题颇感兴趣。杜德纳说：“我记得我坐在自己位于伯克利厨房的桌子边，通过 Skype 和他见面。”

那年春天，张锋来到旧金山参加一场会议，并在伯克利克莱蒙特酒店与杜德纳见面。张锋说：“我之所以去见杜德纳，是因为我认为在知识产权方面，有一个志同道合的盟友至关重要。如此一来，你可以在该领域消除限制，以便实践。”张锋的想法是，汇集伯克利和布洛德研究所的知识产权与潜在发明专利，方便使用者获取 CRISPR-Cas9 系统的许可。张锋认为，杜德纳会喜欢这一想法。因此，兰德尔给杜德纳打了电话，询问他们是否可以就该专利建立框架。张锋说：“第二天，埃里克告诉我，我的旧金山之行取得丰硕成果。他认为，与杜德纳成为商业盟友已是板上钉钉。”

但是，杜德纳心存疑虑。她回忆道：“对于张锋，我有一种不好的预感。他总是拐弯抹角。当时，他们其实已经提交了专利申请，但他却依然谨小慎微。我难以接受这种做法。”

因此，杜德纳决定，向自己现有的卡利布生物科学公司提供一个独一无二、属于自己的知识产权许可。该知识产权由伯克利通过与沙尔庞捷的协调获得。同时，杜德纳也决定不与布洛德研究所结盟。张锋认为，杜德纳“难以信赖他人”，因此她过度依赖自己以前的学生和卡利布联合创始人赫尔维茨。张锋说：“赫尔维茨待人友善，聪慧过人，但是她并非担任此类公司首席执行官的合适人选。选择在开发技术方面更加理性的人至关重要。”

放弃汇集 CRISPR-Cas9 知识产权这一决定，为一场史诗级专利之战埋下了伏笔，最终也阻碍了以简单易行的方式大范围提供该技术许可的实施。杜德纳说：“现在回想起来，如果我能重新选择，我会以不同的方式为该技术提供许可。在拥有诸如 CRISPR 等平台技术的情况下，在最大范围内提供许可也许是更好的主意。”杜德纳并非知识产权专家，其所在大学也不具备处理知识产权问题的专业能力。杜德纳说：“这就如同盲人骑瞎马。”

## 爱迪塔斯医药公司

虽然杜德纳并不想将自己与布洛德研究所的知识产权汇集在一起，但是对与以 CRISPR 为核心、为自己和布洛德研究所的潜在专利提供许可的公司合作，杜德纳依然持开放态度。因此，在整个 2013 年春天和夏天，杜德纳多次前往波士顿，与许多投资人和科学家沟通。这些投资人和科学家当时正在努力组建公司，其中就包括丘奇和张锋。

在 6 月初的一次行程中，杜德纳一天晚上沿着哈佛大学附近的查尔斯河慢跑，回忆自己在那里跟随杰克·绍斯塔克研究 RNA 的时光——当时，杜德纳未想到，自己的研究会吸引商业风险资本。这并非当时哈佛大学精神的组成部分。现在，哈佛大学已经发生改变，杜德纳也今非昔比。她发现，如果自己想直接影响人们的生活，成立公司是将 CRISPR 基础科学转化为临床应用的最佳方式。

由于谈判在整个夏天迟迟未能结束，杜德纳承受着要弄清如何组建公司的压力，这使她精疲力竭。每隔几周乘机往返于旧金山和波士顿，也令杜德纳颇为疲惫。尤为困难的是，杜德纳不得不在沙尔庞捷或丘奇和张锋之间选出合伙人。杜德纳坦言：“我不知道什么是正确的决定。

在伯克利，我信赖的一些在过去已创立公司的人和同事告诉我，一定要和波士顿的科学家合作，因为他们更善于经营公司。”

在此之前，杜德纳几乎从不生病。但是2013年夏天，杜德纳不断遭遇病痛和发烧困扰。她的关节在早上无法活动，有时她整个人甚至都无法动弹。杜德纳看了几位医生。医生猜测，她可能感染了一种罕见病毒，或者患上了自身免疫性疾病。

一个月后，杜德纳的症状虽然有所减轻，但是在和儿子享受一次夏末迪士尼乐园之旅期间旧疾复发。她回忆道："当时只有我们两个人。每天早上我在酒店醒来，疼痛就遍布全身。我不想吵醒安迪，所以我去了洗手间，关上门，与波士顿的人通电话。"她发现，当时的情况所产生的压力正影响着自己的身体健康。[8]

然而，杜德纳最终于夏末和波士顿方面达成共识。一个以杜德纳、张锋和丘奇为核心的集团横空出世。一些总部位于波士顿的投资公司——三石风险投资公司、北极星合伙企业及旗舰风险投资公司——承诺提供超过4 000万美元的初始资金。该集团决定设定5名科学创始人，因此增加了2名哈佛大学顶级生物学家，分别为基思·荣格和刘如谦（David Liu），这两位一直从事CRISPR相关研究。丘奇说："我们5个人基本上组成了一个梦之队。"公司董事会包括来自三大投资公司的代表，以及数位著名科学家。虽然大家就大多数成员的选定普遍达成了共识，但是丘奇最终给埃里克·兰德尔投了否决票。

2013年9月，基因引擎公司（Gengine，Inc.）成立。两个月后，该公司更名为爱迪塔斯医药公司。凯文·比特曼（Kevin Bitterman）是北极星合伙企业负责人，在最初几个月，比特曼曾担任爱迪塔斯医药公司的临时总裁。比特曼说："我们有能力将任何基因作为目标。任何拥有遗传基因成分的疾病都是我们的目标。我们可以介入其中并修复错误。"[9]

## 杜德纳退出

仅仅几个月后，杜德纳再度感到身体不适，承受了巨大压力。她感觉，自己的合作伙伴，尤其是张锋，正背着她自行开展工作。2014 年 1 月，在一场由摩根大通在旧金山举行的医学会议上，杜德纳的疑心进一步加重。张锋与爱迪塔斯的部分管理人员一同从波士顿来到旧金山。他们邀请了杜德纳参加数场与潜在投资人开展的会议。杜德纳一走进会议室，便有不祥的预感。她说："我立刻通过张锋的行为和肢体语言发现，情况发生了变化。他与之前不同了。"

杜德纳在角落观望，而会上的男性与会者对张锋趋之若鹜，张锋获得了最高负责人的待遇。介绍张锋的称谓是 CRISPR 基因编辑的"发明人"。杜德纳则受到副手待遇，是其中一名科学顾问。杜德纳说："他们正逐渐将我挡在团队之外。其中有一些与知识产权相关的事宜，他们却对我只字不提。他们正在酝酿着什么。"

后来，一条令人意外的新闻令杜德纳遭受晴天霹雳。该条新闻使她恍然大悟，明白自己为何会心生不安，为何会感到张锋刻意向自己隐瞒了什么。2014 年 4 月 15 日，杜德纳收到一名记者的来信，询问她对一条消息作何回应。这条消息是，张锋和布洛德研究所刚刚取得专利，可将 CRISPR-Cas9 用作编辑工具。杜德纳和沙尔庞捷当时有一项专利申请尚未获批，而尽管张锋和布洛德研究所在她们俩之后提交申请，却依靠支付费用开辟了专利申请的快速通道。突然之间，至少对于杜德纳而言，情况豁然开朗。张锋和兰德尔正设法将自己和沙尔庞捷变成无足轻重的竞争者，降低她们在 CRISPR-Cas9 的历史和商用方面的地位。

杜德纳意识到，正因如此，张锋和爱迪塔斯的许多人似乎对自己遮遮掩掩。波士顿的财务人员已经将张锋置于发明人的位置。杜德纳对自己说："他们几个月前就知道了情况。现在，专利已经获批，他们正设法将我完全踢出去，在我背后捅刀子。"

杜德纳觉得，这并非张锋一人所为，而是主导波士顿生物技术和金融界的一群男性的共同行动。杜德纳说："波士顿方面的所有人彼此关系密切。埃里克·兰德尔是三石风险投资公司咨询委员会成员。在爱迪塔斯董事会，他们持有公司股票，还签订了许可发放协议。只要张锋是发明人，这些协议便可帮助他们日进斗金。"这段经历令杜德纳深感不适。

此外，杜德纳精疲力竭。一直以来，她每个月都乘机前往波士顿一次，参加在爱迪塔斯举行的会议。杜德纳说："那段经历令我备受煎熬。我会买经济舱的机票，保持笔直坐姿 5 个小时，随后在早上 7 点抵达波士顿。我会前往美联航贵宾室，冲个澡，换套衣服，前往爱迪塔斯参加会议。然后，我通常会去丘奇的实验室与其探讨科学问题。接着，我会坐晚上 6：00 的飞机返回加利福尼亚。"

因此，杜德纳决定退出。

就如何退出自己此前签订的协议，杜德纳咨询了一位律师。虽然这一过程耗费了些许时间，但是到 6 月，两人已起草了致爱迪塔斯首席执行官的邮件，说明杜德纳将退出。杜德纳在德国参加会议期间，两人通过电话敲定了邮件的最终版本。就几个最终修改达成一致后，律师告诉杜德纳："好了，可以发了。"杜德纳点击发送按钮时，德国已进入夜晚，而波士顿仍是下午。杜德纳说："我当时在想，我的手机要过多久才会响起来。结果不到 5 分钟，爱迪塔斯的首席执行官便打电话过来。"

首席执行官说："不行，你不能离开。你不能退出。有什么问题？你为什么要这么做？"

杜德纳回答道："你对自己的所作所为心知肚明。我到此为止。我不会与我信不过的人共事。这些人在背后捅刀子。你从我背后捅了我一刀。"

爱迪塔斯的首席执行官否认与张锋的专利申请有任何关系。杜德纳回答道："听着，也许你说得没错，或者你没说实话。但是，不管怎样，我再也无法成为这个公司的一分子了。我不干了。"

"那你所有的股票怎么办？"

杜德纳大声回答道："我不在乎。你不明白。我加入公司不是为了钱。如果你认为我是为了钱而做事情，那你根本不了解我。"

杜德纳向我叙述这段经历时，我第一次见到她如此愤怒。她沉稳平静的语调消失了。她说："爱迪塔斯的首席执行官称，他并不知道我所说的事情。荒唐可笑，这完全是胡说八道。这一切都是谎言。沃尔特，我的想法有可能不对，但我就是觉得整件事非常荒谬。"

公司的所有创始人都在当天向杜德纳发送了邮件，请她重新考虑决定，包括张锋。他们主动提出改正问题，尽其所能修复裂痕，但均遭杜德纳拒绝。

她在电子邮件中回复说："到此为止。我不干了。"

杜德纳立刻感觉好多了。她说："突然之间，我肩上的重担似乎卸了下来。"

杜德纳向丘奇解释了自己的处境，丘奇认为，倘若杜德纳有意向，丘奇自己也愿意退出。杜德纳说："此前，我和丘奇在一个周日通过电话进行了交流，他隐晦地表达了自己离开公司的意愿。但是后来，他决定留在公司。这是他的决定。"

我问丘奇，杜德纳不信任其他创始人，她这么做是否正确。丘奇表示同意："他们背着杜德纳秘密策划，申请专利，却对她闭口不言。"但是，丘奇说，杜德纳本不应该对此感到意外。张锋会为一己私利行事。丘奇说："张锋也许会聘请律师，指导自己的一言一行。我会设法理解人们行事的原因。"丘奇认为，包括张锋和兰德尔在内的所有人的行为并非不可预测。丘奇说："所有人的行为都在我的预料之中。"

因此，我问丘奇为何不离开公司。他解释称，对他们的行为感到意外不合逻辑，所以因他们的做法而退出也违背逻辑。丘奇说："我差点儿与杜德纳一同退出。但是后来，我想了想这么做的后果。那就是把其余利润拱手相让，使其他人受益。我总是建议人们保持冷静。就这一问题考虑了一段时间后，我决定最好冷静处理。我希望看见一家公司取得成功。"

杜德纳离开爱迪塔斯后不久，便出席了一场会议。在会议上，她向沙尔庞捷讲述了这段经历。沙尔庞捷回答："噢，挺有意思。你愿意加入 CRISPR 治疗公司吗？"该公司是沙尔庞捷与诺瓦克共同创建的。

杜德纳回答道："这就如同经历一次离婚。我不确定我是否想立刻投身另一家公司。我现在有些不愿接触公司了。"

几个月内，杜德纳决定，自己最愿意与信赖的合伙人、曾是自己学生的雷切尔·赫尔维茨共事。2011 年，杜德纳曾与赫尔维茨共同创建了卡利布生物科学公司。卡利布创建了名为英特利亚（Intellia）的公司。

该公司的使命是将 CRISPR-Cas9 工具商业化。杜德纳说：“我对英特利亚很感兴趣。因为卡利布团队当时与我最喜欢、信赖、尊敬的学术科学家一道，成立了该公司。”公司成员包括三名伟大的 CRISPR 先驱：鲁道夫·巴兰古、埃里克·松特海姆和张锋的前合作伙伴卢西亚诺·马拉菲尼。他们都智慧超群，均拥有一个更为重要的特质。“他们科研水平颇高。更为重要的是，他们都为人正派，值得尊敬。”[10]

因此，CRISPR-Cas9 先驱最终分别入职三家互为竞争对手的公司：由沙尔庞捷和诺瓦克创立的 CRISPR 治疗公司；成员包括张锋、丘奇和杜德纳（辞职前）的爱迪塔斯医药公司；杜德纳、巴兰古、松特海姆、马拉菲尼和赫尔维茨创建的英特利亚治疗公司。

第 29 章

# 我的法国朋友

## 渐行渐远

杜德纳决定加入竞争对手公司，可能导致她与沙尔庞捷之间的感情略有降温。杜德纳曾努力维持两人的关系。例如，首次共事时，两人的目标之一是完成 Cas9 结晶，确定其具体结构。2013 年晚些时候，杜德纳和自己的实验室成功实现这一目标后，她问沙尔庞捷是否愿意成为其所发表相关期刊文章的共同作者。沙尔庞捷认为，该项目是由自己引入杜德纳实验室的，因此答复说愿意成为共同作者。此举令吉尼克气愤不已，但是杜德纳依然在文章中加上了沙尔庞捷的名字。杜德纳说："我当时真心实意地对她慷慨。坦白地说，我希望维持我们在科学层面和个人方面的关系。"[1]

从一定程度上说，为了完美维系两人在科学研究方面的关系，杜德纳向沙尔庞捷建议，两人于 2014 年担任一篇发表于《科学》杂志的综述文章的共同作者。"综述文章"与"研究文章"不同。后者是关于一项新发现的特点鲜明的文章，而前者则是一项针对特定主题、关于近期研究进展的调查。杜德纳和沙尔庞捷所作综述文章的标题为《CRISPR-Cas9 应用下的基因组工程新前沿》。[2] 杜德纳撰写初稿，沙尔庞捷进行校订。可以说，此举有助于修复两人也许正在生成的任何裂痕。

沙尔庞捷和杜德纳

然而，两人还是渐行渐远。沙尔庞捷并未加入杜德纳踏上找到在人体内使用 CRISPR-Cas9 方法的征程，而是告诉杜德纳，自己打算专注于果蝇和细菌研究。沙尔庞捷说："与寻找工具相比，我更喜欢基础研究。"[3] 还有一个潜在原因导致两人关系紧张：在杜德纳看来，自己是 CRISPR-Cas9 系统的共同发现者，而沙尔庞捷却将 CRISPR-Cas9 视为她自己的项目。沙尔庞捷认为，是自己在竞争后期使杜德纳参与项目的。有时，沙尔庞捷将 CRISPR-Cas9 称作"我的研究"，她提到杜德纳时，仿佛杜德纳是一位次要协助者。现在，杜德纳成为万众瞩目的焦点，接受采访，制订计划，开展新的 CRISPR-Cas9 研究。

杜德纳从未完全理解沙尔庞捷对专利的感受，也没弄明白如何应对沙尔庞捷温暖人心、清新自然举止之下的冷漠情感。杜德纳不断提出建议，说明两人可以合作。沙尔庞捷会回答："听起来不错。"但是随后便没了下文。杜德纳忧伤地说："我想继续与埃玛纽埃勒合作，但是显然，她并无意愿。她从来不会向我表达这一想法。我们就这样渐行渐远。"最终，杜德纳心灰意冷。"我渐渐感到，我们的互动方式十分消极，充满对抗性。这令我心灰意冷，受到伤害。"

其部分问题在于，两人对宣传舒适度的感受有所不同。在颁奖仪式或会议上彼此相见时，两人的互动生疏笨拙，尤其是在拍照环节。聚光灯聚焦于杜德纳时，沙尔庞捷会以微妙的方式展现出一种居高临下而又轻松幽默的态度。埃里克·兰德尔在布洛德研究所任职，偶尔能成为杜德纳的对手。兰德尔告诉我，自己与沙尔庞捷交谈时，发现她对杜德纳获得的宣传深恶痛绝。

在罗杰·诺瓦克眼中，杜德纳是一位十分享受欢呼喝彩的美国人。诺瓦克维护了沙尔庞捷的名誉。在诺瓦克看来，自己的朋友沙尔庞捷是一位举止更为适度、谨慎的巴黎人。诺瓦克鞭策沙尔庞捷接受更多采访，甚至接受如何应付媒体的相关训练。后来，诺瓦克说："这只是一个人的欧式而非美国西海岸式的风格。这是一位更加专注于科学研究而非媒体宣传的法国人。"[4]

这种说法不完全准确。虽然杜德纳享受成为公众人物，对受到认可颇感愉悦，但实际上她并非一个积极追逐名气的人。杜德纳以实际行动证明，自己与沙尔庞捷共享公众关注，同享荣誉。鲁道夫·巴兰古将更多责任归咎于沙尔庞捷。巴兰古说："沙尔庞捷令人感到不自在。即使在为拍照摆造型或与公众见面前所在的休息室里时亦是如此。沙尔庞捷缺少与他人共享荣誉的意愿，这点令我困惑不解。我看到珍妮弗努力共享公众关注，甚至超出了自己应做的范围，但是沙尔庞捷似乎有些桀骜不驯，心不甘情不愿。"[5]

两人的风格差异反映在许多方面，包括音乐品位。在两人共同出席的一个颁奖典礼上，她们各自选择了自己的登台歌曲。杜德纳选择了比莉·豪利黛（Billie Holiday）的蓝调歌曲《在阳光明媚的街道上》，沙尔庞捷选择了法国电子流行乐二人组蠢朋克（Daft Punk）的一首科技朋克乐曲。[6]

历史学家对两人间的一个主要问题了如指掌。在任何传奇故事中，几乎每个人都会认为，自己的作用比他人的略高，并将其铭记于心。在我们自己的生活中，这一情况同样真实存在。我们清晰地记得，在讨论中，我们做出了巨大贡献；而在回想他人的贡献时，我们的记忆便有些模糊不清，或者会轻视他人贡献的重要作用。在沙尔庞捷审视关于

CRISPR 的研究过程中，她自己是研究 Cas9、确认其组成部分的第一人，是她将杜德纳引入 CRISPR 项目的。

例如，在这一关于 tracrRNA 当前作用的故事中不断出现的恼人小问题。tracrRNA 不仅促进创建将 Cas9 引导至目标基因的 crRNA，而且如杜德纳和沙尔庞捷在 2012 年的论文中所揭示的，会在目标基因附近活动，帮助 CRISPR-Cas9 复合体切割目标 DNA。二人发表论文后，与杜德纳开始合作之前，沙尔庞捷就偶尔暗示，自己在 2011 年就知道了 tracrRNA 的作用。

此举令杜德纳感到气愤。杜德纳说："回顾沙尔庞捷近期的讲话和展示的幻灯片，我认为，有律师一直在指导她如何行事。她正设法展示研究成果，仿佛他们在我们开始合作之前，就已经知道 tracrRNA 对 Cas9 发挥功能至关重要。我认为其所述违背事实。我不知道这是她自己还是她在律师的指导下所采取的行动。但是我认为，她正尝试模糊自己 2011 年所做的研究和很久之后所获发现间的界限。"[7]

在晚餐期间，我就沙尔庞捷和杜德纳之间关系逐渐冷淡的问题，询问了沙尔庞捷的看法。她谨小慎微。毕竟她知道，我正在撰写杜德纳的传记，杜德纳是该书中心人物。其间，沙尔庞捷从未设法劝说我转移注意力。起初，她显露出一丝漠不关心。随后她承认自己于 2011 年 3 月发表的论文其实并未描述 tracrRNA 的全部作用。但是她笑了笑，补充说，杜德纳应该放轻松一些，不要那么争强好胜。沙尔庞捷说："杜德纳无须因为 tracrRNA 和相关研究而获得合适荣誉感到紧张。我觉得毫无必要。"沙尔庞捷描述杜德纳过分争强好胜的特点时，面带微笑，仿佛她发现这一特点既令人钦佩又有趣，同时也有些缺乏礼貌。

2017 年，两人的裂痕进一步扩大。当时，杜德纳出版了一本书，书中主要讲述她自己的 CRISPR 研究。该书的联合作者为山姆·斯腾伯格。书中措辞谨慎而明智，但是侧重使用第一人称。沙尔庞捷认为，其中使用第一人称的次数已超出合理范畴。沙尔庞捷说："即便杜德纳的学生进行了大部分编写工作，该书依然以第一人称叙述。应该有人告诉斯腾伯格，要以第三人称撰写。我认识评奖人，了解瑞典人的思维方式，他们不喜欢人们过早地为自己出书立传。"沙尔庞捷在同一句子中使用了

“奖项”和“瑞典人”，其所指的是最为著名的奖项和瑞典人。

## 奖项

维持杜德纳与沙尔庞捷关系的一股力量源自科学奖项。两人组队合作时，赢得科学奖项的概率最高。有些奖项能提供 100 万美元甚至更为丰厚的奖金，但是这些奖项拥有比金钱更为重要的价值。它们发挥着记分牌作用。公众、媒体和未来历史学家会根据奖项，界定谁应就所取得的重要进步获得最高荣誉。律师甚至在专利案件辩护中，将此类奖项作为证据使用。

由于每项举足轻重的科学奖项的获奖人数量有限（以诺贝尔奖为例，每个领域获奖人数最多为三个），因此奖项本身无法体现出为获得发现做出贡献的全体人员。所以奖项与专利一样，会扭曲历史，阻碍合作。

在最为重大、最吸引人的奖项中，生命科学突破奖是其中之一。2014 年 11 月，在首次专利之战输给张锋后，杜德纳和沙尔庞捷共同荣获生命科学突破奖。两人的获奖理由是：“利用细菌的一项古老的免疫机制，将其转变为一种功能强大、应用范围广的基因组编辑技术。”

生命科学突破奖由俄罗斯亿万富翁、脸书早期创始人尤里·米尔纳（Yuri Milner）于 2013 年设立。奖项设立人还包括谷歌联合创始人谢尔盖·布林（Sergey Brin）、我和 23（23andMe）[①] 联合创始人安妮·沃西基（Anne Wojcicki），以及脸书创始人马克·扎克伯格。该奖项会向每位获奖者发放 300 万美元的奖金。米尔纳是一位热情洋溢的科学家迷弟，他会为该奖项举行盛大的电视直播颁奖礼，在科学荣耀中融入部分好莱坞魔力。2014 年，在位于美国加利福尼亚州硅谷中心山景城的美国国家航空航天局（NASA）艾姆斯研究中心航天器机库内，举办了一场正式的大型活动。《名利场》杂志为联合主办方。活动主持人包括演员塞

① 我和 23 是一家 DNA 监测分析公司。——译者注

思·麦克法兰（Seth MacFarlane）、凯特·贝金赛尔（Kate Beckinsale）、卡梅隆·迪亚兹（Cameron Diaz）和本尼迪克特·康伯巴奇（Benedict Cumberbatch）。克里斯蒂娜·阿奎莱拉演唱了自己的代表作《美丽》。

卡梅隆·迪亚兹和推特首席执行官迪克·科斯特罗（Dick Costolo）为杜德纳和沙尔庞捷颁了奖。她们俩身穿优雅别致的曳地黑色礼服领奖。杜德纳先接过话筒，向"科学这一破解谜题的过程"致敬。沙尔庞捷随后转向迪亚兹，略显俏皮。迪亚兹在职业生涯早期出演了电影《霹雳娇娃》。沙尔庞捷对着杜德纳和迪亚兹做着手势，说："我们三人组成了强大的女性三人组。"接着，沙尔庞捷又转向戴着眼镜、发量稀少的科斯特罗说："我在想你是不是查理。"

埃里克·兰德尔是现场观众之一。兰德尔是前一年的获奖者，因此承担了电话通知杜德纳和沙尔庞捷获奖的任务。作为布洛德研究所所长和张锋的导师，兰德尔积极参与了同两人就获得 CRISPR 荣誉的战争。但是兰德尔同样对杜德纳获得的赞誉心生不满，由此与沙尔庞捷产生了些许共鸣——或者至少他认为如此。兰德尔告诉我，起初，获得科学突破奖提名的只有杜德纳一人。但是，兰德尔成功说服评奖委员会，使其相信，杜德纳的贡献的重要性不能与沙尔庞捷、张锋和最初在细菌中发现 CRISPR 的微生物学家相比。兰德尔说："我让评奖委员会成员明白，虽然珍妮弗获奖实至名归，但是其获奖理由并非 CRISPR，而是其在 RNA 结构方面所做的研究。CRISPR 是许多人集体努力的成果，珍妮弗在 CRISPR 研究方面所做贡献并非最为重要。"

虽然兰德尔无法成功使张锋获得该奖，但是他确实发挥了推动作用，确保沙尔庞捷与杜德纳共同获奖。兰德尔还认为，自己与委员会达成了共识，张锋会在下一年获得该奖。而张锋于次年未能获奖时，兰德尔认为是杜德纳从中作梗。[8]

破奖在每个领域的获奖人都仅限两名。生物医学领域的盖尔德纳奖由一家加拿大基金会颁发，获奖人数较多：最多可由 5 名研究人员共享这一奖项。这意味着，2016 年，该基金会决定将奖项授予研发 CRISPR 的研究人员时，有更多科学家获奖：除杜德纳和沙尔庞捷外，还有张锋与两位丹尼斯克乳酸研究员霍瓦特和巴兰古。这也意味着，有些非常重要的研究人员落选，包括弗朗西斯科·莫伊卡、埃里克·松特海姆、卢西亚诺·马拉菲尼、西尔万·莫罗、维吉尼亚斯·斯克斯尼斯和乔治·丘奇。

自己的朋友丘奇未能入围获奖人员名单，杜德纳对此颇感沮丧，为此她做了两件事。杜德纳将自己约 10 万美元的奖金捐赠给了个人遗传学教育项目。该项目由丘奇和丘奇的妻子——哈佛大学分子生物学教授吴婷（Ting Wu）共同设立。该项目鼓励人们，尤其是年轻学生，研究基因。杜德纳还邀请丘奇夫妇参加盖尔德纳奖的颁奖典礼。杜德纳并不确定，丘奇夫妇是否会接受邀请。毕竟，丘奇未能获得荣誉。也许更为重要的原因是，丘奇不愿穿礼服。但是丘奇保持着自己的翩翩风度，身着无可挑剔的服装，携妻子出现在了颁奖典礼现场。杜德纳说："我想借此机会感谢两个人，乔治·丘奇和吴婷。长期以来，他们一直鼓舞着我。"随后，杜德纳特别指出，丘奇"对基因编辑领域的巨大影响，包括改造 CRISPR-Cas 系统，将其用于哺乳动物细胞基因编辑"。[9]

2018 年，杜德纳和沙尔庞捷赢得了第三个重大奖项卡夫利奖，完成了帽子戏法。该奖项以生于挪威的美国企业家弗雷德·卡夫利（Fred Kavli）的名字命名，拥有诺贝尔奖的诸多特征：举行盛大颁奖典礼，为每名获奖者发放 100 万美元的奖金，颁发印有创始人半身像的金牌。该奖项可由三名科学家共享，于是委员会选择将维吉尼亚斯·斯克斯尼斯加入其中，这是对这位此前未能获奖的腼腆的立陶宛人恰如其分的认可。挪威演员海蒂·鲁德·艾琳森（Heidi Ruud Ellingsen）同美国演员及科学怪咖艾伦·艾尔达（Alan Alda）共同担任典礼主持人。艾琳森说："我们梦想着重写生命自身的语言。随着 CRISPR 的发现，我们找到了一个强大有力的新工具。"杜德纳身穿黑色连衣短裙，沙尔庞捷则穿着连衣长裙。在接过挪威国王哈拉尔德五世（King Harald V）颁发的奖章后，二人在响亮的号角声中欠身致谢。

第 30 章

# CRISPR 英雄

## 兰德尔的故事

埃里克・兰德尔

2015 年春，埃玛纽埃勒・沙尔庞捷在到访美国期间，与埃里克・兰德尔在后者位于布洛德研究所的办公室内共进午餐。在兰德尔的回忆中，沙尔庞捷当时“心情沮丧”，对杜德纳获得的某些褒奖心生怨恨。兰德尔回忆道：“沙尔庞捷对杜德纳极为不满。对我而言，这一点显而易见。沙尔庞捷认为，与其他微生物学家相比，荣誉应该属于她。”这些微生物学家包括诸如弗朗西斯科・莫伊卡、鲁道夫・巴兰古、菲利普・霍瓦特和沙尔庞捷自己等人。沙尔庞捷认为，是自己最初弄清了 CRISPR 在细菌中的作用原理。

也许兰德尔所言不虚。或者，兰德尔可能在一定程度上投射了自己的愤恨情绪，将沙尔庞捷隐约感觉到的怨恨加以放大。兰德尔的个性使其容易说服他人，擅长使他人赞同自己的看法。我就兰德尔的回忆询问沙尔庞捷时，沙尔庞捷歪嘴一笑，微微耸肩，表示怀有这种情绪的是兰德尔，而不是自己。然而，兰德尔对沙尔庞捷情绪的感知也许部分属实。他回忆道："沙尔庞捷对杜德纳的情感十分微妙，体现了法国人的特点。"

兰德尔说，他与沙尔庞捷的午餐谈话，成了一篇关于 CRISPR 历史的期刊文章的创作之源。该篇文章细致入微、引发回响，获得了广泛报道，也引发了一些争议。兰德尔说："与沙尔庞捷谈话后，我决定抽丝剥茧，回顾 CRISPR 的起源，为进行初始研究却未获得喝彩的人歌功颂德。我天生会保卫弱者。我在布鲁克林区长大。"

我问兰德尔，他是否可能还抱有其他动机，包括希望削弱杜德纳和沙尔庞捷的作用，毕竟两人与兰德尔的门徒张锋就专利和奖项进行了激烈竞争。兰德尔的精力十分充沛，对他而言，他也具有值得称道的自我意识。他在回答我的问题时，引用了迈克·弗雷恩（Michael Frayn）的戏剧《哥本哈根》（*Copenhagen*）的内容。沃纳·海森堡（Werner Heisenberg）①于"二战"早期拜访了尼尔斯·玻尔（Niels Bohr）②。而戏剧《哥本哈根》用不确定的原则解释了海森堡的动机，并探讨了制造一枚原子弹的可能性。兰德尔说："与戏剧《哥本哈根》一样，我并不确定自己的动机。你不知道你自己的动机。"我对此深感震惊。[1]

兰德尔有许多颇具魅力的特质，其中一个是争强好胜，而他本人乐在其中。兰德尔鞭策张锋获得属于张锋自己的荣誉，随后推动他进行诉讼，保护张锋的专利。兰德尔胡须粗糙，眼神充满热情，无时无刻不在有所表达，将处于变化中的每一种情感传递出去。倘若在牌桌上，对方牌手会为此欣喜不已。兰德尔不知疲倦、热情洋溢地说服他人，令我想起了已故外交官理查德·霍尔布鲁克（Richard Holbrooke）。兰德尔此种做法虽然使自己的竞争对手颇为恼火，但也将自己塑造为一位一往无前、颇具战斗力的团队领导和研究所建设者。他撰写的关于 CRISPR 历史的论文就是其所有天性的例证。

---

① 沃纳·海森堡，德国物理学家，量子力学的主要创始人。——编者注

② 尼尔斯·玻尔，丹麦物理学家，1922 年诺贝尔物理学奖获得者。——编者注

兰德尔花了几个月，读完所有与CRISPR相关的科学论文，通过电话采访了许多参与者。他于2016年1月在《细胞》杂志上发表了《CRISPR英雄》。[2] 文章总共8 000字，描写生动形象，细节准确翔实。但是该篇文章激起了义愤填膺的评论家的强烈反对。这些评论家批评称，该篇文章失之偏颇，以既小心隐蔽又浓墨重彩的形式，大肆吹捧张锋所做贡献，极力贬低杜德纳创造的价值。这段历史被武器化了。

兰德尔首先介绍了弗朗西斯科·莫伊卡，随后介绍了我在本书中讨论的其他人物。他对CRISPR研发的每一个步骤做了科学解释，并将个人色彩与之融合。他虽然介绍并赞扬了沙尔庞捷在发现tracrRNA方面所做的工作，但是随后并未详细说明沙尔庞捷和杜德纳是如何继续研究，于2012年弄清各个组成部分的具体作用的，而是对立陶宛人斯克斯尼斯所做研究及其论文发表的困难给予了长篇大论。

写到介绍杜德纳的部分时，兰德尔颇感愉悦。他虽然称杜德纳为"一名举世闻名的结构生物学家和RNA专家"，但是在他所写文章的67个自然段中，他仅用一个自然段就将杜德纳和沙尔庞捷所做研究简要带过，而对张锋的介绍篇幅则长得多。这并不令人意外。兰德尔强调了将CRISPR-Cas9从细菌移至人体去发挥作用多么困难。随后，他在未给出任何证据的情况下，详细介绍了张锋在2012年早期所做的研究。杜德纳于2013年1月发表文章，解释说明了该系统如何在人类细胞中发挥作用。这篇文章发表于张锋发表文章三周后。在谈及这篇文章时，兰德尔不屑一顾，他在句子中使用了"在丘奇的协助下"这一如同尖刀匕首般的指责。

兰德尔文章的主题颇为重要，也准确无误。他总结道："科学突破几乎不会出现在灵光乍现的时刻。一般情况下，许多工作的积累需要超过十年甚至更久，最终才能实现科学突破。在这一过程中，团队成员成了比能独断专行的研究人员更为重要的一部分。"但是该篇文章显然还有一个要点。虽然这一要点由作者以文明优雅的方式呈现，但毫无疑问，该要点是对杜德纳的贬低。令人感到奇怪的是，学术期刊《细胞》杂志并未揭示，兰德尔领导的布洛德研究所正就专利问题，与杜德纳及其同事激烈竞争。

杜德纳决定默不作声，不公开予以回应。她仅通过网络发布了一条评论：“对我实验室研究及我们与其他调查人员互动的描述并不准确，有悖事实。在文章发表之前，作者并未对该部分内容予以检查，也未征求我个人的意见。”与杜德纳类似，沙尔庞捷也心烦意乱。她在网上发布状态表示：“对我和与我合作人员贡献的描述并不完整，也不准确。对此，我表示遗憾。”

丘奇的批评则更为具体。他指出，是自己而非张锋最先证实，在人类细胞中使用一种加强型向导 RNA，最终可达到最佳效果。他表示，对于杜德纳从他发给她的预印论文中获得信息的说法，他也持怀疑态度。

## 强烈反对

杜德纳的朋友因杜德纳团结一心，义愤填膺，令推特上的网络暴徒都自叹不如。实际上，在声援杜德纳的群体中，就包括一名推特上的网络暴徒。

在伯克利，杜德纳的一位充满活力的同事做出了反响最强烈、影响最广泛的回应。这位同事名叫迈克尔·艾森（Michael Eisen），是一名遗传学教授。兰德尔的文章发表几天后，艾森便写下评论并公开发布：“在最高水平的精心刻画之下，一位邪恶天才散发着些许吸引力。而埃里克·兰德尔就是这样一位邪恶天才。”艾森称，该篇文章“一时间既伤风败俗又充满智慧。我在脑海中想象，兰德尔在他肯德尔广场的家中放声大笑，他身后悬挂着巨型激光武器。如果我们不交出我们的专利，兰德尔便会将伯克利化为一片废墟。此时此刻，我很难不心生畏惧”。

艾森坦率地承认自己是杜德纳的忠实朋友。他指责称，兰德尔的文章是“一项精心设计的策略”，旨在于历史观的遮掩之下，抬高布洛德研究所，诋毁杜德纳。艾森说：“那篇文章是精心编造的谎言。兰德尔在文章中捏造和扭曲了历史，其目的就是实现他的目标，帮助张锋赢得诺贝尔奖，使布洛德研究所获取能带来巨大利润的专利。在至关重要的时刻，该篇文章严重脱离现实。难以想象，如此才华横溢的人怎会写出这种文章。”[3] 我觉得这番话有失公允。我个人认为，作为导师，兰德尔怀着满腔热情，忙碌不停。他也许因此存在过错，但是他并没有欺骗世人。

其他较为心平气和的科学家也加入批评兰德尔的队伍，从科学讨论管理委员会大众同行评议（PubPeer）① 到推特，科学家们热情高涨，怒火中烧。[4] 纳撒尼尔·康福特（Nathaniel Comfort）是约翰斯·霍普金斯大学的一位医学史教授，他写道：“针对埃里克·兰德尔在《细胞》杂志中的评论，可用恶评如潮这一行话概括基因组科学家群体的反应。”康福特将兰德尔的文章称为“辉格史”②，暗指该文章编写的目的在于“将历史作为政治工具”。康福特甚至创建了一个“兰德尔门”（Landergate）的推特标签。认为兰德尔暗中贬损布洛德研究所的竞争对手的人们纷纷对此响应。[5]

在颇具影响力的《麻省理工学院科技评论》（*MIT Technology Review*）中，安东尼奥·雷加拉多（Antonio Regalado）将关注点集中于兰德尔的说法。兰德尔在没有任何引用内容的支持下，坚持认为，在开发 CRISPR-Cas9 工具方面，张锋在杜德纳和沙尔庞捷于 2012 年发表论文一年前就取得了巨大进步。雷加拉多写道：“当时，张锋并未发表自己的发现，因此其发现并未写入官方科学记录。但是，如果布洛德研究所想要牢牢保有专利，这些发现就至关重要……那么，兰德尔希望在诸如《细胞》杂志等重要期刊上发表此类发现的相关论文，也就不足为奇了。我认为，兰德尔在这方面有些不择手段。”[6]

女科学家和作家们意识到，在 DNA 的部分历史问题上，罗莎琳德·富兰克林遭遇了不公对待。她们对兰德尔感到尤为愤怒。兰德尔大男子主义的风格使其从未受到女权主义人士欢迎。即便兰德尔以往对女性的支持值得称赞，也未能改变这一状况。露丝·里德（Ruth Reader）

---

① 供使用者讨论及评审科学研究的网站，名称结合 public（大众）和 peer review（同行评议），属于出版后的查证网站，使用者以研究所学生及年轻的研究员为主。——译者注

② 辉格史即“历史的辉格解释”，由英国史学家巴特菲尔德首创，指 19 世纪初期，属于辉格党的一些历史学家从辉格党的利益出发，用历史作为工具来论证辉格党的政见，依照现在来解释过去。——译者注

是一位科学记者，她在麦克公司[①]的网站上写道："兰德尔的文章中有一个将女性从科学史中抹去的例证。这有助于解释兰德尔的报告为何迅速遭到重创：我们再次看到，面对多人获得的发现，一位男性领军人物似乎想要霸占功劳（进而霸占经济利益）。"在厚着脸皮将自己称为"女权主义网站"的"耶洗别"上，有一篇题为《一名男性如何设法将女性从CRISPR——数十年来最为重大的生物技术创新中抹去》的文章。在该篇文章中，乔安娜·罗思科普夫（Joanna Rothkopf）写道："荣誉归属问题令人想起罗莎琳德·富兰克林。"[7]

突然爆发的反兰德尔情绪颇具报道价值，主流刊物均进行了报道。当时兰德尔正在前往南极的途中，不容易做出回应。在《科学美国人》杂志中，斯蒂芬·哈尔（Stephen Hall）将此次爆发称为"多年来科学领域最具娱乐性的食物大战"，并质问："为什么像兰德尔这样阴险狡诈的战略思想家会以精明手段编写具有倾向性的历史，激起公众反对？"哈尔引用丘奇对兰德尔的描述："只有兰德尔自己才能伤害自己。"随后，哈尔开心地说："你还以为科学家们不会胡言乱语。"[8]

作为回应，兰德尔批评了杜德纳，称在他自己通过电子邮件将即将发表的几篇文章发给杜德纳后，杜德纳未能提供更多意见。在发给《科学家》杂志的特雷西·文斯（Tracy Vence）的一封邮件中，兰德尔写道："我收到全世界十余名科学家的意见，这些意见与 CRISPR 研发有关。很遗憾，杜德纳是唯一拒绝提供意见的科学家。她决定不分享自己的看法，我对此表示尊重。"[9]最后这句掩盖了不满情绪的话体现了兰德尔的典型风格。

该篇文章促使双方在 CRISPR 之战中画出战线。在哈佛大学，以丘奇和杜德纳的博士生导师杰克·绍斯塔克为首的杜德纳的支持者怒不可遏。绍斯塔克告诉我："那篇文章糟糕透顶。埃里克想使自己和张锋，而非珍妮弗，获得掀起基因编辑革命的功劳。因此埃里克竭尽全力，贬低杜德纳所做贡献。他的手段充满恶意。"[10]

---

① 麦克（Mic）是一家美国互联网媒体公司，总部位于纽约，主要为迎合千禧一代提供服务。——译者注

甚至在自己的研究所内，埃里克的文章也引发了不满。几名研究人员就文章提出疑问后，兰德尔向他们发送了一封致“亲爱的布洛德研究所员工”的电子邮件。邮件内容未体现丝毫歉意：“文章旨在介绍承担风险、获得重大发现的整个杰出的科学家团体。我为该篇文章及其所包含的相关科学信息深感骄傲。”[11]

文章发表几个月后，争议依旧丝毫不减，我成为一名外围参与者。克里斯丁·希南（Christine Heenan）是哈佛大学负责公共事务与交流的副校长。兰德尔请希南出手相助，平息风波。我认识埃里克很久，当时（现在也）是埃里克的坚定崇拜者，因此希南请我与埃里克一起，在我所在的阿斯彭研究所华盛顿总部举行一场媒体和科学界人士的讨论会。希南的目的是让兰德尔解释，自己的本意并非贬低杜德纳对 CRISPR 领域所做贡献，以此为论战降温。兰德尔尝试按希南的要求行事，尽管这不是一种可被称作勇敢的方式。兰德尔说：“我的本意并非贬低任何人。”接着，他补充道，杜德纳是“一位杰出的科学家”。兰德尔的解释到此为止。在《华盛顿邮报》记者乔尔·阿肯巴克（Joel Achenbach）的追问下，兰德尔坚持表示，自己的文章符合事实，并未贬低杜德纳所取得的成就。我与希南四目相对，她耸了耸肩膀。[12]

第31章

# 专利

## “实用艺术”

1474年，威尼斯共和国通过一条法令，给予“任何新颖独创设备”的发明者独有权利，在随后十年通过发明获取收益。从那以后，人们针对专利权的斗争从未停止。在美国，宪法第一条对该方面内容做出了规定：“国会有权……以有限次数，保障作者与发明者获得自己作品和发明的独占权，推动科学和实用艺术的发展。”批准一年后，国会通过一项法案，允许“就以前不为人所知的任何实用艺术、工业品、引擎、机器、设备或针对以上物品的任何改进”取得专利权。

埃尔朵拉·埃利森（Eldora Ellison）

法院逐渐意识到，将此类概念落实并应用并非易事，甚至将概念应用于如同门把手这样简单的物品上也并非轻而易举。1850年，霍奇基斯诉格林伍德案就涉及陶制而非木制门把手制造的专利申请。在该案中，美国最高法院首先在评估发明是否“不为人知”时，就何为“明显”与“非明显”进行了界定。

在涉及生物进程的情况下，对专利权的鉴定尤为困难。然而，生物专利历史久远。例如，1873年，法国生物学家路易·巴斯德获得已知的首个微生物专利：他创造了一种使“酵母菌免于感染病菌”的方法。因此，我们现在得以使用巴氏灭菌法，给牛奶、果汁和酒杀菌。

一个世纪后，现代生物技术产业诞生。当时，一名斯坦福大学律师联系斯坦利·科恩和赫伯特·博耶，说服两人就其所发现的使用DNA重组操作新基因的方法申请专利。许多科学家，包括DNA重组发现者保罗·伯格，都对为一项生物过程授予专利这一想法深感震惊。但是，归属于发明人和其所属大学的专利税迅速使生物技术专利受到欢迎。例如，斯坦福大学在25年里，通过授予成百上千家生物科技公司非独有许可，使用科恩–博耶专利，赚取了2.25亿美元。

1980年，出现了两个意义重大的里程碑。美国最高法院裁决，支持培养出可吞食原油的细菌菌株的基因工程师，进而使该菌株在清理泄漏的石油的过程中发挥使用价值。此前，美国专利及商标局（简称“美国专利局”）拒绝了该基因工程师的专利申请，理由是不能为生物申请专利。但是，在一项由首席法官沃伦·伯格（Warren Burger）记录、表决结果为5比4的决定中，最高法院裁决，如果“是人类智慧的产物”,“可为一个拥有生命的人造微生物获取专利”。[1]

同年，美国国会通过了《拜杜法案》，使大学即使在进行获得政府资金支持的研究的情况下，也能更容易从专利中获取收益。在那之前，大学经常接到要求，将发明的相关权利分配给提供资金支持的联邦机构。一些学者认为,《拜杜法案》通过使用纳税人的税费使大学从其所创发明中获取收益，欺骗了公众，扭曲了大学的运作方式。迈克尔·艾森是杜德纳在伯克利的同事。艾森认为：“少数专利可赚取大量回报。在这种情况的驱使下，大学通过研究人员获取收益，大规模建设基础设施。”艾森认为，政府应该将联邦资金支持的所有工作放入公共领域。“使学术科学回归基础发现导向研究的根本，将使我们所有人受益。我们看到，CRISPR具有副作用，它会将学术研究机构变成对金钱贪得无厌的知识产权商贩。”[2]

这一观点颇为引人注意。但是我认为，总体而言，美国的科学已从当前联邦资金和商业激励相结合的做法中获益。将基础科学发现转变为一个工具或一种药物，耗费数十亿美元。除非存在能够提供该笔开支的方法，否则科学研究无法获得数量如此庞大的投资。[3] CRISPR 开发和其发展的疗法就是颇具说服力的例证。

## CRISPR 专利

杜德纳对专利知之甚少。她也几乎从未就自己之前的研究工作申请专利。在和沙尔庞捷完成 2012 年 6 月的论文时，杜德纳联系了伯克利负责知识产权的一位女士。这名女士安排杜德纳与一名律师见了面。

美国的研究型教授获得的发明专利通常属于其所在的学术研究机构。在杜德纳的案例中，该机构为伯克利。与此同时，在如何就专利提供授权、专利费获取比例（在大多数大学，该比例为三分之一）方面，发明人有较大话语权。在沙尔庞捷当时身处的瑞典，专利权直接归属于发明人。因此，杜德纳与伯克利、沙尔庞捷个人及奇林斯基所在的维也纳大学共同申请了专利。2012 年 5 月 25 日刚过晚上 7：00，在刚刚完成提交至《科学》杂志的论文之际，他们提交了临时专利申请，用一张信用卡支付了 155 美元的处理费用。他们当时并未想到额外支付一小笔费用来加快申请的处理速度。[4]

该申请共 168 页，包含图表和实验数据，对 CRISPR-Cas9 进行了描述，列举了超过 124 种针对该系统的使用方法。在申请中，所有数据均源自细菌实验。然而，申请还提到，其使用方法可在人类细胞中起作用，并称该专利可实现在所有生物体中应用 CRISPR，将其作为一种编辑工具。

正如我之前提到的，张锋和布洛德研究所于 2012 年 12 月提交了自己的专利申请。当时，《科学》杂志接受了张锋关于将 CRISPR 编辑工具应用于人体的论文。[5] 其所提交的专利申请详细描述了在人类细胞中使用 CRISPR 的过程。与伯克利不同，布洛德研究所使用了专利流程中一个好用而不起眼的规定：布洛德研究所额外支付了一小笔费用，同意了几项条件，根据加速检查要求，或（更具诗意的叫法）特别处理请愿书内容，加快专利审批速度。[6]

起初，美国专利局并未批准张锋的申请，要求他提供更多信息。作为应对，他提供了一份书面声明。他在声明中所述内容令杜德纳勃然大怒。张锋指出，丘奇此前向杜德纳发送了重印版论文。张锋含沙射影地表示，杜德纳在她自己的专利申请中使用了丘奇的数据。张锋说："我怀着尊重之情质疑例证的出处。"在一份其所提供的法律文件中，张锋和布洛德研究所声称，"在丘奇实验室共享尚未公布的数据之后，杜德纳博士的实验室才报告称他们能够改造并形成一个 CRISPR-Cas9 系统"，将其应用于人体细胞内。

对于张锋的声明，杜德纳义愤填膺，因为声明暗示她剽窃了丘奇的数据。在一个周日下午，杜德纳打电话给身在家中的丘奇。与杜德纳一样，丘奇对于前弟子的说法气愤不已。他告诉杜德纳："我很愿意公开表示，你从未以不正当的方式使用我的数据。"在致谢中，杜德纳彬彬有礼，用一句话向丘奇表示了感谢。丘奇后来告诉我，张锋利用这一微不足道的合作行为中伤杜德纳，这种做法"骇人听闻"。[7]

## 马拉菲尼出局

在等待自己专利申请结果期间，张锋与布洛德研究所做了一件不同寻常的事情：将张锋的合作者卢西亚诺·马拉菲尼的名字从主要申请中删除。这一故事多少有些神秘，成为一个令人感到悲伤的例证，证明了专利法对科学合作产生的不良影响。这也是一个关于竞争，甚至或许还关于贪婪、巨大的善意和同事合作的故事。

马拉菲尼生于阿根廷，说话语气温和，是洛克菲勒大学的一位细菌学家。马拉菲尼与张锋的合作始于 2012 年年初。他也是张锋发表于《科学》杂志的论文的共同作者。张锋最初提交专利申请时，马拉菲尼位列联合发明人名单之中。[8]

一年后，马拉菲尼收到通知，来到洛克菲勒大学校长办公室。校长告诉马拉菲尼，张锋和布洛德研究所决定，减少专利申请数量，只专注于 CRISPR-Cas9 在人体细胞中作用的专利。此举令马拉菲尼颇为震惊，深感难过。布洛德研究所单方面决定，马拉菲尼虽然对该项研究有所贡献，但不足以在该专利中获得一席之地。因此，研究所决定将马拉菲尼从该项专利的相关人员名单中去除。

时隔 6 年，马拉菲尼提及此事时摇着头，看起来依然感到震惊，悲从心生。他说："张锋甚至没有遵循礼节，直接告诉我。我是一个讲道理的人。如果他们说，我的贡献无法与其他人的相提并论，我会接受较少的荣誉。但是，他们甚至都没有直接告诉我。"令马拉菲尼尤为痛心的是，他将自己与张锋的共事经历视作一段鼓舞人心的美国故事：两位年纪轻轻、冉冉升起的移民明星，一位来自中国，一位来自阿根廷。两人强强联合，证明如何在人体内使用 CRISPR。[9]

我向张锋问及此事时，他同样低声细语，难掩悲伤，仿佛自己是受到伤害的一方。我问张锋，马拉菲尼曾帮助他专注于 Cas9 的研究，是否有功劳。张锋坚持认为："我从一开始就专注于 Cas9 的研究。"虽然将马拉菲尼从专利相关人员名单中去除也许显得气量不足，但是在张锋看来，此举并非毫无依据。其中潜藏着一个专利引发的问题：专利会刺激人们在分享荣誉方面更加吝啬。[10]

## 冲突

2014 年 4 月 15 日，即使在杜德纳的申请①仍在受理的情况下，美国专利局依然决定批准张锋的专利申请。[11] 听到这一消息时，杜德纳打电话给自己的商业合伙人安迪·梅。梅当时正在开车。梅说："我记得我当时靠边停车，坐在车里接了电话，得知了这一爆炸性消息。杜德纳

① 提及申请时，我使用了简单明了的表达。谈及杜德纳的申请时，我是指杜德纳与沙尔庞捷、伯克利及维也纳大学共同提交的申请。同样，提到张锋的申请时，我是指张锋与布洛德研究所、麻省理工学院和哈佛大学共同提交的申请。

问：‘怎么会出现这种情况？我们怎么会输给别人？’她非常生气，怒不可遏。”[12]

杜德纳的申请仍然在美国专利局内，没有进展。这一情况引发了一个问题：如果你申请一项专利，而在专利局做出决定前，另一人的与你类似的专利获批，会出现什么情况？美国法律规定，你有一年时间申请召开“干预”听证会。因此，2015 年 4 月，杜德纳提出要求，认为张锋的专利不应获得批准，因为张锋的专利妨碍了杜德纳之前提交的专利申请的批准。[13]

具体而言，杜德纳提交了一份 114 页的干预意见，详细说明了与自己尚未获得结果的专利申请相比，张锋的部分专利申请内容为何“在专利申请方面没有显著差异”。即使杜德纳团队的实验已涉及细菌，她依然认为，他们的专利申请“详细说明”了可将该系统应用于“所有生物体”，并提供了“详细描述，说明许多可采取的方法，使该系统得以应用”于人体内。[14]张锋在回应声明中认为，杜德纳的申请“并不（在原稿中使用了大写字母 NOT，以作强调）具有在人体细胞中进行 Cas9 结合及靶标 DNA 位置识别所需的特征性内容”。[15]

因此，双方就此明确表明立场。杜德纳和同事鉴定出 CRISPR-Cas9 的必要组成部分，使用细菌细胞成分，开发出一项使 CRISPR-Cas9 发挥作用的技术。她和同事认为，在他们开发出该项技术之后，CRISPR-Cas9 如何在人体细胞中起作用便“显而易见”。张锋和布洛德研究所则认为，该系统能在人体中发挥作用并非显而易见，需要采取另一创新型举措，才能使其起作用，而张锋已经在该方面战胜了杜德纳。为了解决这一问题，2015 年 12 月，专利审查人员启动一项“干扰诉讼”，由三名专利权法官组成的专门小组做出定论。

杜德纳的律师称，“显然”，在细菌内部能发挥作用的 CRISPR-Cas9 也会在人体中起作用。此时，律师们使用了专业术语。在专利法中，“显然”一词指具体的法律概念。法庭已宣布，“决定‘显然’一词定义的标准在于，在达到该项技术普通技能水平的人员看来，该工艺成功应用的可能性是否在合理区间内”。[16]换言之，如果你改造了一项旧发明，却仅按该发明所在领域中达到普通技能水平的人员眼中显而易见的方法，以同样的成功率完成相同的任务，你便无法获取一项新专利。不幸的是，在应用生物技术时，诸如“达到普通技能水平的人员”和“成功应用的可能性是否在合理区间内”等表述的意思模糊不清。而与其他类别的工程技术相比，在生物技术领域，实验的可预测性更低。你肆意改变细胞内部结构后，会出现意料之外的事情。[17]

## 审判

提交所有辩护状、声明和申请花了整整一年时间。此后，2016 年 12 月，美国弗吉尼亚州亚历山德里亚的美国专利局举行了一场听证会。由三名法官组成的专门小组参加了听证会。举行听证会的房间内摆放着金色木制讲台，配有简易的桌子，看起来像一个令人昏昏欲睡的郡县交通法庭。但是，在审判当日，有 100 名记者、律师、投资人和生物技术迷到达现场，其中大多数人戴着眼镜，看起来有些书呆子气。早上 5:45，他们便到场排起长队，希望能抢到座位。[18]

听证会开始后，首先由张锋的律师进行陈述。律师表示，关键问题在于，杜德纳和沙尔庞捷 2012 年发表的论文中的“在真核细胞中可使用 CRISPR 是否显而易见”。[19] 为了证明“并不显而易见”这一结论，张锋的律师展示了一系列海报，上面写着杜德纳和其团队早期所做陈述。第一张取自杜德纳接受伯克利大学化学系杂志的一段采访。海报上写着：“我们在 2012 年发表的论文是一次巨大成功。但是，也存在一个问题。我们并不确定，在植物和动物细胞中，CRISPR-Cas9 是否有效。”[20]

随后，张锋的律师用了一句引言。这句话出自杜德纳和马丁 · 吉尼克于 2013 年 1 月急匆匆推动并发表于《电子生命》的一篇论文。这句话不仅仅是一个漫不经心的评论，也是一项说明。两人早期发表的论文“表明一种激动人心的可能”，即 CRISPR 系统可用于编辑人类基因。随后两人补充道：“然而，这一细菌系统是否可在真核细胞中起效，尚且不得而知。”正如张锋的律师向法庭陈述的那样：“这些评论证明，他们当时就认为 CRISPR 可在真核细胞中使用这一观点并不属实。”

杜德纳的律师反驳道，杜德纳的评论仅仅是一位小心谨慎的科学家的特征。这种说法并未打动首席法官德博拉·卡茨（Deborah Katz）。卡茨问杜德纳的律师："还有其他人进行陈述，说明他们相信该系统会起作用吗？"即使是最为出色的律师，也只能使用杜德纳关于"确实存在起作用的可能性"的说明。

杜德纳的律师担心自己会败诉，便转移了论证重点。他说，在杜德纳和沙尔庞捷发表了关于她们所获发现的论文后，5 所实验室在 6 个月内创建了在真核细胞中起作用的系统，这表明，两人发表论文产生的影响多么"显而易见"。杜德纳的律师展示了一张图表，图表显示，他们均使用了众所周知的方法。杜德纳的律师告诉法官："没有什么特别的秘方。如果没有合理的成功预期，这些实验室就不会踏上这一征程。"[21]

由三名法官组成的专门小组最终站在了张锋和布洛德研究所一边。2017 年 2 月，法官们宣布："布洛德研究所说服了我们。双方要求获得可申请专利、具有特色技术的专利权。而相关证据表明，（杜德纳团队）发明可应用于真核细胞的该类系统并非显而易见的事实。"[22]

杜德纳一方向联邦法院提起上诉，开始了另一个持续 19 个月的进程。2018 年 9 月，美国联邦巡回上诉法院维持了专利专门小组的原判。[23] 张锋有权获得属于自己的专利；判决并未影响杜德纳和沙尔庞捷的申请。

但是，正如许多复杂知识产权案件的情况一样，这些裁决并没有为案件画上句号，也没有让张锋取得完全的胜利。因为两个申请中"不存在干预"，可对两个申请分别予以考虑。这意味着杜德纳和沙尔庞捷的申请仍有可能获得批准。

## 2020 年专利优先权之争

当时的情况是这样的：在 2018 年确定张锋获得专利权决定的最终两次判决中，美国上诉法院强调了一个要点。法官写道："该案重点在于两项申请的范围，以及这些申请是否具有获取专利所需特点。"换言之，在授予张锋的专利与杜德纳和沙尔庞捷所提交、尚未批复的专利之间，并不存在“干预”。两项专利可被视为两项独具特色的发明。二者均可获得专利权，或者可以让杜德纳和沙尔庞捷优先获得专利权。

当然，这样的结果会混乱不堪，或多或少自相矛盾。两项专利如果均获得批准，那么似乎会存在交叉，影响关于二者间不存在“干预”的决定。但是细胞内的生命和法庭内的人，可能会自相矛盾。

2019 年早期，在杜德纳和沙尔庞捷在 2012 年提交的申请的基础之上，美国专利局批准了 15 项专利。到那时，杜德纳已经聘用了一位新的首席律师，名叫埃尔朵拉・埃利森。埃利森开辟了一条富有教育意义、完美适用于生物技术时代的道路。她在哈弗福德学院获得生物学本科学位，随后在康奈尔大学获得生物化学与细胞生物学博士学位，并最终于乔治敦大学获得法学学位。我经常建议我的学生像雷切尔・赫尔维茨一样研修生物学和商学，或像埃利森一样学习生物学和法学。

埃利森在早饭时间帮我分析了这一案件，从而解释了生物学和法律间的细微差别。埃利森轻而易举地凭借记忆，引用了各种各样的科学论文中晦涩难懂的脚注及法庭裁决。我认为，如果埃利森进入美国最高法院，她会表现得很出色。如今，最高法院至少应拥有一位懂生物学和技术的法官。[24]

2019 年 6 月，埃利森促使美国专利局启动一个新案件。[25] 首个案件仅审视了张锋的专利是否干预了杜德纳之前提交的申请。与首个案件不同，新案件将涉及裁定根本性问题：双方中，哪一方最先做出关键性发现。这一新的“先后顺序之争”，将试图通过使用笔记本和其他证据，查清楚每个申请人具体在何时发明了 CRISPR-Cas9，将其用作基因编辑工具。

2020 年 5 月举行了一场听证会，由于新冠肺炎大流行导致举行场所关闭，听证会通过电话进行。在听证会上，张锋的律师表示，该问题结果已经裁定：2012 年杜德纳和沙尔庞捷发现 CRISPR-Cas9 系统，该系统在人类细胞中发挥作用并非“显而易见”。因此，作为首个证明该系统在人类细胞中起作用的人，张锋获得专利权实至名归。埃利森回应称，在新案件中，需要裁定的法律问题与之前的案件不同。杜德纳和沙尔庞捷获得专利权，涵盖 CRISPR-Cas9 在所有生物体中的应用，既包括细菌，也涵盖人类。埃利森说，问题在于，两人自 2012 年以来的申请是否包含充足证据，证明两人获得了这一发现。埃利森认为，即使两人是通过试管中的细菌成分获取实验数据的，在进行整体考虑的情况下，两人的申请也依然描述了在所有生物体中使用该系统的方法。[26] 到 2020 年晚些时候，该案件依然迟迟未能做出判决。

在欧洲，最初出现了与之类似的情况：杜德纳和沙尔庞捷获准获得专利，随后张锋的专利也获得批准。[27] 但是当时，张锋与马拉菲尼之争再度出现。在张锋修改申请、去掉了马拉菲尼的名字之后，欧洲专利法庭裁决，张锋不能将自己最初申请中的日期用作“优先日期”。而其他专利申请的优先日期早于张锋的，因此法院驳回了张锋的专利申请。马拉菲尼说：“张锋以那种方式将我除名，导致他在欧洲的申请无效。”[28] 到 2020 年，杜德纳和沙尔庞捷因重大专利，在英国、中国、日本、澳大利亚、新西兰和墨西哥获得嘉奖。

经历这些专利之战是否值得？杜德纳和张锋如果没有在法庭交战，而是达成一项协议，两人的情况是不是会更好？回想起这些，杜德纳的商业合作伙伴安迪·梅认为，在上述问题所处条件下，杜德纳和张锋的境遇将会更好。梅说：“如果我们成功开展合作，我们会节省大量因法律争议而产生的费用和花费的时间。”[29]

旷日持久的斗争受情感和憎恨驱使，发展到了毫无必要的程度。相反，杜德纳和张锋本可以参照德州仪器（Texas Instruments）的杰克·基尔比（Jack Kilby）和英特尔的罗伯特·诺伊斯（Robert Noyce）的范例。范例中的两人经过 5 年的争斗，最终同意通过向彼此交叉授予知识产权许可，分享奖金，共享微芯片专利权。此举促进微芯片业务呈指数增长，定义了一个新的技术世纪。与 CRISPR 的争夺者不同，诺伊斯和基尔比遵循了一项极为重要的商业格言：在抢完驿站马车前，不要为分割收益争论不休。

第四部分

# CRISPR 应用

如果人类患上疾病，防御就不复存在——

没有治病用的食物，没有药膏，也没有任何饮品。

但是对于因人类浪费而导致的药物匮乏，

只能等我向他们展示如何配制缓解痛苦的灵丹妙药。

——普罗米修斯语，出自埃斯库罗斯的《被缚的普罗米修斯》

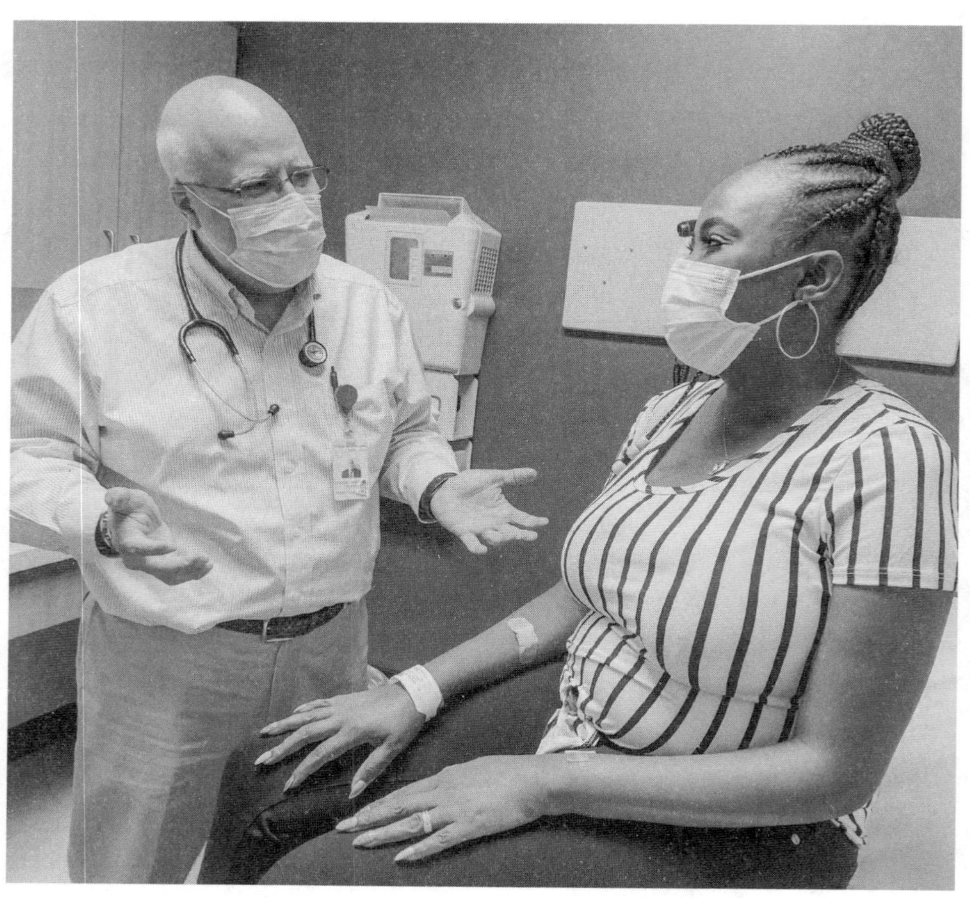

纳什维尔市萨拉·坎农研究所的海达尔·弗兰戈尔博士（Dr. Haydar Frangoul）与维多利亚·格雷（Victoria Gray）

第32章

# 治疗能力

## 镰状细胞

2019年7月，纳什维尔医院的一位医生使用大型注射器，将针头刺入一位非裔美国女性的胳膊，把从她血液中提取、经CRISPR-Cas9编辑的干细胞注入她体内。这位女士34岁，来自密西西比的一个中部小镇。医生为她重新注入干细胞的目的，是治愈其镰状细胞疾病。这位女士还是婴儿时便患上这种疾病，因而身体虚弱，痛苦不堪。因此，已是4个孩子的母亲的维多利亚·格雷成了在美国使用CRISPR基因编辑工具进行治疗的第一人。此次临床试验由CRISPR治疗公司主导进行。该公司由埃玛纽埃勒·沙尔庞捷创立。接受注射后，格雷的心率急速上升。在一段时间里，她出现呼吸困难的症状。格雷告诉获得允许跟踪自己治疗过程的美国全国公共广播电台（NPR）的记者罗布·斯坦（Rob Stein）："我有些害怕。对我而言，那是段艰难的时光。后来，我泪流满面。但那是幸福的泪水。"[1]

如今，CRISPR由于具有编辑人类基因的潜力，使编辑后的基因可（种系）遗传给我们的后代，将基因特性传递至他们的全部细胞，并同时具有改变我们人类物种的潜力，因此备受关注。此类编辑是在生殖细胞中或者处于发育初期的胚胎中完成的。2018年，中国的CRISPR基因编辑双胞胎婴儿便接受了该类编辑。我将在后文中探讨这一颇具争议的主题。但是在本章，我会将重点放在至少目前最为普遍、最受欢迎的 CRISPR 具体应用上，比如维多利亚·格雷等案例。在这些案例中，CRISPR 用于编辑患者部分而非全部体细胞，做出不会遗传给下一代的改变。通过从患者体内提取细胞、编辑细胞、重新注入（离体）细胞或将编辑工具送入患者体内细胞，可实现对体细胞的（体内）编辑。

对于体外基因编辑应用，镰状细胞贫血是最佳候选疾病之一，因为该病与血细胞密切相关。研究人员和医务人员可轻而易举地取出血细胞，并将其重新注入患者体内。镰状细胞贫血由患者 DNA 中 30 多亿个碱基对中的一个碱基突变引起，进而导致血红蛋白缺陷。正常的血红蛋白会形成圆形且表面光滑的血细胞，这些血细胞能轻轻松松地在我们的血管内移动，将我们肺部的氧气运送至身体的其他位置。但是，存在缺陷的血红蛋白会形成长纤维，使血红细胞发生扭曲，导致血红细胞凝集，出现褶皱，变成镰刀状。氧气无法抵达组织和器官，进而引发严重疼痛。在大多数病例中，患者到 50 岁便会死亡。在全球，有 400 多万人饱受镰状细胞疾病折磨，其中 80% 位于撒哈拉以南非洲。在美国，该症患者数量约为 9 万，其中主要为非裔美国人。

基因问题简单明了，综合症状十分严重，这使镰状细胞疾病成为开展基因编辑的完美候选疾病。根据维多利亚·格雷的情况，医生从她的血液中提取了干细胞，并使用 CRISPR 进行编辑，从而激活一个能产生一种血细胞的基因。该种血细胞通常在生命的胚胎阶段才会生成。在这一胚胎阶段生成的血红蛋白是健康的。因此，如果基因修改成功起作用，患者就可以自己生产优质血液。

将从自己身上取出、经编辑的细胞重新注入自己体内数月后，格雷驱车前往纳什维尔医院，检查该治疗方法是否奏效。她对结果持乐观态度。自她获取编辑后的细胞以来，她无须接受献血者输血，也没有遭受任何病痛。一位护士将针头扎进格雷的身体，抽了几管血。在经历了紧张的等待之后，格雷的医生走入诊室，告知她结果。医生说：“对你今天的结果，我感到极其兴奋。有迹象表明，你自身正开始生成胎儿血红蛋白。这令我们激动不已。”现在，在格雷的血液中，有一半含有胎儿血红蛋白，此类蛋白的血液内含有健康细胞。

2020 年 6 月，格雷收到了几条更为令人兴奋的消息：治疗效果似乎具有持续性。9 个月后，格雷仍未遭遇由镰状细胞引发的疼痛，也不需要再接受输血。检测结果显示，格雷的骨髓细胞中有 81% 正在生成优质血红蛋白。这意味着基因编辑效果具有持续性。[2] 收到消息后，格雷说："高中毕业、大学毕业、婚礼、第三代的出生——我之前以为这些是我永远也见不到的场景。现在，我会帮我女儿们挑选婚纱。"[3] 这是一个令人惊叹的里程碑：CRISPR 显然治愈了一种人类遗传疾病。格雷接受美国全国公共广播电台采访时，满怀深情地讲述了自己的经历。在柏林，沙尔庞捷听了格雷接受采访时的录音后说："听着她的讲述，我意识到，我协助创造的'孩子'——CRISPR 编辑，使她永远远离病痛。这非常令人震撼。"[4]

## 经济可承受性

诸如该案例等 CRISPR 相关应用可能会拯救生命，该应用也必然价格不菲。事实上，治疗一个患者，最初至少需要花费 100 万美元，甚至更多。因此，伴随使用 CRISPR 造福广大病患的美好前景，可能出现医保体系难以承受、破产崩溃的潜在情况。

2018 年 12 月，杜德纳与一组美国参议员展开了一次讨论。此后，杜德纳开始专注于这一问题。在经 CRISPR 基因编辑的婴儿在中国诞生的消息公布数周后，杜德纳与参议员们在国会大厦举行会议。她希望会议将重点放在这一头条新闻上。起初，该条新闻确实是会议的重点。但是，令杜德纳颇感意外的是，会议讨论的重点迅速转移，从可遗传基因编辑转向使用基因编辑治愈疾病的前景。

杜德纳告诉参议员们，CRISPR 即将创造出一种能治愈镰状细胞疾病的方法，这令参议员们欢欣鼓舞。但是，他们立刻向她抛出大量关于使用成本的问题。一名参议员指出："在美国，我们有 10 万人受到镰状细胞影响。如果每名患者的治疗费用为 100 万美元，我们如何承担这笔费用？这会让银行直接破产关门。”

杜德纳认为，自己的创新基因组学研究所（Innovative Genomics Institute，IGI）应把让人们负担得起镰状细胞疾病治疗作为一项任务。杜德纳说：“对我而言，参议院听证会是一个具有转折意义的时刻。在听证会之前，我便已思考了大量关于成本的问题，但是并没有重点关注。”回到伯克利后，杜德纳召开了一系列团队会议，探讨如何使更多人获得镰状细胞疾病治疗。这成了他们任务的一个新的核心。[5]

促成脊髓灰质炎疫苗诞生的公私合作伙伴关系启发了杜德纳。杜德纳联系了盖茨基金会和美国国立卫生研究院。两家机构宣布建立合作伙伴关系，为治愈镰状细胞疾病计划提供 2 亿美元的资金。[6] 该项计划的主要科学目标是，在无须抽取骨髓的前提下，找到编辑患者体内镰状细胞突变的方法。一种可能的方法是，向患者血液中注射一种基因编辑分子，该分子含有地址标签，标签能直接将分子引至骨髓内的细胞。使用这种方法的困难之处在于找到诸如类病毒分子等不引发患者免疫系统反应的运送机制。

如果该项计划取得成功，其不仅将治愈大量患有一种可怕疾病的病患，而且会推动健康公平事业的进步。全世界大多数镰状细胞疾病患者为非洲人或非裔美国人。在人类历史上，此类群体接受的医疗服务本就不充分。即使与其他类似疾病相比，人们对镰状细胞疾病遗传原因的理解的历史更久，但针对镰状细胞疾病的新治疗方法的使用依然滞后。例如，囊肿性纤维化主要影响着美国和欧洲的白人，针对该病的斗争受到了政府、慈善机构和基金会的资金支持，其所获资金数额是镰状细胞疾病的 9 倍。基因编辑的光明前景在于，其将使医学发生翻天覆地的变化。而危险在于，其将扩大贫富群体间医疗水平的差距。杜德纳制订镰状细胞疾病计划的目的就是找到方法，避免出现这一危险情况。

## 癌症

除治疗诸如镰状细胞贫血等血液疾病外，CRISPR 也已用于抗击癌症。在这一领域，中国已经成为先锋。在开发治疗方法、将其投入临床试验方面，中国领先美国两三年。[7]

第一个接受 CRISPR 抗癌治疗的是一位肺癌患者。该患者在成都接受治疗。成都位于中国西部省份四川省，是一座拥有约 2 000 万人口的城市。①2016 年 10 月，一支团队从该名患者的血液中移除部分 T 细胞。该细胞为白细胞，有助于击退疾病入侵，使人体具有针对入侵疾病的免疫力。随后，医生使用 CRISPR-Cas9，使产生 PD-1 蛋白质的基因失效，阻止细胞做出免疫反应。癌细胞有时会激活 PD-1 反应，进而保护癌细胞自身免受免疫系统影响。通过使用 CRISPR 编辑基因，该名患者的 T 细胞能更有效地杀死癌细胞。在一年内，中国使用该项技术进行了 7 项临床试验。[8]

卡尔·琼（Carl June）是宾夕法尼亚大学的著名癌症研究员。当时，琼仍然在努力，就一项与中国进行的试验类似的临床试验争取监管机构的批准。琼说："我认为，这将引发'斯普特尼克②2.0'，使中国与美国在生物医学发展方面进行激烈竞争。"琼和其同事最终得以开展自己的试验，并于 2020 年报告了初步结果。琼和其同事所组建团队的试验对象为一位癌症晚期患者。与中国研究人员所用方法相比，琼和团队成员所用方法更加复杂。他们让 PD-1 基因失效，并且同样向 T 细胞内插入一种可靶向患者肿瘤的基因。

虽然该方法并未使患者痊愈，但试验表明，该技术具有安全性。杜德纳和自己的一位博士后学生在《科学》杂志上发表了一篇文章，就宾夕法尼亚大学的试验结果做出解释。他们在文章中写道："时至今日，经 CRISPR-Cas9 编辑的 T 细胞一旦被重新注入人体，其能否经受考验、健康生长依然不得而知。试验结果表明，基因编辑在治疗应用中取得了一项至关重要的进步。"[9]

研究人员也将 CRISPR 用作检测工具，确定患者所患癌症的具体类

---

① 根据 2020 年数据，成都有人口 2 093.78 万。——编者注

② 斯普特尼克是苏联发射的第一颗人造卫星"伴侣号"。该颗卫星的成功发射，在政治、军事、技术、科学领域带来了新的发展，也标志着人类航天时代的来临，同时直接导致美国和苏联开展航天技术竞赛。—— 译者注

型。猛犸生物科学公司（Mammoth Biosciences）由杜德纳与自己的两位研究生共同成立。该公司正以可用于治疗肿瘤的 CRISPR 为基础，设计诊断工具，通过简单的方法快速鉴定与不同类型癌症相关的 DNA 序列。鉴定完成后，可为每位患者量身定制精准的治疗方案。[10]

## 第三次医学应用

到 2020 年，CRISPR 编辑得到第三次应用。此次应用的目的是治疗一种先天性失明。在该病例中，CRISPR 编辑于活体内进行，即在患者体内完成。其原因在于，研究人员无法像处理血液和骨髓细胞一样提取眼细胞，再将其重新注入患者体内。临床试验在与由张锋等人共同创立的爱迪塔斯医药公司的合作下展开。

该项临床试验旨在治疗莱伯先天性黑蒙症（Leber congenital amaurosis）。莱伯先天性黑蒙症是导致童年期失明的常见原因：患者体内的一种基因出现了突变。而该基因的功能是在患者眼睛内生成感光细胞。该病会导致一种关键性蛋白减少，进而使抵达细胞的光无法被转化为神经信号。[11]

2020 年 3 月，位于美国俄勒冈州波特兰的凯西眼科研究所（Casey Eye Institute）首次使用该治疗方法。这一时间恰到好处，因为随后不久，美国大多数诊所就因新冠肺炎大流行而关闭。在这个持续一小时的过程中，医生们使用了一根仅有头发丝宽度的微型导管，将三滴含有 CRISPR-Cas9 的液体注入含有感光细胞的组织内。该组织位于患者视网膜的正下方。医生使用一种特制病毒作为运输工具，将 CRISPR-Cas9 送入目标细胞。如果按计划完成细胞编辑，该编辑行为将具有永久性作用。因为眼细胞与血细胞不同，无法自行分裂再造。[12]

## 革新将至

针对 CRISPR 基因编辑更为重大的应用的相关工作也正在进行，此类应用可增强我们对流行病、癌症、阿尔茨海默病等疾病的抵抗力。比如，一种名为 P53 的基因可生成一种蛋白质，抑制癌症肿瘤增大。其有助于身体针对 DNA 受损做出反应，防止癌细胞分裂。人类只有一个 P53 基因，如果该基因出现问题，癌症便会迅速扩散。大象有 20 个该种基因，因而大象几乎从不患癌症。当前，研究人员正在寻找方法，在人体中额外增加一个 P53 基因。与 P53 基因类似，APOE4（载脂蛋白 E4 抗体）基因会增加具有毁灭性的阿尔茨海默病的患病风险。研究人员正在寻找方法，将该基因转变为一种良性基因。

另一种名为 PCSK9（前蛋白转化酶枯草溶菌素 Kexin9 型）的基因可促进生成一种酶，推动一种“不好”的低密度脂蛋白（LDL）胆固醇生成。该基因在有些人身上会出现突变，致使低密度脂蛋白胆固醇水平低下，进而将冠心病患病风险降低 88%。在决定用自己创造的 CRISPR 基因编辑婴儿的 HIV 受体之前，贺建奎一直在对 CRISPR 的使用方法进行研究，旨在实现对胚胎 PCSK9 基因进行生殖细胞编辑，催生出患心脏病风险大幅降低的设计婴儿。[13]

2020 年年初，针对 CRISPR-Cas9 的各类应用，有 20 余个临床试验在进行。这些试验包括针对血管性水肿（一种导致严重肿胀的遗传性疾病）、急性髓系白血病、超高胆固醇及男性脱发的潜在治疗方法。[14] 然而，在 2020 年 3 月，大多数学术型研究实验室因新冠肺炎大流行而临时关闭。只有参与抗击新冠病毒的实验室才获得特批，可以继续运行。许多 CRISPR 研究人员转移研究重点，将精力集中放在创建疾病检测工具，开发治疗方法上。其中一些研究人员此前在研究细菌如何产生免疫反应，防止新病毒入侵。他们利用从 CRISPR 研究中所掌握的特点，投入新的研究。在所有 CRISPR 研究人员中，杜德纳一马当先，将研究重点转向检测工具和治疗方法。

第 33 章

# 生物黑客

2017 年，在旧金山举行的全球合成生物学峰会上，乔赛亚 · 扎耶那身穿黑色 T 恤、白色紧身牛仔裤，站在会场中一群生物技术学家面前，高声介绍一种可自己动手制作的“青蛙基因工程试剂盒”。该试剂盒由扎耶那自己在车库内制作而成，网上售价为 299 美元，可让用户通过注射经 CRISPR 编辑后的 DNA，使产生肌肉生长抑制素的基因停止作用，进而让青蛙的肌肉在一个月内增长一倍。肌肉生长抑制素是一种蛋白质，一旦一种动物生长到成熟时期的体型大小，该抑制素便会抑制肌肉生长。

乔赛亚 · 扎耶那

扎耶那脸上闪过一丝笑容，仿佛自己图谋不轨。他说，该方法在人体内同样奏效。你可以让人类肌肉增长。

现场有人发出笑声，缓解紧张情绪。随后，现场爆发出一些声音，对扎耶那进行鼓励。有人大声喊道：“你为什么还没采取行动？”

扎耶那虽然表面上离经叛道，但骨子里是一位严肃认真的科学家。他拿起用皮革包裹的弧形扁酒壶，喝下一大口威士忌，然后回答道：“你是建议我在人类身上试试吗？”

低声议论的人更多了，有人深感震惊，倒吸了一口气，有人发出了笑声。随后，有更多的人鼓励扎耶那进行尝试。扎耶那把手伸进一个医疗包，拿出了一根注射器，对着一瓶装有经过编辑的 DNA 的药瓶将注射器抽满，然后表示：“好，那我们就动手吧！”他将注射器针头扎入了自己的左前臂，因疼痛面露些许痛苦，随后，他将注射器内的液体推入自己的血管。他大声说道：“这将改变我的肌肉基因，让我的肌肉长得更壮。”

听众中出现了零零星星的掌声。扎耶那拿起自己的扁酒壶，又喝了一大口威士忌。他说：“我会让你们知道效果如何。”[1]

扎耶那长着漂亮的金色额发，两只耳朵上各戴了 10 只耳环，他因此成为新一代生物黑客的代言人。生物黑客是一群生气勃勃、离经叛道的研究人员和快乐热情的业余爱好者。他们希望通过大众科学，实现生物学的大众化，将生物学的力量带给普通民众。在传统研究人员对专利权担忧之际，生物黑客希望确保生物学前沿技术免受专利费、规定和限制的影响，这与数字黑客对网络前沿技术的感受相似。在大多数情况下，生物黑客们与扎耶那一样，是卓有成就的科学家。他们放弃了在大学或大型企业的工作，转而成为 DIY 制造者运动中不走寻常路的奇才。在 CRISPR 的戏剧性事件中，扎耶那扮演着莎士比亚笔下聪明傻瓜的角色，如同《仲夏夜之梦》中的帕克（Puck），在表演的伪装之下说出事实，嘲弄品格高尚之人的虚假做作，通过指出这些凡夫俗子多么愚昧可笑，努力推动我们进步。

在青少年时期，扎耶那在摩托罗拉手机网络部门任程序员。2000 年科技泡沫破裂之后，扎耶那也随即失业，因此他决定进入大学学习。扎耶那取得了南伊利诺伊大学植物生物学学士学位，后来于芝加哥大学取得分子生物物理学博士学位。在芝加哥大学，扎耶那对光敏蛋白质如何作用进行了研究。之后他并未继续进行传统博士后研究，而是编写关于如何使用合成生物学技术殖民火星的内容，并由此得到招募，入职美国国家航空航天局。但是由于他天生不适合在等级制的组织中工作，因此扎耶那辞去了美国国家航空航天局的职位，追求成为一名生物黑客所带来的自由。

在涉足 CRISPR 研究之前，扎耶那尝试进行了各项合成生物学实验，实验对象包括他自己。为了治疗自己的肠胃病，扎耶那进行了一次排泄物移植（不要追问细节），改变了自己肠道内微生物群的状况。他在一个酒店房间内完成了这一实验，并由两位电影制作人对场景进行拍摄记录（如果你真想了解其原理），制成名为《破肚开肠》（*Gut Hack*）的纪录短片，并在网络上发布。[2]

现在，扎耶那在自己的车库内经营着一家网上生物黑客用品商店。商店名为奥丁（ODIN）①，制作销售“试剂盒和工具，能让任何人在家中或实验室制出独一无二、可以使用的生物体”。其商店销售的产品，除青蛙增肌试剂盒外，还有“DIY 细菌基因工程 CRISPR 试剂盒”（售价为 169 美元）和“基因工程家庭实验室试剂盒”（售价为 1 999 美元）。

扎耶那于 2016 年开启自己的生意后不久，便收到了哈佛大学的乔治·丘奇的一封电子邮件。丘奇在邮件中写道：“我喜欢你正在做的事情。”两人聊了聊，最终见了面。丘奇成为奥丁商店的“商业兼科学顾问”。扎耶那说：“我认为乔治喜欢结交有趣的人。”这句话完全正确。[3]

大多数在学术型实验室工作的生物学家对扎耶那的方法嗤之以鼻，认为他的方法低端劣质。在杜德纳实验室工作的凯文·多克斯泽恩（Kevin Doxzen）说：“乔赛亚的噱头证明，他不顾后果地炒作宣传，缺乏科学性的理解。鼓励公众勤学好问、调查研究的确颇具价值，但是销售试剂盒，证明你可以在自己的厨房改造青蛙、在客厅改变人类细胞或

① 奥丁是北欧神话中阿萨神族的众神之王，司掌预言、王权、智慧、治愈、魔法、诗歌、战争和死亡。—— 译者注

在车库制造细菌，则是企图将本不简单的技术进行简化。高中教师花费日益减少的教学预算，购买根本不会奏效的试剂盒。一想到这点，我便感到难过。”扎耶那对这种批评予以驳斥，认为学术科学家为了设法保护自身地位，才会做出该类批评。扎耶那说：“我们将我们的 DNA 序列和试剂盒的所有数据及方法在网络上公开，供所有人评判。”[4]

在旧金山会议上，扎耶那一时兴起，对自己瘦骨嶙峋的身体进行了 CRISPR 试验。该项试验并未对其身体中的肌肉产生显著影响，但是确实影响了世界对 CRISPR 的管理。扎耶那成为世界上尝试编辑自身 DNA 的第一人。他由此表明，有朝一日，这会产生难以抑制的后果，而他坚持认为这是一件好事。

扎耶那想要使基因工程革命同早期数字革命一样，开放透明，通过互联网在大众中广泛推进。在数字革命早期，诸如创建了开源系统 Linux 的莱纳斯·托瓦尔兹（Linus Torvalds）等程序员、史蒂夫·沃兹尼亚克（Steve Wozniak）等黑客相聚在家酿计算机俱乐部（Homebrew Computer Club），共同探讨如何将计算机从大型企业和政府机构的专有控制权中解放出来。扎耶那坚持认为，基因工程与计算机工程难度相仿。他说：“我几乎未能完成高中学业，但是我能学会如何进行基因工程技术实践。”他的梦想是，让世界上数百万人学习掌握业余级生物工程技术。他说：“我们现在有能力安排生活。如果有数百万人掌握生物工程技术，这将立刻改变医学与农学，为世界发展做出巨大贡献。我想通过证明 CRISPR 多么简单易学，鼓励人们学习掌握如何使用 CRISPR。”

我问扎耶那，每个人都能掌握该项技术难道不危险吗？他反驳道：“不危险，这太令人兴奋了。人们完全将其掌握之后，伟大技术才能飞速发展。”其所言不无道理。计算机个人化后，才真正引起数字时代结出硕果。20 世纪 70 年代中期，随着牛郎星（Altair）和苹果二代（Apple Ⅱ）计算机问世，计算力的控制权因此大众化，数字革命由此走向繁荣。首批黑客及随后的所有人得以使用自己的计算机，产出数字内容。21 世纪初，随着智能手机横空出世，数字革命进入更高的轨道。正如扎耶那所说：“一旦我们帮助人们——如同我们使用计算机编程一样——

拥有了在家使用生物技术的能力，将催生许许多多令人惊叹的事物。”[5]

扎耶那的愿望也许会变为现实。CRISPR 技术即将变得简单易学，不仅限于在井然有序的实验室内使用。处在技术最前沿的离经叛道者们也将推动 CRISPR 的大众化。如此一来，CRISPR 技术的发展可能走上数字革命的道路。从 Linux 到维基百科，数字革命在很大程度上以大众外包为进步动力。在数字领域，业余和职业程序员之间并不存在明确界限。也许不用多久，生物工程师群体中也将出现同样的情况。

尽管存在种种危险，但是如果生物技术沿数字革命的道路发展，可能会带来诸多好处。在一场大流行病期间，如果社会能利用群体所具有的生物学智慧和创新，这将对防控大流行颇为有用。至少，公民可在家自行检测，同时可帮助邻居进行检测。接触者溯源和数据收集也可通过众包实现。如今，存在一道清晰的界限，将官方认可的生物学家和 DIY 黑客划分开来。但是乔赛亚·扎耶那正全心投入，改变这一现状。CRISPR 和新冠肺炎可助他一臂之力，使此类界限变得模糊。

第 34 章

# DARPA 和抗 CRISPR 系统

## 治疗评估

CRISPR 可能会遭到黑客、恐怖分子或外国敌对势力的利用，这种可能性令杜德纳开始感到担忧。在出席 2014 年举行的一场会议期间，杜德纳就此表达了自己的关切。在会上，一名研究人员描述了如何改造一个病毒，使其携带 CRISPR 成分，进入老鼠体内编辑一个基因，使老鼠患上肺癌。听到这一描述，杜德纳不寒而栗。向导 RNA 稍有变化或犯一个错误，就会轻而易举地使 CRISPR 的致癌作用在人类肺部起效。一年后，在另一场会议上，杜德纳向一位研究生提了问题。该名研究生此前与张锋联合发表了一篇文章，对在老鼠身上引发癌症的一项类似 CRISPR 的实验做了描述。上述及其他实验促使杜德纳加入由美国国防部提供资金支持的一项计划，找到防止 CRISPR 滥用的办法。[1]

自恺撒·博尔吉亚（Cesare Borgia）① 聘请列奥纳多·达·芬奇以来，军队开支便成为促进创新的动力。2016 年，美国国家情报总监詹姆斯·克拉珀（James Clapper）发布了该机构的年度《全球威胁评估报告》，报告首次将“基因组编辑”纳为潜在大规模杀伤性武器。对于

① 恺撒·博尔吉亚（1476?—1507），即瓦伦蒂诺公爵，曾任教皇国军队统帅，16 世纪初几乎征服了全意大利。1502—1503 年，恺撒聘请达·芬奇为其军事建筑师和工程师。——编者注

CRISPR 而言，军事支出由此成为推动其进步的动力。美国国防部高级研究计划局（DARPA）是受五角大楼大量资金支持的研究分支机构。由于基因组编辑成为潜在大规模杀伤性武器，该机构启动一项名为安全基因（Safe Genes）的计划，旨在对基因工程武器的防御方法开发予以支持。该机构拨款 6 500 万美元，使军方成为 CRISPR 研究最大的单一资金来源。[2]

最初的 DARPA 资金流向了 7 个团队。哈佛大学的乔治·丘奇收到了其中一笔资金，用于研究逆转辐射暴露引发的变异。麻省理工学院的凯文·埃斯维尔特（Kevin Esvelt）受命研究基因驱动，该研究可以通过诸如蚊子和老鼠等物种，加快基因的变化。哈佛大学医学院的阿米特·乔杜里（Amit Choudhary）获得资金，用其开发开启、关闭基因编辑过程的方法。[3]

杜德纳最终获得 330 万美元的资金支持，其应用范围涵盖多个项目，包括探寻阻止 CRISPR 编辑系统的方法。其目标是创造工具，如同宣言中所说，“使其在使用 CRISPR 作为武器的某一天，让武器失去功效”。这听起来如同恐怖小说的情节：恐怖分子或敌国释放了一个 CRISPR 系统，该系统可以编辑诸如蚊子等生物体，使其具有超强破坏能力，而身穿白色实验服的杜德纳立刻挺身而出，救我们于水火之中。[4]

杜德纳将该项目分派给两名年轻的刚刚加入其实验室的博士后——凯尔·沃特斯（Kyle Watters）和嘉文·诺特（Gavin Knott）。两人专注于一种方法的研究。有些病毒会使用该方法，使遭其攻击的细菌的 CRISPR 系统失效。换言之，细菌形成 CRISPR 系统抵御病毒入侵，随后病毒会生成一种方法，使此类防御停止运转。这是一场五角大楼能完全理解的军备竞赛：防御系统防御导弹袭击，反防御系统则使防御系统失效。这一新发现的系统名为“抗 CRISPR 系统”。

## 抗 CRISPR 系统

2012 年晚些时候，多伦多大学的博士生乔·邦迪－德诺米发现了抗

CRISPR 系统。当时正值杜德纳和张锋竞争激烈，将 CRISPR-Cas9 转化为人类基因编辑工具。邦迪-德诺米通过尝试本不会起效的实验，无意间获得了这一发现：他尝试使用一种本应遭到细菌 CRISPR 系统击溃的病毒，将其感染某些细菌。在许多案例中，发动进攻的病毒存活了下来。

约瑟夫·邦迪-德诺米（Joseph Bondy-Denomy）

最初，邦迪-德诺米以为自己把实验搞砸了。后来，一个想法油然而生：也许，诡计多端的病毒已生成一种方法，解除该细菌 CRISPR 防御系统的防御力量。他最终证明，这一想法千真万确。病毒此前已可以利用一小段序列，渗入细菌 DNA，破坏细菌的 CRISPR 系统。[5]

邦迪-德诺米的抗 CRISPR 系统似乎对 CRISPR-Cas9 不起作用，因此该发现起初几乎未获得关注。但是在 2016 年，邦迪-德诺米和阿普里尔·波鲁克（April Pawluk）确定了使 Cas9 酶失效的抗 CRISPR 系统。二人共同撰写了最初的报告。二人的这一发现为其他研究人员打开了大门，使他们加入探索之旅。不久，研究人员便发现超过 50 种抗 CRISPR 蛋白。那时，邦迪-德诺米已经成为加利福尼亚大学旧金山分校的教授，并与杜德纳的实验室携手合作，证明可将抗 CRISPR 系统送入人类细胞，调节或阻断 CRISPR-Cas9 的编辑过程。[6]

这是关于自然奇迹的基础科学发现，展示了细菌与病毒间令人惊叹的军备竞赛如何推进，是基础科学转化为实用工具的又一例证。对抗 CRISPR 系统进行改造，可调节基因编辑系统。这对于需要限制 CRISPR 编辑时间的医学应用颇为实用。此类抗 CRISPR 系统还可作为一种防御手段，抵御恐怖分子或不怀好意的敌人所创建系统的侵害。抗 CRISPR 系统还可用于中止基因驱动。基因驱动是旨在实现基因改变的 CRISPR 系统通过快速繁殖的种群（如蚊子）实现基因的快速改变。[7]

杜德纳成功完成了 DARPA 的项目。在接下来几年，其在伯克利的创新基因组学研究所成功收到资金，用于新研究主题。与丘奇在哈佛大学的实验室一样，该研究所收到指令，研究如何使用 CRISPR，保护人们免受核辐射影响。该项目的资金为 950 万美元，项目负责人为费奥多·厄诺夫（Fyodor Urnov），他是一位切尔诺贝利事故发生期间于莫斯科国立大学就读的本科生。项目任务是挽救暴露于核攻击或核灾难中的士兵与平民的生命。[8]

勒内·韦格奇恩（Renee Wegrzyn）是 DARPA 生物技术办公室的项目经理。获得安全基因资金的实验室人员每年都会与韦格奇恩会面。2018 年，杜德纳参加于圣迭戈举行的一场会议，对韦格奇恩推动接受军方资金的实验室之间合作的出色能力印象深刻。韦格奇恩的做法与 20 世纪 60 年代的 DARPA 如出一辙。当时 DARPA 创建的项目后来发展成了因特网。会议的不协调也给杜德纳留下了深刻印象。她说："在一个风和日丽的日子里，棕榈树在风中摇曳，我们坐在树下吃东西，谈论的都是辐射病，还有用于制造大规模杀伤性武器的基因组编辑技术。"[9]

## 征募我们的黑客

2020 年 2 月 26 日，就在新冠肺炎大流行在美国扎根之时，美国军方将军、美国国防部官员和生物技术公司管理人员一同步行，经过一尊壮观的爱因斯坦坐姿雕像，来到位于华盛顿特区美国国家科学院庄严宏伟、大理石建造的总部，进入一楼的一个房间。他们前往那里是为了参加一场会议，主题为生物革命及其对军队作战能力的可能影响。会议由军队研究与技术计划（Research and Technology Program）发起。在约 50 名参会者中，有一些杰出科学家，其中乔治·丘奇最为引人注目。与此同时，也有一位局外人：乔赛亚·扎耶那。扎耶那是戴着多个耳环的生物黑客，曾在旧金山举行的合成生物学大会上将一个经 CRISPR 编辑的基因注入自己体内。

扎耶那说：“这栋建筑非常漂亮，但是自助餐厅的菜一塌糊涂。”会议怎么样呢？扎耶说：“非常枯燥。参会的一群人对自己谈论的内容一无所知。”在会上某个时刻，扎耶那在自己的笔记中草草写道：“发言人说话时，听上去仿佛她吃了赞安诺①。”

扎耶那喜欢冷嘲热讽。尽管他说会议枯燥无趣，但是我感觉得到，他实际上很享受这场会议。扎耶那最初并未受到安排在会场发言，但是他给人留下的印象是有人临时请他即兴发言。军方官员一直抱怨，自己在征召合格科学家的工作方面遭遇困难。扎耶那告诉他们：“你们需要开放军方实验室，也许可以开设一个生物黑客空间，与更多人互动。”扎耶那指出，军方已经对计算机黑客采取了自己所说的措施。他说，政府实验室中处处都有 DIY 生物学群体，实验室可以想出可供军方使用的办法。

其他一些发言人提出想法，认为军方可以从“非传统社区”征募帮手。正如一位官员所说，可利用“公众科学”，提升军队鉴别威胁的能力。一位工业科学家注意到，新冠肺炎疫情正在蔓延，还需几天才会引发全美警觉。这位科学家说，军方应该设想一个病毒性流行病普遍存在的世界。在这种情况下，征募平民科学家，弄清如何落实实时检测方法、将数据收集和分析进行众包，将具有实效。这是一个至关重要的观点。此前，扎耶那和生物黑客群体一直在设法表明这一点。

会议结束之时，官员们有意愿征募黑客群体，使用 CRISPR 抗击疾病大流行，保护士兵。此举令扎耶那喜出望外。他在笔记本上简单写下：“所有人都看着我，我颇感意外。”在晚些时候，他又写道：“人们朝我走来，感谢我到场参会。”[10]

---

① 赞安诺一般用于治疗恐慌症，主要是一种抗焦虑的药物（并非抗抑郁的药物），但也有人拿赞安诺来治疗失眠，常见的副作用为嗜睡、协调能力降低，严重的副作用为暴躁、冲动、健忘、暴力行为。——译者注

第五部分

# 公共科学家

这是一个新房间，充满希望，也因陌生的危险而令人不快。

一段模糊不清的民间记忆保存了一段关于巨大进步的故事：

撕下普罗米修斯的肝脏、使其付出偷火种代价的“宙斯的秃鹰”。

当然，这将改变世界。你必须制定法律加以适应。

如果平民百姓无法对其理解并加以控制，还有谁会呢？

——1945 年 8 月 20 日《时代周刊》詹姆斯·艾吉（James Agee）

关于投放原子弹的作品《原子世纪》节选

在阿西洛玛的詹姆斯·沃森和西德尼·布雷纳（Sydney Brenner）

在阿西洛玛的赫伯特·博耶和保罗·伯格

第 35 章

# 道路规则

## 空想家与生物保守人士

数十年来，只有在科幻领域才存在创造改造人类的想法。如果我们从神明那里窃取这一火种，可能会出现何种情况，三部经典作品向我们发出了警告。玛丽·雪莱于 1818 年创作的《弗兰肯斯坦》，或称《现代普罗米修斯》，讲述了一个一位科学家创造出一种类人产物的具有警示意义的故事。H. G. 威尔斯于 1895 年出版作品《时间机器》。在该部作品中，一位旅行者穿越到未来，发现人类进化成两个物种，一种是悠闲享乐的埃洛伊人（Eloi），一种是辛苦工作的莫洛克人（Morlocks）。无独有偶，阿道司·赫胥黎于 1932 年出版《美丽新世界》，描述了一个反乌托邦的世界。在这个世界中，基因改造形成了具有增强智慧和生理特征的领袖精英阶层。在第一章，一位工人介绍了婴儿孵化处：

"我们将婴儿装入不同孵化器，分类包括社会化人类、阿尔法或埃普西隆、未来的排污工人或未来……"他打算说"未来世界的掌控者"，但是改了口说，"未来孵化处的管理者"。

20 世纪 60 年代，改造人类的想法从科幻领域转移至科学领域。当时，研究人员通过厘清我们 DNA 中某些序列所起的作用，开始破解基因密码，发现了如何从不同生物体中切割和拼接DNA，开辟出基因工程学这一领域。

面对这些突破，人们的反应趋近于狂妄自大的乐观，科学家尤为如此。生物学家罗伯特·辛斯海默（Robert Sinsheimer）宣称："我们已成为现代的普罗米修斯。不用多久，我们便有能力按照自己的意愿改变我们的遗传特征，改变我们的本性。"但是并没有迹象表明，辛斯海默深刻理解了希腊神话。有人认为这一前景令人担忧，但辛斯海默对他们视而不见。辛斯海默认为，由于个体选择会引领我们对自己未来基因的决定的方向，在道德方面，这一新生优生学与20世纪上半叶声名狼藉的优生学①截然不同。辛斯海默欣喜若狂地说："我们有潜力创造新基因和未曾想象到的新特性。这是一个无比重要的事件。"[1]

1970年，基因学家本特利·格拉斯（Bentley Glass）在自己当选美国科学促进会（AAAS）主席时的讲话中表示，道德问题并不在于人类将接受这些新的基因技术，而在于他们可能会对此加以抵制。格拉斯说："每个孩子以健康的生理和心理特质降生的权利至高无上。任何父母均无权因孩子身体畸形或心理不健全，为社会增添负担。"[2]

约瑟夫·弗莱切（Joseph Fletcher）是弗吉尼亚大学医学伦理学教授，曾经还是一位圣公会牧师。他同样认为，可将基因改造视作一项责任，而非道德问题。在1974年创作的《基因控制伦理》（*The Ethics of Genetic Control*）一书中，弗莱切写道："既然可以通过基因对人类加以选择，那么在不使用孕前控制和子宫控制的情况下，仅仅凭借运气，使用'性别轮盘赌'将我们的孩子带到人世是不负责的行为。既然我们学习了使用医学方法控制变异，我们也应该控制自己的基因。我们有这种能力却不用其控制基因是有悖于伦理道德的。"[3]

由宗教研究学者、技术怀疑论者和生物保守人士组成的群体反对这一生物技术空想主义。在20世纪70年代，这一群体颇具影响力。保罗·拉姆齐（Paul Ramsey）是美国普林斯顿大学基督教伦理学教授，是

① 指纳粹德国所实施的优生计划。计划执行期间，近百万存在心理、生理缺陷的犯人、政治异己者等遭到绝育或处决，数百万犹太人遭屠杀。据美国大屠杀纪念馆信息，其间有1 700万人惨遭杀害，其中包括600万犹太人。——译者注

一位声名显赫的新教研究学者。拉姆齐出版了《制造出的人——基因控制伦理》一书。这是一部语言和风格过于考究的作品。书中有一句话颇富冲击力："在学会如何成为人类之前，人类不应扮演上帝。"[4] 杰里米·里夫金（Jeremy Rifkin）是社会理论家，《时代周刊》将其称作美国"反基因工程第一人"。里夫金与他人共同创作了一部作品，名为《谁应扮演上帝？》。在该书中，里夫金写道："曾几何时，人们将这一切当作科幻小说和弗兰肯斯坦博士的疯言疯语，对其视而不见。这种日子一去不复返了。虽然我们尚未生活在美丽新世界，但是我们都在前往这一世界的路上。"[5]

即使人类基因编辑技术尚未诞生，战线也由此得以确定。开发人类基因编辑技术成为许多科学家的使命，使他们能找到中间立场，而非使人类基因编辑问题在政治上被两极分化。

## 阿西洛玛

1972 年夏，保罗·伯格刚刚发表了自己的开创性论文。论文的主要内容是关于如何制成重组 DNA 的。在那个夏天，保罗·伯格前往位于西西里海岸悬崖峭壁顶部的埃里切（Erice）古城，担任一场新生物技术研讨会的主持人。对伯格在会上所描述的技术，参加研讨会的研究生们深受震撼，他们向伯格提出了大量关于基因工程伦理道德风险的问题，特别是改造人类方面的问题。伯格此前并未关注此类问题。他同意，将于某天晚上在俯瞰西西里海峡的诺曼时代古老城堡的城墙上，进行一次非正式讨论。在一个月圆之夜，80 名学生和研究人员喝着啤酒，就伦理问题展开激烈讨论。虽然他们所提问题为基础性问题，但伯格却难以给出答案：如果我们可以利用基因修改人们的身高或眼睛的颜色，将会发生什么？如果可以修改智力，又会发生什么？我们会进行此类修改吗？我们应该这么做吗？DNA 双螺旋结构的共同发现者弗朗西斯·克里克也在现场，但是他一直啜饮啤酒，一言不发。[6]

此次讨论促使伯格于 1973 年 1 月邀请一组生物学家在蒙特雷附近的

加利福尼亚海岸阿西洛玛会议中心举行会议。此次会议名为“阿西洛玛一次会议”，因为此次会议开启了一项进程，该项进程于两年后在同一会议地点达到高潮。“阿西洛玛一次会议”主要集中探讨了实验室安全问题。同年 4 月，美国国家科学院于麻省理工学院组织了一场会议，讨论了如何防止创造危险的 DNA 重组生物。讨论该议题的参与者越多，他们对是否存在万无一失的方法就越无法盖棺定论。因此，与会者发出了一封信，伯格、詹姆斯·沃森、赫伯特·博耶和其他研究人员均在信上签字。在信件中，与会者呼吁，在形成安全指导准则之前，暂停对重组 DNA 的研发。[7]

由于这一举动，一场令人难忘的会议应运而生，它后来在尝试管理自身所在领域的科学家年鉴中颇为著名。该会议为：1975 年 2 月举行的为期 4 天的阿西洛玛会议。随着黑脉金斑蝶队伍的迁徙，天空斑驳，来自世界各地的 150 名生物学家、医生及律师齐聚一堂，共同在沙丘漫步，在会议桌前探讨问题，就应对新基因工程技术采取哪些管控方法展开辩论。其间，还有数名记者参与其中。记者们已同意，在讨论过于激烈时，会关闭自己的磁带录音设备。《滚石》杂志的迈克尔·罗杰斯（Michael Rogers）撰写了一篇文章，题为《潘多拉魔盒会议》，该题目恰到好处。在文章中，罗杰斯写道：“他们的讨论既表现出拥有新型化学套件的小男孩儿的活力，又体现了后院闲言碎语的热情。”[8]

会议的主要组织者之一是大卫·巴尔的摩（David Baltimore）。巴尔的摩是麻省理工学院的生物学教授，说话温柔，风度翩翩，又颇具威严。当年，巴尔的摩所做研究证明，诸如冠状病毒等含 RNA 的病毒可以通过一种“逆转录”进程，将自身遗传物质注入宿主细胞 DNA。在此之前，生物学的核心信条为：基因信息只能从 DNA 向 RNA 单向移动。巴尔的摩的研究则证明，可将 RNA 转录为 DNA，由此改变了这一生物学核心信条。凭借该项研究，巴尔的摩获得了当年的诺贝尔奖。随后，巴尔的摩先后担任洛克菲勒大学和加州理工学院校长。他半个世纪以来作为德高望重的政策委员会领袖的职业生涯将为杜德纳起到典范作用。

巴尔的摩解释了此次会议召开的原因，奠定了会议基调。之后，伯格介绍了存在争议的科学内容：重组 DNA 技术将组合不同生物体的

DNA 和创造新基因变得“极度简单”。在针对自己的发现发表论文后不久，伯格告诉与会成员，自己开始接到研究人员的电话，他们请他提供资料，使他们可以开展自己的实验。伯格请来电者解释他们自己想要做什么，他回忆道：“我们听到了关于某种恐怖实验的描述。”伯格开始担忧，某个丧心病狂的科学家会像迈克尔·克莱顿（Michael Crichton）在自己 1969 年的生物惊悚小说《天外病菌》（*The Andromeda Strain*）中所描写的那样，创造一种新型微生物，威胁整个地球的安全。

在就政策进行辩论期间，伯格坚持认为，使用重组 DNA 创造新生物的风险难以计算，因此应全面禁止开展此类研究。其他人则认为，这一立场荒谬可笑。正如在整个职业生涯通常采取的行动一样，巴尔的摩努力寻求中间立场。他认为，应将重组 DNA 的使用限定于已“残疾”的病毒之中，进而确保此类病毒不会扩散。[9]

詹姆斯·沃森一如既往地扮演着彻头彻尾的叛逆者角色。沃森后来告诉我：“他们使自己陷入一种歇斯底里的状态。我支持研究者随心所欲，做任何想做的事情。”沃森曾与伯格发生冲突，场面颇为不堪。伯格能自我克制，言谈举止张弛有度，与沃森的鲁莽冲动形成鲜明对比。两人之间的争吵极为激烈，伯格最后威胁称，要与沃森对簿公堂。伯格提及他们几年前签字留名的信件，提醒沃森说：“你已经在信上签字，表示该项研究存在潜在危险。而你现在却说，你不愿意建立任何程序保护冷泉港员工，而你是冷泉港的负责人。我会控告你不负责任，我一定会起诉你。”

随着老一辈研究人员的嘴仗愈演愈烈，一些更年轻的参会者偷偷溜出会场，来到海滩，抽起了大麻。到了会议结束的前一天晚上，与会者未达成任何共识。但是，一个由律师组成的专门小组警告称，如果实验室有任何人感染了经重组 DNA 改造的病毒，该科学家所在的实验室可能将承担相应责任，而承担责任的大学届时可能不得不关门。专门小组以此促使与会科学家形成一致意见。

当晚晚些时候，伯格和巴尔的摩与一些同僚睡得很晚，在海边小屋一起吃了中餐外卖。他们占用了一块黑板，花数小时设法写出一份声明。早上 5 点左右，就在破晓之前，他们完成了一份初稿。

他们写道："该项新技术可将截然不同的生物体的遗传信息进行组合，将我们置于一个存在诸多未知的生物学竞技场之中。正是这种未知迫使我们得出结论，小心谨慎地开展此类研究乃明智之举。"随后，他们详细介绍了用于实验的防护措施和限制措施。

巴尔的摩及时复印了他们写出的临时声明，于上午 8：30 会议期间分发给与会人员。在会上，伯格承担了召集科学家支持声明的任务。有人坚持认为，他们应该针对声明的每一个段落投票表决。伯格明白，如果这么做，将会带来一场灾难，因此他否决了这一提议。但是，在杰出的分子生物学家西德尼·布雷纳面前，伯格屈服了。布雷纳要求就提出的核心建议进行投票：一个是恢复基因工程研究，另一个是应该在采取安全措施的条件下继续进行基因工程研究。布雷纳说："必须恢复基因工程研究。"会场所有人均对此表示同意。几个小时后，就在最后一顿午餐的提示铃响起之时，伯格要求就一份文件进行投票。该文件包含实验室必须遵守的详细安全规定。大多数人举手表示了同意。伯格并未理睬现场仍然大吵大嚷要求发言的人，只询问是否有人反对。仅有四五个人举起了手，其中包括沃森。沃森认为，所有安全措施均是愚蠢可笑的。[10]

本次会议有两个目标：预防因创造新型基因产生的灾难，同时防止因政治家禁止基因工程所带来的威胁。阿西洛玛会议对实现两个目标的处理均取得成功。会议成功设计了"一条稳健的前进道路"。巴尔的摩和杜德纳在以后就 CRISPR 基因编辑问题的辩论中，对这一方法进行了复制。

全世界各个大学和投资机构均接受了阿西洛玛会议确定的限制措施。30 年后，伯格写道："这场独一无二的会议标志着一个时代的开启。对于科学及针对科学政策的公共讨论而言，这一时代非同凡响。我们赢得了公众的信任。因为正是参与研究最多、有合理动机自由追求自己梦想的科学家，呼吁人们对他们所做实验中的内在风险予以关注，由此避免了设立限制性的国家法律。"[11]

也有其他人不愿落实这一互利共赢、彼此支持的举措。杰出的生物化学家埃尔文·查戈夫（Erwin Chargaff）曾就 DNA 结构做出突破性发现。查戈夫认为，这一事件徒有其表，只是流于形式。他说："阿西洛玛会议会集了来自全世界的分子学的'主教和教会神父'，他们旨在声讨自己最先主导践行的'异端邪说'。这也许是历史上首次出现纵火人自行成立消防队的情况。"[12]

伯格认为，阿西洛玛会议是一场伟大胜利。他的这一看法非常正确。此次会议为基因工程的蓬勃发展做了铺垫。但是，查戈夫嘲讽性的评价指向了另一个历久弥新的遗产。阿西洛玛会议因科学家未讨论的内容而引人关注。会上，科学家们将重点放在了安全上。没有一名科学家就重大伦理道德问题展开探讨。在西西里，伯格曾就这一问题讨论至深夜：如果结果表明，修改我们基因的方法安全可靠，到那时，我们应该在多大程度上使用这一方法？

## 1982 年，拼接生命

阿西洛玛会议并未对道德伦理问题给予关注，这使许多宗教领袖深感不安。美国全国教会理事会（the National Council of Churches）、美国犹太教会堂协进会（the Synagogue Council of America）和美国天主教会议（the U. S. Catholic Conference）是美国三大宗教组织，其领袖联名向时任美国总统吉米·卡特提交了一封信。宗教领袖们在信中写道："我们正迅速进入一个存在根本性危险的新时代，而这一危险源自基因工程学的飞速发展。新生生物体遭到改造时，谁来决定服务于人类福祉的最佳方式？"[13]

三位领袖认为，不应将此类问题留给科学家决定。"总是有人认为，可通过基因方法'修正'我们的心理和社会结构。在基本工具最终唾手可得的情况下，这一想法变得更加危险。想要扮演上帝之人将受到前所未有的诱惑。"

卡特任命一个总统委员会对该问题开展了研究，进而对三位领袖的来信做出回复。1982 年，该委员会出具了一份 106 页的报告，报告标题为《拼接生命》（*Splicing Life*）。报告的表达很模糊，并未给出最终结论，仅仅呼吁开展进一步的对话，以达成社会共识。报告写道："此份报告旨在引发深层次、长期性的讨论，而非加快得出结论的速度。加速获得的结论必然过于仓促。"[14]

此份委员会报告确确实实表达了两项具有先见性的关切。第一，担心基因工程技术将增加企业对大学研究的参与度。纵观历史，大学一直以来均专注于基础研究，以开放的方式进行思想交流。报告警示称："这些目标将迅速与行业目标融合，使用保持竞争态势、保护行业机密并寻求专利保护等方式，通过进行应用型研究，开发出可在市场销售的产品和技术。"

第二，基因工程技术将加剧不平等。新的生物技术过程价格不菲，因此出生于权贵家庭的人可能受益最大。该情况会以基因编辑的方式加剧已经存在的不平等。"民主政治理论和实践的核心要素为：坚信机会平等。而实际上，基因疗法和基因手术提供的可能性也许对这一核心要素提出了疑问。"

## 植入前基因诊断和《千钧一发》

重组 DNA 在 20 世纪 70 年代得到发展后，在 20 世纪 90 年代出现了下一个生物工程进步，同时也产生了一系列伦理道德问题。该进步是两项创新的共同结果：体外受精［首个试管婴儿路易丝·布朗（Louise Brown）于 1978 年诞生］同基因测序技术的结合。这一进步使基因诊断技术于 1990 年得到首次使用。[15]

植入前诊断需要在培养皿中进行，用精子使卵子受精。这需要对所得胚胎[①]进行测试，确定其基因特点。随后，将具有人们最希望获得特性的胚胎移入一名女性的子宫。该技术可使父母得以选择自己孩子的性别，避免孩子携带遗传疾病或父母不愿获得的其他特征。

---

① 我使用了"胚胎"的广义：由受精卵发育而来的单细胞生物体。受精卵分裂为囊胚（可以附着在子宫壁上的细胞群）。大约 4 周后，羊膜囊形成之后发育为胚胎。11 周后，该胚胎通常会被称作胎儿。

通过 1997 年电影《千钧一发》(*Gattaca*，该电影名由 DNA 的 4 个碱基字母组成[①])，此类基因筛选的潜力引发了公众的想象。该电影由伊桑·霍克和乌玛·瑟曼主演，描述了一个基因选择已司空见惯的未来。在电影中，人们使用基因选择，确保后代具有最佳遗传特性，从而使后代得到强化。

为了宣传该片，工作室在报纸上发布了广告。广告使工作室看起来如同一家货真价实的基因编辑诊所。广告标题为“定制儿童”(Children Made to Order)。该广告写道：“在这里，改造您的后代已变为现实。这里有一张清单，可帮助您决定传递给您的新生儿的特性。”这张清单的内容包括性别、身高、眼睛的颜色、肤色、体重、成瘾性、犯罪攻击倾向、音乐能力、运动能力和智力。最后一个选项是“以上均不选”。该广告针对最后一个选项提出建议：“出于宗教或其他原因，您也许对使用基因工程技术改造您的孩子持保留意见。我们怀着尊重之情，请您再三考虑。我们认为，人类需要些许改善。”

在广告底部，留有一个可免费拨打的电话号码。拨打该号码后，致电者将会听到一段电话录音，为致电者提供 3 个选项：“若要采取措施，确保您的后代不会患有疾病，请按 1。若希望加强智力与身体特性，请按 2。若不想改变您孩子的基因组成，请按 3。”在两天内，该免费电话接到 5 万通来电。但可惜的是，工作室并未跟踪记录选择各个选项的具体人数。

在这部电影中，由霍克扮演的英雄以自然的方式来到人世，未享受植入前改造所带来的益处，也未承受相应负担。主人公必须与基因歧视开展斗争，实现自己成为宇航员的梦想。当然，由于这是一部电影，所以主人公最终大获全胜。影片中有一个颇为有趣的场景。在该场景中，男主人公的父母决定对两人的第二个孩子进行基因编辑。医生介绍了所有可修改的特性和可实现的强化：提高视力、提供要求的眼睛颜色和肤色、无酗酒或秃顶倾向，以及其他更多选项。父母问：“让某些特性顺

---

① DNA 的四个碱基分别为：鸟嘌呤(guanine)、腺嘌呤(adenine)、胸腺嘧啶(thymine)、胞嘧啶(cytosine)。——编者注

其自然、凭运气决定是好事吗？”医生向他们保证，这不是件好事。医生认为，对为孩子进行基因编辑而言，父母仅是尽其所能，为他们未来的孩子提供“最好的开始”。

影评人罗杰·艾伯特（Roger Ebert）就这一场景写道：“当父母可以定制‘完美’婴儿时，他们会这么做吗？你会在投掷基因骰子时碰运气，还是订购自己想要的特性和模型？在市场上购买所有可买到的汽车时，有多少人准备随意购买一辆汽车？我猜测，有多少人准备随意购买汽车，就有多少人会选择以自然的方式生孩子。”但后来，艾伯特巧妙地表达了当时形成的担忧：“在‘千钧一发’的世界，每个人都将拥有更长的寿命、更好的容貌和更健康的身体。但是，与以往相比，这会带来同样的乐趣吗？父母会定制叛逆、笨手笨脚、古怪异常、具有创造力或在智力上远超自己的孩子吗？有时，你难道没有觉得自己的出生是恰逢其时吗？”[16]

## 1998 年，沃森等人在加州大学洛杉矶分校

易怒的老派 DNA 先锋詹姆斯·沃森再一次坐在听众之中，含混不清地大声表达着令自己颇感快乐、难以抑制的挑衅性想法。这次是在 1998 年由加州大学洛杉矶分校教授格雷戈里·斯托克（Gregory Stock）主持的一场基因编辑会议上。弗伦奇·安德森（French Anderson）是应用基因工程技术创制药物的领军人物。安德森就区分治疗疾病和强化儿童基因的需要做了简要解释。他认为，治疗疾病符合道德要求，而强化儿童基因则并非如此。沃森对安德森的说法嗤之以鼻，故意发起挑衅。他打断了安德森的发言，说：“虽然没人真正有胆量挑明，但是如果我们知道如何加强基因，创制更为优质的人类，我们为何不应该这么做呢？”[17]

此次会议名为“改造人类生殖细胞”，会议重点关注了给下一代进行基因编辑的伦理道德问题。与仅影响个体病人的某些细胞的体细胞编辑相比，这些对“生殖细胞”的编辑在医学和道德方面存在根本性不同。生殖细胞是一条科学家们不愿逾越的红线。沃森以赞成的态度说：

“这是首个让人们公开探讨生殖细胞改造的会议。与体细胞编辑相比，生殖细胞疗法将远远胜出，大获成功。这点似乎显而易见。我们要等到太阳燃尽，才能看到成功的身体治疗出现。”

沃森说，将生殖细胞当作“某种决定性做法，认为就生殖细胞采取行动就会违背自然法则”是无稽之谈。有人就需要尊重“人类基因库神圣性”质疑沃森时，沃森勃然大怒，说：“进化只会以冷酷无情的方式进行。要说我们拥有完美无缺的基因组，进化具有神圣性，是彻头彻尾的胡言乱语。”沃森患有精神分裂症的儿子鲁弗斯的情况每天提醒着人们，基因博彩会像沃森所言，以冷酷无情的方式进行。沃森坚持认为：“我们面临的最大伦理道德问题就是不使用我们的知识，没有胆量继续前进，去设法帮助他人。”[18]

在很大程度上，沃森的做法乃多此一举。在加州大学洛杉矶分校会议上，与会者各抒己见，既表达了对基因编辑的满腔热情，也有对其肆无忌惮的狂想。有人表示，深入发展基因编辑技术可能会造成预料之外的后果。此时，沃森依然不依不饶。“我认为，滑坡理论是一派胡言。社会保持乐观，不陷入悲观，就会蓬勃发展。滑坡理论听起来仿佛出自一个生自己的气、疲惫不堪的人之口。”

李·希尔弗（Lee Silver）是普林斯顿大学的一位生物学家。不久前，希尔弗刚刚出版了《再造伊甸园》（*Remaking Eden*），这部作品成为会议的宣言。希尔弗创造了“生殖遗传学”（reprogenetics）一词，用以描述决定孩子所遗传基因的技术的使用。希尔弗写道：“在一个个人自由至高无上的社会，难以找到限制生殖遗传学应用的合法基础。”[19]

希尔弗的作品意义重大。因为在该作品中，希尔弗提出了关于在市场化消费社会中个人自由的问题。他问道：“如果民主社会允许父母为了孩子买到环境优势，社会又如何能阻止父母购买基因优势？如果有人企图封禁该问题，美国人都会尝试回应道：‘为什么我不能给予我的孩子其他孩子自然获取的有益基因？’”[20]

希尔弗对该技术热情满满，为参会者眼中的历史时刻奠定了基调。他告诉参会人员：“我们作为一个种族，有史以来首次拥有自我进化的能力，这是一个令人难以置信的概念。”当说到“令人难以置信”时，希尔弗表达的是赞美之情。

与阿西洛玛会议一样，加州大学洛杉矶分校会议的其中一个目标是规避政府监管。沃森认为："我们需要提取的第一个要点是，禁止国家参与任何形式的遗传学决定。"参会者对这一观点均表示赞同。会议组织者格雷戈里·斯托克在总结中写道："这一次，我们不应允许建立能监管生殖细胞基因疗法的国家或联邦立法机构。"

斯托克继续编写其预先编辑的宣言《重新设计人类——我们不可避免的基因未来》。斯托克认为："在人类本性中，关键的一个方面在于改造世界的能力。在未对生殖细胞选择和改造进行探索前，就对其加以拒绝，就是否认我们人类的根本特性，这也许同样拒绝了我们的命运。"他强调，政治家不应尝试就基因编辑技术加以干预。他写道："政策制定者有时错误地认为，在未成熟技术是否能发展成型方面，自己有话语权。实际上，他们没有。"[21]

美国人对基因工程技术澎湃的热情，与欧洲人的态度形成鲜明对比。在欧洲，农业和人文领域的政策制定者和各种委员会对该技术的反对声日益高涨。1997 年，欧洲理事会（Council of Europe）于西班牙奥维耶多召开了一场会议。会上发出了最为引人注意的声音。此次会议期间，《奥维耶多公约》应运而生，旨在以具有法律约束力的协议，禁止以威胁人类尊严的方式，使用生物学先进技术。该公约规定，除了"基于预防、诊断和治疗原因，且仅在不以改变人类后代基因组成为目的的情况下"，禁止将基因工程技术应用于人类。换言之，就是禁止编辑生殖细胞。有 29 个欧盟国家将《奥维耶多公约》与其国内法律相结合。值得注意的是，英国和德国态度坚定。即使在不认可《奥维耶多公约》的欧洲国家，该公约也促进了欧洲形成一项如今依然存在的普遍共识——反对基因工程技术。[22]

## 杰西·格尔辛格

美国研究员对基因工程技术保持了乐观态度。但是，1999 年 9 月，因发生在费城的一位可爱、英俊、略显叛逆的 18 岁高中生身上的悲剧，这种情绪遭到打击。杰西·格尔辛格受到一种轻型肝病折磨，该病由一种单一基因突变导致。该病导致其浑身散发出氨气味，而氨气是蛋白质分解的产物。通常情况下，该病会导致处于婴儿时期的患者死亡。但是，格尔辛格所患疾病为轻型，这意味着他可以通过保持低蛋白饮食，每天吃下 32 颗胶囊，维系自己的生命。

宾夕法尼亚大学的一个团队当时正测试针对该疾病的基因疗法。此类疗法实际并不涉及编辑体内细胞的 DNA。相反，在实验室内，研究人员设计出未突变的基因，随后医生会将正常基因植入病毒，将病毒用作输送载体。在格尔辛格的案例中，医生将携带正常基因的病毒注入格尔辛格的动脉，使其随动脉血液进入肝脏。

该疗法立刻在格尔辛格身上发挥效用的可能性微乎其微。因为这是一次试验，目的在于检验是否可以使用该疗法挽救婴儿病患的生命。但是该疗法为格尔辛格带来了希望，有朝一日，他可以吃上热狗，与此同时，还可以挽救一些婴儿的生命。在离开费城医院之际，格尔辛格对一个朋友说："对我而言，最糟糕的结果是什么？我会死去。我会为了患病婴儿们而死。"[23]

与实验中其他 17 个病患不同，输送治疗基因的病毒引发格尔辛格身体巨大的免疫反应，进而导致他高烧不退，随即出现肾脏、肺部和其他器官衰竭。4 天后，格尔辛格便去世。基因疗法研究因此完全陷入停滞。杜德纳回忆道："所有人都充分意识到发生了什么。这一事件使整个基因疗法领域至少停滞十年。甚至连'基因疗法'这一术语也变成了一个黑色标签。你在申请政府资金时不会愿意提到它。你不想告诉政府部门：'我正在研究基因疗法。'这听起来糟透了。"[24]

## 2003 年，卡斯委员会

完成人类基因组计划和克隆绵羊多莉后，于 20 世纪和 21 世纪之交进行的基因工程争论催生了另一个美国总统委员会成立。该委员会由乔治·W. 布什总统于2003年创建。生物学家、社会哲学家里昂·卡斯（Leon Kass）任委员会主席。30年前，卡斯就已首次表达自己对生物技术持谨慎态度的观点。

卡斯是美国生物保守派最具影响力的人物。他是一位道德传统主义者，熟悉生物学知识。卡斯力劝大家，针对涉及新生物技术的问题，应保持克制。他是一位不信教的犹太人的儿子，于芝加哥大学获得生物学学位。在芝加哥大学，卡斯深受学校“伟大书籍”核心课程影响。后来，卡斯获得了芝加哥大学医学学位，并获得哈佛大学生物化学博士学位。1965年，卡斯与自己的妻子艾米以黑人登记投票的民权工作者领导身份，前往密西西比。这段经历进一步坚定了卡斯对传统价值观的信心。他回忆道：“在密西西比，我见到了身处险境、穷困潦倒的人们。虽然他们当中的许多人目不识丁，但是他们却在宗教、大家庭和社区的支持下，得以为继。”[25]

卡斯以教授的身份回到芝加哥大学后，便迅速产出大量作品，既有分子生物学科学论文（《3-癸酰基-N-乙酰半胱氨的抗菌活性》），也包括关于希伯来《圣经》的一部著作。读完赫胥黎的《美丽新世界》后，卡斯对“如果我们不小心谨慎，以征服自然为目的的科学项目会如何导致我们失去人性”更加兴趣盎然。他结合了自己对科学和人文的看法，开始解决由诸如克隆和试管授精等生殖技术引发的问题。卡斯写道：“不久，我便转变我的职业方向，从科学研究转向思考其对人类的意义。我担心，面对可能出现的技术恶化，我们难以坚守人性。”

1971年，卡斯在《科学》杂志发布一封信，首次针对生物工程技术使用发出警告。在信中，卡斯批评了本特利·格拉斯的观点，即“获得健全完好的遗产，是每个孩子不可剥夺的权利”。卡斯表示：“行使这一‘不可剥夺的权利’意味着将人类生殖转变为人类制造。”次年，卡斯撰写了一篇文章，解释了自己对基因工程技术持谨慎态度的原因。他在文章中说：“通往《美丽新世界》的道路由多种情感铺就，没错，甚至包括爱与慈善。我们能保持足够的理智转过身来吗？”[26]

2001年，卡斯的委员会成员包括多位著名保守主义或新保守主义思想家，包括罗伯特·乔治（Robert George）、玛丽·安·葛兰顿（Mary

Ann Glendon)、查尔斯·克劳萨默(Charles Krauthammer)及詹姆斯·Q. 威尔逊(James Q. Wilson)。事实证明，在委员会成员中，两位声名显赫的哲学家的影响力尤甚。第一位是迈克尔·桑德尔(Michael Sandel)。桑德尔是一名哈佛大学教授，在正义概念的定义方面，是约翰·罗尔斯(John Rawls)① 的当代继任者。当时，桑德尔正在撰写一篇题为《反对完美的案例——设计儿童、能力超群运动员和基因工程技术的问题》的文章。2004 年，桑德尔在《大西洋月刊》发表了该篇文章。[27] 另一关键性思想家为弗朗西斯·福山(Francis Fukuyama)。2000 年，福山发表了《我们的后人类未来——生物技术革命的后果》。该篇文章发出强有力的声音，呼吁政府对生物技术实施监管。[28]

委员会最终出具了 310 页的报告，报告名为《超越治疗》(*Beyond Therapy*)。该报告构思精细、活力十足，充满着对基因工程的疑虑。这并不令人意外。报告警告称，使用技术超越治愈疾病的范畴，强化人类能力，具有多重风险。报告指出："我们有理由怀疑，如果我们使用技术，满足人类内心最深处的欲望，生活是否会变得更好。"[29]

报告作者们将重点放在了哲学而非安全顾虑上。作者们探讨了作为人类、追求幸福、尊重自然馈赠及接受自然馈赠的意义。在报告中，作者们认为——或更准确地说，反复说明——通过超过限度的做法警示人们何为"自然"，是狂妄自大之举，会危及我们人类个体的本质。作者们写道："我们想要生出更为优质的孩子。但是，不应通过将生殖变为制造，也不应通过改变孩子的大脑，帮助他们获得优势，超过同龄人，实现这一目的。我们想要在生活中表现更佳，但是不应成为人类化学家所创造的产物，也不应将自己变为以无人性方式取胜或成功的工具。"人们几乎可以感觉到，有一群人在点头赞同，口中念道"阿门"，而另一些人在后面小声地表达不满："那只代表你自己的想法。"

① 约翰·罗尔斯，美国政治哲学家，其《正义论》认为社会成员应在保证公正条件下支持正义的同一原则，复兴了社会契约传统。——译者注

第36章

# 杜德纳介入

## 关于希特勒的噩梦

2014年春，在赢得CRISPR专利权、成立基因编辑公司之战愈演愈烈之时，杜德纳做了一个梦。更准确地说，她做了一个噩梦。在这场噩梦中，一位知名研究者请他与一个人会面，因为此人想要了解基因编辑相关情况。进入房间后，杜德纳却退缩了。坐在她面前的人，手里拿着纸和笔，准备做笔记。而这个人就是长着一张猪脸的阿道夫·希特勒。希特勒说："你研发出的这一技术非常了不起。我想弄清楚这一技术的应用及其所具有的影响。"杜德纳受到惊吓，从噩梦中醒来。她回忆道："我躺在黑暗之中，心跳飞快。这场梦留给了我一个我无法逃避的可怕预兆。"自那以后，杜德纳就有了睡眠障碍。

基因编辑技术拥有巨大力量，能造福大众。但是，使用该技术改变人类、让所有子孙后代遗传此类改变的想法令人紧张不安。杜德纳问自己："我们是否已经创造了一个可用于制造未来科学怪人的工具箱？"或者，在更为糟糕的情况下，该技术是否会遭到未来希特勒式人物的利用？她后来写道："我和埃玛纽埃勒及我们的合作者曾想象，可以使用CRISPR技术治愈遗传疾病，挽救生命。但是，现在对这一问题进行考虑后，我几乎不敢想象，我们努力付出所获得的成果将以多少种方式遭到滥用。"[1]

乔治·戴利、杜德纳和大卫·巴尔的摩在 2015 年国际峰会上

## 幸福的健康婴儿

在那段时间，杜德纳遇到了一个例证，证明心怀善意之人如何为基因编辑铺路。山姆·斯腾伯格是杜德纳颇具凝聚力的 CRISPR 团队的研究人员之一。2014 年 3 月，斯腾伯格收到一封电子邮件。发件人是一位身在旧金山、拥有远大抱负的年轻企业家，名叫劳伦·布克曼（Lauren Buchman）。布克曼从自己的一位朋友那里听说了斯腾伯格。布克曼在邮件中写道："你好，山姆。很高兴通过电子邮件认识你。我知道，你就在金门大桥的另一边。我能否请你喝杯咖啡，与你简单聊聊你的近况？"[2]

斯腾伯格回复道："我非常愿意与你见面，但是我的日程安排非常紧张。也许与此同时，你也可以向我透露一些贵公司当前的工作。"

在接下来发给斯腾伯格的电子邮件中，布克曼解释道："我已成立一家公司。公司名为幸福的健康婴儿（Happy Healthy Baby）。我们已经发现，Cas9 拥有潜力，可在未来帮助预防试管婴儿患遗传性疾病。对于我们而言，当务之急是确保以最高的科学与道德标准，将其变为现实。"

斯腾伯格颇感惊讶，但并未深受震撼。在那时，CRISPR-Cas9 已经用于编辑植入猴子的胚胎。斯腾伯格对深入挖掘布克曼的动机颇感兴趣，也想进一步了解布克曼对开发这一概念的想法。因此，他同意与布克曼在伯克利的一家墨西哥餐厅见面。在餐厅里，布克曼提出了一个想法，希望为人们提供机会，使用 CRISPR 编辑自己未来孩子的基因。

布克曼已经注册了健康婴儿的域名（HealthyBabies.com）。也许，斯腾伯格想要成为联合创办人？这一想法令斯腾伯格感到惊讶。其原因并不仅仅在于他与自己实验室的好友布雷克·威登海夫特同样幽默感十足，而且为人谦逊。斯腾伯格并没有人类细胞编辑方面的经验，对如何将 CRISPR-Cas9 植入胚胎更是一无所知。

首次听到布克曼提出的概念时，我深感不安。但是，在详细了解了布克曼后，我惊讶地发现，她实际上对相关道德问题进行了深思熟虑。她的妹妹曾患有白血病，虽然幸存了下来，却由于治疗带来的影响无法生儿育女。而布克曼当时正努力开启自己的职业生涯，担心自己的生物钟出现紊乱。她回忆道："我当时是一个三十多岁的女性，我们都面临着同样的问题。我们想要拥有自己的职业生涯，不想走'妈妈路线'。于是我们都开始前往生育诊所。"

布克曼知道，体外生育技术能筛查有害基因，选择胚胎进行植入。但是，作为一位年过三十的女性，布克曼知道，要成功获得许多受精胚胎，比嘴上简单说说要困难。她指出："你最终只可能获得一个或两个胚胎。因此，植入前的基因筛查并不总是轻而易举的。"

在这期间，布克曼听说了 CRISPR，为此感到兴奋不已。"我们能够治疗细胞内的疾病。这一想法似乎前景光明，美妙绝伦。"

布克曼对社会问题十分敏感。她说："所有技术既可用于积德行善，也可用于为非作歹。但是，早期的新技术推动者有机会促进以积极的和合乎道德的方式使用技术。我想要以正确的方式进行基因编辑，以公开的方式完成编辑。如此一来，对于想要使用基因编辑的患者而言，就会有已确立的道德模式供其使用。"

布克曼咨询了一些风险投资家和生物技术企业家，但他们均向布克曼提出了一些稀奇古怪的想法，把她吓得不轻。比如招募生物黑客，将编辑患者的基因众包。布克曼说："听他们说得越多，我就越感到'我一定要以自己的方式进行基因编辑’。因为如果我不这么做，这些对不良影响和伦理道德不管不顾的极端分子就会控制这一领域。”

在墨西哥餐馆，斯腾伯格没等到甜点上桌，便结束晚餐离开了餐馆。对于成为一位联合创办人，斯腾伯格并不感兴趣。但是，他也颇为好奇，进而同意参观布克曼的公司的工作场所。斯腾伯格说：“我当时丝毫没有参与其中的想法，但是我对此颇感好奇。”他知道，杜德纳开始对此类事情忧心忡忡。因此，斯腾伯格决定参观该实验室，进而能够与想要主导可引发争议的 CRISPR 应用类型的人谈一谈。

在参观期间，斯腾伯格观看了一段幸福的健康婴儿的宣传片。宣传片由卡通动画和实验室的实验视频资料组成。在宣传片中，布克曼坐在一个洒满阳光、装有大玻璃窗的房间里，解释着基因编辑婴儿的概念。斯腾伯格告诉布克曼，自己认为，在至少十年内，是看不到 CRISPR 在美国获批、在人类婴儿身上使用的可能的。布克曼回答道，使用该技术的不一定是位于美国的诊所。该技术可能在允许使用该治疗方法的其他国家使用，而能够为基因编辑婴儿买单的人愿意前往此类国家。

斯腾伯格决定不参与此项事宜。但是在一段时间里，乔治·丘奇同意以科学顾问的身份为布克曼无偿提供相关服务。布克曼回忆道：“乔治建议，我应该使用精细胞，而非胚胎进行研究。乔治说，这么做的争议性可能更小，麻烦也会更少。”[3]

布克曼最终放弃了冒险。她说：“我仔细研究了使用案例、市场规定和伦理道德，发现我开始该项研究为时过早。对我而言，这点显而易见。科学尚未成熟，社会也尚未做好准备。”

斯腾伯格向杜德纳讲述自己与布克曼的会面时，说布克曼“眼中闪耀着普罗米修斯式的光芒”。随后，在与杜德纳共同编著的一本书中，斯腾伯格使用了这一表达，这令布克曼勃然大怒。杜德纳和斯腾伯格写道，假如“幸福的健康婴儿”概念早几年被提出，两人会将这一想法视为“纯粹的幻想”，并予以反对。因为“几乎没人可能会实施这一科学怪人计划”。但是，CRISPR-Cas9 技术的出现改变了形势。“现在，我们再也无法对此类想法一笑了之。毕竟，像操控细菌基因组一样，简单操控人类基因组，正是 CRISPR 可帮助人类完成的。”[4]

## 2015年1月，纳帕

杜德纳做了一个关于希特勒的梦，而斯腾伯格留下了幸福的健康婴儿的故事。鉴于这两段经历，杜德纳于2014年春决定进一步参与关于如何使用CRISPR基因编辑工具的政策讨论。最初，杜德纳考虑为一家报纸撰写专栏文章，但是这似乎不足以应对挑战。因此，她回想起40年前促使1975年2月阿西洛玛会议召开的进程。那场会议提出“稳健的前进道路”的指导方针，指导重组DNA研究。杜德纳判断，CRISPR基因编辑工具的发明定会让类似群体举行会议。

她采取的第一个举措，就是邀请1975年阿西洛玛会议的两位关键组织者——发明重组DNA的保罗·伯格，以及从阿西洛玛会议开始就参与大多数政策性会议的大卫·巴尔的摩参与其中。杜德纳回忆道：“我认为，如果能够让两人都参会，我们就会与阿西洛玛会议建立直接联系，创造一个可信的标志。”

两人均同意参加会议。会议定于2015年1月，在纳帕谷（Napa Valley）度假胜地召开。此处距离旧金山北部约一小时车程。另外18名研究人员也受到邀请，包括杜德纳实验室的马丁·吉尼克和山姆·斯腾伯格。会议重点是探讨使用可遗传基因编辑技术的伦理道德问题。

在阿西洛玛会议上，讨论以安全为重点。而在纳帕会议上，杜德纳努力确保能解决道德问题：美国强调个人自由至高无上，这会导致关于编辑婴儿基因的决定主要掌握在父母手中吗？创造基因编辑婴儿、抛弃我们的天然基因取决于自然概率这一想法，对我们的道德感和同理心会造成多大程度的破坏？其中是否存在人类种族多样性减少的风险？或者，从更具生物自由主义的角度提出问题：如果存在技术，让婴儿更加健康、体质得到提高，那么从道德层面看，不使用该技术是否错误？[5]

参会者迅速达成一项共识，即全面禁止生殖细胞基因编辑并非好事。参会者想要敞开这扇大门。他们的目的与阿西洛玛会议参会者的目标相似：找到前进的道路，而非阻碍进步。这一目的将成为随后科学家组建的大多数委员会和会议的主题：虽然安全开展生殖细胞编辑为时尚早，但是在未来某一天，安全的生殖细胞编辑会成为现实，而他们的目标就是提供审慎的指导原则。

大卫·巴尔的摩警告称，有一个进展使此次纳帕会议与 40 年前的阿西洛玛会议有所不同。他告诉参会人员："今天的重大不同在于生物技术行业的创建。1975 年，还没有大型的生物技术公司，而现在，公众对商业开发颇为关注，因为监管不足的情况减少了。"他说，如果参会者希望防止公众反对基因编辑，那么参会者将不得不使人们既相信身穿白色大褂的科学家，也要相信受商业驱使的企业。但想要在这方面取得成功则困难重重。阿尔塔·沙罗（Alta Charo）是威斯康星大学麦迪逊分校法学院的一位生物伦理学家。沙罗指出，科研人员和商业公司之间关系密切，可能有损学术界信誉。沙罗说："经济利益会破坏当今科学家的'白大褂'形象。"

其中一位参会者提出了社会公正方面的争议。基因编辑价格不菲，那只有富人才能利用基因编辑吗？巴尔的摩同样认为这是一个问题，但该问题并非禁止该项技术的理由。他说："这一观点并未切中要害，万事万物皆如此。看看电子计算机。在可以用零售方式销售时，所有东西的价格都更加低廉。这并非用于反对进步的观点。"

在会议期间出现的传言称，在中国，有研究人员已经对无法成活的胚胎进行基因编辑实验。与建造原子弹的技术不同，基因技术可以轻而易举地被推广，不仅可由负责任的研究人员使用，也会遭到流氓医生和生物黑客利用。一位参会者提出了问题："我们真能阻止事情变得一发不可收拾吗？"

参会人员均认为，将 CRISPR 工具用于体细胞中非遗传性基因编辑是一件好事，此举可能催生出有益药物和治疗方法。因此，参会人员认定，为防止出现强烈反对意见，对生殖细胞编辑施以一定约束将颇有实际意义。一位参会者说："我们需要通过放慢生殖细胞编辑的速度，创造一个政治安全空间，确保我们能继续研究体细胞编辑。"

最终，参会人员决定呼吁至少在进一步理解安全和社会问题前，暂停人类生殖细胞编辑。杜德纳说："我们希望，在理想情况下，在全球层面正确且彻底地探讨生殖细胞编辑的社会、道德和哲学影响前，科学界先按下暂停键。"

杜德纳起草了初版的会议报告。随后，她将报告发送给其他参会者传阅。将参会者的建议融入报告后，杜德纳于3月将报告提交至《科学》杂志。报告题目为《基因工程与生殖细胞基因改造的稳健前进道路》。[6]虽然杜德纳是首席报告编写人，但巴尔的摩和伯格的名字排在编写人名单最前面。按照姓名首写字母顺序排序的偶然情况，使两位阿西洛玛会议创始者排在最前面。

报告就“生殖细胞编辑”下了明确定义，解释了为何逾越这一限制会是科学和道德的一大步。参会者们在报告中写道：“现在，在受精动物卵子或胚胎中进行基因组改造已成为可能，因此我们可以改变生物体的每个细胞中的基因组成，确保所做改变被传递给该生物体的子孙后代。长期以来，人类生殖细胞基因组编辑的实现可能令广大公众既兴奋又惴惴不安，尤其是就人们对形成一个‘危险处境’的关切而言。人们担心，生殖细胞基因组编辑可能会从一个治愈疾病的应用，发展出受到强烈反对，甚至产生令人担忧影响的用途。”

正如杜德纳希望的那样，该篇文章获得了全美的广泛关注。《纽约时报》在首页刊登了尼古拉斯·韦德的一篇报道，配有杜德纳坐在伯克利自己办公桌前的照片。报道标题为《科学家呼吁禁止使用人类基因组编辑方法》。[7]但是，该标题具有误导性。的确，在大多数关于纳帕会议报告的宣传中，缺失了一个关键点。与当时某些其他科学家不同，[8]纳帕会议的参会者已有意识决定，反对呼吁禁止或暂停基因编辑的做法。随着时间的推移，禁止或暂停基因编辑的禁令将难以解除。会议的目标是，在安全且存在医疗必要性的情况下，确保存在进行生殖细胞编辑的可能。这就是为何参会者按照报告题目所示，呼吁建立“一条稳健的前进道路”。这一呼吁已成为许多人类生殖细胞基因编辑科学会议的口号。

## 2015年4月，胚胎研究

在纳帕会议期间，杜德纳听到了一个令人紧张不安的传言：一个中国的研究团队已使用CRISPR-Cas9首次在一个早期人类胚胎中进行了基因编辑。理论上说，此举会造成可遗传的变化。令杜德纳略松一口气的是，其所用胚胎均不可存活。此类胚胎不会由科研人员植入一位母亲的子宫。然而，如果情况属实，将再次遭到热切的研究人员狂热之情的阻碍。[9]

该研究团队尚未发表论文，但有消息证明，论文已经完成。赫赫有名的期刊《科学》杂志和《自然》杂志已拒绝接受该团队的论文。于是他们正努力寻找可发表论文的期刊。最终，《蛋白质与细胞》（*Protein & Cell*）接受了该篇论文，并于 2015 年 4 月 18 日在线发表。

在论文中，广州一所大学的研究人员介绍了如何使用 CRISPR-Cas9 切除 86 个不可存活受精卵内可引发地中海贫血的突变基因。地中海贫血是一种与镰状细胞贫血类似的致命血液疾病。[10] 虽然研究人员无意使所用胚胎成长为婴儿，但是即使他们没有越过底线，也已触碰了一条红线。这是 CRISPR-Cas9 首次被用于对人类生殖细胞进行潜在的编辑，其变化可遗传给子孙后代。

杜德纳在自己的伯克利办公室内读完该篇论文后，便向窗外的旧金山湾望去。她后来回忆称，自己“肃然起敬，同时感到有些不安”。世界各地的其他科学家可能正使用杜德纳和沙尔庞捷创造的技术，进行着与该研究团队类似的实验。杜德纳意识到，此举可能导致一些出乎意料的后果，激起公众的强烈反对。在回答一位美国国家公共电台记者关于该研究团队的实验的问题时，杜德纳回答道：“该项技术尚不成熟，无法用于人类生殖细胞临床应用。由于关于科学和伦理道德问题更广泛的社会讨论尚无定论，因此需要暂停应用该项技术。”[11]

纳帕会议与上述胚胎编辑实验引发了美国国会的兴趣。参议员伊丽莎白·沃伦举行了一场国会发布会。杜德纳前往华盛顿，给自己的朋友和同僚 CRISPR 先锋乔治·丘奇提供支持。该事件引发广泛关注，现场座无虚席，很多人只能站着聆听。超过 150 名参议员、国会议员、职员、机构人员将现场挤得满满当当。杜德纳叙述了 CRISPR 的发展历史，强调 CRISPR 是纯粹受“兴趣驱动”、针对细菌如何抗击病毒的研究。杜德纳解释说，需要找到方法，将 CRISPR 送入人体内正确的细胞中。在早期胚胎中完成该项编辑，将更容易完成此项任务。杜德纳发出警告：

“但是，与其他方式相比，以此种方式使用基因编辑所造成的伦理道德争议要大得多。”[12]

杜德纳和丘奇接连在《自然》杂志上发表文章，表达自己就进行可遗传基因编辑的看法。虽然在一定程度上，两人的立场存在冲突，但是这进一步凸显了一个现状，即科学家们正严肃应对相关问题，不需要新的政府监管。杜德纳写道：“就使用人类生殖细胞编辑的观点存在广泛差异。在我看来，全面禁止该类编辑可能会阻碍产生未来疗法的研究。鉴于当前获取 CRISPR-Cas9 技术的途径广泛，其使用方法简单方便，因此全面禁止该项技术也不切实际。相反，需要就确定折中办法达成切实可行的协议。”[13] 丘奇则更加强有力地表示，相关研究，甚至是人类生殖细胞编辑研究，应该继续进行。丘奇写道：“我们不应探讨禁止改变人类生殖细胞的可能，而应讨论如何催生提高其安全性和有效性的方法。禁止对人类生殖细胞进行编辑会阻碍最佳医学研究的开展，这反而会迫使相关研究秘密开展，将其推向黑市和不受管控的医疗旅游领域①。”[14]

史蒂芬·平克（Steven Pinker）是一位知名心理学教授，也是丘奇在哈佛大学的同事。通过平克的大众报刊文章，丘奇对生物学的热情进一步提高。在为《波士顿环球报》撰写的一篇专栏文章中，平克写道：“可将当今生物伦理学的首要伦理道德目标总结为简单的一句话：别挡道。”平克毫不留情，对生物伦理学家整个职业予以猛烈抨击。他认为：“一位真正有道德的生物伦理学家不应基于如‘尊严’、‘神圣性’或‘社会正义’等模糊不清却广泛适用的原则，以繁文缛节、暂缓拖延或用提起诉讼为威胁，阻碍研究工作的推进。我们最不需要的就是所谓伦理学家的游说。”[15]

## 2015 年 12 月，国际峰会

纳帕会议后，杜德纳和巴尔的摩敦促美国国家科学院及其世界各地

① 指旅游者可根据自己的病情、医生的建议，选择合适的游览区，在旅游的同时享受健康管家服务，进行有效的健康管理，达到身心健康的目的。世界旅游组织将医疗旅游定义为以医疗护理、疾病与健康、康复与休养为主题的旅游服务。——译者注

的姊妹机构召开全球代表会议，探讨如何以审慎的方式监管人类生殖细胞编辑。超过 500 名科学家、政策制定者、生物伦理学家及为数不多的病患和患病儿童的家长相聚华盛顿，参加于 2015 年 12 月召开、为期三天的首届国际人类基因组编辑峰会。除杜德纳和巴尔的摩外，与会者还包括张锋、乔治·丘奇、埃玛纽埃勒·沙尔庞捷等其他 CRISPR 先锋。协办方包括中国科学院和英国皇家学会。[16]

巴尔的摩在开幕致辞中说："我们在此相聚，成为自 19 世纪达尔文和孟德尔的研究以来的历史进程的一部分。我们可能正处在人类历史新时代之巅。"

一位来自北京大学的代表向观众保证，中国已采取安全举措，防止开展生殖细胞基因编辑："禁止以生殖为目的对人类配子、合子和胚胎进行基因操作。"

因为有大量人员和记者参会，会议主要由预先制作的介绍组成，而非在现场开展辩论。甚至结论也已在会前准备到位。最为重要的是，该会议所得结论近乎与当年年初的小型纳帕会议所做决定完全相同。在具备严格条件之前，应强力阻止开展人类生殖细胞编辑。但是，结论中避开了使用"暂停"和"禁止"这两个词语。

在所有参会人员接受的条件之中，有一条为"就所提出应用的适当性达成广泛社会共识后"，才可继续进行生殖细胞编辑。在对生殖细胞编辑的伦理道德探讨之中，对"广泛社会共识"的需要的相关讨论如同曼怛罗①一样，经常出现在人们探讨的内容之中。这是一个值得赞赏的目标。但是，正如就堕胎进行的辩论一样，讨论并不总会最终形成广泛社会共识。美国国家科学院组织者认识到了这一问题。虽然这些组织者呼吁就该问题进行公共讨论，但是他们仍建立了一个由 21 人组成的专家委员会，就是否应暂停生殖细胞基因编辑开展了为期一年的研究。

参会者于 2017 年 2 月出具了最终报告。在报告中，参会人员并未呼吁禁止或暂停生殖细胞编辑。相反，报告提供了一份标准清单，列出了

① 指据称能够"创造变化"的音、音节、词、词组、句子、段落。它们的用途与类型依照与曼怛罗相关的学校和哲理而变化。在佛教、锡克教和耆那教中也常被用来祈福、消灾、驱魔等。——译者注

须在批准生殖细胞编辑前达到的标准。这些标准包括："缺乏合理替代选项、施加管制以预防严重疾病"，以及一些其他在未来可以达到的标准。[17] 值得注意的是，标准中并未提及 2015 年国际峰会报告的一项关键管制。对于达成"广泛社会共识"后才可批准可遗传基因编辑的需要，报告中只字未提。相反，2017 年的报告仅呼吁"公众进行广泛参与，提出意见"。

虽然许多生物伦理学家感到沮丧不安，但是大多数科学家，包括巴尔的摩和杜德纳，认为报告找到了一个合理的折中办法。参与医学研究的相关人员认为，报告为他们亮了黄灯，允许他们小心谨慎地继续进行研究。[18]

纳菲尔德理事会（Nuffield Council）是英国最具威望的独立生物学伦理组织。2018 年 7 月，该理事会发布一份甚至更具自由主义色彩的报告。报告总结称："基因组编辑颇具潜力，能在人类生殖领域产生变革性技术。只要可遗传基因组编辑干预能在未来为人类带来福祉，与社会正义和团结要求一致，此类干预便不违反任何绝对的道德禁忌。"该理事会甚至更进一步，缩小了使用基因编辑治愈疾病与用该技术增强基因的差异。报告的引言部分写道："基因组编辑在未来可能用于增强人类感官或能力。"人们将该份报告视为人类生殖细胞基因编辑的铺路石。这一看法完全正确。《卫报》相关报道的标题为《英国伦理学组织批准对婴儿进行基因改造》。[19]

## 全球监管

虽然美国国家科学院和英国纳菲尔德理事会支持以自由的方式实现生殖细胞编辑，但是两国均实施了一些相同的管制。美国国会通过了一项条款，禁止美国食品药品监督管理局审核任何"涉及有意创造或修改人类胚胎、实现可遗传基因改造"的治疗方法。美国前总统巴拉克·奥巴马的科学顾问约翰·霍尔德伦（John Holdren）称："（奥巴马）政府认为，为临床目的而改变人类生殖细胞是当代不可逾越的一条界线。"美国国立卫生研究院院长弗朗西斯·柯林斯宣布："美国国立卫生研究院不会为在人类胚胎中使用基因编辑技术提供资金支持。"[20] 无独有偶，在英国，人类胚胎编辑受多种规定限制。但是，美国和英国均没有绝对明确的法律，禁止进行生殖细胞基因编辑。

俄罗斯并未出台相关法律，禁止对人类使用基因编辑。2017 年，弗拉基米尔·普京称赞了 CRISPR 的潜力。在当年一个青年人节日上，普京谈及创造受基因改造的人类的益处和危害。"人类有机会掌握由自然，或按宗教群体所说，由上帝创造的遗传密码。人们可以想象，科学家能够按自己所想，创造拥有预期特征的人类。被创造的人可能是一位数学天才、一位杰出的音乐家，但也可以是一名战士，一个可以毫无畏惧、毫不留情、不会心慈手软、不会感到疼痛的人。"[21]

在中国，政策更为严格，虽然没有明确的法律规定把对人类胚胎进行可遗传基因编辑视为非法行为，但是中国政府已出台实施多项规定与指导方针，禁止对人类胚胎进行可遗传基因编辑。例如，2003 年，中国原卫生部①发布了《人类辅助生殖技术规范》，规定："禁止以生殖为目的对人类配子、合子和胚胎进行基因操作。"[22]

裴端卿是中国科学院广州生物医药与健康研究院院长，是一位备受尊敬的干细胞研究人员。在华盛顿国际峰会上，裴端卿向指导委员会的其他委员保证，在中国，不会出现胚胎生殖细胞基因编辑。

正因如此，在 2018 年 11 月裴端卿和其来自世界各地持类似想法的朋友抵达中国香港，参加第二届国际人类基因组编辑峰会时，他们发现尽管他们提供了具有极高道德原则的审议意见，审慎起草了报告，但突然之间，人类出乎意料地进入了一个新时代，令他们所有人深感震惊。

---

① 现中国国家卫生健康委员会。——译者注

第六部分

# CRISPR 婴儿

一个新物种会将我视为其造物主和生命之源，对我高唱赞歌；

许多美好和优秀的特性因我而存在于世。

——《弗兰肯斯坦》，

或称《现代普罗米修斯》

玛丽·雪莱，1818 年

贺建奎与杜德纳在冷泉港实验室的自拍

迈克尔·迪姆（Michael Deem）

第37章

# 贺建奎与基因编辑婴儿

## 狂热企业家

贺建奎生于1984年，是一对贫困稻农的孩子，在中国中东部的湖南省新化县长大，其所在农村地区是当地最为贫困的村子之一。在贺建奎童年时期，新化县的家庭平均年收入为100美元。其父母无力给他购买课本。因此，贺建奎会走到村里的一家书店，在书店看书。贺建奎回忆道："我在一个小农家庭长大。夏天，我每天都要清理腿上的蚂蟥。我永远不会不穿靴子。"[1]

童年经历使贺建奎强烈地渴望功成名就。因此，他十分关注自己所在学校的海报和横幅的宣传内容，相信自己应致力于推动科学进步。最终，贺建奎的确推动了科学进步，但是与实现伟大科学进步相比，其动力源自强烈的欲望。

贺建奎相信，科学是一个有情怀的追求。在这一信念的推动下，年轻的贺建奎在家里建起了一间基础物理学实验室。在实验室里，他持续不断地开展实验。他在学校成绩优异，之后他进入距离新化县925千米的合肥的中国科学技术大学学习物理学。

贺建奎曾向美国的4所研究生院校发出申请，只有位于休斯敦的莱斯大学接受了他的申请。之后他跟随迈克尔·迪姆教授学习。迪姆教授是一位基因工程师，后来成为伦理学调查的对象。贺建奎在使用计算机、创建生物系统模拟方面表现出色。迪姆说："建奎是一位承担了高强度工作的学生。在莱斯大学，他表现出色。我相信，他在职业生涯中会取得很高的成就。”

贺建奎和迪姆创建了一个数学模型，用于预测每年会出现的流感病毒的毒株。2010 年 9 月，两人以 CRISPR 为主题，共同撰写了一篇平淡无奇的论文，论证了与病毒 DNA 匹配的间隔序列如何形成。[2] 贺建奎备受欢迎，喜爱交际，友好合群，他努力建立自己的人脉网络，进而当选莱斯大学中国学生学者联合会主席，同时成为一名热情洋溢的足球运动员。贺建奎告诉莱斯大学杂志：“莱斯大学是一个让你真正享受研究生生活的地方。在实验室之外，有许多事情可以做。莱斯大学拥有 6 个足球场！这太棒了。”[3]

虽然贺建奎取得了自己的物理学博士学位，但随后他认定，未来属于生物学。迪姆允许贺建奎参加美国全国各项会议，将其引荐给斯坦福大学生物工程师斯蒂芬·奎克（Stephen Quake）。奎克邀请他加入自己的实验室，贺建奎因而成为奎克实验室的一名博士后。在实验室同学的印象中，贺建奎为人风趣，充满活力，对企业家精神怀有美国得州式的强烈热情。

奎克当时已创立公司，实现了自己开发基因测序技术的商业化，但是该公司开始慢慢走向破产。贺建奎相信，自己可以成功实现该技术的商业化，因此他决定在中国成立一家公司。奎克对此极感兴趣，并兴高采烈地告诉自己的一名合作伙伴：“在中国成立公司，将有可能使公司涅槃重生。”[4]

中国渴望培养生物技术企业家。深圳是一座与香港交界、拥有约 2 000 万人口的繁荣城市。2011 年，深圳创建了一所创新型大学——南方科技大学。贺建奎在南方科技大学网站上申请了一个空缺职位，并最终获得学校聘用，成为该校一名生物学教授。他在自己的博客上宣布，自己将创建“贺建奎和迈克尔·迪姆联合实验室”。[5]

此前，中国官方已明确，基因工程对中国未来经济发展至关重要。为此，中国启动了一系列高科技人才引进计划，以此鼓励企业家并吸引在海外学习的研究人员回国。贺建奎从深圳市政府的“孔雀计划”中受益。

2012 年 7 月，贺建奎以奎克的技术为基础，成立了自己的新公司，制造基因测序机器。当时，深圳的“孔雀计划”首轮为其提供了 156 000 美元的资金。贺建奎后来告诉《北京周报》：“为鼓励创业，深圳政府慷慨解囊，对风险资本家尤甚，可与硅谷给予的支持媲美，这对我颇具吸引力。我并非传统意义上的教授，而是更愿成为一名研究型企业家。”

在接下来的 6 年，贺建奎的公司收到约 570 万美元的政府资金。2017 年，贺建奎的公司制造的基因测序仪上市，其公司市值达到 3.13 亿美元，他持有公司三分之一的股份。贺建奎说：“该设备的开发是一项重大技术突破，将极大提升基因测序的成本效益、测序速度和测序质量。”[6] 在一篇描述基因组测序机器的使用的文章中，贺建奎称，测序结果“呈现出可与因美纳（Illumina）的产品媲美的性能表现”。因美纳是一家在 DNA 测序市场占主导地位的美国公司。[7]

贺建奎以其随和的性格与对名望的渴望，在中国科学界崭露头角。当时，中国的媒体非常愿意采访各领域的创新者。2017 年晚些时候，中国的电视台播放了一部系列片，介绍中国的年轻科学企业家。在一段鼓舞人心的音乐中，贺建奎出现在片中，介绍自己公司的基因测序仪。旁白说，与美国的同类机器相比，贺建奎的公司生产的机器效果更好、速度更快。贺建奎面带微笑，对着镜头说：“有人说我们掀起了全球测序界的震动。没错！就是我做的！”[8]

贺建奎最初使用其基因测序技术，诊断了早期人类胚胎中的基因疾病。但是，在 2018 年年初，他不仅开始探讨解读人类基因组的可能，还讨论是否可以对其进行编辑。他在自己的网站上写道：“数十亿年来，生命按达尔文进化论演进：DNA 随机突变、选择和繁殖。今天，基因组测序和基因编辑提供了强有力的新工具，以控制进化。”贺建奎说，自己的目标是花费 100 美元，为一个人类基因组测序，随后修复发现的任何问题。“一旦弄清基因序列，我们就可以使用 CRISPR-Cas9 嵌入、编辑或删除表达具体特征的相关基因。通过修正疾病基因，人类可以在快速变化的环境中活得更好。”

然而，贺建奎的确说过，自己反对为实现某些形式的提升而使用基因编辑技术。在微信上，他曾发布一条信息："我支持基因编辑用于治疗和预防疾病，而用于增强、提高智商等是无益于社会的。"[9]

## 构建人脉网络

贺建奎的网站和社交媒体评论均为中文，在西方并未得到许多关注。但是作为一位不加甄别、广交朋友的人脉网络构建人和会议赶场人，贺建奎已经开始在美国科学界建立朋友圈。

2016 年 8 月，贺建奎出席在冷泉港实验室举行的年度会议。他在自己的博客上夸耀道："刚刚结束的冷泉港基因编辑会议是该领域的顶级活动。张锋和珍妮弗·杜德纳及其他领军人物出席了此次会议！"该条博客配有贺建奎与杜德纳的自拍照，当时两人正坐在会议礼堂中。[10]

几个月后，贺建奎于 2017 年 1 月向杜德纳发出一封电子邮件。与向其他顶级 CRISPR 研究人员所提请求一样，贺建奎请求，在下次自己到美国期间与她见面。贺建奎写道："我正在中国进行技术研究，以求提高人类胚胎基因组编辑的有效性和安全性。"杜德纳收到邮件时，正帮助组织一场以"基因编辑的机遇与挑战"为主题的小型研讨会。自杜德纳组织纳帕会议以来，已过去两年。邓普顿基金会（Templeton Foundation）支持重大伦理道德问题研究，为一系列有关 CRISPR 的讨论提供资金。杜德纳邀请了 20 名科学家和伦理学家参加位于伯克利的启动研讨会，但是其中几乎没有美国以外的专家。她在给贺建奎的回复中写道："我们很高兴请你参加会议。"不出所料，贺建奎同样高兴地接受了邀请。[11]

会议以乔治·丘奇的公开演讲开场。在演讲中，丘奇谈及生殖细胞编辑的潜在益处，包括增强人类能力的益处。他展示了一张幻灯片，列出了会产生有利影响的简单基因突变。其中，当一个名为 CCR5 的基因发生改变时，会降低人们感染导致艾滋病的 HIV 的概率。[12]

贺建奎在其博客中提到了那场非正式会议："会上，许多尖锐问题引发了激烈讨论，现场充满了火药味。”他对该场国际峰会刚刚发布的基因编辑报告的解读颇为有趣。他将报告称为一盏“人类基因编辑的黄灯”。换言之，根据他的理解，该份报告并未呼吁科学界在当下不要进行可遗传人类胚胎编辑，而是传递了一个可以对其进行谨慎推进的信号。[13]

会议第二天，贺建奎根据安排做了报告。其报告以“人类基因胚胎编辑”为题，平淡无奇，未能给人留下深刻印象。报告内仅有一个部分引人注意：他对自己编辑 CCR5 基因研究的介绍。丘奇在演讲中对 CCR5 基因亦有所提及，认为该基因是未来生殖细胞编辑的一个潜在可选用基因。贺建奎介绍了自己如何在老鼠、猴子及遭生殖诊所丢弃的不能成活的人类胚胎身上编辑该种基因，进而产生了一种可发挥 HIV 受体作用的蛋白质。

其他中国研究人员已经通过使用 CRISPR 编辑不能成活的人类胚胎的 CCR5 基因，引发了国际范围的道德伦理讨论。因此，会上没有人留心贺建奎报告中该部分的内容。杜德纳说：“我对贺建奎的报告没什么印象。我发现他非常渴望与人见面，得到人们的认可。但是他尚未发表重要论文或著述，他似乎没有进行什么重大科学研究。”贺建奎问杜德纳，自己能否以访问学者的身份前往她的实验室。杜德纳对这一大胆提问感到意外。她说：“听到他的请求时，我转移了话题。我完全不感兴趣。”会上，杜德纳和其他参会者发现，对于与对胚胎进行可遗传编辑相关的道德问题，贺建奎似乎并不感兴趣。[14]

贺建奎持续建立人脉网络，不断参加会议，于 2017 年 7 月回到冷泉港参加 CRISPR 年会。当时他身穿条纹衬衫，深色头发上抹有发胶，显得精神饱满。他做的报告几乎和在当年早些时候在伯克利做的一样，再次引人哈欠连天、无奈耸肩。在报告最后，贺建奎用一张幻灯片展示了一篇《纽约时报》关于杰西·格尔辛格的报道，这位年轻人在接受基因疗法治疗后死亡。贺建奎以一句劝诫性的话总结道：“一个病例的失败可能会扼杀整个领域。”报告最后有三个流于形式的问题。没人觉得贺建奎的实验实现了科学突破。[15]

## 编辑婴儿

在这一于2017年7月冷泉港所做报告中，贺建奎介绍了在遭到抛弃、无法成活的人类胚胎中编辑CCR5基因的情况。他并未提及，自己已经制订计划，以产出基因编辑婴儿为目的，编辑可成活人类胚胎的基因。换言之，就是进行可遗传的生殖细胞编辑。4个月前，贺建奎向深圳和美妇儿科医院提交了一份医学伦理审查申请。他写道："本研究拟采用CRISPR-Cas9技术对胚胎进行编辑，将胚胎植入女性体内，孕育生命。"他的目标是，让几对患有艾滋病的夫妇生儿育女，让其子女及子孙后代均受到保护，不会感染HIV。

由于已经存在预防艾滋病的简单方法，如精子筛选法、形成健康胚胎后进行移植，贺建奎的做法并不具有医学必要性。同时，该做法也无法修正一个显而易见的基因疾病。CCR5的产生通常具有多种目的，包括促进预防西尼罗病毒。因此，贺建奎的计划并未达到多个国际会议所达成的指导方针的要求。

但是，该计划为贺建奎提供了实现重大历史性突破的可能。至少，他自己是这么认为的。在申请中，贺建奎写道："这将是一个伟大的科学与医学成就。"在申请中，他将该项计划与"2010年获得诺贝尔奖的体外受精技术"相提并论。深圳和美妇儿科医院伦理委员会一致通过了贺建奎的申请。[16]

在中国，有大约125万艾滋病患者，其数量仍在迅速增长。贺建奎与一个总部设在北京的艾滋病倡导组织合作，计划招募20对夫妇作为志愿者。在这20对夫妇中，丈夫均患有艾滋病，而妻子未患病。有200余对夫妇对此颇感兴趣。

2017年6月的一个星期六，两对入选夫妇来到贺建奎位于深圳的实验室。在一场通过视频记录的会议中，两对夫妇了解了计划进行的临床试验。实验室工作人员询问两对夫妇是否愿意参与。贺建奎带着四人查看了同意书。同意书上写道："作为志愿者，你的伴侣确诊患有艾滋病，或感染艾滋病病毒。此研究项目可能会帮助你生育具有艾滋病抗性的婴儿。"两对夫妇同意参加。在其他会议中的另外五对夫妇也同意参与试验。所有参加试验的夫妇共提供了 31 个胚胎，其中有 16 个可供贺建奎进行编辑。有 11 个胚胎未能成功植入志愿者体内。到 2018 年晚春时节，贺建奎成功将双胞胎胚胎植入一位母亲体内，将一个单一胚胎植入另一位母亲体内。[17]

贺建奎的此套流程需要从父亲体内获取精子，通过细胞筛选，筛除艾滋病病毒，然后将精子注入母亲的卵子中。这一流程可能足以保障人体生成的受精卵不会感染艾滋病。但是贺建奎的目标是，保证出生的孩子以后永远不会感染艾滋病。因此，他将靶向 CCR5 基因的 CRISPR-Cas9 注入了受精卵。受精卵可在培养皿中生长 5 天左右，随后发育成体积超过 200 个细胞的早期胚胎。接着，胚胎的 DNA 将接受测序，检查编辑是否有效。[18]

## 贺建奎的美国密友

2017 年到访美国期间，贺建奎会见了一些美国研究人员，并向他们透露了自己的计划。在这些研究人员中，许多人后来就未能更加努力阻止贺建奎并引发公众关注而表示后悔。其中最引人注意的是，贺建奎向威廉·赫尔伯特（William Hurlbut）吐露了心声。赫尔伯特是斯坦福大学的神经生物学家和生物伦理学家。2017 年 1 月，赫尔伯特与杜德纳共同组织了伯克利会议。赫尔伯特后来告诉《即刻》（*Stat*）杂志，自己与贺建奎“就科学与伦理学，进行了几次四五个小时的长谈”。赫尔伯特意识到，贺建奎的意图是进行胚胎编辑并最终让婴儿安全出生。赫尔伯特说：“我尝试让他感受到这件事的现实和道德影响。”但是贺建奎坚持认为，只有“激进群体”才会反对进行生殖细胞编辑。贺建奎问，如果可将此类编辑用于防止人们患上可怕的疾病，人们为什么会反对？赫尔伯特认为，贺建奎虽然“心怀善意，希望通过自己的努力造福大众”，但是也受到了一种科学文化的鼓动，即“尤为重视争议性研究、名誉、争夺第一”。[19]

贺建奎也向马修·波蒂厄斯（Matthew Porteus）说明了自己的计划。波蒂厄斯是斯坦福大学医学院一位卓有成就、德高望重的干细胞研究人员。波蒂厄斯回忆道："我深感震惊，目瞪口呆。"两人的对话从一场关于科学数据的礼貌交谈，变成了波蒂厄斯对贺建奎半小时的训诫。波蒂厄斯阐述了所有理由，解释为何自己认为贺建奎的想法糟糕透顶。[20]

波蒂厄斯说："这种做法在医学上并不具有必要性，违背了所有指导方针。你将破坏整个基因工程领域。"波蒂厄斯要求贺建奎告诉自己，他是否征询了中国政府有关负责人的意见。

贺建奎说没有。

波蒂厄斯怒火中烧，警告贺建奎："在进一步推进计划之前，你必须和中国政府有关人员谈谈。"

那一刻，贺建奎变得非常安静，红了脸，随后走出了办公室。波蒂厄斯说："我认为，他没有预料到会得到这样一种负面反应。"

如今回想起来，波蒂厄斯仍对未能采取更多措施感到自责。他说："我担心，有些人认为我从此事之中成功脱身。我希望那次我们在我办公室时，我坚持要求联合向中国政府各有关负责人发送电子邮件。"但是贺建奎不太可能允许波蒂厄斯将计划告诉其他人。波蒂厄斯说："贺建奎认为，如果他提前告诉别人，他们会设法阻止他，而一旦他成功使首批 CRISPR 婴儿来到人世，每个人都会将其视为一项巨大成就。"[21]

贺建奎还向斯蒂芬·奎克吐露了心声。奎克是斯坦福大学基因测序方面的企业家，曾是贺建奎博士后导师，帮助贺建奎使用奎克的技术在深圳成立了公司。早在 2016 年，贺建奎就告诉奎克，自己想成为创造基因编辑婴儿的第一人。奎克告诉贺建奎，那是"一个糟糕的想法"，但是当贺建奎坚持自己的观点时，奎克建议，他应在获得相关批准后再推进。后来，《纽约时报》的健康作家帕姆·贝拉克（Pam Belluck）报道称，贺建奎通过一封电子邮件告诉奎克："我会接受你的意见，我们将先获得当地伦理道德相关许可，再进行首个基因编辑人类婴儿的相关工作。请予以保密。"

2018 年 4 月，贺建奎在发给奎克的邮件中写道："好消息！含经编辑的 CCR5 基因的胚胎于 10 天前植入女性志愿者体内。今天已经确认怀孕！"

奎克回复道："哇，真是了不起的成就！希望孩子能如期降生。"

经调查，斯坦福大学确认奎克、赫尔伯特和波蒂厄斯并无过错。斯坦福大学发布声明："经查发现，斯坦福大学研究人员就贺博士的研究表达了高度担忧。当贺博士无视其建议，继续开展研究时，斯坦福大学研究人员敦促了贺博士遵循正确的科学惯例。"[22]

在推动贺建奎行动的美国研究人员中，参与程度最高、受影响最深的当数贺建奎在莱斯大学的博士生导师迈克尔·迪姆。人们在影像记录中捕捉到一个场景，在贺建奎首次同夫妻志愿者会面期间，迪姆坐在桌子旁，志愿者夫妇满怀期待，听取关于对自己胎儿进行基因编辑的建议。后来，贺建奎公开表示："这对夫妇充分听取了相关信息，表示同意参加试验。这位美国教授旁观了整个过程。"贺建奎在中国的团队的一名成员告诉《即刻》杂志，迪姆通过翻译，与志愿者夫妇进行了交谈。

在接受美联社采访时，迪姆承认会面期间自己身在中国。迪姆说："我与志愿者夫妇见了面。我之所以在那里，是为了使他们充分了解情况，同意参与研究。"迪姆也替贺建奎的行为进行了辩护。但是，迪姆随后聘请了两位休斯敦律师。即使视频记录显示迪姆就坐在现场，但是两位律师发布了一份声明，称迪姆并未参与这一知情同意过程。两位律师还称："迈克尔并不进行人类研究，也未在这一项目中进行人类研究。"事实表明，迪姆是贺建奎就人类基因编辑实验所撰写论文的共同作者。这一事实被揭露后，律师的说法似乎有悖实情。虽然莱斯大学表示，学校会启动一项调查，但是两年后，学校仍未公布调查结果。到 2020 年年末，莱斯大学虽然将迪姆的信息页面从学校网站教职工板块移除，但是依然拒绝提供任何解释。[23]

## 贺建奎的公关活动

随着 2018 年年中中国志愿者妊娠的持续进行，贺建奎知道，自己公布的消息将会带来惊天动地的影响。他希望对其加以利用。毕竟，其实验目的不仅仅是防止两个孩子感染艾滋病，未来获得名誉也是一个动力。因此，他聘请了瑞安·费雷尔（Ryan Ferrell）。费雷尔是一位备受尊敬的美国公共关系执行人员。此前，费雷尔还在为另一个项目开展工作。他发现，贺建奎的计划令人兴奋不已，便离开了自己的机构，临时搬到了深圳。[24]

费雷尔策划了一场多媒体发布活动，内容包括让贺建奎为期刊撰写一篇关于基因编辑伦理道德的文章、与美联社合作发布关于制造 CRISPR 婴儿的独家报道，并录制 5 段视频，发布在贺建奎的网站和优兔（YouTube）上。此外，贺建奎会与莱斯大学的迈克尔·迪姆合作，共同撰写一篇科学类文章，并设法发表在《自然》等知名期刊上。

贺建奎和费雷尔将伦理论述的题目定为《治疗辅助生殖技术的拟定伦理道德原则》。两人计划将该论述提交至新刊物《CRISPR 期刊》。该期刊由 CRISPR 先锋鲁道夫·巴兰古和科学记者凯文·戴维斯担任编辑。在草稿中，贺建奎列出了 5 项原则，在决定是否编辑人类胚胎时予以遵守：

对有需要家庭的悲悯之心：对于一些家庭，早期基因手术可能是治疗可遗传疾病、避免儿童终身遭受痛苦的唯一方法……

有所为，更有所不为：基因手术是一个严肃的医学程序，永远不得将其用于提升外貌、增强能力、选择性别……

尊重儿童自主权：生命不只包括我们的身体……

生活需要奋斗：我们的 DNA 不会预先决定我们的使命或我们能够取得的成就。我们通过艰苦奋斗、补充营养、获得亲人和社会的支持来绽放光彩……

促进普惠的健康权：健康不应由财富决定。[25]

贺建奎并未遵从美国国家科学院设立的指导方针，而是建立了一个框架。至少在贺建奎看来，这一框架会使自己使用 CRISPR 移除艾滋病病毒受体基因的做法变得正当合理。他正按照之前西方哲学家所提出的道德原则行事，其中有些原则颇为令人信服。例如，美国杜克大学教授艾伦·布坎南曾担任里根总统的医学伦理委员会哲学专家，是受克林顿总统直接管理的美国国家人类基因组研究所咨询委员会成员，也是知名的黑斯廷斯中心（Hastings Center）①的成员。在贺建奎做出编辑人类胚胎的 CCR5 基因这一决定的 7 年前，布坎南就在其颇具影响力的作品《超越人类》（*Better than Human*）中支持这一观念：

> 假如我们知道，已存在某种或某些有利基因，而且该类基因只有少数人拥有。可提供某类艾滋病病毒抗性的基因就属于该类基因。如果我们依靠“自然智慧”或“顺其自然”，这一有益基因型可能会也可能不会在全人类中传递……假如可以通过基因改造，极大地加快此类有益基因的传递速度，通过将基因注入睾丸，或利用体外受精，将基因注入大量人类胚胎等更激进的方法，实现这一基因传递，那么我们无须牺牲生命，就能受益匪浅。[26]

持类似观点的不止布坎南一人。贺建奎进行临床试验期间，不仅是雄心勃勃的科学研究人员，还有许多严肃的伦理思想家曾以使用 CCR5 基因为具体例子，公开表示，可以允许，甚至支持使用基因编辑治愈或预防疾病。

费雷尔向美联社的一个团队提供了贺建奎的独家采访权。该团队成员包括玛丽莲·马尔乔内（Marilynn Marchione）、克里斯蒂娜·拉尔森（Christina Larson）和艾米莉·王（Emily Wang）。团队成员甚至获得了许可，在贺建奎的实验室拍摄接受 CRISPR 注射、无法成活的人类胚胎。

在费雷尔的指导下，贺建奎也准备了几段视频。在视频中，贺建奎在自己的实验室内直接面对摄像头发言。在第一段视频中，贺建奎简单概述了自己的五大道德原则。他说：“如果我们可以保护一个小女孩儿或小男

---

① 美国独立生物伦理学研究所，位于纽约。——译者注

孩儿不会患有某种疾病，如果我们能帮助更多相亲相爱的夫妻建立家庭，那么基因手术是一个有益人类健康的新生事物。”贺建奎还介绍了治愈疾病和实现强化的区别。他说：“基因手术应仅用于治疗严重疾病。我们不应使用基因手术提高智商、提升运动表现或改变肤色。这不是爱。”[27]

在第二段视频中，贺建奎解释了自己为何认为，“如果自然给予我们相关工具，父母却不用它来保护自己的子女，是不人道的行为”。第三段视频解释了贺建奎为何选择 HIV 作为自己的首个目标。第四段视频使用中文录制，视频对象为贺建奎的一位博士后学生。在视频中，这位学生解释了实现 CRISPR 编辑的科学细节。[28] 在宣布两个婴儿安全降生后，他们才制作了第五段视频。

## 降生

公关活动和优兔视频计划于 1 月发布。届时，接受基因编辑的婴儿将来到人世。但是，2018 年 11 月初的一个晚上，贺建奎接到了一通电话。电话另一头的人说，有位母亲已经提前分娩。贺建奎立刻带着几名自己实验室的学生，赶到深圳机场，到达这位母亲所在的城市。这位母亲最终通过剖宫产，生下了两个看上去非常健康的女儿，一个叫娜娜，另一个叫露露。

由于婴儿提早降生，贺建奎尚未向中国有关部门提交自己临床试验的正式记录。11 月 8 日，在这对双胞胎诞生之后，他终于提交了实验记录。记录用中文写成，因此在两周时间里，西方国家一直未能对此份报告予以关注。[29]

贺建奎还完成了此前一直在编写的学术性文章。文章题为《经基因组编辑后获得艾滋病抵抗力双胞胎的诞生》。他将该篇文章提交至知名期刊《自然》杂志。虽然论文从未发表，但是论文手稿提供了他所用技术的细节，让我们得以窥见他的心态。他将一份手稿复印件发给了几位美国学者，其中一位将一份复印件发给了我。[30] 贺建奎写道：“胚胎阶段的基因编辑颇具潜力，能永久治愈疾病，形成对致病性感染的永久抵抗力。我们在此报告，经人类基因编辑的婴儿首次诞生：她们是一对双胞胎姐妹。两人在胚胎阶段接受了 CCR5 基因编辑，并于 2018 年 11 月诞生。两个婴儿一切正常，身体健康。”在文章中，贺建奎就自己所作所为的伦理道德价值予以辩护。他说：“数百万家庭正在努力，生下健康、无遗传疾病或无获得性危及生命疾病的婴儿。我们预计，人类胚胎基因组编辑将为这些家庭带来新希望。”

在贺建奎未发表的论文中，埋藏着一些令人不安的信息。在露露身上，两条相关染色体中只有一条得到正确改造。贺建奎承认：“我们确认，娜娜的 CCR5 基因编辑成功了，两个等位基因实现了移码突变。而露露的等位基因中只有一个实现了移码突变。”换言之，露露的两条染色体上的基因有所不同，这意味着露露体内仍将产生一些 CCR5 蛋白质。

此外，有证据表明，人们不希望出现的一些脱靶编辑问题出现了，而且两个胚胎为嵌合体。这表明，在完成 CRISPR 基因编辑前，就出现了细胞分裂，分裂数量导致婴儿体内所产生的部分细胞未得到编辑。贺建奎后来说，尽管如此，孩子的父母依然选择将两个胚胎植入母亲体内。宾夕法尼亚大学的基兰·穆桑奴鲁（Kiran Musunuru）后来评论道：“从表面上看，侵入生命密码的首次尝试的目的在于改善人类婴儿的健康，而实际上，这是鲁莽之举。”[31]

## 爆出消息

两个婴儿出生后的头几天，贺建奎和其宣传代理人费雷尔设法在 1 月内避免消息外传。两人希望，届时，《自然》杂志能刊登他们的学术论文。但是，该消息颇具爆炸性，无法保证密不透风。就在贺建奎按照计划抵达在中国香港举办的第二届国际人类基因组编辑峰会前，其 CRISPR 婴儿的消息泄露了。

安东尼奥·雷加拉多是《麻省理工学院科技评论》的记者，他能将科学知识与追逐新闻的记者的直觉结合。10 月，雷加拉多身在中国，恰好受邀与贺建奎和费雷尔参加一场会议。当时，两人正制订公布消息的计划。虽然贺建奎并未透露自己的秘密，但是贺建奎的确就 CCR5 基因进行了讨论。雷加拉多是一位优秀的记者，他当时就怀疑有什么事情正在酝酿。通过网络搜索，雷加拉多发现，贺建奎此前向中国临床试验注册中心提交了申请①。雷加拉多的报道于 11 月 25 日在网上发表，标题为《独家报道——中国科学家正在创造 CRISPR 婴儿》。[32]

随着雷加拉多的报道发布于网络，马尔乔内和其同事发布了一篇中规中矩的文章，对有关细节给予了说明。文章开篇就点明了当时情况的戏剧性："一名中国研究人员称，自己创造出世界首对基因编辑婴儿。这对双胞胎女孩儿于本月诞生。这名研究人员说，自己使用了一种能改变生命蓝图的强大新型工具，改变了两个女孩儿的基因。"[33]

突然之间，一位雄心勃勃、想要创造历史的科学家抢得先机，使伦理学家就生殖细胞基因编辑进行的所有讨论黯然失色。正如首个试管婴儿路易丝·布朗的降生及绵羊多莉被克隆成功一样，在该事件的影响下，世界已进入一个新时代。

那天晚上，贺建奎在优兔上发布了他之前制作的最后一段视频。在视频中，他做出了重大声明。面对镜头，贺建奎平静而自豪地说：

几周前，伴随着阵阵啼哭，名叫露露和娜娜的两个漂亮的中国女婴来到这个世界。她们和其他婴儿一样健康。现在，孩子们与妈妈格蕾丝和爸爸马克一同在家。格蕾丝通过试管授精怀孕。但与传统试管授精相比，其中有一个不同。我们将马克的精子送入格蕾丝的卵子后，便立刻将一小部分蛋白质注入卵子中，指示蛋白质进行基因手术。在露露和娜娜还是一个单细胞时，这一手术便移除了可让 HIV 进入、感染她们的门户……马克看到自己的女儿们时说的第一句话是，他从未想过自己能做父亲。现在，马克找到了生活和前进的理由，找到了自己的目标。马克自己感染了艾滋病病毒……作为两个女孩儿的父亲，我想象不到，对于社会而言，还有什么比为另一对夫妇创建一个爱意满满的家庭更为美好、更为有益的事。[34]

① 该申请最后被驳回。——编者注

第 38 章

# 香港峰会

贺建奎登台

11 月 23 日，贺建奎的新闻爆出前两天，杜德纳收到了贺建奎发来的一封电子邮件。邮件主题颇具戏剧性：“婴儿诞生”。

杜德纳起初感到困惑，随后深受震撼，之后便陷入惊恐和焦虑。她说：“最开始，我以为这是假消息，或者是他已经失去理智。使用‘婴儿诞生’这种主题的想法似乎令人无法相信。”[1]

在邮件中，贺建奎附上了自己之前提交至《自然》杂志的文章的草稿。杜德纳打开附件，了解到情况属实，感到难以置信。她回忆道：“那天是一个星期五，前一天是感恩节。当时我在旧金山，正和家人与老朋友一起在我们的公寓相聚。我收到这封邮件时，犹如遭遇晴天霹雳。”

杜德纳意识到，鉴于发布的时机，这一消息会变得更具戏剧性。三天后，500 名科学家和政策制定者将如期抵达中国香港，召开第二届国际人类基因组编辑峰会。该场峰会是 2015 年 12 月华盛顿峰会的接续性会议。杜德纳是该场会议的核心组织者之一，大卫 · 巴尔的摩也是其中一名核心组织者。按照计划，贺建奎将在会上发言。

最初，杜德纳和其他组织者并未将贺建奎放在受邀发言人员名单上。

但是几周前，听说贺建奎拥有编辑人类胚胎的梦想时，他们改变了主意。计划委员会的一些成员认为，请贺建奎参会将帮助他消除越过生殖细胞的想法。[2]

贺建奎和罗宾·罗弗尔－巴基及马修·波蒂厄斯

收到贺建奎令人瞠目结舌、主题为“婴儿诞生”的电子邮件后，杜德纳立刻找到巴尔的摩的手机号码，与他取得联系。当时，巴尔的摩即将启程，乘机前往香港。杜德纳和巴尔的摩达成一致意见，改签杜德纳的航班，让她比计划时间早一天抵达香港，从而使两人能与其他组织者碰面，进而决定将采取何种措施。

11 月 26 日是周一，杜德纳于当天破晓时分抵达香港。她重新打开手机后，看到贺建奎已通过邮件，迫不及待地设法与自己取得联系。杜德纳告诉《科学》杂志的乔恩·科恩（Jon Cohen）：“航班一在机场降落，我就收到贺建奎发送的大量电子邮件。”贺建奎正驾车从深圳前往香港，想要尽快与杜德纳见面。在邮件中，他写道：“我必须马上和你谈谈，情况已经失控。”[3]

杜德纳并未回复贺建奎的邮件，因为她想首先同巴尔的摩及其他组织者会面。她入住参会人员所在的数码港艾美酒店后，一位行李员立刻敲响了杜德纳的房门，带来了贺建奎给她的消息，请她立刻电话联系自己。

杜德纳同意在酒店大堂与贺建奎见面。但是她立刻先在酒店四楼的会议室与部分会议组织者召开了会议。巴尔的摩已经到达会议室。会议室内还坐着哈佛大学医学院的乔治·戴利、伦敦弗朗西斯·克里克研究所的罗宾·罗弗尔-巴基、美国国家医学院的曹文凯（Victor Dzau）及威斯康星大学生物伦理学家阿尔塔·沙罗。在场的所有人中，没有一人看过贺建奎提交至《自然》杂志的科学论文。因此，杜德纳将贺建奎发给自己的论文复印件分发给了他们进行阅读。曹文凯回忆道："我们小组立刻展开讨论，确认是否应允许贺建奎留在会议议程之中。"

小组成员迅速决定，贺建奎应继续参会。事实上，他们认为，确保贺建奎不会中途退出至关重要。小组会为贺建奎安排单独环节，请他就创造 CRISPR 婴儿所用科学原理和方法做报告。

15 分钟后，杜德纳下楼前往酒店大堂与贺建奎见面。她邀请了罗宾·罗弗尔-巴基陪自己一同前往，后者将主持贺建奎参加的会议。三人坐在沙发上。杜德纳和罗弗尔-巴基告诉贺建奎，他们希望他在报告中详细解释自己是出于什么原因、采用何种方法进行自己的实验的。

贺建奎坚持称，自己想要按照最初制作的幻灯片发言，而不去讨论 CRISPR 婴儿。这一做法令杜德纳和罗弗尔-巴基感到费解。罗弗尔-巴基的肤色通常是英式白色，而在听贺建奎讲话的过程中，他的脸几乎变得惨白。杜德纳礼貌地指出，贺建奎的提议荒唐可笑。他引发了今年最具爆炸性的科学争议，绝对不能对自己的实验闭口不谈。杜德纳的这一举动令贺建奎颇感意外。杜德纳回忆道："我认为他极其天真，极力追逐荣誉。他刻意引发一个爆炸性事件，却希望表现得仿佛什么都没有发生。"两人说服贺建奎与组织委员会部分成员提前吃晚餐，就该问题进行讨论。[4]

从酒店大堂出来的杜德纳深感震惊，摇着头，突然遇见了裴端卿。裴端卿是中国科学院广州生物医药与健康研究院院长，是一位来自中国的、在中美都接受过教育的干细胞生物伦理学家。杜德纳问裴端卿："你听说了吗？"当她告诉裴端卿事情的细节后，裴端卿表示难以置信。裴端卿和杜德纳共同出席过多场会议，包括 2015 年于华盛顿举行的首次峰会，两人已成为朋友。裴端卿曾反复告诉自己的美国同事，中国有相关规定，禁止进行人类生殖细胞编辑。裴端卿后来告诉我："我向他们保证，在我们的体系中，一切均得到细致入微的管控，需取得相关许可。因此，此类事情不会发生。”裴端卿同意当晚与组织委员会成员一起，与贺建奎共进晚餐。[5]

## 晚餐期间的摊牌

晚餐在酒店四楼的一家广东自助餐厅举行。其间，气氛十分紧张。贺建奎来到餐厅后，对自己的所作所为显得颇有戒备，甚至有点儿目中无人。他拿出自己的笔记本电脑，展示了自己胚胎实验中的数据和DNA序列。罗弗尔-巴基回忆道：“我们越发感到惊恐不安。”他们向贺建奎提出许多问题：在知情同意过程中，有任何监管吗？为什么他认为生殖细胞胚胎编辑具有医学必要性？他此前是否阅读过国际各医学研究院所实施的指导方针？贺建奎回答道：“我认为，我遵守了所有标准。”他坚持表示，自己所在大学和医院知道自己实验的所有情况，并予以批准，“学校和医院由于现在看到了负面反应，因而对此予以否认，把我晾在一边”。杜德纳回顾了在预防HIV感染方面，生殖细胞编辑不具备“医学必要性”的原因。此时，贺建奎变得情绪激动。他说：“珍妮弗，感染HIV会给人们带来令人难以置信的耻辱。我想要为这些人提供机会，让他们过上正常生活，帮助他们生儿育女。否则，他们就无法拥有自己的孩子。”[6]

晚餐变得越发令人担忧。一小时后，贺建奎的情绪由悲伤转为愤怒。他突然起身，将几张钞票摔在桌上。他说，自己曾收到死亡威胁，现在他将前往一家名字未公开的酒店。在那里，媒体找不到他。杜德纳上前追赶贺建奎并说：“我觉得，你出席周三的会议并就你的研究做报告非常重要。你会来吗？”贺建奎犹豫了片刻，然后同意参会，但是他想要获得安全保护。他感到害怕。罗弗尔-巴基承诺，会让香港大学联系警方，为其提供相关保护。

贺建奎目中无人的一个原因是，他认为自己会以英雄的身份，在中国甚至世界赢得掌声和欢呼。但是，即使是中国的科学家，都开始对贺建奎的做法进行批判，形势迅速发生了改变。

贺建奎离开酒店餐厅后，组织者们并未离开餐桌，而是讨论了处理这一情况的方法。裴端卿看了看自己的智能手机，报告说一组中国科学家已经发布一份声明，谴责贺建奎。他为在场其他人翻译了声明。“直接进行人体实验，只能用‘疯狂’形容。这对于中国生物医学研究领域在全球的声誉和发展都是巨大的打击。”杜德纳询问裴端卿，此份声明是否由中国科学院发布。裴端卿回答不是。但是有超过 100 名中国知名科学家在声明上签字，这意味着声明获得了官方认可。[7]

杜德纳和共进晚餐的伙伴们意识到，作为会议组织者，他们同样应该发布一份声明。但是，由于担心可能会激怒贺建奎，致使其取消做报告，他们不想让声明的措辞过于激烈。杜德纳坦言道，说实话，参会人员的动机并不全是为了科学。香港成了世界焦点，如果贺建奎开车返回深圳，结果便会令人失望，他们所有人也将错过一个成为历史性时刻的一部分的机会。杜德纳说：“我们发布了一份简明扼要的声明，用词温和，同时表现出批评态度。但是，我们希望确保贺建奎出现在会场。”

在杜德纳和同事共进晚餐之际，贺建奎的大规模宣传计划正在展开：优兔视频在网络发布，贺建奎参与的美联社报道被疯狂传播，《CRISPR 期刊》编辑最终在网上发布了贺建奎撰写的伦理文章（但编辑随后又将文章撤回）。杜德纳说：“我们所有人都发现，贺建奎非常年轻，其所具有的特点组合颇为耐人寻味，既狂妄自大，又非常天真。”[8]

## 贺建奎的报告

2018 年 11 月 28 日周三正午，终于到了贺建奎做报告的时间。[9] 主持人罗宾·罗弗尔－巴基走上讲台，神情紧张不安。罗弗尔－巴基不断用手弄乱自己沙黄色的头发，扶着自己的角质架眼镜，看上去如同更具书呆子气的伍迪·艾伦。他看起来很憔悴。后来，他告诉杜德纳，自己一晚没睡。罗弗尔－巴基读着手中的便笺，请观众保持礼貌，仿佛他担心参会者可能会冲到台上。“请不要打断他的发言。”随后，罗弗尔–巴基挥了挥手，仿佛在擦拭一台机器，然后接着说：“如果过于吵闹，或有太多人打断发言，我有权取消该部分会议。”但是，现场只有几十位站在后方的摄影师按动相机快门的声音。

罗弗尔–巴基说，已安排贺建奎在关于CRISPR婴儿的新闻公之于众前发言。“我们并不知道，几天前相关新闻就已经爆出。实际上，贺建奎把在此次会议中展示的幻灯片发给了我，而其中并不包括他即将介绍的研究内容。”接着，罗弗尔–巴基紧张地环顾了会场，宣布：“如果他能听见我说话，我想请他上台，就其研究做报告。”[10]

起初，没人现身。观众似乎都屏住了呼吸。罗弗尔–巴基后来回忆道：“我肯定，当时人们在想，贺建奎究竟会不会现身。”罗弗尔–巴基位于台上右侧。随后，一位亚洲年轻人身穿深色西装，从罗弗尔–巴基正后方出现。现场零星有人试探性地鼓起了掌，也有人表现出些许困惑。这位年轻人摆弄着笔记本电脑，打开正确的幻灯片页面，随后调整了麦克风。观众之中有人紧张地笑着，因为他们发现，这个人是音视频技术人员。罗弗尔–巴基挥动着自己的笔记本说：“我不知道他人在哪里。”

在类似场合，这可怕的35秒已十分漫长。会场气氛紧张，鸦雀无声，但没人做出任何举动。最终，一位身材纤细的男子身穿白色条纹衬衫，带着一个鼓鼓囊囊的棕色公文包，从舞台远处走了出来。在香港多少有些正式的气氛中（罗弗尔–巴基当时身穿西装），这名男子敞着衣领，没穿外套，也没打领带，显得格格不入。科学编辑凯文·戴维斯后来说：“他看上去更像在香港潮湿的环境下，在大规模国际风暴中心去赶天星小轮的乘客。”[11]罗弗尔–巴基长舒一口气，挥手示意贺建奎走过来。贺建奎走上讲台时，罗弗尔–巴基悄声对他说：“发言时间不要太长，我们需要提问时间。”

随着贺建奎开始发言，记者照相机的快门声和闪光灯便将他淹没，似乎把他吓了一跳。大卫·巴尔的摩站在前排，转向媒体区，严厉斥责了记者。“相机的快门声太吵了，我们听不见台上的发言。”巴尔的摩说，“因此，我暂时接管了会议，让记者们停止拍照。”[12]

贺建奎羞怯地看了看四周。他面部皮肤光滑，看上去甚至不到34

岁的实际年龄。他说："我的实验结果意外被泄露，在此次大会上展示之前未能进行同行评议，我必须就此道歉。"随后，他继续发言，似乎没有意识到矛盾之处。他继续"感谢美联社。我们在基因编辑婴儿出生前，花费了数月，确保研究结果报道的准确性"。他几乎不带任何情感，缓缓读着讲话稿，介绍了 HIV 感染、艾滋病导致的死亡与歧视所带来的痛苦与灾难，说明了 CCR5 基因突变如何防止婴儿通过患艾滋病的父母感染艾滋病。

贺建奎展示了幻灯片，讨论了自己的流程。20 分钟后，到了提问时间。罗弗尔–巴基邀请斯坦福大学干细胞生物学家马修·波蒂厄斯上台，为提问环节提供帮助。波蒂厄斯与贺建奎彼此认识。罗弗尔–巴基并未就重大问题向贺建奎提问，即贺建奎为何违反国际惯例，在人类胚胎中进行生殖细胞编辑，而是首先提了一个较长的问题，随后又提出一个关于进化历史和 CCR5 基因潜在作用的问题。波蒂厄斯接着提出几个详细问题，关于在贺建奎的临床试验中，有多少对夫妇和多少研究人员参与，使用了多少卵子和胚胎。杜德纳后来说："台上的讨论并未关注主要问题，我感到非常失望。"

最终，到了观众评论提问环节。巴尔的摩首先起身，直击要害。描述了在进行人类生殖细胞编辑前应遵守的国际指导方针后，巴尔的摩说："国际指导方针并未得到遵守。"他称，贺建奎的行为"不负责任"，遮遮掩掩，不具备"医学必要性"。哈佛大学杰出的生物化学家刘如谦第二个发言，就贺建奎为何认为在这一案例中进行胚胎编辑是正当合理的提出疑问。刘如谦说："你可以使用精子筛选法，产生未受感染的胚胎。对于这些患者而言，有什么未得到满足的医疗需求？"贺建奎和声细语地给予了回答。他说，自己不仅仅在尝试帮助双胞胎姐妹，而且想要找到一个适用于"数百万感染 HIV 儿童"的方法。有朝一日，这些儿童可能需要保护，使自己免于在出生后仍从父母那里感染 HIV。贺建奎说："我曾在一个艾滋病村，亲身与那里的人接触。在那里，有 30% 的村民感染 HIV。由于担心自己将病毒传染给孩子，他们已将孩子交给自己的兄弟姐妹抚养。"

北京大学的一名教授指出："不得在生殖细胞中进行基因组编辑，

这是一种共识。你为何越过这道红线？你为何秘密进行（这些流程）？”罗弗尔-巴基自作主张，对问题进行了转述，仅就秘密进行流程方面提问。贺建奎通过介绍自己如何咨询美国多位研究人员，回避了这一问题，因此他并未直接回答相关的关键历史性问题。最后一个问题由一位记者提出：“如果实验对象是你自己的孩子，你还会这么做吗？”贺建奎回答：“在这一情况下，如果是我的孩子，我会进行尝试。”随后，贺建奎提起自己的公文包，离开了讲台，被送回深圳。[13]

杜德纳坐在观众席中，开始浑身冒汗。她回忆道：“我既感到紧张不安，又感到恶心反胃。”现在，CRISPR-Cas9 这一由杜德纳与其他研究人员共同发明的令人惊叹的基因编辑工具，在历史上首次被用于创造经过基因设计的人类。安全问题还未得到临床检测，道德问题尚未解决，对于这是不是科学和人类进步的进化方式，尚未形成社会共识，经基因设计的人类便已经诞生。杜德纳说：“我感到无比失望，对这一技术在此方面的应用感到厌恶。我担心，在此方面使用该技术的竞赛的动力不仅源于医学需要或帮助他人的愿望，也来自对获得关注、争夺第一的渴望。”[14]

杜德纳和其他会议组织者面对的问题在于，自己是否难辞其咎。数年来，他们不断制定标准。不达到此类标准，研究人员就不得进行人类基因编辑。但是，由于缺少对暂停相关研究的明确呼吁，且未制定审批临床试验的清晰流程，制定标准的工作停滞了。贺建奎可以声称自己遵循了这些标准。[15]

## “不负责任”

当晚晚些时候，杜德纳前往酒店的酒吧，与几位身心俱疲的组织者同僚坐在一起。巴尔的摩也来到了酒吧。他们点了啤酒。巴尔的摩比其他人都更加相信，科学界自我监管不足。他说：“有一件事非常明确。如果这个人真的做了自己声称的事情，就意味着这实际上并非一件非常难以实现的事情。这是一个令人警醒的想法。”他们决定发布一份声明。[16]

杜德纳、巴尔的摩、波蒂厄斯和其他 5 位组织者让酒店安排了一间会议室，开始起草声明。波蒂厄斯回忆道：“我们用了很长时间，逐行逐字进行检查，讨论每个句子的意义。”与其他人一样，波蒂厄斯想要对贺建奎的所作所为表达强烈反对，同时避免使用“暂停”一词，又不采取任何可能破坏基因编辑研究进程的行动。波蒂厄斯说：“我发现，‘暂停’一词并无益处，因为这个词会让你有一种无法逾越的感觉。我知道这是一个吸引人们注意的术语，因为这个词会画出一道具有不可逾越意味、恰到好处的暗线。但是，仅通过喊停项目从而平息议论，将使我们无法思考如何在正当的情况下对科学加以应用。”

杜德纳举棋不定。她对贺建奎的所作所为感到惊愕。因为使用 CRISPR-Cas9 编辑人类基因是一个尚不成熟且毫无必要的医学程序，是哗众取宠之举，会激起人们对所有基因编辑研究的强烈反对。但是她开始相信并希望 CRISPR-Cas9 已自证是一个强大的工具，可以造福人类，其中包括有朝一日能通过生殖细胞编辑改善人类生活。在讨论声明草案期间，杜德纳的这一希望成为在场所有人的共识。[17]

因此他们再次决定遵循平衡之道。需要生殖细胞基因编辑时，就需存在更为具体的指导方针，但是避免使用可引发全国禁令和研究暂停的措辞也至关重要。杜德纳说：“在会上，我们觉得，该技术已经发展至一个阶段，我们需要提供清晰明确的通道，实现胚胎基因编辑的临床应用。”换言之，杜德纳并未设法阻止进一步使用 CRISPR 制造基因编辑婴儿，而是想要为提升该方面应用的安全性铺平道路。她认为：“不应对现有问题视而不见，暂停研究也并不现实。我们应该说：‘如果想要让基因编辑进入临床阶段，就需要采取这些具体措施。’”

乔治·戴利是哈佛大学医学院院长。他是杜德纳的老友，也是参与讨论审议工作的成员之一。戴利对杜德纳产生了影响。他坚信，有朝一日，可将 CRISPR 用于开展可遗传编辑。当时，哈佛大学正开展研究工作，研究对象为精子生殖细胞编辑。该生殖细胞编辑可能实现预防阿尔茨海默病。杜德纳说：“乔治十分看好人类胚胎生殖细胞编辑的潜在价值，一直希望保持这一潜力，在未来进行应用。”[18]

因此，杜德纳、巴尔的摩及其他组织者所起草声明的措辞颇具克制性。他们写道："在本次峰会上，我们听到了一个出人意料、令人深感不安的消息。人类胚胎接受编辑和移植，致使一名女性怀孕，生下一对双胞胎。这一项目极不负责，未遵守国际规范。"但是在声明中，几位组织者并未呼吁联合抵制或暂停相关研究。该声明仅仅说明，当前安全风险过高，"此时"不应批准进行生殖细胞编辑。随后，声明接着强调："在未来，如果可以消除此类风险，达到诸多额外标准，则可以进行生殖细胞基因组编辑。"编辑生殖细胞不再是一条红线。[19]

第39章

# 认可

美国国会听证会上的弗朗西斯·柯林斯、杜德纳、参议员理查德·德宾（Richard Durbin）

## 乔赛亚·扎耶那庆祝胜利

一年前，生物黑客乔赛亚·扎耶那曾将一段经CRISPR编辑的基因注入自己体内。扎耶那观看了贺建奎在香港发表声明的现场直播后兴奋不已，一晚没睡。他躺在床上，因为身边的女朋友已经入睡，所以他用毯子盖着腿，关着灯，在自己的笔记本电脑上观看了直播。房间里只能看到笔记本电脑屏幕映在他脸上的光。他说："我就坐在那儿，等待贺建奎登台。我的背椎隐隐作痛，身上起了鸡皮疙瘩。我知道，即将发生令人兴奋的事情。"[1]

贺建奎介绍自己经CRISPR编辑的双胞胎时，扎耶那对自己说："我的天啊！”他认为，贺建奎的实验不仅仅是一项科学成就，也是全人类的一座里程碑。扎耶那高兴地大喊：“我们成功了！我们成功对胚胎进行了基因改造！人类获得了永久性改变！”

扎耶那意识到，现在已没有回头路。这就如同罗杰·班尼斯特（Roger Bannister）在一英里①跑中突破四分钟一般。既然人类胚胎基因编辑已经出现，这一现象还会再次发生。扎耶那说：“我认为，这是科学界最具开创性的成就之一。在整个人类历史中，我们一直无法决定自己应该拥有什么基因，对吗？现在我们做到了。”从个人角度看，这证实了扎耶那对自己使命的想法。他说：“我兴奋了好几天，无法入睡。因为基因编辑婴儿诞生是对我所做事情的原因的肯定，即设法确保人们可以推动人类进步。”

推动人类进步？没错，有些时候，是反叛者推动了人类进步。正如扎耶那所说，他自己平淡的语气和疯狂的实验让我想起曾经的某一天。那天，史蒂夫·乔布斯坐在自家后院，根据自己的记忆，复述着为苹果公司《非同凡想》广告起草的广告词。广告主角不循规蹈矩、不安于现状、我行我素、桀骜不驯、惹是生非。乔布斯说：“他们推动着人类进步。因为疯狂到认为自己可以改变世界的人才能改变世界。”

扎耶那后来在提交至《即刻》杂志的文章中解释说，未来难以阻止 CRISPR 婴儿的一个原因在于，不用多久，对卓有成就的怪人而言，该技术将唾手可得。他写道：“人们现在已经在使用 150 美元的倒置显微镜编辑人类细胞。”诸如扎耶那自己的公司等在线公司也已经在销售 Cas9 蛋白质和向导 RNA。扎耶那说：“胚胎注射的要求极低：一个微型注射器、微量移液器和显微镜。只需花几千美元，就可在易贝（eBay）上买到所有工具，完成组装。花约 1 000 美元就可以从生殖中心购买人类胚胎。在美国，如果你不透露自己在做什么事情，你也许还能让医生帮助你将胚胎移植到一个人的体内。你也可以到另一个国家进行胚胎移植……因此，下一次人类胚胎编辑和移植并不遥远。”[2]

扎耶那说，生殖细胞基因编辑的重大意义在于，其能一劳永逸地将

① 1 英里约为 1.6 千米。——编者注

疾病或基因异常从人体中移除。他说："该技术不仅仅能治愈患者所患疾病，而且能彻底地将诸如肌肉萎缩等痛苦的致死疾病永久从未来人类中抹去。"他甚至支持对儿童使用 CRISPR，增强其各方面的能力。他说："如果我能让自己的孩子更不容易出现肥胖或拥有提高运动等方面表现的基因，何乐而不为呢？"[3]

对于扎耶那而言，这也是一个与其个人有关的问题。2020 年年中，我与扎耶那进行过一次交谈。当时，他和伴侣正努力通过体外受精怀孕。他们利用胚胎植入前基因诊断，选择了孩子的性别。医生们虽然也筛查了几种重大遗传病，但是未向扎耶那提供未来胚胎的全部基因组序列和特征。扎耶那说："我们无法选择注入我们孩子体内的基因。这荒唐可笑。相反，我们听天由命。我认为，为孩子选择你想要的基因并无不妥。这么做会令人害怕，会创造出智人 2.0 版。但是，我认为这非常激动人心。"

随着我开始反向提问，扎耶那通过讲述自己想要编辑他个人遗传问题的例子，冷漠地阻止了我。他说："我患有双相情感障碍，痛苦难言。这种疾病非常可怕，为我的生活造成了严重影响。我想要摆脱这一疾病。"我问扎耶那，他是否担心消除这一疾病会改变他自己。扎耶那回答："人们设法编造谎言，称这种病能帮助你提高创造力，还说了些其他鬼话。但是归根结底，这是一种病，是一种会造成大量痛苦的疾病。我认为，我们也许能找到方法，在不患有这种疾病的情况下拥有创造力。"

扎耶那知道，有多种基因可通过不可思议的方式，引发心理障碍。现在，我们对如何消除这些障碍的了解还远远不够。但是，从理论上说，倘若可使生殖细胞基因组编辑起效，扎耶那则希望使用这种方法，确保自己的孩子不会遭受心理障碍折磨。他说："如果我可以编辑基因，降低我孩子患双相情感障碍的可能，哪怕我可以帮孩子减少一丁点儿这种可能，我怎么可以不那么做呢？我怎么能希望我的孩子长大成人，却像我一样遭受这种痛苦？我觉得我做不到。"

对于与医学需求相关性更少的编辑，扎耶那有何看法？他说："如果我可以，我一定会让我的孩子再长高 15 厘米，在运动方面表现得更好，更具有吸引力。个子更高、更具魅力的人会更加成功，不是吗？你希望你的孩子在哪些方面能提高？显而易见，对我的孩子而言，我想要把全世界都给他们。”他猜测，在我的成长过程中，我的父母已尽其所能为我提供最好的教育。他猜得没错。他问：“与尽可能提供最好的教育相比，希望孩子拥有最好的基因有什么不同吗？”

## 风平浪静

从中国香港回到美国后，杜德纳发现，自己十几岁的儿子无法理解，人们为什么会对贺建奎的基因编辑大惊小怪。杜德纳说：“安迪无忧无虑。这让我思考，子孙后代会不会认为基因编辑事关重大。试管授精刚刚出现时，颇具争议。也许我们的子孙后代会像看待试管授精一样看待基因编辑。”杜德纳回忆道，1978 年首个试管婴儿出生时，自己的父母深感震惊。那年杜德纳 14 岁，刚刚读完《双螺旋》。她记得，自己与父母一起讨论了为何他们认为试管婴儿违背自然，是错误之举。她说：“但是后来，社会大众接受了试管婴儿，我的父母也接受了试管婴儿。我父母有一些朋友，他们只能通过试管授精生儿育女。该项技术的存在令我父母感到高兴。”[4]

结果表明，针对 CRISPR 的政治与公众反应和安迪的反应如出一辙。从香港返回两周后，杜德纳与 8 名参议员一起出席了于美国国会大厦举行的一场会议，对基因编辑进行探讨。通常情况下，此类会议以论坛形式展开，供政治家就某些他们不理解的事物表达震惊和不安，随后呼吁进一步设立法律法规。而这场参议院简报会的情况则恰恰相反。该场会议由美国伊利诺伊州民主党参议员迪克·德宾主持，参会人员还包括南卡罗来纳州共和党参议员林赛·格雷厄姆（Lindsey Graham）、罗得岛民主党参议员杰克·里德（Jack Reed）、田纳西州共和党参议员拉马尔·亚历山大（Lamar Alexander）和路易斯安那州共和党参议员比尔·卡西迪（Bill Cassidy，一位医生）。杜德纳说：“我非常高兴，所有参议员对发展基因编辑重要技术的想法予以支持。他们没有一人要求加强监管，我对此颇为惊讶。他们只想弄清楚：‘现在，我们将前往何处？’”

杜德纳向陪同她参会的美国国立卫生研究院院长弗朗西斯·柯林斯解释说，相关规定已经就绪，用于限制胚胎基因编辑的使用。参议员们更感兴趣的是努力理解 CRISPR 可能对医药和农业领域的价值。他们并未将重点放在刚刚出生的中国 CRISPR 婴儿上，而是详细询问了 CRISPR 在体细胞治疗和生殖细胞编辑中如何作用，以治愈镰状细胞贫血。杜德纳回忆道："他们对 CRISPR 在治疗镰状细胞贫血方面的潜力尤为感到振奋，对于其他诸如亨廷顿病和泰－萨克斯病等使人体衰弱的单基因疾病，他们也为 CRISPR 所具有的潜力激动不已。参议员们谈及了 CRISPR 对可持续卫生保健的意义。"[5]

两个国际委员会应运而生，以处理生殖细胞编辑相关问题。其中一个委员会由多国科学研究院组建。这些研究院自 2015 年起便投入此项工作。另一个委员会由世界卫生组织成立。杜德纳担心，成立两个组织可能会导致产生彼此矛盾的信息，让未来像贺建奎一样的研究人员自行解读指导方针。因此，我与美国国家医学院院长曹文凯和世卫组织委员会联合主席玛格丽特·汉伯格（Margaret Hamburg）见了面，以了解两个组织如何划分责任。汉伯格说："由各国研究院组成的委员会的工作重点为科学研究，而世卫组织专注于如何创建全球性监管框架。"曹文凯说，即使未来将生成两份报告，情况也将好于过去。以前，不同国家的科学研究院会出台不同的指导方针。

然而，汉伯格承认，两个委员会的成立不太可能防止各国制定自己的规则。汉伯格解释说："各国持不同态度，使用不同监管标准，反映出各国不同的社会价值观，这与各国面对转基因食品时所遇到的情况相同。"不幸的是，此种情况可能会导致基因"旅游"——想要获得基因增强的特权群体可以前往提供基因增强服务的国家"旅游"。汉伯格表示，世卫组织将难以监管"旅游"的合规性："这与核武器不同。对于核武器，你可以设置警卫，封锁区域，加强安全机制。"[6]

## 暂停问题

2019年年中，两个委员会开始运作。科学界再次爆发公开争论，将杜德纳和布洛德研究所充满进取心的埃里克·兰德尔置于对立面。两人的争论焦点在于"暂停"一词的使用。过去，大多数科学委员会均对该词避而不谈。

在某种程度上，此次针对是否需要进行正式暂停的争论与其词义相关。此前，人们已制定允许胚胎基因编辑的相关规定，即保障安全，"具有医学必要性"，而相关规定已无法满足当时的实际情况。有人认为，贺建奎的行为表明，需要更为清晰、更为明确的停止信号。持该种观点的研究人员包括兰德尔、张锋、保罗·伯格、弗朗西斯·柯林斯和杜德纳的科学合作伙伴埃玛纽埃勒·沙尔庞捷。柯林斯解释说："如果你使用'暂停'一词，将产生更大影响。"[7]

兰德尔非常喜欢当一名公共学者和政策顾问。他口才出众，为人风趣，友好合群，颇具魅力，至少对于没有因为他咄咄逼人而退避三舍的人而言的确如此。他非常善于维护立场，召集最真诚的思考者组建小组。但是，杜德纳怀疑，兰德尔至少在一定程度上挑起了暂停问题。因为杜德纳并未和不善于抛头露面的张锋合作，而是和巴尔的摩一起，作为CRISPR首席公共政策思想家，成了万众瞩目的焦点。杜德纳说："埃里克和布洛德研究所是一个巨大的扩音器。对他们而言，呼吁暂停研究是登上诸多报刊头条的一种方式，而他们早些时候并未努力就此次涉及的相关问题发声。"

不论动机为何（我倾向于认为他们出于诚心实意），兰德尔开始就一篇即将发表于《自然》杂志的文章争取支持，文章标题为《暂停可遗传基因组编辑》。不出所料，张锋在文章中签了名。杜德纳从前的合作伙伴沙尔庞捷同样签上了名字。44年前，伯格就重组DNA所获发现促成了阿西洛玛会议的召开。现如今，伯格也在该文章中签上了自己的名字。兰德尔在文章开头写道："人类生殖细胞编辑会改变（精子、卵子或胚胎中的）可遗传DNA，创造接受基因改造的孩子。我们呼吁，在全球范围内暂停所有人类生殖细胞编辑临床应用。"[8]

兰德尔请了自己的朋友柯林斯对文章提出修改意见，两人曾共同参与人类基因组计划。在兰德尔的文章发表的当天，柯林斯接受了采访。柯林斯说："我们必须竭尽所能，发表最为正确的声明，表明我们现在尚未准备好沿着这条道路走下去。我们可能永远无法做好准备。"

兰德尔强调，不应将问题交由个人选择，也不能留给自由市场。他说："我们正设法规划留给子孙后代的世界。这是一个我们对医学应用深思熟虑、在严重情况下才使用医疗技术的世界，还是一个仅仅追求疯狂的商业竞争的世界？"张锋表示，需要由全社会来解决围绕基因编辑出现的种种问题，而不是依靠个人。他说："你可以想象一种情况：父母对编辑自己的孩子备感压力，因为其他父母也在编辑他们孩子的基因。这种情况可能会加剧不平等，可能会创造一个一片混乱的社会。"[9]

世卫组织委员会联合主席玛格丽特·汉伯格问我："埃里克为何一心想公开推动实施暂停？"这是一个发自内心的问题。兰德尔名声在外，即使在做出某种似乎直截了当的事情时，其他人也会怀疑他的动机。汉伯格认为，呼吁研究暂停似乎是在卖弄，乃多此一举。因为世卫组织和各个国家的研究院已经开始制定合适的指导方针，并未叫停生殖细胞编辑。[10]

巴尔的摩同样表达了自己的困惑。兰德尔曾设法让巴尔的摩在文章中签字。但是，如同 40 多年前在阿西洛玛会议上讨论重组 DNA 一样，巴尔的摩对找到"一条稳健的前进道路"、实现可救人性命的进步颇感兴趣，而对宣布难以一步到位的暂停不屑一顾。巴尔的摩猜测，兰德尔推动研究暂停，可能是为了讨好美国国立卫生研究院院长柯林斯，后者可为学术实验室提供大量资金支持。

对杜德纳而言，兰德尔推动暂停研究的力度越大，她反对暂停研究的立场就越强。杜德纳说："鉴于已在中国婴儿身上进行了生殖细胞编辑，我认为在现阶段呼吁暂停研究并不现实。如果你呼吁暂停研究，实际上是在使自己无法参与相关对话。"[11]

杜德纳的观点得到了大多数人的认可。2020 年 9 月，国际科学委员会发布了一份 200 页的报告。该委员会在贺建奎公布令人震惊的消息后成立。虽然兰德尔是 18 名委员会成员中的一员，但是报告并未呼吁暂停研究，也未提及“暂停”一词。相反，报告指出，可遗传人类基因组编辑“在未来可能提供一个生育选项”，使拥有遗传疾病的夫妇受益。虽然进行可遗传性基因编辑尚不安全，在通常情况下也并不具备医学必要性，但是其最终将有利于“明确一条负责任的道路，将可遗传人类基因编辑投入临床应用”。换言之，要继续努力实现“一条稳健的前进道路”的目标。在此前由杜德纳于 2015 年 1 月组织的纳帕会议上，该目标获得认可。[12]

## 被判有罪

贺建奎并未像自己幻想的那样成为国家英雄，受到世人称赞，而是于 2019 年在深圳市人民法院接受审判。审判过程中的诸多元素体现了审判的公平性：法院批准他聘请自己的律师，为自己辩护。他服从“非法行医”罪的判决后，没有人对判决结果表示异议。他被判三年有期徒刑，罚款 300 万元，终身禁止从事生殖科学相关工作。法院宣布：“（贺建奎）为追名逐利，故意违反相关国家规定，越过了科研与医学伦理道德底线。”[13]

就该审判的中国官方新闻报道表明，另一名女性产下了接受贺建奎改造的第三名 CRISPR 婴儿。关于该名婴儿和首对经 CRISPR 编辑的双胞胎露露与娜娜，均无具体消息。

《华尔街日报》请杜德纳就判决结果发表评论时，她小心翼翼地批评了贺建奎的研究，但并未就生殖细胞基因编辑予以谴责。她认为，科学界必须厘清安全与伦理道德问题。“于我而言，重要问题并不是这一问题是否会再次出现。我认为答案是肯定的。问题在于，该问题将在何时以何种方式出现。”[14]

第七部分

# 道德问题

如果科学家不扮演上帝，谁来扮演呢？

——詹姆斯·沃森，致英国议会和科学委员会

2000 年 5 月 16 日

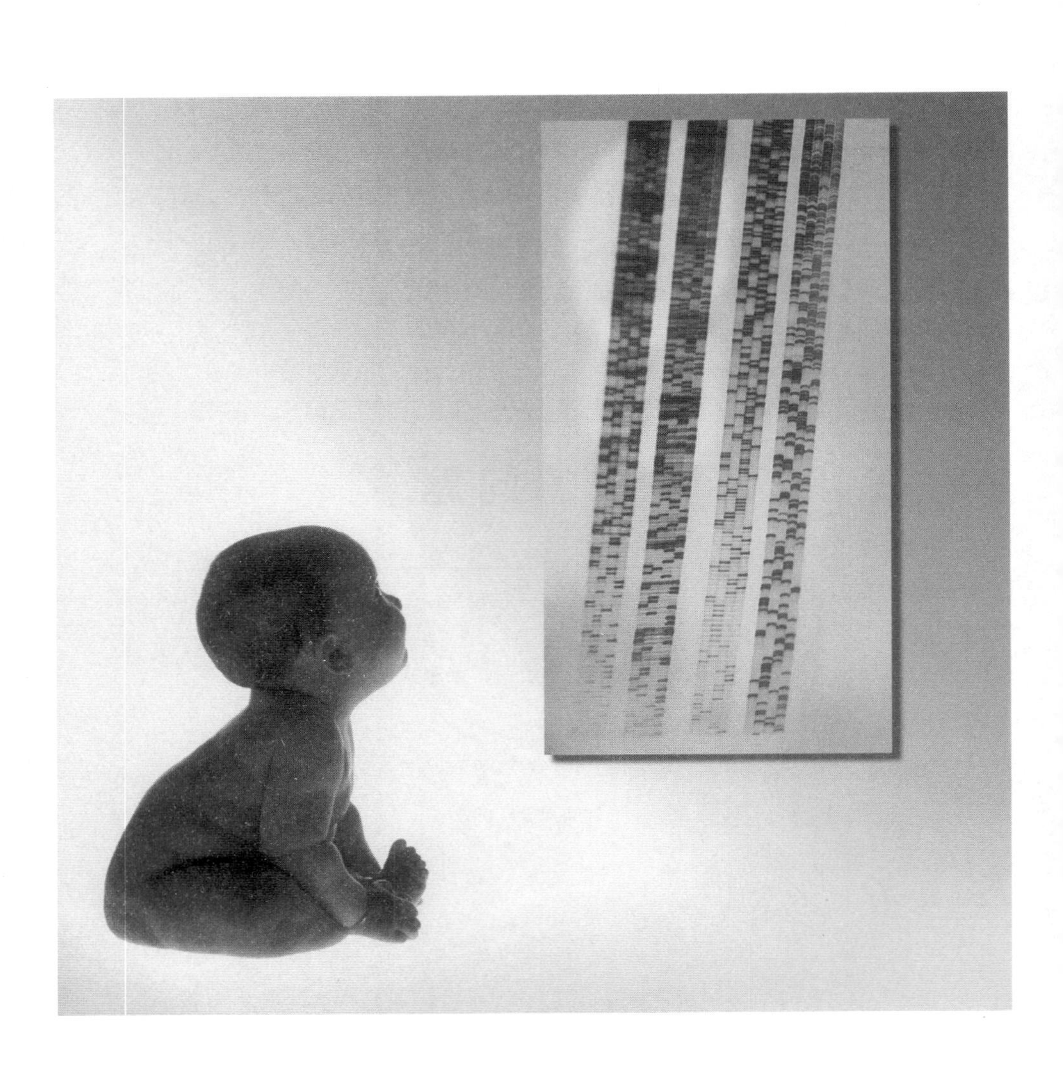

第 40 章

# 红线

## 风险

贺建奎制造世界首对 CRISPR 婴儿时，其目标是使两名婴儿及其子孙后代对致命病毒攻击免疫。当时，大多数负责任的科学家对此表达了愤怒之情。贺建奎的所作所为，往好了说叫为之过早，往坏了说叫令人深恶痛绝。但是，在 2020 年新冠病毒大流行之际，编辑人类基因，使我们对新冠病毒攻击免疫这一想法似乎开始不再骇人听闻，而是略微具有吸引力。暂停生殖细胞基因编辑研究的呼声正在褪去。正如细菌历经千年的进化，形成病毒免疫力一样，也许，我们人类应该用自己的聪明才智，形成自己的病毒免疫能力。

如果我们能安全进行基因编辑，让子孙后代更不容易受到 HIV 或新冠病毒的影响，那么安全的基因编辑是错误之举吗？或者说，在可以安全进行基因编辑的情况下，不进行基因编辑的做法有错吗？在未来几十年，可能通过基因编辑修复其他问题，提高其他能力，这也是错误做法吗？如果结果证明，基因编辑安全可靠，政府应该禁止人类使用该项技术吗？[1]

这是我们人类有史以来所面对的最具深远意义的问题。在地球生命进化史上，首次出现了一个物种，开发出编辑自身遗传组成的能力。这为带来非同寻常的益处提供了潜力，包括消灭多种致命疾病和削弱身体异常造成的不良影响。有朝一日，这一能力既会创造光明前景，也会带来危险处境，使我们或我们当中的一部分人，提高身体素质，增强子孙后代的能力，拥有更健壮的肌肉、更聪明的头脑、更牢固的记忆和更健康的情绪。

在未来几十年，随着我们影响自身进化的能力不断增强，我们将同深层次的精神和道德问题搏斗：自然存在与生俱来的善吗？存在从接受我们自身天赋中产生的美德吗？同理心是否取决于坚信，除了上天的恩赐或自然的安排，我们也会具有不同天资吗？强调个人自由会将人性之本变成基因超市中消费者所做的选择吗？富人应该购买最佳基因吗？我们是应该通过个人选择还是社会共识，做出该方面的决定？

我们是否又一次对所有问题小题大做了？为什么我们不能通过让人类摆脱危险疾病、增强子孙后代的能力，使自己从中受益？[2]

## 生殖细胞是一道红线

生殖细胞编辑是首要关注点。在人类卵细胞、精细胞或早期胚胎中进行生殖细胞基因编辑，进而使受编辑儿童及其所有子孙后代的每一个细胞具备编辑后的特点。毋庸置疑，现在人们已经总体接受了体细胞编辑。体细胞编辑会修改患者的靶细胞，不会影响生殖细胞。如果这些治疗方法中有一个出现差错，只会对患者一人造成灾难性影响，而不会影响全人类。

体细胞编辑可在某些类型的细胞中应用，比如血细胞、肌肉细胞和眼细胞。但是，体细胞编辑费用高，不适用于所有细胞，可能不具有永久效力。生殖细胞编辑则可在身体的所有细胞内进行修复。因此，它具有更为广阔的前景，也能带来可感知的危险。

到 2018 年创造出首对 CRISPR 婴儿之时，才出现了选择孩子遗传特点的两种主要医学方法。第一个方法是产前检查。该方法涉及在胚胎于子宫内生长期间，开展基因检测。现如今，此类方法可以检测出胎儿是否患有唐氏综合征和数十种先天性疾病，以及其性别。父母如果不喜欢孩子的特性，可以决定放弃胚胎。在美国，在产前检查中诊断出胎儿患有唐氏综合征时，约 2/3 的父母会选择堕胎。[3]

试管授精的发展推动了另一个基因控制进步：胚胎植入前基因诊断。父母如果有能力，可以提供多个受精卵，受精卵可以在实验室培养皿中被检测，以确定基因特点，再被植入母亲体内。这些受精卵是否会发生变异，使孩子患上亨廷顿病、镰状细胞贫血或泰－萨克斯病？或者有朝一日，我们可以像电影《千钧一发》中的剧情一样，询问他们是否能按照父母的要求，提供满足身高、记忆、肌肉需求的基因。通过植入前诊断，具有父母需要特征的受精卵可以被植入母亲体内，其他受精卵将遭到丢弃。

两项技术均引发了一些与生殖细胞基因组编辑相同的道德问题。例如，直言不讳的 DNA 发现者詹姆斯·沃森曾表示，女性应有按照喜好或偏见进行堕胎的权利，其中包括不希望要一个身材矮小、具有朗读困难、有同性恋倾向或性别为女性的孩子。[4] 这一言论导致许多人有意回避该类技术。这一做法可以理解。然而现在，植入前基因诊断在道德上为人们所接受，父母可以自由选择其所用标准。

问题在于，生殖细胞基因编辑在将来是否会像产前筛查或植入前筛查一样，成为另一个由曾备受争议的生物干预引发、最终逐渐为人们接受的长期延续性问题。如果情况如此，按照一套不同的道德标准，将生殖细胞编辑区别对待是否合理？

这一延续性问题是一个难题。在伦理学家中，有的善于进行区分，有的善于识别差异。或者，换言之，有的伦理学家能辨别界限，有的善于模糊界限。喜欢模糊界限的伦理学家经常表示，区别的界限非常模糊，不存在区别对待分类的逻辑。

以原子弹进行类比。美国战争部长亨利·史汀生（Henry Stimson）曾就是否对日本投放原子弹问题犹豫不决。有人认为，原子弹是一个全新类别的武器，不应越线。其他人则认为，本质上，原子弹与其他武器没有不同。实际上，原子弹与此前在德累斯顿和东京的轰炸相比，其野蛮程度可能更低。后者的意见最终得到采纳，美国投下了原子弹。然而，后来原子武器自成为一个特殊类别。自第二次世界大战期间对日本使用后，人类再也没有使用过原子武器。

在基因编辑的案例中，我认为，生殖细胞的的确确是一条界线。也许，并不存在非常明确的危险界线，将生殖细胞同其他生物技术加以区分。但是，正如列奥纳多·达·芬奇的“晕涂法”说的那样，即使微微模糊的线条也具有限定作用。越过生殖细胞这条界线将把我们带入一个截然不同的新领域。它涉及改造基因，而不是培养通过自然方式产生的基因。它带来的变化将被未来的所有子孙后代继承。

然而，这并不意味着永远不用跨过生殖细胞编辑这条界线。这仅仅意味着，我们可以将生殖细胞编辑视为防火屏障。如果我们决定暂停推进基因工程技术进步，这道屏障则可以给予我们机会。问题是：在那种情况下，我们是否应跨过生殖细胞编辑这条界线？

## 治疗与加强

除了体细胞编辑和生殖细胞编辑间的界线，我们可能还需考虑一条界线，它涉及旨在修复危险基因异常的“治疗”，以及旨在改善人类能力或特性的“加强”。乍一看，与加强相比，证明治疗的合理性似乎更加容易。

但是治疗与加强之间的界线非常模糊。基因可能容易影响某类儿童，使其身高矮小、身材肥胖或心不在焉、情绪抑郁。在什么情况下，基因修改会越过治疗和加强的界线，修复此类特性？在什么情况下可以越过这条界线，使用基因修改帮助一个人预防 HIV、冠状病毒、癌症或阿尔茨海默病？也许，对于这些问题，除了定义不明确的“治疗”和“加强”，我们还需要一种叫作“预防”的第三类别。对于有些界线，可能需要我们增加第四种叫作“超级加强”的定义。该定义包含给予人类以往所没有的新能力，如看见红外线，听见超高频率的声音，以及随着年龄增长避免骨骼、肌肉和记忆衰退的能力。

正如你们所见，分类会非常复杂，并不一定与人们的意愿或伦理道德相关。为了在这一道德雷区制定路线，开展一些思想实验可能颇为有用。

第 41 章

# 思想实验

戴维·桑切斯（David Sanchez）正看着治疗镰状细胞贫血的 CRISPR 药剂

## 亨廷顿病

在我们考虑周全、贸然行动、发布必须遵守的声明前——体细胞编辑安全可靠，而生殖细胞编辑问题严重；疾病治疗可以接受，而能力加强危险重重——让我们探讨一些具体案例，看看这些案例引发了哪些问题。

历史上出现过编辑人类基因的案例。在该类案例中，患者通过基因编辑，摆脱了突变基因，治愈了残忍无情、带来痛苦的杀手亨廷顿病。

亨廷顿病由 DNA 碱基重复突变引发，最终会导致脑细胞死亡。在中世纪之初，有患者开始不由自主地抽搐，无法集中注意力。他们丢了工作。最终，从无法走路发展为无法说话，接着发展为无法吞咽。有时，会出现痴呆症状。患上亨廷顿病的人会饱受折磨，在极度痛苦之中慢慢死去。患者家庭也会陷入痛苦，孩子们尤其悲痛难当，因为他们将看到自己父亲或母亲的身体日益衰弱的可怕过程。面对同学的怜悯或奚落，孩子们最终得知，自己至少有 50% 的概率会遭遇与父亲或母亲相同的命运。只有狂热坚信在痛苦中能获得救赎的人，才会认为亨廷顿病为人们带来了好处。[1]

亨廷顿病是一种罕见的显性遗传病。等位基因中只出现一次突变，便会带来毁灭性后果。亨廷顿病的症状通常会在育龄后出现。因此，自然选择并未将该病铲除。我们生儿育女，将子女抚养成人。对此后发生在我们身上的事情，进化过程并不关心。因此便有中年群体所患疾病，其中包括亨廷顿病和大多数癌症。虽然自然认为毫无必要，但是我们人类希望将此类疾病彻底消灭。

亨廷顿病修复无须复杂编辑。多余的 DNA 突变序列毫无益处。因此，为何不通过编辑，在遭受痛苦的家庭的生殖细胞中去除突变序列，同时一劳永逸地在人类身上消除突变序列呢？

一种观点是，在可能的情况下，找到生殖细胞基因编辑的替代性方式，将取得更好的效果。在大多数情况下——父母双方均患病的情况除外——可以通过胚胎植入前基因诊断，确保生出健康的孩子。如果父母提供的受精卵数量满足要求，便可移除带有亨廷顿病的受精卵。但是，所有经历过生育治疗的人都知道，提供大量能发育成胚胎的卵子并非易事。

另一个替代方法是领养。如今，领养同样不容易。此外，未来的父母总是想要与自己有遗传关系的孩子。这是合理的渴望，或者仅仅是虚荣心作祟？[2] 不论如何，有些伦理学家会说，大多数父母会认为领养孩子合情合理。从细菌到人类，生命经过数百万年的努力，找到将基因传递的数种方法。这表明，生产与自己有遗传关系的子孙后代是地球上的生物最为自然的本能。

使用基因编辑消灭亨廷顿病的过程，除了消除可怕的突变，并未对其他部分做出任何改变。因此，是否应该——尤其是在进行胚胎植入前筛查存在困难的情况下——允许通过基因编辑消灭亨廷顿病？即使我们决定就使用生殖细胞编辑设定高标准，亨廷顿病似乎（至少对我而言）也是一种应从人类种族中消灭的遗传性疾病。

在这种情况下，父母是否应该拥有权利，防止自己将其他基因问题遗传给自己的孩子？这条道路容易将人引入险境，因此让我们一步一个脚印，稳步前进。

## 镰状细胞贫血

镰状细胞贫血是我们接下来考虑的有趣案例。因为该病会引起两个复杂问题，一个是医学问题，另一个是道德问题。与亨廷顿病一样，镰状细胞贫血由基因突变导致。在遗传了父母不良基因的人群中，该突变使为身体组织供氧的红细胞变形为镰刀状。这些镰状细胞的死亡速度更快，更加难以在身体内移动，因此该病会导致疲劳、感染、阵痛和早亡。非洲人和非裔美国人更容易患上镰状细胞贫血。

到 2020 年，体细胞镰状细胞贫血疗法处于试验阶段，其中包括之前所介绍的关于密西西比女性维多利亚·格雷的试验。格雷参与的是纳什维尔医院的临床试验。研究人员将造血干细胞从患者体内移除，对细胞进行编辑，随后将细胞重新注入患者体内。但是这一治疗过程价格不菲，无法在全球 400 余万患者中推广。如果可以通过编辑卵细胞、精细胞或早期胚胎细胞，在生殖细胞中修复镰状细胞贫血突变，那么这一方法的价格将更加低廉。这种一劳永逸的治疗效果将代代相传，最终将镰状细胞贫血从人类种群中抹去。

那么，镰状细胞贫血与亨廷顿病可被分为一类吗？镰状细胞贫血是应使用可遗传编辑消灭的疾病吗？

与许多此类基因一样，这些问题存在复杂性。从父母一方遗传该基因的人不会患上该病，但是他们会对大多数疟疾产生免疫。换言之，该基因（在某些地方依然）具有实际作用，尤其是在撒哈拉以南非洲。由于现在疟疾可以得到治愈，该基因的实际作用有所减弱。但是，该基因提醒我们，当我们考虑干预自然母亲时，基因会发挥多种作用，这也是其存在的进化方面的原因。

让我们假设，研究人员证明，通过编辑消除镰状细胞贫血突变安全有效。在此情况下，是否存在任何理由，禁止父母在母亲怀孕后使用编辑工具去除该基因？

在这一问题的讨论中，一位名叫戴维·桑切斯的讨人喜欢的孩子进一步增加了该问题的复杂性。戴维·桑切斯是美国加利福尼亚州的一位非裔少年。他勇气十足，惹人喜爱，善于思考，热爱篮球。镰状细胞贫血会导致桑切斯痛苦难忍，难以站立。在这种情况下，他便无法打球。镰状细胞阻碍血液流入他的肺部，进而导致其胸部出现不良症状。因此，桑切斯不得不从高中辍学。《人类本性》（*Human Nature*）是一部关于 CRISPR 的震撼纪录片，于 2019 年播出。在该部纪录片中，桑切斯令人难以置信地成了明星。他说："我觉得我的血液并不喜欢我。有时，我会遭遇一场小小的镰状细胞危机，有时会遭遇严重危机。但是，我不会停止打篮球。"[3]

桑切斯的祖母每个月都会带着他到斯坦福大学儿童医院，为他输入血液捐献者提供的健康细胞。这能使桑切斯暂时缓解病痛。马修·波蒂厄斯是斯坦福大学的基因编辑先驱，一直为桑切斯提供帮助和治疗。有一次，波蒂厄斯向桑切斯解释说，在未来某一天，生殖细胞基因编辑可能会消灭镰状细胞贫血。波蒂厄斯告诉桑切斯："也许有一天，可以使用 CRISPR 进入胚胎，改变胚胎基因，从而使孩子出生时不再带有镰状细胞。"

桑切斯听后眼睛亮了起来。他说："我觉得这挺酷的。"然后他停顿了一下。"但是我认为应该由孩子自己决定是否改变自己的基因。"当被问及这么说的原因时，桑切斯思考了片刻，然后慢慢说道："在患镰状细胞贫血的过程中，我学到了很多。因为我患有这一疾病，我学会了包容他人，耐心相待。我学会了如何保持乐观。"

但是，桑切斯希望自己生来就不患有镰状细胞贫血吗？他又沉默了片刻，接着说：“不，我不希望自己从未患上这种病。我认为，如果我没有患上镰状细胞贫血，我就不会成为我自己。”接着，桑切斯露出了一个灿烂且可爱的微笑。桑切斯天生就应该成为这一纪录片的明星。

在镰状细胞贫血症患者中，并非所有人都像戴维·桑切斯一样。甚至他也并不总是如同在纪录片中的自己一样。尽管他在镜头面前说了那些话，但是我依然难以想象，在患有和不患有镰状细胞贫血之间，一个孩子会选择前者。更加难以想象的是，父母，尤其是自己因镰状细胞贫血而在生活中饱受折磨的父母，会做出决定，希望自己的孩子患上此病。毕竟，桑切斯加入了一项计划，确保其镰状细胞贫血得到控制。

这一问题折磨着我。因此，我做了安排，向桑切斯提了几个问题。[4] 这一次，与在纪录片中接受采访相比，桑切斯的想法略有不同。在此类复杂个人问题方面，我们的想法会有所波动，这一点可以理解。我问桑切斯，他希望找到一种方法，让他的子女出生时不患有镰状细胞贫血吗？桑切斯回答：“是的。如果我可以选择，我当然希望如此。”

桑切斯在纪录片中告诉制片人，通过患有镰状细胞贫血，自己学会了包容他人，保持耐心，持积极态度。而这次，由于桑切斯回答不希望子女患病，我就此再次向他提问。他回答道：“对于人类而言，共情的确至关重要。我在患镰状细胞贫血的过程中学到了这一点。如果我的子女生来不患有该病，我真心实意地希望将这一体会传递给他们。但是，我不希望自己的孩子或其他人经历我所经历的一切。”对 CRISPR 了解得越多，他对 CRISPR 可能治愈自己、保护自己的子女就越发感到兴奋。但是，情况并不简单。

## 品质

戴维·桑切斯的智言慧语引发了一个更为宏观的问题。挑战及所谓的残障往往能塑造一个人的品质，使人们学会接受，具有韧性。挑战与残障甚至与创造力存在关联。以迈尔斯·戴维斯（Miles Davis）为例。镰状细胞贫血所造成的痛苦使其沾染毒品，酗酒成性，甚至将其推向自我毁灭。然而，该病也推动戴维斯成为一名颇具创造力的艺术家，创作了《泛蓝调调》（*Kind of Blue*）和《泼妇酿酒》（*Bitches Brew*）等作品。如果没患镰状细胞贫血，他还会成为之后的迈尔斯·戴维斯吗？

这并非新的问题。脊髓灰质炎塑造了富兰克林·罗斯福的品格。这一困难改变了他的品性。无独有偶，我认识一个人，在索尔克（Salk）和萨宾（Sabin）于20世纪50年代后期研发出疫苗之前，这个人当时是最后一批感染脊髓灰质炎的孩子之一。我认为，此人之所以取得成功，部分原因在于其颇具深度的品性。他教会了我们所有人，要充满勇气，心怀感恩，谦恭虚己。沃克·珀西创作的《看电影的人》（*Moviegoer*）是我最喜欢的小说。这部作品讲述了身患残疾的男孩儿朗尼（Lonnie）对其他人物产生的巨大影响。

生物伦理学家罗丝玛丽·加兰-汤姆森（Rosemarie Garland-Thomson）天生双臂扭曲。她介绍了自己与另外三名具有遗传性缺陷女性组成的朋友圈。另外三名女性中有一位是盲人，一位失聪，还有一位患有肌肉损伤。加兰-汤姆森写道："我们的基因疾病让我们先人一步获得多个机会，为人类的繁荣发展表达思想、提供创意、贡献智慧。"[5]无独有偶，乔里·弗莱明（Jory Fleming）是一位了不起的年轻人。他天生患有严重孤独症，还有其他颇具挑战性的健康问题。他无法正常上课，因此便在家学习。随着年龄增长，他自己学会了如何处理内心世界与他人不同的事实。最终，他赢得了牛津大学的罗德奖学金。在2021年的回忆录《如何为人》（*How to Be Human*）中，弗莱明对在可行情况下是否应使用基因编辑，消灭部分导致孤独症的病因进行了反思。他写道："你将移除人类经历中的一部分。但是，这么做究竟是为了获得什么好处？"他认为，孤独症虽然是一项难以应对的疾病，但是从宏观上看，应对该病之所以存在挑战，是因为世界并不善于帮助感情生活与众不同的群体。这些差异实际上可以为其他人提供颇为有用的观点，包括如何在不受情感过度影响的情况下做出决定。他问道："社会应该做出改变，认可孤独症所带来的益处，而不是其所带来的挑战吗？当然，我的经历颇具挑战性，也为我带来了回报。谁知道呢，希望有朝一日，我能在自己的生命中做点儿事情，以某种方式造福他人。"[6]

这是一个发人深思的两难境地。人类一发现可预防脊髓灰质炎的疫苗，即便存在无法塑造未来的富兰克林·罗斯福的危险，依然立刻轻而易举地做出决定，用该疫苗消灭脊髓灰质炎，使其从我们的种族中消失。使用基因编辑预防疾病可能会减少社会多元化和创造性。但是，政府是否因此有权禁止父母使用该类技术呢？

## 失聪

这一情况引发了关于应将残障人士归入哪些类别的问题。莎伦·杜谢诺（Sharon Duchesneau）和坎蒂·麦卡洛（Candy McCullough）是一对女同性恋情侣。她们希望找到一位精子捐献人，帮助她们怀上一个孩子。她们均失聪，并认为失聪是她们生命的一部分，而非需要治愈的疾病。因为想要一个能成为自己文化身份的一部分的孩子，她们发布了公告，力图寻找一位天生失聪的精子捐献者。她们找到了理想的精子捐献者，并且现在她们拥有了一名失聪的孩子。

《华盛顿邮报》刊登了一篇关于这对情侣的报道，导致两人遭到一些人的谴责，因为人们认为，这对情侣按照自己的意愿，强行让一个孩子天生残障。[7]但是，在失聪群体中，两人的做法却大受赞赏。以上哪一种是正确的反应？这对情侣应为了确保自己的孩子天生残疾而遭到批评，还是应为了保护亚文化、促进社会多样性甚至引起情感共鸣而受到赞扬？如果两人没有选用一位失聪捐精者的精子，而是使用胚胎植入前诊断，选择一个产生致聋基因突变的胚胎，是否会造成截然不同的反应？如果胚胎正常，但两人选择使用基因编辑，使胎儿最终天生失聪，又会引发什么反响？这种做法合适吗？如果两人要求医生在孩子出生后打破孩子的耳膜，公众又会做何反应？

在某些情况下，出现道德争论时，进行反向测试会大有裨益。哈佛大学哲学家迈克尔·桑德尔便使用了这一思想实验：假定一位家长对医生说：“我的孩子会天生失聪，但是我希望你能做点儿什么，确保她能够听见声音。”在这种情况下，这位医生应该努力一番，对吧？但是，假如一位家长说："我的孩子天生听力良好，但是我希望你能做点儿什么，确保她天生失聪。"我认为，如果医生同意这一要求，我们大多数人都会表示反对。将失聪视作残疾是我们与生俱来的本能。

我们如何区分真正残障的特点和因社会无法改变而存在的残障呢？以失聪女同性恋情侣为例。有些人可能认为，失聪且为同性恋这两个事实对两人不利。如果两人希望通过基因技术，增加自己孩子成为异性恋的可能，情况又会如何？假如两人做出截然相反的选择，希望自己的孩子更可能成为同性恋，会造成什么情况？（这是一个思想实验。同性恋基因并不存在。）同理，在美国，人们认为天生为黑人是一项劣势。一种名为 SLC24A5 的基因对决定肤色具有重大影响。如果一对黑人父母认为，自己的种族会为自己和子女造成社会障碍，希望编辑该基因，生出浅肤色婴儿，那将会怎样？

此类问题促使我们审视"残障"，弄清由于社会阻力和偏见，残障自身具有多大程度的不良影响，会造成多大劣势。对于一个人或任何其他动物而言，失聪所造成的劣势都是客观存在的。相比之下，作为同性恋或黑人，由社会态度造成的不利劣势可以也应该得到改变。正因如此，在使用基因技术预防失聪和使用该技术影响肤色、性取向等方面，我们应该做出道德层面的区分。

## 肌肉与体育

现在，让我们进行几个思想实验，看看我们是否希望穿过两种基因编辑的界线，其中一种基因编辑可治愈真正的残疾，另一种基因编辑可增强我们子女的特质。肌肉生长到正常水平时，MSTN 基因会产生一种蛋白质，抑制肌肉生长。抑制该基因会松开肌肉生长的刹车闸。研究人员已经解除了对该基因的抑制，制造出了"大力鼠"和"倍力牛"。研究人员使用了生物黑客乔赛亚·扎耶那制作套件的原理，用他注入自己身体的那种 CRISPR 制造出了超级青蛙。

在对该类基因编辑颇感兴趣的群体中，除了养牛人，还有运动员教练。希望子女争冠夺金的严苛父母定会紧随其后。通过对基因编辑，尤其是生殖细胞编辑的使用，他们也许能催生拥有更大骨骼、更强肌肉的全新运动员。

在此基础上，研究人员在奥运会滑雪冠军埃罗·门蒂兰塔（Eero Mäntyranta）身上发现了一种罕见的基因突变。最初，他遭到服用兴奋剂的指控。后来人们发现，他体内具有一种基因，能使体内红细胞数量增加 25% 以上，自然而然提高了其体力和使用氧气的能力。

因此，面对想要使用基因编辑生出个头更大、更为强壮、体力更好的孩子的父母，我们应该说些什么？对那些可以跑马拉松、躲开铲球、使钢铁弯曲的运动员，我们该说些什么？这对我们对运动员的概念会产生何种影响？我们会从钦佩运动员的勤奋努力转而崇拜其基因工程师们的神奇魔法吗？荷西·坎塞柯（José Canseco）或马克·麦奎尔（Mark McGwire）承认自己曾服用类固醇后，可以轻而易举地在两人的本垒打记录旁标注星号。但是，如果运动员通过与生俱来的基因获得额外肌肉，我们应该做些什么？如果运动员父母通过支付金钱，而非自然的随机赠予，使运动员获得该类基因，这是不是一个重大问题？

至少自公元前 776 年首届奥运会以来，体育的作用就是赞美两件事：自然天赋和刻苦努力。特性增强会打破这一平衡，减少人类所做努力在取得胜利中发挥的作用。因此，此项成就并非那么值得称赞、振奋人心。如果一名运动员通过医学工程技术，获得某些身体优势，则会具有些许欺骗的意味。

但是，这一关于公平的争论存在一个问题。大多数功成名就的运动员总是那些因机缘巧合比其他人拥有更好运动基因的人。个人努力是一部分，但是如果一个人天生拥有帮其获得强壮肌肉、优质血液、良好协调能力和其他与生俱来的优势的基因，此人将会受益匪浅。

例如，近乎所有获得冠军的跑步运动员都具有 R 等位基因的 ACTN3 基因。该基因能产生一种蛋白，形成快速收缩的肌肉纤维。该蛋白质还与提高力量、促进肌肉损伤恢复密切相关。[8] 有朝一日，将 ACTN3 基因突变编入你孩子的 DNA 可能会变成现实。那时，这会是不公之举吗？有些孩子天生拥有该种基因，这对他人而言有失公允吗？为何其中一种情况比另一种更为不公？

## 身高

为弄清使用基因编辑实现生理加强这一问题的公平性，一个办法是将注意力放在身高上。有一种疾病叫作 IMAGe 综合征。该病由 CDKN1C 基因中的一种突变导致。我们应该允许通过基因编辑消除这一缺陷，让这些孩子的身高达到平均水平吗？大多数人都会赞同。

现在，让我们以恰巧个子不高的父母为例。我们应该允许这些父母编辑自己孩子的基因，使孩子的身高达到平均水平吗？如果答案是否定的，两种情况之间存在什么道德差异呢？

假设存在一种基因编辑，能够让一个孩子的身高增加 20 厘米。如果一个男孩儿的天然身高不足5英尺①，那么对他使用基因编辑，让他变成一个身高达到平均水平的人是否正确？对于一个天然身高达到平均水平、使用基因编辑会长高至 6.5 英尺的男孩儿，使用基因编辑是否正确？

探讨此类问题的一个方式是对“治疗”和“增强”加以区分。对于各类特性，诸如身高、视力、听力、肌肉协调性等，我们可以使用统计学的方法，对“典型物种功能”下定义。在该定义之下，一个重要突变会被定义为残障。[9]若使用这一标准，我们就可以赞同治疗可能身高不足 5 英尺的孩子，同时反对增加已经达到标准身高的孩子的身高。

通过思考身高问题，我们可以让另一个差异发挥作用：绝对提高和相对提高的差异。在首个类别中，即使所有人都获得增强，对你而言，增强依然大有裨益。想象存在一种提高记忆或病毒感染的抵抗力的方法。如果你在这两方面获得提升，即使他人同样获得增强，你的情况依然会得到改善。事实上，正如新冠病毒大流行向我们展现的那样，尤其在其他人同样获得增强的情况下，你自己的处境会获得改善。

---

① 1 英尺等于 30.48 厘米。——编者注

但是，身高增加带来的优势更具相对性。我们将其称为踮脚问题。假如你身处一个拥挤不堪的房间。为了看清前面发生了什么，你会踮起脚来。这种做法收效显著！但是，随后，屋内其他所有人都开始尝试使用这种方法，都比原来高了 5 厘米。结果，房间里的所有人，包括你自己，都无法比前排人看得更清楚。

同理，假设我的身高处于平均水平。如果我通过基因增强，长高了 20 厘米，我的身高会远远超过大多数人，这会使我受益匪浅。但是，如果其他所有人都像我一样，通过基因增强长高 20 厘米，那么我并未获得实际好处。这一加强并不会改善我或全社会的状况，在当今航班座位腿部空间狭小的情况下尤为如此。其中唯一的受益者只会是擅长提高门框高度的木匠们。因此，增高相对有益，而增强病毒感染的抵抗力绝对有益。[10]

这并未回答我们是否应该允许进行增强编辑这一问题。但是，随着我们制定出一套原则，将其纳入道德之中，这一区别的确会将我们引向一个我们应考虑的因素：与给予接收者相对优势的增强而言，更应支持惠及全社会的增强。

## 超级增强和超人类主义

也许，有些增强将得到社会的广泛接受。那么，社会对超级增强的态度又如何？我们应该改变特性和能力，超越有史以来任何人的实力吗？高尔夫球运动员泰格·伍兹（Tiger Woods）曾接受激光手术，改善视力，甚至优于 20/20 的水平①。我们希望我们的孩子获得超级视力吗？使他们获得看见红外线或新颜色的能力呢？

美国国防部高级研究计划局（DARPA）是五角大楼的研究机构。有朝一日，该机构也许会创造出具有夜视能力的超级战士。该机构还可能

① 在距离视力表 20 英尺处，即约 6 米处，可看清“正常”视力能看到的东西。——译者注

为了预防核打击，提高人类细胞对辐射的抗性。实际上，该机构的设想不仅如此。DARPA 已经与杜德纳实验室进行合作，研究如何创造出获得基因增强的士兵。

允许进行超级增强所带来的一个奇怪结果是，孩子在未来可能会像苹果手机一样：每过几年，就会出现拥有更优特性和应用的新版孩子。随着孩子年龄的增长，他们会感到自己逐渐成为明日黄花吗？发现最新版本的孩子身上通过基因增强获得了炫酷三倍镜增强，而自己没有，孩子们会做何感想呢？幸运的是，我们提出这些问题，只是为了娱乐，而非寻求答案。我们的子孙后代将找到这些问题的答案。

## 心理疾病

人类基因组计划完成 20 年后，我们依然对基因如何影响人类心理知之甚少。但是最终，我们也许可将一种导致精神分裂症、躁郁症、严重抑郁和其他心理疾病的基因分离出来。

那时，我们将必须决定，我们是否应该允许，也许甚至鼓励父母，确保通过基因编辑，从自己孩子身上移除该类基因。让我们假装穿越时空，回到从前。如果可以通过基因编辑，去除导致詹姆斯·沃森的儿子患上精神分裂症的遗传因素，那会是一件好事吗？我们应该允许他的父母做出进行基因编辑的决定吗？

毫无疑问，沃森会提供他的答案。他说："我们当然应该使用生殖细胞疗法，修复诸如精神分裂症等自然错误。"这么做会大大减少痛苦。精神分裂症、抑郁症和躁郁症会带来巨大痛苦，往往会致使患者死亡。没人希望将这一苦难强加给某人或任何一个家庭。

但即使我们一致认为，应该让人类摆脱精神分裂症和类似心理疾病，我们也应该考虑是否可能存在某种社会成本，甚至让我们的文明付出代价。凡·高患有精神分裂症或躁郁症。数学家约翰·纳什（John Nash）同样患有此类疾病。[查尔斯·曼森（Charles Manson）和约翰·辛克利（John Hinckley）① 也患有此类疾病。] 患躁郁症的人还包括欧内斯特·海明威、玛丽亚·凯莉（Mariah Carey）、弗朗西斯·福特·科波拉（Francis Ford Coppola）、凯丽·费雪（Carrie Fisher）、格雷厄姆·格林（Graham Greene）、朱利安·赫胥黎（优生学家）、古斯塔夫·马勒（Gustav Mahler）、卢·里德（Lou Reed）、弗朗茨·舒伯特（Franz Schubert）、西尔维娅·普拉斯（Sylvia Plath）、埃德加·爱伦·坡、简·波莉（Jane Pauley）及成百上千名其他艺术家和创作者。具有创造力且患有严重抑郁症的艺术家数以千计。精神分裂症研究先驱南希·安德烈森（Nancy Andreasen）进行了一项研究，研究对象为 30 名杰出的当代著名作家。结果显示，当中有 24 人至少患过一次严重抑郁症或情绪疾病。有 12 名作家曾被确诊患有躁郁症。[11]

对部分人群而言，处理情绪波动、空想幻想、幻觉错觉、强迫行为、狂热躁动及深度抑郁能在多大程度上激发艺术创造力？在不具有强迫性，甚至狂躁型特性的情况下，成为一名伟大艺术家是否更加困难？如果你知道，假使不治疗自己会患上精神分裂症的孩子，他会成为凡·高式的艺术家，为艺术世界带来翻天覆地的变化，你是否还会治愈自己的孩子？（别忘了，凡·高英年早逝。）

在当前的思考过程中，我们必须面对个体需求和人类文明利益的冲突。在大多数受到心理疾病影响的个人、父母和家庭中，减少情绪疾病是一件好事。他们愿意减少情绪疾病。但是，从社会利益的角度考虑时，这一问题是否有所不同？在我们学会通过药物并最终使用基因编辑治疗情绪疾病时，我们是否会获得更多快乐，却使海明威式的艺术家更为稀少？我们希望生活在一个没有如凡·高一样的伟大艺术家的世界吗？

通过基因工程的方式消除情绪疾病这一问题甚至引发了一个更加根本性的问题：生命的目标或目的是什么？是幸福？是满足？是减少痛苦或不良情绪？如果这是答案，情况可能变得简单明了。在《美丽新世

① 查尔斯·曼森是美国类公社组织“曼森家族”的领导人、连环杀手；约翰·辛克利是里根遇刺案主凶。——译者注

界》中，统治者使用一种叫作唆麻（soma）的药物，增强大众的喜悦感，同时使他们避免感到不悦、悲伤或愤怒。通过确保大众服用唆麻，统治者们为大众构建出一种毫无痛苦的生活。哲学家罗伯特·诺济克（Robert Nozick）曾提出一种“实验机器”，这种机器让我们相信，我们击出了全垒打、正在与影星跳舞或沉浸在美好的一天中。[12] 假设我们可以让大脑与“实验机器”相连，让我们时时刻刻充满喜悦。这么做可取吗？

或者说，美好生活拥有更加深层的目标吗？生活的目标应该是以真正令人愉快的方式，使用天赋和特性，通过更具深度的形式，让每个人幸福吗？如果答案是肯定的，那么我们就需要真真正正的经历、实实在在的成就、踏踏实实的努力，而非人为造就的假象。美好生活必须是为我们的社区、社会和文明做出贡献吗？人类进化是否已将此类目标融入人性？这可能同时会让我们经历通常不会选择的牺牲、痛苦、心理不适及挑战。[13]

## 智力

现在，让我们处理最后一部分，最具希望又最为可怕的部分：提高记忆力、注意力、信息处理等认知能力，甚至有朝一日，改变定义模糊的智力概念的可能性。与身高不同，认知能力所带来的益处不仅限于通过相对方式实现。如果每个人都更加聪明，则可能让我们所有人过上更为幸福的生活。事实上，即使只有一小部分人提高了智力，也可能让所有人从中获益。

记忆力可能是我们能成功实现的第一个心理改善。幸运的是，与智商相比，记忆力是一个不那么令人担心的主题。通过增强神经细胞中NMDA受体基因等方法，我们已经成功改善了老鼠的记忆力。对于人类而言，增强此类基因可能有助于防止老年时期失忆。但是，增强此类基因也能提高年轻人的记忆力。[14]

也许，我们将能够提高我们的认知技能，从而持续应对在明智使用技术方面的挑战。但事情难就难在“明智使用”上。在所有人类智力包含的复杂组成部分中，智慧可能是最难以捉摸的部分。理解影响智慧的基因成分可能需要我们先理解意识。我认为，在 21 世纪，我们无法成功理解意识。与此同时，在思考如何使用我们发现的基因技术时，我们将不得不使用自然赋予我们的有限智慧。没有智慧的天赋可能引发危险。

第 42 章

# 大权在谁？

## 美国国家科学院视频

一条推特推文引发了争议，产生了意料之外的影响。该条推文写道：

*想变得更强壮？更聪明？你想自己的孩子天生就是尖子生或明星运动员吗？想自己的孩子不患有任何遗传性疾病吗？人类基因编辑最终能让你梦想成真，带来更多可能吗？*

该条推文由美国国家科学院于 2019 年 10 月发布。一贯保守的美国国家科学院发布该条推文旨在像所有针对基因编辑主题举行的会议所建议的一样，就基因编辑引发“广大公众的讨论”。该条推文提供了一条链接，通过该链接可进入一项测试，观看一段介绍生殖细胞基因编辑的视频。

在视频开头，5 个“普通百姓”将便利贴贴在一张人体图上，畅想自己可以对自身基因完成哪些改变。其中一个人说：“我想要长高。”其他人的愿望还包括：“我想改变体脂率”“预防谢顶”“消除阅读障碍”。

杜德纳也在视频中出镜，解释 CRISPR 的作用原理。随后，视频展示了人们就设计未来子女基因前景进行的讨论。一位男士陷入沉思：“创造完美人类？”另一个人说：“那棒极了！你肯定希望自己的子女拥有所有最佳特质。”紧接着，一位女士说：“如果我有机会为我的孩子选择最好的 DNA，我肯定希望她是个聪慧的人。”其他人讨论了自身的健康问题，如注意力缺失症和高血压。一位男士谈到了自己的心脏病，他说：“我确定，我想要通过基因编辑，让我的后代不会患心脏病。我不希望我的孩子为心脏病花费精力。”[1]

生物伦理学家们立刻通过推特，发泄自己难以遏制的愤怒。加利福尼亚大学戴维斯分校的癌症研究员和生物伦理学家保罗·克诺普菲勒（Paul Knoepfler）发布推文表示：“这是一个错误之举。这一古怪推文和通过链接打开的页面，似乎表现出对人类遗传基因编辑和对设计婴儿概念的轻视。这令人担忧。在美国国家科学院的媒体办公室，幕后推动者究竟是谁？”

推特并非探讨生物伦理问题的最佳论坛。这一情况并不令人意外。在互联网论坛版块中，存在着一个不言自明的道理：任何讨论还没超过 7 次，情况就会恶化到有人高喊“纳粹！”的程度。而在关于基因编辑的讨论中，不超过 3 次交流，讨论便会恶化至这一程度。一个人发布推文称：“我们仍然活在 20 世纪 30 年代的德国吗？”另一个人补充道：“原推文用德语怎么读？”[2]

在一天时间里，美国国家科学院的工作人员发出了撤退的信号。工作人员删除了原推文，将视频从网上撤下。美国国家科学院的一位发言人表达了歉意，表示他们“使人们认为，允许或可以轻视使用基因组编辑‘加强’人类特性，给人们留下了错误印象”。

这段短暂的暴风骤雨表明，呼吁就基因编辑的道德性开展更广泛社会讨论的陈词滥调言易行难。同时，也由此引出了应由谁决定如何使用基因编辑工具的问题。正如我们在此前章节的思想实验中所见，许多关于基因编辑的难题不仅仅关系到该问题的决定方式，还与问题决定人密不可分。与许多政策性问题一样，个人愿望可能与集体利益之间存在矛盾。

## 个人还是集体？

在大多数重大道德问题上，存在两个相互矛盾的观点。一个观点强调个人权利、个人自由和尊重个人选择。这一传统源自约翰·洛克和其他 17 世纪的启蒙思想家。就人民对何为有益于自身的事物持不同观点，该传统予以认可。该传统认为，只要不损害他人利益，国家应给予人民大量自行选择的自由。

与之形成鲜明对比的观点则透过社会利益至上的眼镜，对正义和道德进行判断，有时甚至（在生物工程学和气候政策案例中）以全人类利益为标准做出判断。相关例子包括要求小学生在新冠肺炎大流行期间接种疫苗，要求人们佩戴口罩。在个人权利和社会利益之间，对后者的强调会以约翰·斯图尔特·穆勒的功利主义形式出现——即使践踏某些个人的自由，也要追求社会最大福祉。或者，该观点也会以更为复杂的社会契约理论形式出现。在相关理论中，通过我们达成契约而产生的道德义务，形成了我们想要的社会。

这些对比鲜明的观点导致了我们所处时代最为基本的政治分歧。一方面，有人希望实现个人自由最大化，监管税收最小化，尽可能将国家挡在生活之外。另一方面，有人希望增加共同利益，创建全民受益的社会，最大限度减小不受约束的自由市场对我们工作和环境的影响，限制可能破坏社区和地球的自私自利行为。

50 年前，两本颇具影响力的书表达了这些观点的现代基础：一本是约翰·罗尔斯的《正义论》，该书支持了追求社会利益的观点。另一本为罗伯特·诺齐克的《无政府、国家与乌托邦》，该书侧重强调个人自由的道德基础。

如果我们共同签订意向协议，那么我们应该就哪些规则达成共识？罗尔斯就明确这些规则进行了探索。罗尔斯说，为了保障“公平”，我们应该想象，如果我们不知道自己最终将处于社会的哪一个位置，那么我们应该制定哪些规则，希望拥有哪些天然能力。他认为，透过这一“无知面纱”，人们应认定，除非能造福社会全员，特别是最为弱势的群体，否则不应允许存在不平等。在罗尔斯的作品中，这一观点使他认定，除非不会加剧不平等，否则基因工程就不合理。[3]

诺齐克的作品是对其哈佛大学同事罗尔斯的回应。诺齐克同样想象了我们在自然无政府状态中的状况。他并未谈及复杂的社会契约，而是表示应该通过个人的自由选择，形成社会规则。诺齐克的指导原则是，不应利用个人促进实现他人指定的社会目标或道德目标。这使诺齐克支持仅限于公共安全维护与契约执行，但避开大部分监管或再分配的极简政府。在脚注中，诺齐克解答了基因工程问题，他持有自由主义、自由市场观点。诺齐克并未提及集中管控和监管者制定的规则，而是表示，应该建立“一个基因超市”。医生们应该满足“未来父母（在一定道德限定范围之内）的个人具体要求”[4]。自诺齐克的作品发表以来，“基因超市”这一术语便成了一个流行语，得到其支持者和反对者的使用，用于表明将基因工程相关决定交由个人和自由市场决定的做法。[5]

两本科幻小说作品也有助于对我们的讨论产生影响：乔治·奥威尔的《1984》和阿道司·赫胥黎的《美丽新世界》。[6]

奥威尔虚构了一个奥威尔式的世界。在这个世界中，信息技术由“老大哥”使用。“老大哥”是经常监视你的一位领导，信息技术的使用将权力集中于一个超级国家之中，凭借威胁恐吓，控制平民大众。电子监控和全面信息控制将个人自由与独立思考击得粉碎。奥威尔发出警告称，有朝一日，一位西班牙佛朗哥式的人物将控制信息技术，毁灭个人自由。

这一切并未发生。1984 年真正到来之时，苹果公司发布了一台操作简单、易于使用的个人计算机麦金塔。史蒂夫·乔布斯为这台计算机撰写的广告词是：“你将看到为何 1984 年与《1984》中的截然不同。”这句话蕴含着深刻真理。计算机并未成为集中镇压的工具。个人计算机和具有去中心化性质的互联网彼此结合，将更多权力交给个人，进而使自由表达和彻底大众化的媒体源源不断涌现。也许，涌现的数量已经过于庞大。新信息技术的阴暗面并不在于其能让政府遏制言论自由，而是恰恰相反：其允许任何人在几乎无须承担任何责任的情况下，传播任何观点、阴谋、谎言、仇恨、骗局、诡计，导致社会文明程度降低，接受治理的程度下降。

对于基因技术而言，情况可能同样如此。在自己于 1932 年出版的小说中，赫胥黎就一个生育科学由政府集中控制的美丽新世界发出警告。

人们在“孵化和训练中心”创造出人类胚胎，随后分门别类，按不同社会目的对胚胎进行改造。获选成为“阿尔法”（alpha）级的人将得到生理和心理方面的强化，成为领袖。在阶层的另一端，“埃普西隆”（epsilon）级的人由人们抚养长大，成为身份卑微的劳工。他们接受训练，在诱导之下，过着一种充满喜悦、恍惚麻木的生活。

赫胥黎说，自己写书是对“当前对万事万物极权式控制倾向”[7]的反应。但是，如同信息技术所遇情况一样，基因技术的危险之处可能并不在于过度的政府控制。恰恰相反，其危险可能在于个人控制过度。20世纪早期美国优生学运动过度发展，加之纳粹优生计划中的罪行，使国家控制下的基因项目散发出一股可怕的恶臭，让意为“优质基因”的优生学一词声名狼藉。然而，如今我们也许将开创新的优生学，一种自由开放、具有自由主义色彩的优生学，一种基于自由选择和市场消费主义的优生学。

赫胥黎也许已对这种自由市场优生学表达了支持。1962年，他撰写了一篇知名度不高的乌托邦式小说《岛》（*Island*）。在小说中，女性自发选择使用拥有高智商和艺术天分的男性的精子进行受孕。小说中的主人公解释说：“大多数已婚夫妇认为，与冒着盲目生出恰巧遗传丈夫的家庭怪癖或缺陷的孩子的风险相比，尝试拥有一个具有出色特质的孩子更加道德。”[8]

## 自由市场优生学

现如今，基因编辑选择不论好坏，可能均受到消费者选择和营销说服力影响。那么，这么做有什么问题？为什么我们不应像处理其他剩余选择一样，将基因编辑决定权留给个人和父母？我们为何必须召开以“道德”为主题的会议，寻求广泛的社会共识，让所有人握手同意？允许你我和其他希望我们子孙后代拥有最佳前途的人做出决定，难道不是最佳做法吗？[9]

先让我们放松精神，通过提出以下最基本的问题，避免产生对现状的偏见，如：基因改良有何问题？如果可以安全进行基因改良，我们为何不应以此种方式，预防畸形、疾病和残障？为什么不提高我们的能力，加强我们的特性？杜德纳的朋友、哈佛大学遗传学家乔治·丘奇说："我无法理解，为何消除残障、让孩子拥有一双蓝眼睛或增加 15 个智商点，会对公共卫生或伦理道德构成切实威胁。"[10]

事实上，难道我们没有保障我们子女和未来人类福祉的道德义务吗？几乎所有物种都拥有一种进化本能，这种本能深深刻在进化的本质之中。这种本能使这些物种竭尽所能，最大限度地提高子孙后代茁壮成长的机会。

最先提倡这一观点的哲学家是牛津大学实用伦理学教授朱利安·瑟武列斯库（Julian Savulescu）。瑟武列斯库教授创造了短语"生殖慈善"（procreative beneficence），用于解释为自己尚未出生的孩子选择最佳基因的道德合理性。他认为，不为孩子选择最佳基因，可能并不道德。他坚称："夫妇应选择拥有最大可能获取最佳生活的胚胎或胎儿。"有人担心，允许父母为孩子选择基因，可能会使富人为自己的孩子购买更为优质的基因，进而创造加强型精英新阶级（甚至亚种）。对这一担忧，瑟武列斯库教授甚至不屑一顾。他写道："即使会保持或增加社会不平等，我们也应该允许人们选择非疾病基因。"他特别提到了"智力基因"。[11]

为了分析这一观点，让我们再进行一次思想实验。想象存在这样一个世界，基因工程主要由个人自由选择决定，政府几乎不实施监管，也不存在生物伦理专门委员会，告诉我们能做什么，不能做什么。你走进一家生育诊所，如同在一家基因超市中一样，有人递给你一份清单，上面列有你可以为自己的子女购买的特质。你会消除诸如亨廷顿病或镰状细胞贫血等遗传疾病吗？你当然会。我个人也会做出选择，不让我的孩子拥有致盲基因。你会避免让孩子的身高低于平均身高、体重高于平均体重或拥有低智商吗？我们也许都会选择让孩子避开这些问题。我甚至可能会选择需要加价获得的选项，让孩子个子更高、肌肉更强壮、智商更高。现在，让我们假设存在一些基因，让孩子更容易成为异性恋，而非同性恋。你本人并不存在任何偏见，因此至少在最初，你可能拒绝选择这一选项。但是随后，假设没有人会评判你的做法，你会因为希望孩子免遭歧视，或微微增加自己拥有第三代的可能性，而找理由选择孩子的性取向吗？你在进行选择期间，还会确保孩子拥有金发和蓝眼睛吗？

哎呀！情况有些不对。结果证明，这真是一个容易失足滑落的斜坡！在没有大门或旗帜的情况下，我们可能都会无法控制速度而迅速滑落，也会使社会多样性和人类基因组跌入深渊。

虽然这听上去与《千钧一发》中的场景颇为相似，但是2019年，美国新泽西州的一家名为“基因组预言”的创业公司使用胚胎植入前诊断，启动了一项现实世界版本的婴儿设计服务。体外受精诊所可以将可能成为婴儿的细胞基因样本发送给该公司，为几天大的胚胎中的细胞进行DNA测序，形成对患有各类病症概率的数据推测。要成为父母的夫妇可以根据他们希望孩子拥有的特点，选择将哪个胚胎植入体内。该服务可以通过筛查，消除细胞中诸如囊包性纤维症和镰状细胞贫血等单基因疾病。测试可以利用数据预测糖尿病、心脏病、高血压及公司宣传材料中所写的“智力残障”和“身高”等方面的多基因疾病。公司创始人说，十年之内，公司将可能拥有预测智商的能力，从而让父母能够选择生下聪明过人的孩子。[12]

因此，我们现在可以看到，简单将此类决定交由个人选择所存在的问题。最终，通过个人选择决定的自由或自由主义基因与受政府管控的优生学一样，将我们引入一个多样性减少、有违规范的社会。虽然这可能令父母颇为高兴，但我们最终将生活在一个创造性、启发性和优势性更低的社会。多样性不仅有利于社会发展，也有利于我们人类的进步。与其他任何物种一样，我们的进化和韧性是因基因池随机性的增大而得到加强的。

问题在于，正如我们此前的思想实验显示的，多样性的价值与个人选择的价值彼此矛盾。身处一个社会中的我们可能认为，人们有高有矮，有同性恋、有异性恋，有的性格温和，有的容易愤怒，有的双目失明，有的视力正常，这对于群体而言具有根本性益处。但是，我们有什么道德权利，要求另一个家庭仅仅为了增加社会多样性，放弃其希望进行的基因干预？我们希望国家对我们提出同样的要求吗？

实施某些对个人选择的限制的一个原因是，基因编辑会加剧不平等，甚至会将不平等永久刻入我们种族内。当然，我们已经对因出身和父母选择造成的不平等予以默许。我们欣赏为孩子朗读、努力确保孩子接受良好教育、教孩子踢足球的父母。也许我们会有些意见，但是我们甚至能接受聘用 SAT① 老师、将孩子送往计算机夏令营的父母。许多此类做法将让子女获得与生俱来的特权所带来的优势。但是，不平等已经存在的这一事实，并不能成为支持人们希望增加或永久保留不平等的论据。

允许父母为子女购买最佳基因将导致切切实实的不平等的加剧。换言之，这不仅仅是一次巨大飞跃，而且会让人们进入一个彼此断开连接的新轨道。经过数世纪，在削减以出身为基础的贵族和社会地位体系后，大多数社会已接受一个道德原则，这一原则也是民主的一个基本前提：我们相信机会平等。如果我们将经济不平等转化为基因不平等，根据这一“创建平等”的信条产生的社会纽带也将遭到破坏。

这并不意味着基因编辑本质上是一件坏事。但是，这一道德原则确实表明，不能让基因编辑成为自由市场的一部分。在这一自由市场中，富人可以买到最优质基因，将其融入自己的家族。[13]

限制个人选择的做法难以通过强制手段加以实施。各种各样的大学录取丑闻向我们证明，为了让孩子获得优势，父母愿意违反多么重大的规定，愿意付出多么大的代价。此外，还要考虑科学家创建程序、获得发现的自然本能。如果一个国家实施限制过多，其科学家将前往他国，生活富裕的父母会在某个富有创新精神的加勒比海岛屿或海外国家的安全之地为子女进行基因编辑。

尽管存在此类反对意见，但就基因编辑达成某些社会共识依然是可能的，无须简单将该问题完全交由个人选择决定。从商店里的小偷小摸到性贩卖，对于有些做法，我们无法完全控制，只能用法律制裁和社会

① 学业能力倾向测验（Scholastic Aptitude Test），也称“美国高考”，由美国大学理事会主办。——译者注

谴责相结合的方式，使此类行为发生的次数减少至最低。例如，美国食品药品监督管理局对新型药物和程序实施了监管。即使有些人购买药物是为了满足核准标识外的需要，或前往其他地方接受非传统型治疗，但是该管制仍然颇具成效。我们的挑战在于弄清基因编辑的标准。随后，我们可以设法制定规则，实施社会性处罚，让大多数人合规行事。[14]

## 扮演上帝

我们对决定自身进化、设计自己的婴儿感到不安的另一个原因在于，我们将“扮演上帝”。与窃取火种的普罗米修斯一样，我们将篡夺高于我们等级的权力。如此一来，我们会失去对《圣经·创世记》中我们自己地位的谦卑感。

我们也可通过更加世俗的方式，理解人们为何不愿扮演上帝。正如一位天主教神学家在美国国家医学院专门小组中所说：“我听到有人说，我们不应扮演上帝，我猜，他们在90%的时间里都是无神论者。”这一观点可以简要表明，我们不应妄自尊大，认为我们可以篡改令人生畏、神秘难解、精细复杂且充满魅力的自然之力。美国国立卫生研究院院长弗朗西斯·柯林斯并非无神论者。柯林斯说：“38.5亿年来，进化一直以优化人类基因组为目标，发挥着自身作用。我们真的认为，对某些少数的人类的基因组进行修补会改善进化，不会造成多种意料之外的后果吗？”[15]

的确，我们对自然和自然之神的尊重应融入我们对干涉自己基因的谦卑态度之中。但是，是否应该完全禁止基因编辑？毕竟，我们智人与细菌、鲨鱼和蝴蝶一样，是自然的一部分。通过无穷无尽的智慧或因疏忽造成的错误，自然赋予人类编辑自己基因的能力。如果我们使用CRISPR是错误之举，那么不能简单地以违背自然常理作为判断依据。与细菌和病毒使用的所有技能一样，使用CRISPR源于自然。

在整个历史中，人类（和其他物种）并未持续接受自然有毒物质的馈赠，而是一直与其进行抗争。自然母亲已带来了大量苦难，不公地散播至各个物种身上。因此，我们发明了种种方法，抗击疾病、治愈疾病、修复残障，培育更加优质的植物、动物和孩子。

达尔文曾写道："自然的作品笨拙不雅、浪费资源、粗鄙不堪、卑贱粗俗、残忍可怖。"他发现，进化并不具备一位充满智慧的设计者或仁慈的上帝的特点。达尔文制作了一份详细的清单，列举了存在进化缺陷的结构或特性，其中包括雄性哺乳动物的尿道、灵长类动物排水性较差的鼻窦及人类不具有合成维生素 C 的能力。

这些设计缺陷并非个例，而是进化发展方式所带来的自然后果。与微软办公软件（Microsoft Office）最糟时期的境况相似，进化并未按照总体规划和所构思的最终产品进一步改善缺陷，而是使之与新特性发生碰撞，将其草草结合。进化主要受生殖适应性引导，即哪些特性可能促使生物体产出更多后代。这意味着，进化允许甚至促进各种各样疫病的传播，其中包括冠状病毒和癌症。在受感染生物体发挥完为其繁衍后代的作用后，此类疫病便会给生物体带来巨大痛苦。但这并不意味着，我们应出于对自然的尊敬，放弃寻找抗击冠状病毒和癌症的方法。[16]

然而，还有一种更具深刻意义、反对扮演上帝的观点。哈佛大学哲学家迈克尔·桑德尔对该观点的解释最为精准。如果我们找到了操纵自然博彩的方法，有能力修改子女的遗传性天赋，我们将自身特性视为天赐礼物的可能也将降低。现在的我们会从更为不幸的人类同胞身上，获得"接受上天恩赐"的感受。而未来我们对自身特性为上天恩赐的认同感的降低，会逐渐侵蚀这种感受所产生的共鸣。桑德尔写道："获得控制的过程缺少甚至破坏了对人类能力和成就所包含的天赐特点的欣赏。要承认生命的天赋，就要认识到，我们的天资与能力并不完全源自我们自己的力量。"[17]

当然，我并不完全认为，对于自然单方面给予我们的所有天赋，我们必须持敬畏之心。桑德尔也不这么认为。人类历史是一场自然征程。在这一征程中，人类应对着自然出现的挑战，有时是大流行病，有时是干旱，有时是暴风骤雨。几乎没人将阿尔茨海默病和亨廷顿病视为天降洪福。我们开创化疗方法，抗击癌症；发明疫苗，抗击冠状病毒；创制基因编辑工具，与先天性缺陷做斗争。我们以正确的方式努力征服自然，而不是将自然的单方意愿视为上天的馈赠。

但是，我认为，桑德尔的观点应将我们推向谦逊，在涉及努力为我们的孩子设计加强的特性和完美的特质时尤为如此。桑德尔以全面深刻甚至触及灵魂的方式，表明要避免尝试完全掌控自然的不可预知性。我们可以控制航向，避免为了控制我们自己的天资才能而踏上普罗米修斯式的征程，同时要避免在自然博彩的变幻无常面前逆来顺受。我们需要使用智慧，实现恰到好处的平衡。

第 43 章

# 杜德纳的道德之旅

杜德纳与其他研究人员共同发明的 CRISPR-Cas9 技术可用于编辑人类基因。明确这一点后，杜德纳做出了一个“出于本能、条件反射式的反应”。她说，一想到编辑一个孩子的基因，自己就感到这违背自然常理，令全人类胆战心惊。她说：“最开始，对于 CRISPR-Cas9 用于基因编辑，我出于本能地予以反对。”[1]

在第二届国际人类基因组编辑峰会上

2015 年 1 月，在她组织的纳帕会议上，她的立场开始发生改变。其中一场会议中展开了关于是否应永久禁止生殖细胞编辑的激烈辩论，一位参会人员身子前倾，心平气和地说：“有朝一日，我们可能会认为，不使用生殖细胞编辑缓解人类痛苦，可能有违道德。”

在杜德纳心中，生殖细胞编辑“违背自然常理”这一观点开始淡化。她意识到，所有医学进步均在尝试修正“自然”发生的事情。杜德纳说：“有时，自然会做出残忍至极的事情。许多突变使数不胜数的人遭受苦难，因此在我心里，生殖细胞编辑违反自然常理的概念的分量在不断下降。我不确定如何在医学中显著区分何为自然，何为不自然。我认为，使用这种二分法阻碍可以缓解痛苦、减少残障的技术，是不益之举。”

因基因编辑发现而闻名于世之后，杜德纳随即听到许多受遗传疾病影响的群体的故事。该类群体渴望通过科学获取帮助。杜德纳回忆道：“作为一名母亲，一些与孩子们相关的故事尤其触动我。”有一个事例在她脑海中久久挥之不去。一位女性向她发送了几张自己儿子的照片。她的儿子还是婴儿，还没长头发，非常可爱——这让杜德纳想起了自己儿子安迪出生时的情景。这个婴儿刚刚被诊断患有一种遗传性神经组织退化疾病。孩子的神经细胞很快就会开始死亡，最终，孩子将无法走路、无法说话，随后会无法吞咽、无法进食。这个孩子命中注定将早早地在痛苦之中死去。这位女性的留言是在饱受痛苦之下发出的求助。杜德纳问：“你怎么会不想取得进步，找出阻止此类事情发生的方法？我的心都碎了。”杜德纳认为，如果在未来基因编辑可以防止此类事情发生，那么不使用基因编辑就会有悖道德。她回复了所有该类邮件。她回复了这位母亲，向她保证自己和其他研究人员将努力进行研究，找到此类遗传疾病的预防和治疗方法。杜德纳说：“但是，我也不得不告诉她，需要多年时间，基因编辑等技术才可能令她受用。我不想通过任何方式使她产生误解。”

2016 年 1 月，杜德纳出席了达沃斯世界经济论坛。在论坛上，她分享了自己对基因编辑的道德顾虑。论坛结束后，专门委员会的另一位女委员将杜德纳拉到一旁，向她介绍了自己天生患有退行性疾病的妹妹。这一疾病不仅影响了她妹妹的生活，也对她全家的经济状况造成了影响。杜德纳回忆道：“她说，如果我们可以使用基因编辑避免这一情况发生，她家庭中的每个人绝对会全力支持。她对反对生殖细胞编辑的残忍无情颇有情绪，差点儿就哭了。我觉得这一幕很感人。”

那年晚些时候，一位男子来到伯克利，与杜德纳见面。这名男子的父亲和祖父因亨廷顿病去世，他的三个姐妹也确诊患有亨廷顿病，都将在痛苦中慢慢死去。杜德纳克制住自己，并未询问这名男子是否也已患病。但是他的来访让杜德纳确信，如果生殖细胞编辑成了消灭亨廷顿病的安全有效的方法，那么她自己会予以支持。她说，一旦看到遗传疾病患者的面庞，尤其是像亨廷顿病等疾病的患者，你就很难赞成阻止基因编辑。

杜德纳的想法也受到自己与珍妮特·罗森特（Janet Rossant）和乔治·戴利的长期对话的影响。前者是多伦多病童医院首席研究员，后者为哈佛大学医学院院长。杜德纳说："我意识到，我们即将具有修正引发致病突变的能力。你怎么会不想那么做？"与其他医学操作相比，为何应对 CRISPR 施以更高标准？

有观点认为，应将做出许多基因编辑的决定权交由个人，而非官僚和伦理道德委员会。杜德纳想法的演进使她对这一观点更为认同。她说："我是一个美国人。将个人自由和选择置于优先位置是我们文化的一部分。我也认为，作为一位母亲，随着该类新技术的发展，我自己会希望拥有选择权，决定我自己或自己家人的健康。"

然而，由于仍然存在巨大的未知风险，杜德纳认为，只有在具备科学必要性且没有其他良好选择的情况下，才应使用 CRISPR。她说："这意味着，我们暂且没有使用该技术的理由。正因如此，我对贺建奎尝试使用 CRISPR 实现 HIV 免疫的做法持有意见。目前存在达成这一目的的其他方式。贺建奎的做法并不具有医学必要性。"

不平等是一个持续令杜德纳担忧的道德问题。如果富人能够为自己的子女购买基因加强特性，则会令杜德纳更为焦虑不安。她说："我们会创造基因差距，这一差距会随着新一代的诞生而不断拉大。如果你认为我们现在遭遇了不平等，那么想象一下，如果社会除了按照经济水平，还按照基因划分层级，我们将经济不平等转录进我们的基因密码中，将是一番什么样的景象。"

杜德纳说，通过限制基因编辑，仅允许在具有真正"医学必要性"的情况下使用它，我们可以让父母努力加强自己子女能力的可能性降低。杜德纳认为，父母加强子女的能力既不道德，也有悖社会价值观。

她承认，医学治疗与“加强”之间的界线可能比较模糊，但是这条界线并非毫无意义。我们知道，修复有害基因变体与增加不具备医学必要性的基因特性之间存在区别。她说：“只要我们通过将基因恢复‘正常’——而不是发明出某种在普通人类基因组中未曾出现的全新增强特性——修复基因突变，我们就有可能保障安全。”

杜德纳相信，CRISPR 最终带来的益处必将大于风险。她不断重复自己在 2015 年纳帕会议后所撰写报告标题中的表述：“科学不会倒退，我们不能抛弃已经学会的知识。因此，我们需要找到一条稳健的前进道路。在此之前，我们从未遇到当前面临的类似情况。我们现在拥有控制我们遗传基因的未来的力量。这一力量既令人肃然起敬，又让人感到害怕。因此，我们必须谨慎前行，尊重我们所获得的力量。”

第八部分

# 前线快讯

特此向疯狂不羁的人们致敬。他们我行我素，桀骜不驯，惹是生非。他们与环境格格不入。他们看待事物的眼光与众不同。他们不循规蹈矩，不安于现状。你可以与他们持相同看法，也可以表示反对，可以对他们大加赞美，也可以诋毁中伤。但是，你唯独无法对他们视而不见。因为他们在改变世界。他们在推动人类进步。虽然在有些人眼中，他们疯狂不羁，但在我们看来，他们是旷世之才。因为疯狂到认为自己可以改变世界的人才能改变世界。

——史蒂夫·乔布斯，1997 年苹果公司广告《非同凡想》

第 44 章

# 魁北克

## 跳跃基因

2019 年，在参加于魁北克举行的 CRISPR 会议期间，我在某一时刻突然意识到，生物技术已经成了新兴技术。与 20 世纪 70 年代后期家酿计算机俱乐部和西海岸电脑节所举行的会议一样，此次会议拥有相同的氛围。不同之处在于，年轻创新者们的探讨对象不是计算机代码，而是遗传密码。现场充满了竞争与合作的积极氛围，令人回想起比尔·盖茨和史蒂夫·乔布斯经常参加的早期个人计算机展览。唯一不同点在于，这一次，珍妮弗·杜德纳和张锋是万众瞩目的巨星。

塞缪尔（山姆）·斯腾伯格

我意识到，生物技术迷们再也不会置身事外。CRISPR 革命与新冠病毒危机已将他们变成迫不及待的炫酷小子，使他们与曾置身于网络前沿、处境尴尬的先锋们有着相似经历。在我思考着如何报道他们变革前线的快讯时，我注意到，即使他们以比数码技术人员更快的速度努力获得新的发现，他们也依然感到，要想从道德上认可自己创造的新时代，还需要经历一番挣扎。

魁北克热火朝天，熙熙攘攘，主要因为一项令人着迷的突破重新点燃了杜德纳和张锋所在领域的紧张情绪。两人为取得该项突破彼此竞争，努力发现为DNA插入新序列的高效方法。对双链DNA进行的剪切并非由新发现的CRISPR系统完成，而是利用名为“跳跃基因”（jumping genes）的转座子——可以从染色体的一个位置“跳跃”至另一个位置的较大的DNA片段——植入新的DNA片段。

山姆·斯腾伯格是一位聪明绝顶的生物化学家，他跟随杜德纳从事研究工作，并于后来得到招募，在哥伦比亚大学开设了自己的实验室。斯腾伯格刚刚以助理教授的身份在《自然》杂志上发表了自己的首篇重要学术论文。论文介绍了一种CRISPR向导系统。该系统将一种特定的跳跃基因注入预定的DNA位置。但是，令斯腾伯格惊讶的是，几天前，张锋通过网络，在《科学》杂志上发表了一篇与之类似的论文。[1]

斯腾伯格抵达魁北克时，似乎灰心丧气，包括杜德纳在内的朋友们都愤愤不平。3月15日，斯腾伯格刚刚向《自然》杂志提交了自己的论文。他手下的一位研究生做了相关报告之后，关于他获得发现的消息便迅速扩散开来。在会议期间，马丁·吉尼克告诉我：“张锋随后悄无声息地加快工作，率先发表了自己的论文。”在杜德纳看来，这是张锋的一贯做法。杜德纳说：“张锋的人脉网络告诉他有人要发表一篇论文，于是他会埋头冲刺，完成论文。”[2]

杜德纳和埃里克·兰德尔都向我坦言，回想起2012年的竞争，你会感受到赶写并发表论文是公平竞争的做法。然而，张锋所发表的关于转座子的论文引发了不满。在斯腾伯格提交论文7周后，张锋于5月4日将自己的论文提交至《科学》杂志。但是，张锋的论文于6月6日便在网上发表，而斯腾伯格的论文直到6月12日才得以发表。

我并不像杜德纳阵营一样，对张锋感到怒不可遏。两篇论文虽然均与利用跳跃基因相关，但是在重要方面有所不同，而且均对CRISPR的进步做出了独一无二的贡献。张锋的论文于网络发表次日，也就是魁北克会议开幕前10天，我恰巧前往他位于布洛德研究所的实验室拜访他。他向我介绍了他此前就转座子所做的研究。他的论文并非由他仓促完成，而是长期研究的成果。但是，听到风声后，张锋推动《科学》杂志对论文进行审核，高效完成了论文的在线发表工作。2012 年，杜德纳了解到维吉尼亚斯·斯克斯尼斯和其他人的情况，对自己与沙尔庞捷共同编写的论文采取了同样的措施。[3]

魁北克会议开始的第一天，包括杜德纳在内的斯腾伯格的朋友们在酒店大堂酒吧，喝着产自加拿大的芳香型罗密欧杜松子酒，为斯腾伯格庆祝，同时向他表示同情。斯腾伯格拥有与生俱来的热情奔放的性格。第二天，在张锋之后做报告时，斯腾伯格似乎已经将烦恼完全抛于脑后。毕竟，斯腾伯格的发现是其职业生涯的一项重大胜利，也是重要一步，并未受到张锋所获补充性发现的影响。因此，在讲话中，斯腾伯格表现得彬彬有礼，优雅得体。他说："今天早些时候，我们从张锋那里得知 CRISPR-Cas12 以何种方式调动转座子。我们近期将发表一项关于 I 型 CRISPR 系统的研究。此类系统调动此类细菌转座子的方法既有类似之处，也有所不同。"斯腾伯格想确保自己哥伦比亚实验室的博士生桑尼·克洛姆普（Sanne Klompe）获得荣誉，因为该实验主要由克洛姆普完成。

张锋和斯腾伯格做完各自充满火药味的报告后，一位参会人员问我："有比生物研究更加残酷、竞争更加激烈的领域吗？"我觉得有，从商业到新闻业，几乎每个领域都会像生物研究领域一样竞争激烈。生物研究领域的不同之处在于，合作融于竞争内部。魁北克会议处处彰显了在普通征程中互为对手的勇士们的友情。对赢得奖项、获取专利的渴望会造成激烈竞争，加快获得发现的脚步。但是我认为，发现列奥纳多·达·芬奇口中"大自然无限奇迹"的热情具有如出一辙的驱动作用，在涉及具有活细胞内部工作方式等令人惊叹之美之物时尤甚。杜德纳说："对跳跃基因的发现证明，生物学是多么趣味无穷。"

## 烤野牛

第一天报告结束后，杜德纳和斯腾伯格前往魁北克老城，来到一家偶然发现的餐馆。张锋于当天邀请我和他的一小群朋友共进晚餐。我不仅想听听张锋的想法，也想看看他所选的颇具创意的新餐馆布莱家（Chez Boulay）。这家餐馆的特色菜是香脆海豹肉糕、生鲜大扇贝、北极红点鲑、烤野牛和血肠卷心菜。一起吃晚餐的有12个人，包括美国国家生物技术信息中心的基拉·马卡洛娃（Kira Makarova）、CRISPR先锋埃里克·松特海姆及阿普里尔·波鲁克。其中，马卡洛娃是张锋关于跳跃基因论文的共同作者；埃里克·松特海姆是卢西亚诺·马拉菲尼的导师，但并未参与CRISPR领域中研究人员之间的竞争；阿普里尔·波鲁克曾是杜德纳实验室的博士后，现在担任同行评议期刊《细胞》杂志的编辑，该杂志与《科学》和《自然》杂志是竞争对手。顶级研究人员希望自己的论文得到快速处理，获得有利待遇，而诸如波鲁克等聪明的期刊编辑希望刊登最为重要的新发现，此类研究人员与期刊编辑之间存在着共生关系。

松特海姆点了魁北克产的葡萄酒，这种酒出乎意料地好喝。我们为了转座子共同举杯。话题从科学转向萦绕着CRISPR的道德问题时，饭桌上大多数人都认为，在安全可行的条件下，如果必须修复诸如亨廷顿病与镰状细胞贫血等单基因有害突变，应该使用基因编辑，甚至应该对人类生殖细胞进行可遗传编辑。但是，对于使用基因编辑实现人类加强这一概念，如提高子女的肌肉含量、增加身高，或许有朝一日提高智商和认知技能，在场所有人都唯恐避之不及。

问题在于，二者的差异难以界定，更加难以强制进行区分。张锋说："修复异常和进行增强之间存在着一条模糊不清的界线。"因此，我问张锋："进行增强存在什么问题？"张锋沉默了许久，说："我就是不喜欢。这是干涉自然。从长远的人口角度看，可能会减少多样性。"张锋曾学习了哈佛大学著名的道德正义课程，授课人是哲学家迈克尔·桑德尔。张锋显然以一种颇具深度的方式反复思考了此类问题。但是，与我们其他人一样，他并未找到简单易行的答案。

在餐桌上的所有人都认为，一个模糊不清的道德问题在于，基因编辑可能会加剧社会不平等，甚至会使不平等固化。松特海姆问："应该允许富人在其可承受范围之内购买最优质基因吗？"当然，包括医疗福利等社会所有福利必然分配不均，但是为可遗传基因加强创建一个交易市场，会将该问题推入一个全新范畴。张锋说：“看看为了让孩子进入大学，父母愿意做些什么。有些人一定愿意为基因加强买单。在一个有人连眼镜都买不到的世界里，很难想象我们能找到方法，以平等的方式进行基因加强。想象一下，这种做法会对我们人类产生何种影响。”

第 45 章

# 学习编辑

## 嘉文·诺特

由于我已经沉浸在 CRISPR 先锋的世界里，因此我决定，以我微不足道的方式主动融入这一群体。我应该学习如何使用 CRISPR 编辑 DNA。

嘉文·诺特正在向我展示如何进行基因编辑

因此，在数十个工作场所中，我选择前往杜德纳空间开阔的实验室，在那里度过几天时间。那里凌乱摆放着离心机、移液器和培养皿。杜德纳的学生和博士后就在那里开展自己的实验。我想要重寻我所介绍的重要进步：像杜德纳和沙尔庞捷于 2012 年 6 月发表的论文中所描述的那样，在一根试管中，使用 CRISPR-Cas9 编辑 DNA，随后像张锋、杜德纳、丘奇等其他研究人员于 2013 年 1 月所述的那样，使用 CRISPR 编辑人类细胞。

我首先得到了嘉文・诺特提供的帮助。诺特来自西澳大利亚，是一位留着整齐胡须、为人随和的年轻博士后。研究生期间，诺特下定决心，要找到与 CRISPR 相关的酶。该类酶不会攻击 DNA，而会向 RNA 发起攻击。诺特向杜德纳致信，毛遂自荐，想进入她的实验室，实现自己的目标。杜德纳团队当时正就 Cas13 酶开展研究。诺特说："与我相比，杜德纳很早就开始关注该领域的情况。"尽管如此，杜德纳依然邀请了诺特，以博士后身份进入自己的实验室。诺特承担着相应职责，也成了 DARPA 安全基因项目研究小组的一员。[1]

我们进入杜德纳实验室内的实验区域后，我穿上实验服，戴上护目镜，向戴好手套的双手喷洒酒精进行消毒。我立刻觉得自己如同一位专家。诺特将我带到一个超净工作台前。工作台的一部分由塑料板隔开，通过特殊手段进行通风。就在我们开始工作之前，杜德纳匆匆忙忙来到了实验工作台前。她上身穿着白色实验大褂，下身穿着牛仔裤，大褂里穿着一件黑色的创新遗传学研究所（Innovative Genetics Institute）的短袖衬衫。她简要检查了每名学生（和我）手头上的实验，随后进行战略撤退，转而与研究所顶级研究人员度过全天时光。

诺特指导我开展的实验需要使用一段 DNA。这段 DNA 含有一种基因，可让细菌对抗生素氨苄西林产生抗性。这并非好事。如果你是一位感染过此类细菌的人，这种抗性更不是一个好消息。因此，诺特为我配置了一些含有一个向导 RNA 的 Cas9。该 RNA 的设计目的是去除该种基因。这一切都是我们在实验室里从头到尾准备的。诺特向我保证："我们需要的 Cas9 已被编入一段 DNA。在实验中，能培养细菌的人也能制成大量该类 DNA。"我脸上的表情可能说明，我并不确定自己是否具备所需技能。诺特说："别担心。如果你不想从头开始准备这些材料，你只要通过网络，就能从诸如 IDT 等公司那里买到 Cas9。你甚至可以买到向导 RNA。如果你想要进行基因编辑，通过网络下单购买这些材料轻而易举。"

（后来，我上网看了看。IDT 公司的网站打出广告："提供所有进行成功基因组编辑所需的试剂"，花 95 美元就可以买到用于将试剂送入人类细胞的试剂盒。在一个名为 GeneCopoeia 的网站上，一个含有核定位信号的 Cas9 蛋白的起售价为 85 美元。）[2]

诺特将准备好的一些小瓶子放入一个老式冷藏盒内，将其排放整齐。这种老式冷藏盒通过使用冰块，确保盒内液体处于低温状态。诺特将冷藏盒转了一圈，说："这个冷藏盒具有重大历史意义。"在冷藏盒背面，刻有"马丁"的名字。此前，马丁·吉尼克是冷藏盒的主人，后来吉尼克离开实验室，在苏黎世大学创建了自己的实验室。诺特自豪地说："我继承了这个冷藏盒。"我感到自己成为历史链条中的一部分。我们即将开展的实验是对吉尼克 2012 年实验的复制：我们取一段 DNA，对它进行培养，随后根据需要，使用 Cas9 和向导 RNA 切割相应位置。使用诺特的冷藏盒让我备感亲切。

诺特指导我完成了许多步骤，使用移液器将各组成部分混合，随后将其放入温箱 10 分钟。我们添加了染料，以帮助我们清楚地观察结果，随后便可以创建我们使用电泳分离法所呈现的图像。电泳分离法使电场穿过一种凝胶，进而区分出不同大小的 DNA 分子。其所形成的图像显示出凝胶不同位置的条纹，从而表明 Cas9 是否对其进行切割，同时显示切割方式。从打印机上拿到图像时，诺特大喊道："教科书式的成功！瞧瞧这些条纹的差异。"

离开实验室后，我在电梯里遇见了杜德纳的丈夫杰米·凯特。我向他展示了我的打印图像。凯特指着两栏底部模糊不清的条纹问道："那些是什么？"我实际上知道答案（要感谢诺特的指导）。我回答道："是 RNA。"那天晚些时候，凯特发布了一条推文，附上了诺特和我在实验室工作台旁工作的照片。推文写道："沃尔特·艾萨克森通过了我的突击测验！"一瞬间，我感觉自己像一位真正的基因编辑者。直到后来，我意识到，实际是诺特完成了全部的工作。

## 珍妮弗·汉密尔顿

接下来的挑战是编辑人类细胞基因。换言之，我想要进行张锋、丘奇和杜德纳于 2012 年年底完成的实验。

为此，我与杜德纳实验室中另一位博士后珍妮弗·汉密尔顿组队。汉密尔顿是西雅图本地人，于纽约市西奈山医学中心获得微生物学博士学位。汉密尔顿戴着一副大眼镜，脸上洋溢着分外灿烂的笑容，浑身充满热情，希望利用病毒将基因编辑工具植入人类细胞。2016 年，杜德纳为西奈山科学界女性小组做了报告。当时，汉密尔顿以学生身份陪同她。汉密尔顿回忆道："我感到自己立刻与杜德纳建立了感情。"

杜德纳随后开始在伯克利筹建创新遗传学研究所。该研究所会集了旧金山湾区周围的研究人员。研究所的使命之一就是找到方法，将 CRISPR 编辑工具送入人类细胞，进行医学治疗。因此，杜德纳将汉密尔顿招入麾下。汉密尔顿说："我拥有改造病毒的技术。我想利用这些技术，找到将 CRISPR 送入人体的方法。"[3] 在与新冠病毒大流行开展较量之时，实验室需要找到输送方法，将基于 CRISPR 的药物送入人类细胞中。事实证明，汉密尔顿的特殊技能价值连城。

我们开始尝试编辑人类细胞 DNA 时，汉密尔顿强调，与在试管中编辑 DNA 相比，编辑人类细胞的 DNA 更具挑战性。一天之前，我刚与诺特编辑了 DNA 双链。当时，双链中仅含有 2.1 千碱基（2 100 对 DNA 碱基）。而我们计划使用的人类肾细胞有 640 万千碱基。汉密尔顿告诉我："人类基因编辑的挑战在于，让你的编辑工具穿过细胞膜，进而穿过细胞核核膜，到达 DNA 所在位置，随后你还必须使用自己的工具找到其在基因组中的位置。"

张锋认为，从试管 DNA 编辑转向人类细胞编辑并非简简单单的一步。尽管是无意之举，但是汉密尔顿对我们计划流程的解释似乎支持了张锋的观点。然而，我即将在人类细胞中进行基因编辑，我猜，我的做法可用于反驳张锋的论点。

汉密尔顿说，我们的计划是在人类DNA细胞中的目标地点制造一个双链断裂。此外，我们将提供一个模板，确保可以嵌入新基因。实验开始时所使用的人类细胞已接受了我们的改造，拥有一种基因。该种基因能生产发蓝光的荧光蛋白。在其中一个步骤中，我们将使用CRISPR-Cas9进行切割，使该基因失效。这意味着该细胞将再也不会发光。在另一个样本中，我们将提供一个模板，供细胞随后与之结合，改变该细胞DNA的三个碱基对，进而将荧光蛋白所发出的光从蓝色变为绿色。

我们将CRISPR-Cas9和模板送入细胞核，所采用的方法名为核转染。该方法使用电脉冲增强细胞膜的通透性。全部编辑流程结束之时，我能通过荧光显微镜观察到结果。对照组依然发出蓝光。针对另一组细胞，我们使用CRISPR-Cas9切割基因，但并未提供替代性模板，所以该细胞并不发光。最后，还有一组细胞接受了切割和编辑。我们通过显微镜观察该组细胞，发现该组细胞发出了绿光。我已经编辑了人类细胞——其实是由汉密尔顿完成编辑工作的，而我是充满热情的副手——改变了细胞的基因。

在你对我所创造之物感到胆战心惊之前，请放心：我们将我所创造的一切与氯漂白剂混合，冲入了下水道。但是，我的确明白了，对于一个学生或掌握实验室工作台相关技术的非专业科学家而言，基因编辑流程是多么简单易行。

第46章

# 再访沃森

## 智力

2015年秋天起，冷泉港实验室决定增添新的系列年会，重点关注CRISPR基因编辑。詹姆斯·沃森曾于1986年在这里启动颇有影响力的人类基因组系列年会。新系列年会召开的第一年，有四位主要人物：珍妮弗·杜德纳、埃玛纽埃勒·沙尔庞捷、乔治·丘奇和张锋。

像在冷泉港举行的大多数会议一样，沃森出席了CRISPR小组的首场会议。他坐在礼堂前方一幅自己的巨型肖像油画下听杜德纳发言。杜德纳讲述了自己1987年夏天作为研究生首次到访冷泉港的情形。当年，在杜德纳做报告期间，沃森也坐在礼堂前方。杜德纳当时十分青涩，紧张不安。报告内容是关于某些RNA如何进行自我复制的。在2015年的这次会议上，杜德纳结束了关于CRISPR的报告后，沃森按自己近30年前的做法，上台说了些赞美之词。沃森说，推动人类基因编辑科学进步至关重要，其中就包括增强智

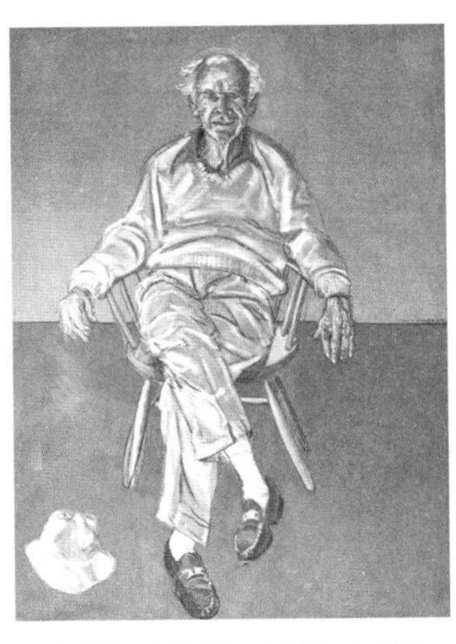

路易斯·米勒（Lewis Miller）创作的沃森冷泉港油画肖像

力。对于在场部分听众而言，他们感到此时此刻颇具历史意义。斯坦福大学生物学教授大卫·金斯利（David Kingsley）拍下了沃森和杜德纳交谈的照片。[1]

美国公共广播公司（PBS）纪录片《解码沃森》（*Decoding Watson*）中的詹姆斯·沃森和儿子鲁弗斯

但是，在我于2019年参加会议期间，沃森并未坐在他通常就座的前排位置。获得诺贝尔奖50余年后，沃森遭到驱逐，不能参加会议。沃森的肖像油画也不见踪影。现在，沃森被判终身流放，与妻子伊丽莎白共同生活。两人住在一座名叫巴利邦（Ballybung）的宅邸内。宅邸具有帕拉第奥风格，位于校园北端，死气沉沉的。两人在那里过着高雅精致又饱受折磨、与世隔绝的生活。

沃森的麻烦始于2003年。那一年是沃森与克里克共同发现DNA结构50周年。沃森为此接受了美国公共广播公司和英国广播公司的采访，供拍摄纪录片使用。沃森说，有朝一日，基因工程应该用于“治愈”低智商群体。他说：“如果你真的愚蠢迟钝，我会将这称为一种疾病。”此举反映出沃森对DNA解释人类本质的力量深信不疑。也许，之所以产生这种信念，还因为沃森从自己影响后世的科学发现中所产生的自豪，以及每天与自己患有精神分裂的儿子鲁弗斯共同生活而产生的焦虑不安。沃森问：“智商排在最后10%、真正遭遇困难的人们，甚至连完成小学学业都费尽周折，原因何在？许多人会说：‘这是由贫困之类的问题造成的。’也许原因并非如此。因此，我想要让人们摆脱智力低下的状况，帮助位于最后 10% 的群体。”仿佛是为了确保自己能引发足够多的争议，沃森还补充道，还可以使用基因编辑改善人们的外貌。他说：“人们说，如果我们让所有女孩儿变得漂亮迷人，那将糟糕透顶。但我认为，这么做棒极了。”[2]

沃森认为，自己是一名政治进步派人士。从富兰克林·罗斯福到伯尼·桑德斯（Bernie Sanders）①，沃森均予以支持。沃森坚持表示，之所以提出关于基因编辑的主张，是因为自己希望改善遭遇不幸群体的处境。但是，正如迈克尔·桑德尔所说：“沃森所言含有大量内容，让人感觉到过去优生学的意味。”[3] 鉴于冷泉港实验室具有煽动这一优生学意味的悠久历史，从冷泉港传出的这一声音产生了尤为恶劣的影响。

沃森对智力的评论虽然颇具争议，但是他于 2007 年将其与种族联系在一起，进而越过了界线。同年，沃森出版了另一部回忆录《不要烦人》（*Avoid Boring People*）。他旨在用这一表达提供两种解读，“烦”（boring）既可以作为动词，也可以作为形容词②。他不愿让别人感到无趣，也许他生来便是如此。他喜欢模糊表达未经慎重考虑、易激发争议的意见，同时伴有嗤之以鼻和冷嘲热讽。作为新书宣传活动的一部分，沃森接受了自由科学记者夏洛特·亨特-格鲁伯（Charlotte Hunt-Grubbe）的系列采访。当时，亨特-格鲁伯正为伦敦《星期日泰晤士报》（*Sunday Times*）撰写沃森的简介。在这一系列采访中，沃森的所作所为点燃了人们的不满情绪。他总是发表出人意料的言论，这一次更是有过之而无不及——因为亨特-格鲁伯曾是沃森的学生和网球搭档，曾在冷泉港与沃森一家生活了一年。

最终，从沃森家中的图书馆到当地餐厅，再到朴诺俱乐部（Piping Rock Club）的草地网球场，亨特-格鲁伯跟踪采访沃森，完成了一篇毫无特色的专题报道。在一场网球比赛结束后，沃森对自己当下的生活进行了反思。“我依然在思考，在我有生之年，我们能否找到导致心理疾病的

① 伯尼·桑德斯，美国政治家、民主社会主义者，美国历史上第一名信奉社会主义的参议员。——编者注

② 字面意思既可以理解为不要让别人感到无趣，也可以理解为避免和令人感到无趣的人打交道。—— 译者注

基因，我们是否能在十年内治愈癌症，我的网球发球水平能否提高？”[4]

在亨特-格鲁伯4 000字的文章临近收尾处，她即兴写下了沃森对种族的一些反思：

沃森说，自己“生来便对非洲的前景感到悲观无望”，因为“所有社会政策均基于非洲人与我们智力相当这一事实，而所有检测结果都表明，非洲人的智力与我们的并非旗鼓相当。我知道，这是一个烫手山芋”。沃森希望人人平等，但是，他也反驳道：“不得不应付黑人雇员的人会发现，这种说法不符合实际情况。”

该篇报道掀起轩然大波。沃森被迫辞去冷泉港理事职位。但是他暂且获准随时可从自己位于校园山顶的家中下山，参加会议。

沃森设法自圆其说，表示自己对含沙射影指出非洲人“一定程度上存在基因劣势‘感到’羞愧”。实验室发布了一份事先准备的声明，沃森在声明中补充道：“这并非我的本意。更为重要的是，在我看来，这种观点是没有科学依据的。”[5]沃森发表的道歉声明存在一个问题：实际上，这就是他的本意。按照他的行事风格，如果他不道歉，他在以后将不可避免地陷入麻烦。

## 沃森90大寿

2018年，沃森90岁之时，围绕他的争议似乎已经平息。沃森在校园礼堂庆祝生日，同时庆祝自己来到冷泉港及与伊丽莎白结婚50周年纪念。庆祝活动是一场音乐会，主要演奏者为钢琴家伊曼纽尔·艾克斯（Emanuel Ax）。在艾克斯演奏完莫扎特的曲子后，一场庆祝晚宴随即开始。这场义演筹集了75万美元，并以沃森的名义捐赠给实验室，用于教授职位所需相关费用。

沃森的朋友与同僚努力保持了微妙的平衡。沃森获得了现代科学最具影响力思想家之一的殊荣。人们默默忍受了他在其作品和对话中的污言秽语，谴责其针对种族智力的相关言论。有时，在这几个方面保持平衡并非易事。沃森的庆生活动结束几周后，在一场于校园内举办的遗传学会议上，有人请埃里克·兰德尔向坐在观众席中的沃森祝酒。兰德尔说，沃森“有自己的缺点”。但是，兰德尔以自己热情的方式，就沃森在人类基因组计划中的领导力，补充了一些友好的评论，称赞沃森“推动我们所有人为了人类福祉，探索科学前沿”。

这次祝酒引发了强烈反应，在推特上尤甚。此前因在自己的文章《CRISPR 英雄》中极力贬低杜德纳和沙尔庞捷的作用，兰德尔已遭到口诛笔伐。这一次，面对人们对其祝酒的强烈反应，兰德尔表达了歉意。在致其董事会同事的公开记录中，兰德尔写道：“举杯向沃森祝酒是错误之举，我对此感到抱歉。我不接受沃森卑劣的观点。因为科学界应该欢迎所有人，所以他的观点在科学界没有立足之地。”兰德尔补充了一个隐晦的评论，提及自己曾经与沃森的一段对话。其间，两人谈了关于各自研究所犹太捐赠人的看法。兰德尔说：“我长期听着沃森发表令人生厌的评论，对于与他的任何形式的来往所带来的破坏，我本应保持敏感。”[6]

兰德尔坚称，“以任何形式与他来往”是错误之举，以此暗指沃森反对犹太人。这令沃森怒火中烧。沃森情绪爆发，他表示：“在人们眼中，兰德尔就是个笑话。首先，我的一生充满了我父亲对犹太人的热爱，此外，我在美国所有的好友都是犹太人。”接着，沃森以一种表明自己不会减轻批评的姿态，向我强调了他的观点：从基因角度而言，与其他民族相比，在北欧生活数世纪的德裔犹太人更聪明。沃森通过列举诺贝尔奖获奖者所属民族来支持这一观点。[7]

## 美国大师

美国公共广播公司系列纪录片《美国大师》(*American Masters*)剧组决定，于 2018 年为沃森拍摄一部纪录片。该片计划以客观公正、亲近细致、全面深入的方式，呈现沃森的科学成就和饱受争议的观点。沃森全力配合，同意摄影师跟随自己在温馨考究的家中和冷泉港内进行拍摄。纪录片完整介绍了沃森的一生，其中包括其与弗朗西斯·克里克知识分子间的兄弟情谊，围绕其未经授权使用罗莎琳德·富兰克林 DNA 图像的争议，以及其职业生涯后期找寻基因疗法治疗癌症的历程。沃森与妻子和儿子鲁弗斯在一起的场景最为动人。鲁弗斯 48 岁，仍然与父母同住，同精神分裂症抗争。[8]

纪录片也探讨了沃森的种族言论所产生的争议。约瑟夫·格雷夫斯（Joseph Graves）是首位获得进化生物学博士学位的非裔美国人。格雷夫斯通过调查研究，对沃森的观点予以驳斥。“我们对人类遗传变异了解颇多，知道遗传变异在世界各地的分布情况。绝对没有证据证明，任何人类的亚群体中存在能提高智力的遗传差异。”随后，采访者为沃森提供了一个机会，几乎以此促使沃森放弃自己此前发表的声明中的部分观点。

沃森并没有这么做。他似乎犹豫了，甚至像一个大龄小学生，无法说出该说的话，开始微微颤抖。摄影师通过特写镜头记录了这一切。沃森仿佛天生无法美化自己的想法，也无法保持沉默。随着拍摄继续进行，他说：“我希望他们有所改变，希望有新知识指出，你们的成长比大自然更为重要，但是我还没有看到任何此类知识出现。在智商测验中，黑人和白人的平均成绩存在差异。我认为，这种差异是由基因导致的。”后来有一瞬间，沃森自己有所意识，说：“赢得发现双螺旋结构竞赛的人认为，基因至关重要。这并不应令人感到意外。”

该部纪录片于 2019 年 1 月第一周播出。《纽约时报》的艾米·哈蒙（Amy Harmon）就沃森的评论撰写了一篇报道。报道标题是“詹姆斯·沃森本有机会就种族言论挽救自己的声誉”。哈蒙写道：“他使得情况雪上加霜。”[9] 她指出，在种族和智商的关系上，存在涉及方方面面的辩论，情况错综复杂。随后，她引用美国国立卫生研究院院长、作为人类基因组计划负责人的沃森的继任者弗朗西斯·柯林斯的话，表达出各方的一致意见。柯林斯说，智力研究专家“认为，黑人和白人在智商测试中的任何差异并非基因差异所致，而主要由环境差异导致”。[10]

冷泉港实验室董事会最终决定，断绝董事会与沃森剩余的近乎一切关系。冷泉港实验室称，沃森的言论“应受到谴责，没有科学证据支持”，并剥夺沃森的荣誉头衔，将优雅可亲的沃森大型肖像油画从主礼堂中摘除。然而，实验室同意，沃森可继续住在校园里的海滨宅邸内。[11]

## 杰斐逊难题

沃森因此为历史学家提出了名为“杰斐逊难题”（the Jefferson Conun-drum）的问题：对于一个取得巨大成就（“我们坚信这些真理”）的人，在他存在备受谴责（“平等创造”）的缺点时，我们应该对其给予多大程度的尊重？

这一难题引发了一个问题，该问题至少与基因编辑存在隐含联系。切除一个会产生不想要的特质（镰状细胞贫血或具有艾滋病病毒接受性）的基因，可能会改变某些人所需的现有特性（疟疾抵抗力或西尼罗病毒抵抗力）。这一问题并不仅仅在于我们是否能以客观公正的方式对一个卓有成就的人表示尊重，对其缺点嗤之以鼻。更为复杂的问题在于，这些成就和缺点是否彼此相互交织。如果史蒂夫·乔布斯更加友好和善、温文尔雅，他会拥有促使他改造世界、鞭策他人充分释放潜力的激情吗？沃森是否与生俱来就离经叛道、出言不逊？这是否促使他在判断正确的情况下推动科学进步，而在判断错误时又将他引入主观偏见的黑暗深渊？

我认为，不能因为人们的缺点与伟大相互交织，就原谅人们所犯的错误。但是，沃森的故事是我所撰写的故事中不可或缺的组成部分。在本书开头，杜德纳获得了一本沃森的《双螺旋》。这本书对未来生物学发展具有重大影响。杜德纳由此下定决心，成为一名生物化学家。而沃森在遗传学和人类加强方面表达了自己的观点，这些观点成为基因编辑政策辩论之下的一股暗流。因此，我决定，在 2019 年夏天冷泉港 CRISPR 会议之前去拜访沃森。

## 拜访沃森

我在 20 世纪 90 年代早期就认识了詹姆斯·沃森。当时我在《时代周刊》工作，而沃森也不是备受争议的人物。我们报道了沃森在人类基因组计划的工作，受沃森委托撰写文章，并将他选为20世纪百大最具影响力人物之一。1999年，在庆祝被我们称为“《时代周刊》百大影响力人物”的晚宴上，我请沃森向已故的莱纳斯·鲍林敬酒。在发现DNA结构的竞赛中，沃森击败了鲍林，获得胜利。在谈到鲍林时，沃森说：“失败在伟大的上空萦绕，令人惴惴不安。现在重要的并非鲍林过往的瑕疵，而是他的完美无瑕。”[12]也许，有朝一日，人们会用相同的描述介绍沃森。但是，2019年，沃森遭到驱逐。

我到达沃森在冷泉港园区内的宅邸时，沃森正坐在铺有印花棉布的扶手椅上，看上去脆弱无力。几个月前，沃森结束中国之行，返回家中。实验室并未提供车辆接机。沃森只好自己在夜色中开车回家。结果，他偏离了道路，将车开入自家附近的海湾，导致他需要长期住院治疗。但是，沃森的思维依旧十分敏锐，他依然关注如何公平合理地使用CRISPR的问题。他说：“如果使用CRISPR只是为了解决顶层10%群体的问题，满足他们的愿望，那将非常可怕。在过去几十年，我们越发向一个不平等的社会发展。而不能公平合理地使用CRISPR会使形势每况愈下。”[13]

沃森认为，有一项举措可能会有所帮助，即禁止申请基因工程技术专利。找到安全的方法修复诸如亨廷顿病和镰状细胞贫血等致命疾病，可能依然需要大量资金。但是，如果没有专利，成为发现加强方法竞赛第一名可能会带来更低收益。如果人人都可以复制所发明的技术方法，那么这些技术方法的价格可能更加低廉，使用范围将更为广泛。沃森说：“在一定程度上让科学发展降速，使科学技术的应用更为公平合理。我会接受这一做法。”

沃森表达了自己知道可能会令人瞠目结舌的观点时，像一个刚刚干了调皮捣蛋的事的顽童，轻蔑地哼了一声，然后咧嘴一笑。他说：“我认为，我直言不讳、离经叛道的天性有助于我进行科学研究。因为我并不会因他人认同，就直接接受某些事物。我的优势并不在于我比他人聪明，而在于我更愿意反对集体意见。”沃森承认，有时，为了使别人接受一个观点，自己“过于坦诚”。他说：“你不得不夸大其词。”

我问沃森，他就种族和智力发表评论时，情况也是如此吗？就沃森的天性而言，他似乎可以表达遗憾，但不会表示悔过。沃森回答道：“实际上，美国公共广播公司拍摄的关于我的纪录片非常不错。但是，我希望他们并未着重强调我过去就种族发表的评论。我再也不公开谈论这一问题了。”

但是随后，沃森仿佛受到强迫，再次开始将谈话内容转入这一话题。他告诉我：“我无法否认自己坚信的观点。”他开始讨论历史上各种各样的智商检测方法、气候影响，以及自己在芝加哥大学进行本科学习期间，路易斯·列昂·瑟斯顿[①]所教授的智力因素分析的内容。

我问沃森，他为什么认为需要说出这些话？沃森说：“我和《星期日泰晤士报》的那个女孩儿交谈过后，至今还没有接受过关于种族问题的采访。她以前在非洲生活，对我说的内容非常清楚。我只向这位电视采访记者重复过我的观点，因为我不由自主。”我向沃森表示，如果他愿意，他可以自己帮自己。沃森回答道：“我一直按照我父亲的忠告说实话。必须有人说实话。”

但是，他的说法并不属实。我告诉他，大多数专家说，他的观点并不正确。

沃森并未回答。我因此问他，他父亲还曾给予他哪些忠告。沃森回答：“保持善良。”

他仔细思考过这条忠告吗？

他承认：“我希望我能更好地践行这条忠告。我希望我能更加努力地保持善良。”

他迫切希望再次参加在冷泉港举行的 CRISPR 年会。2019 年的年会将于一周后举行。但是，实验室并不愿意取消禁令。因此，沃森请求我把杜德纳从会场带到山上，以便他和杜德纳谈一谈。

---

① 路易斯·列昂·瑟斯顿（Louis Leon Thurstone），美国心理学家和心理计量学家，美国心理测量学会的创立者之一，第一届心理测量学会主席。在测量理论、社会评价和人格等理论的应用方面均做出了巨大的贡献。——译者注

## 鲁弗斯

在我拜访沃森期间，他的儿子鲁弗斯一直坐在厨房。鲁弗斯并未加入我们，但是他一直听着我们所说的每一句话。

在还是个孩子的时候，鲁弗斯和年轻时的父亲长得非常像：身材瘦长，头发蓬乱，轻松随和，面部棱角分明、微微倾斜，仿佛充满好奇。有其父必有其子。但是现如今，鲁弗斯已年近50，身材矮胖，头发有些凌乱。鲁弗斯已经失去了自由欢笑的能力。他非常了解自己的处境，对父亲的境况也心知肚明。喜怒无常，敏感易怒，聪明过人，不修边幅，不做甄别，信口开河，直言不讳，关注每一段对话，同时又温文尔雅——这些都是证明鲁弗斯所患精神分裂症的特征。这些特质中的每一个都以某种形式，在不同程度上归咎于鲁弗斯的父亲。也许有一天，破解人类基因组密码能解答这一问题，或许无法解答。

鲁弗斯告诉《美国大师》纪录片的采访者："我的父亲会说：'我的儿子鲁弗斯非常聪明，但是他患有心理疾病。'虽然我并不赞同父亲的说法，但是我认为，我虽然理解能力不强，但是并没有心理疾病。"他觉得自己让父亲失望了。他说："直到发现自己多么迟钝，我才意识到这一切多么反常。因为我父亲并不迟钝。后来我认为，我是父母的负担。因为我父亲功成名就，理应拥有一个成功的孩子。父亲一直在努力工作，如果你相信因果效应，那么他本应为自己换来一个卓有成就的儿子。"[14]

在我与詹姆斯·沃森对话的过程中，沃森将话题转向了种族问题。此时，鲁弗斯突然从厨房冲了过来，大声叫道："如果你要让他说种族问题的事，那么我就要请你离开了。"沃森只是耸了耸肩，没对儿子说任何话。但是，他不再谈论这个话题了。[15]

我可以感觉到，鲁弗斯对父亲充满强烈的保护欲。该情绪的爆发也揭示了鲁弗斯具有父亲往往缺乏的一种智慧。鲁弗斯曾说："我父亲的声明可能会使他在他人眼中成为一个顽固不化、歧视他人的人。这些声明体现出他对遗传命运的狭隘解读。"他说得没错。在许多方面，他比其父更加具有智慧。[16]

第47章

# 杜德纳来访

## 小心翼翼的对话

按照沃森的要求，我问杜德纳，由于沃森不得出席会议，她是否愿意在会议期间登门拜访沃森。我们两人进了沃森家后，他要求看看展示了科学论文的摘要的会议手册。我勉为其难，将手册交给了他。手册封面是罗莎琳德·富兰克林的“照片51号”X光衍射花样，该图像曾帮助沃森发现了DNA结构。沃森似乎觉得这很有意思，并未感到失落。他说：“啊，我永远都不会忘记这张图片。”然后，他沉默了片刻，咧着嘴，顽皮地笑着说：“但是，她永远无法发现DNA的结构是双螺旋形状的。”[1]

杜德纳正在詹姆斯·沃森的肖像画下与沃森本人交谈

沃森家的客厅里阳光斑驳。他身穿一件桃红色毛衣，在客厅里介绍他多年来收藏的部分艺术品。显而易见，其中最引人注意的是现代主义作品，还有描绘因情绪而扭曲的人脸的抽象作品。这些是来自约翰·格雷厄姆（John Graham）、安德烈·德朗（André Derain）、维弗雷多·拉姆（Wifredo Lam）、杜里奥·巴纳比（Duilio Barnabé）、保罗·克利（Paul Klee）、亨利·摩尔（Henry Moore）和琼安·米罗（Joan Miró）的油画与素描，以及由大卫·霍克尼（David Hockney）基于沃森自己微微扭曲、显露悲情的面部所创作的素描。房间里播放着古典乐。伊丽莎白·沃森坐在角落里看书，而鲁弗斯在厨房外徘徊，听着屋内的风吹草动。在对话中，几乎每个人都小心翼翼。在大部分时间里，甚至连沃森亦是如此。

沃森告诉杜德纳："CRISPR 之所以是继 DNA 结构后最为重要的发现，是因为 CRISPR 不仅像我们阐释双螺旋结构时一样解释了世界，也让改变世界变得简单。"沃森和杜德纳聊了聊沃森的另一个儿子邓肯。邓肯住在伯克利，距离杜德纳家不远。沃森说："我们最近去看过他。"伊丽莎白想要转移话题，于是插话说："伯克利的学生最糟，他们是进步主义者[①]。这些进步主义的孩子甚至比共和党人还要愚笨。"

杜德纳追忆起 5 年前沃森在冷泉港举行的首场基因组编辑会议，以及当时沃森如何在观众席中向她提问。沃森说："我对 CRISPR 的应用极感兴趣。"伊丽莎白又接着沃森的话，转移了话题。她说："这项技术将让思考能力不够出色的人获得极大改善。"

## 人类生命纷繁复杂

短暂拜访沃森后，我们离开了他家，向山下走去。我问杜德纳有何感想。她说："我一直在回想我 12 岁开始阅读带有折角的《双螺旋》时的场景。如果我当时知道，多年后，我会登门拜访沃森，和他进行刚才那段对话，我会激动得不能自已。"

---

① 进步主义来源于美国社会对工业化带来的问题的种种反思。进步主义者们支持在混合经济的架构下，劳动人权和社会正义的持续进步，是福利国家和反托拉斯法最早的拥护者之一。——译者注

虽然那天杜德纳没再多说什么，但是对沃森的拜访掀起的涟漪在她心中久久回荡。在接下来几个月，我们又聊到了那次对沃森的拜访。杜德纳说："那是一次令人痛苦且悲伤的拜访。显然，沃森为生物学和遗传学带来了极大影响，但是他却发表了引人痛恨的观点。"

杜德纳坦言，同意拜访沃森令她心里五味杂陈。她说："但是，我同意登门拜访，是因为他对生物学具有巨大影响，也影响了我的一生。他拥有令人难以置信的职业生涯，拥有巨大潜质，在生物学领域成为真正受人敬仰的人物。但由于他所持观点，这一切都灰飞烟灭了。有人可能会说，我不应与他见面。但是对我而言，事情并非如此简单。"

杜德纳回忆道，在自己父亲的个性中，有一个方面曾使自己颇感烦恼。马丁・杜德纳会将人们分为好人和坏人，几乎对大多数人内心的灰色地带毫不关心。杜德纳说："他对有些人敬仰崇拜，认为他们完美无瑕，绝对正确。与此同时，他也认为有些人十恶不赦，反对其一切言行，对他们全盘否定。"对此，杜德纳则努力做到了看到人们的复杂性。她说："我觉得，世界存在灰色的一面。有些人虽然具有出色的品性，但也存在瑕疵。"

我提到了生物学常用术语"嵌合体"[①]。杜德纳说："这比灰色的一面更为合适。坦白说，所有人都是如此。如果我们能真诚待己，那么所有人都会知道，我们都有自己擅长和不擅长的事情。"

杜德纳间接承认所有人都存在缺点，这激起了我的好奇心。我试着软磨硬泡，询问她这一结论在她自己身上的匹配程度如何，希望以此听到她更多的想法。她回答道："如果我有遗憾，那就是在一些情况下，我对自己与父亲相处的方式并不满意。我有时对他感到失望，因为他以非黑即白的方式看待他人。"

我问，这是否影响了她对詹姆斯・沃森的看法？她回答道："我不想按照我父亲的方式看待他人，不想像父亲一样通过简单的方法得出对他人的评价。我设法既看到人们的巨大成绩，也看到他们身上一些我完全不赞同的地方。"她指出，沃森是最好的例子。她说："虽然沃森确

---

① 英文 mosaic，指在遗传上由不同的细胞类型或组织所组成的生物体。—— 译者注

实说了一些影响恶劣的话，但是每次看见他，我都会想起我阅读《双螺旋》时的场景，那是我第一次开始思考：‘天啊，我想知道，在未来某一天，我能不能获得这样的科学发现。’”[2]

第九部分

# 冠状病毒

我不知道，这一切结束之后，等待着我的是什么，也不知道将会发生什么事情。此时此刻，我只知道：有病人需要接受医治。

——阿尔贝·加缪，1947 年作品《鼠疫》

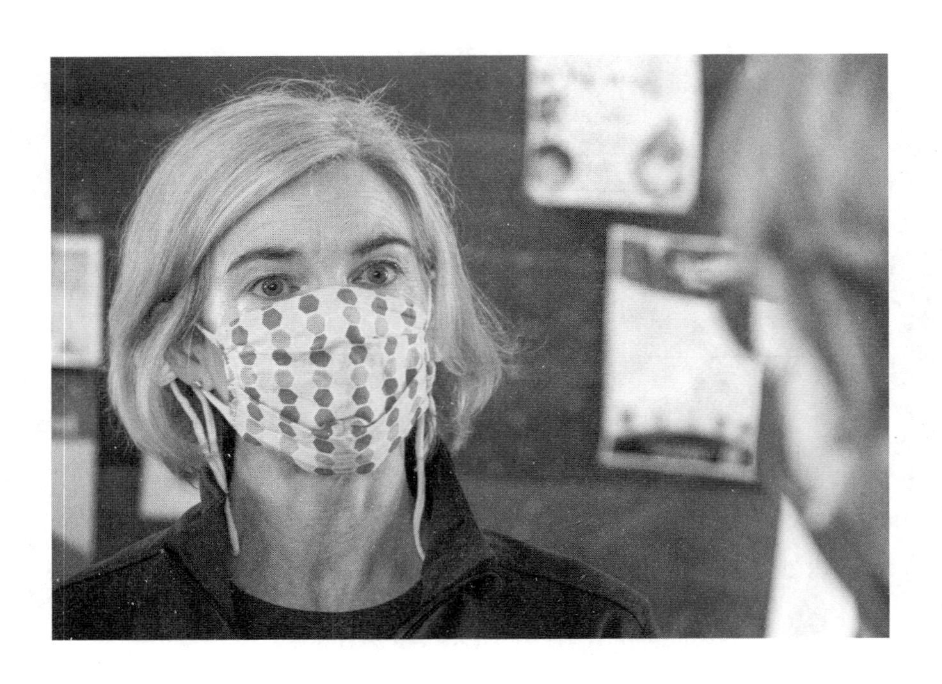

第 48 章

# 战斗号令

## 创新基因组学研究所

2020 年 2 月末，杜德纳根据安排，从伯克利前往休斯敦参加一场研讨会。当时，美国人的生活尚未因逐渐逼近的新冠肺炎大流行而陷入混乱。虽然官方并未报道死亡病例，但是危险信号已经出现。在中国，已经有 2 835 人因病死亡[①]，股票市场开始做出反应。2 月 27 日，道琼斯指数下跌一千余点。杜德纳回忆道："我紧张不安。我与杰米商量，是否应该去休斯敦。但是当时，我认识的所有人均与平常无异，继续着自己的生活。因此，我去了休斯敦。"杜德纳带了许多湿巾，前往休斯敦。

返回伯克利后，杜德纳开始思考自己和同事应为抗击大流行做些什么。将 CRISPR 转化为一种基因编辑工具后，杜德纳在内心深处感觉，人类可使用分子机制，发现并消灭病毒。更为重要的是，她已经对开展合作游刃有余，成了这方面的大师。她清醒地意识到，抗击新冠病毒需要组建跨越多个专业领域的团队。

幸运的是，杜德纳拥有一个基地，因此有能力打造这样的队伍。她是创新基因组学研究所的执行总监。创新基因组学研究所是一所联合研究所，由加利福尼亚大学伯克利分校和旧金山分校共同创建。该研究所

① 此为截至 2020 年 2 月 28 日 24 时数据。——编者注

坐落于伯克利校园西北角，是一座高五层的宽敞现代建筑。（该研究所最初名为“基因工程中心”。但是加利福尼亚大学担心，这一名字可能引发公众焦虑。）[1] 该研究所的其中一条核心原则是促进不同领域间的合作。正因如此，在研究所大楼中，有植物科学家、微生物研究人员和生物医药专家合作共事。在大楼中拥有自己实验室的研究人员中，有杜德纳的丈夫杰米、杜德纳在 CRISPR 研究中的最早合作者吉莉安·班菲尔德、杜德纳曾经的博士后罗斯·威尔逊和生物化学家大卫·萨维奇。其中，大卫·萨维奇当时正使用 CRISPR，改善水池中的细菌将大气中的碳转化为有机化合物的方法。[2]

萨维奇的办公室就在杜德纳的隔壁。在过去近一年时间里，杜德纳一直在与萨维奇交流，探讨在创新基因组学研究所启动某个项目，使其成为跨学科团队合作的示范项目相关事宜。该计划的灵感之一源自杜德纳的儿子安迪。安迪当时正在一家当地生物技术公司进行暑期实习。在这家生物技术公司，安迪每天的工作是从参加一场会议开始的。会上，不同部门的负责人会就自己当前为推进公司项目所做工作进行汇报。听到这一情况，杜德纳忍俊不禁。她告诉安迪，自己无法想象如何以这种方式运营一所学术实验室。安迪问：“为什么不呢？”杜德纳解释说，科研人员在自己的工作区域会感到舒适，会对自己的独立性保护过度。两人由此在家中开启了一段漫长对话，谈论团队、创新及如何创造一个能激发创造力的工作环境。

2019 年晚些时候，杜德纳和萨维奇在伯克利一家日本面馆交流想法。杜德纳问，如何将一个企业的团队文化的最佳特性与学术自主权相结合？两人思考，是否可能找到一个项目，凭借一个共同目标，让多个实验室的研究人员联合起来。两人将这一想法称为“Wigits”，那是创新基因组学研究所团队科学研讨会（Workshop for IGI Team Science）的缩写。两人开玩笑说，所有研究人员会携手努力，共同打造这一研讨会。

两人在研究所的周五欢乐时光里用了一小时形成这一想法，引起了一些学生的兴趣，而大多数教授则反应冷淡。嘉文·诺特是渴望将这一想法变成现实的学生之一。他说：“在工业领域，所有人都专注于实现一致认定的共同目标。但是在学术界，每个人都在自己的圈子里履行自己的职责。我们都在按自己的研究兴趣努力，只在必要情况下彼此合作。”因此，在没有资金来源、教职工缺乏热情的情况下，这一想法难以变为现实。[3]

随后，新冠肺炎疫情暴发。萨维奇的学生一直向他发消息，询问杜德纳正进行什么研究来帮助应对这场危机。萨维奇意识到，共同应对新冠肺炎大流行的危机，可能会成为他们此前讨论的团队的共同目标。带着这一想法，萨维奇走进了杜德纳的办公室，发现杜德纳与自己不谋而合。

两人一致认为，杜德纳应该召开一场会议，请创新基因组学研究所的同事和其他可能对抗击新冠肺炎大流行感兴趣的湾区同事参加。本书引言部分对这场会议做了介绍。会议于 3 月 13 日星期五下午 2：00 召开。就在前一天，杜德纳和自己的丈夫于黎明前驱车前往弗雷斯诺，将儿子从机器人比赛场地接回。

## 新型冠状病毒（SARS-CoV-2）

那时，新型冠状病毒迅速传播。该病毒获得了一个正式名称：重症急性呼吸综合征冠状病毒 2 型（severe acute respiratory syndrome coronavirus 2），简称 SARS-CoV-2。之所以如此命名，是因为新冠病毒产生的症状与 2003 年的 SARS 病毒相似。在全球范围内，有 8 000 余人感染 SARS 病毒。科学家将这一由新病毒导致的疾病命名为新型冠状病毒肺炎（COVID-19）。

病毒是具有欺骗性、包裹着坏消息的小型胶囊①。它们仅由蛋白质外壳包裹一小段遗传物质组成，遗传物质要么是 DNA，要么是 RNA。病毒经过长途跋涉进入一个生物的细胞中，随后便利用该细胞进行自我复制。对于冠状病毒而言，遗传物质为 RNA。而 RNA 研究是杜德纳的专业领域。在新冠病毒中，RNA 的长度大约为 29 900 个碱基。相比之下，

① 没错，在世界上，颇有用处、不可或缺的病毒无处不在。但是，在本书中，情况并非如此。

人类 DNA 的长度为 30 多亿个碱基。病毒 RNA 序列提供代码，仅形成 29 种蛋白。[4]

以下是冠状病毒 RNA 碱基序列的一小段：CCUCGGCGGGCACGUAGUGUAGCUAGUCAAUCCAUCAUUGCCUACACUAUGUCACUUGGUGCAGAAAAUUC。这段序列编码形成了一种位于病毒外壳外部的蛋白质。该种蛋白质外形如同尖刺般突起，在电子显微镜下，刺突呈现出“冠状”（crown）外观，因此该病毒名为冠状（corona）病毒。该刺突就像一把钥匙，恰到好处地嵌入人类细胞表面特定受体。很明显，上方序列中的前 12 个碱基促使刺突蛋白与人类细胞中的特定受体紧密结合。该小段序列的这一演化详细说明了病毒是如何从蝙蝠传播至其他动物，然后传染给我们人类的。

对于新冠病毒而言，人类受体是一种名为 ACE2 的蛋白。该蛋白的作用与 CCR5 蛋白对艾滋病病毒的作用类似。离经叛道的中国博士贺建奎通过基因编辑，从自己编辑的 CRISPR 双胞胎中去除的正是 CCR5 蛋白。由于 ACE2 蛋白具有除受体外的其他功用，通过基因编辑将其从人类体内去除可能并非明智之举。

人们于 2019 年晚些时候感染新冠病毒。2020 年 1 月 9 日，出现美国官方证实的美国首个死亡病例。就在同一天，中国研究人员公布了该病毒的全部基因组序列。结构生物学家使用冷冻电子显微镜技术，向在液体中冷冻的蛋白质发射电子，进而为新冠病毒和刺突蛋白搭建了一个精确到原子排布的模型。获得序列信息和结构数据后，分子生物学家展开竞赛，发现治疗方法，研制可以阻断病毒与人类细胞结合的疫苗。[5]

## 战斗命令

杜德纳于 3 月 13 日召开会议，吸引的参会人数远超她和萨维奇的预期。3 月 13 日周五下午，十余名实验室核心负责人和学生集中在创新基因组学研究所大楼一层的会议室。会议期间，校园其余地区正处于封禁状态。另有来自湾区的 50 名研究人员在网络上通过 Zoom 参加会议。杜德纳说："在没有规划、没有预想会有何效果的情况下，我们在面馆中诞生的想法变成了现实。"[6]

正如杜德纳所发现的那样，成为像加州大学伯克利分校和创新基因组学研究所等大型组织的成员会带来一种优势。虽然创新经常在车库和宿舍内诞生，但维持创新的是研究机构。因为创新需要一个基础设施，应对项目所需的后期工作。在新冠肺炎大流行期间尤为如此。杜德纳说："创新基因组学研究所的成立颇具现实意义，发挥了令人难以置信的作用。因为我们可以组建团队，协助处理诸如编写计划书、设置 Slack 频道、群发邮件、安排 Zoom 会议、协调设备等工作。"

伯克利的法律团队提出了一项政策，旨在与其他新冠病毒研究人员自由共享所获发现，同时保护可能产生的知识产权。在首批会议的其中一场会议上，一位大学律师设计了一个免税版许可发放模板。这位律师说："针对任何我们为应对新冠病毒所做研究，我们将进行非独占免费许可授权。虽然我们仍然希望为所有发现提交专利保护申请，但是我们将确保相关发现可应用于对抗新冠病毒。"在 3 月 18 日举行的小组第二场 Zoom 网络会议上，杜德纳使用一页幻灯片，就该政策进行介绍。她对幻灯片上的信息做了简要总结："来到这里，不是为了赚钱。"

到举行这第二场会议时，杜德纳还展示了一页幻灯片。幻灯片上列有他们决定实施的 10 个项目，也列出了团队负责人的名字。有些计划任务使用了最新的 CRISPR 技术，包括开放一种基于 CRISPR 的诊断方法，以及寻找一个将 CRISPR 系统安全送入肺部的方法，该系统能够锁定并破坏病毒遗传物质。

此类想法最初在会上涌现时，会议室内其中的一位专家钱泽南（Robert Tjian）教授插了句话，做了详细解释。"让我们将工作一分为二"，有许多未知等待我们探索，"但是首先，我们面临一个火烧眉毛的问题"。钱教授停顿了片刻，然后做了解释。他们必须首先处理公众检测的紧急需求，再坐在实验台前发明未来生物技术。因此，杜德纳创建的第一个小队接到了任务，在大楼一层距离他们会场不远处创建一个空间，使其成为一个最为先进、高速运转、自动化的新冠病毒检测实验室。

第 49 章

# 检测

## 美国的失败

2020 年 1 月 15 日，在美国疾控中心微生物学家斯蒂芬·林德斯特伦（Stephen Lindstrom）的领导下，美国首个正式的地方卫生机构的新冠病毒检测指南于一场电话会议上发布。林德斯特伦说，美国疾控中心开发了一种新冠病毒检测方法，但是只有在食品药品监督管理局予以批准后，才能供州立卫生部门使用。他承诺，不用多久，卫生部门便可使用该种检测方法。但是，在此之前，医生不得不将样本送往位于亚特兰大的疾控中心进行检测。

美国卫生与公众服务部是美国食品药品监督管理局的监管部门。1 月 31 日，美国卫生与公众服务部部长亚历克斯·阿扎（Alex Azar）宣布美国进入公共卫生紧急状态，由此授予食品药品监督管理局加快批准新冠病毒检测的权力。但是，此举造成了一个不可思议、意料之外的后果。正常情况下，只要不以对外销售为目的，医院和大学实验室可自行设计检测方法，供自己在自家实验室中使用。但是，公共卫生紧急状态的宣布提出了一项要求，即在获得“紧急使用授权”后，才可开展此类检测。其目的在于避免在健康危机时期，使用有效性未经证实的检测方法。结果，阿扎宣布紧急状态导致学术性的实验室和医院遭受新的限制。如果疾控中心的检测方法可得到广泛使用，学术性的实验室和医院并不会受到影响。但是，疾控中心的检测方法尚未获得食品药品监督管理局批准通过。

2 月 4 日，该检测方法终于获得批准。第二天，疾控中心开始将检测试剂盒发往美国各州和地方实验室。该检测方法的作用原理，或者说设计的作用原理是，将一根长拭子插入患者鼻腔后部。实验室会使用试剂盒中的化合物提取鼻腔黏液中的 RNA。随后，该 RNA 通过逆转录转化为 DNA。通过使用“聚合酶链式反应”（PCR）这一知名技术，该 DNA 的双链将被复制，形成几百万个拷贝。这一技术是大多数生物学专业本科生的必修课。

1983 年，一家生物技术公司的化学家凯利·穆利斯发明了聚合酶链式反应这一技术。一天晚上，穆利斯在开车时想出了标记 DNA 序列的方法，并使用多种酶，通过被称为热循环的冷热反复循环过程，对 DNA 序列进行复制。穆利斯写道：“在一个下午的时间内，一个 DNA 片段可通过聚合酶链式反应生成 1 000 亿个相似片段。”[1] 现如今，这一过程通常可用一台微波炉大小的机器实现。该机器既能提高也能降低混合液的温度。如果混合液中存在新冠病毒的基因片段，聚合酶链式反应可将其放大，使检测人员发现。

国家卫生官员收到疾控中心的检测试剂后，便着手开展工作，尝试使用已经确定检测结果的患者样本，验证试剂盒是否有效。《华盛顿邮报》报道称：“2 月 8 日早些时候，在疾控中心发送的首批检测试剂盒中，有一个试剂盒通过联邦快递的包裹到达了曼哈顿东部。实验室技术人员历经数小时，尝试检测试剂盒能否发挥功效。”技术人员对已感染病毒的样本进行检测时，发现检测结果为阳性。这一结果令人满意。不幸的是，当技术人员对纯净水进行检测时，检测结果同样为阳性。在美国疾控中心的检测试剂盒中，有一种化合物存在缺陷。在生产流程中，该化合物遭到了污染。纽约卫生部门的助理专员珍妮弗·雷可曼（Jennifer Rakeman）说：“见鬼！现在我们该怎么办？”[2]

世界卫生组织发现，在世界各国，已经进行 25 万次检测实验，效果不错。这令蒙受耻辱的美国更加无地自容。美国本可以获取或复制其中的部分检测方法，但是美国拒绝了这样做。

## 大学加入研发

华盛顿大学是美国首批新冠肺炎大流行暴发地之一，它率先冲入这片雷区。长着一张圆脸的年轻人亚历克斯·格雷宁格（Alex Greninger）是华盛顿大学医学中心病毒学实验室的助理主任。1月初，格雷宁格看到中国的报道后，与自己的上级基思·杰罗姆（Keith Jerome）就自主研发检测方法进行了探讨。杰罗姆说："我们可能会在研发上浪费资金，因为最终可能会徒劳无功。但是你必须做好准备。"[3]

在两周时间内，格雷宁格便开发出一种有效的检测方法。根据一般规定，他们可以在自己的医院系统中使用这一检测方法。但是随后，美国卫生与公众服务部部长亚历克斯·阿扎宣布美国进入紧急状态，致使相关规定更为严格。因此，格雷宁格向食品药品监督管理局提交了一份正式申请，请求获取"紧急使用授权"。格雷宁格耗费近100个小时，填写完所有表格。随后，令人震惊的官僚主义接踵而至，导致局面陷入一片混乱。2月20日，格雷宁格收到了食品药品监督管理局的回应。管理局通知他，除了提交申请的电子版，他还必须准备申请的纸质版及一张刻有申请内容的压缩光盘（还记得压缩光盘是什么吗？），然后将材料寄送至位于马里兰州的管理局总部。当天，格雷宁格在给一个朋友发送的电子邮件中描述了管理局的古怪之举。格雷宁格怒不可遏，他写道："仔细看看，上面写了紧急申请。"

几天后，食品药品监督管理局给出了回复，要求格雷宁格开展更多试验，检验其使用的检测方法是否能误检出沉寂多年的中东呼吸综合征冠状病毒（MERS）和SARS。而格雷宁格手中并没有可供检测的病毒样本。他致电疾控中心，询问是否可以从疾控中心处获取以前的SARS病毒样本，但却遭到拒绝。格雷宁格告诉记者朱莉娅·约菲（Julia Ioffe）："在那时，我想：'嗯，也许食品药品监督管理局和疾控中心根本没有就这一问题进行过沟通。'我意识到，要等一段时间了。"[4]

其他人也遭遇了类似问题。梅奥诊所为应对大流行，成立了一个危机小队。小队共有15名成员，其中5名成员接到任务，专职负责处理食品药品监督管理局的材料方面的要求。到2月底，有数十家医院和学术型实验室均具备了检测能力，其中包括斯坦福大学和布洛德研究所。但是，没有一家医院或实验室成功获得管理局的授权。

此时，美国国家过敏和传染病研究所所长安东尼·福奇（Anthony Fauci）挺身而出。此前，福奇已经成为全美超级明星。2 月 27 日，福奇与亚历克斯·阿扎的首席幕僚布莱恩·哈里森（Brian Harrison）进行对话，敦促食品药品监督管理局批准大学、医院和私营检测服务机构一边开始使用自己的检测方法，一边等待紧急使用授权。哈里森与相关机构举行了电话会议，用激烈的言辞告知各机构，在会议结束前必须提出一项实施计划。[5]

2 月 29 日星期六，食品药品监督管理局最终改变了强硬态度，宣布将批准非政府实验室使用实验室自己的检测方法，同时等待获取紧急使用授权。星期一，格雷宁格的实验室检测了 30 位患者。在几周内，该实验室每日将能检测超过 2 500 名患者。

埃里克·兰德尔领导的布洛德研究所也加入战斗。德博拉·洪（Deborah Hung）是布洛德研究所传染病项目联合负责人，也是波士顿布列根和妇女医院的一位医生。3 月 9 日晚，美国国内新冠肺炎确诊病例增至 41 例，德博拉突然意识到，病毒的传播将产生严重影响。德博拉打电话给了自己的同事斯泰西·加布里埃尔（Stacey Gabriel）。加布里埃尔是布洛德研究所基因组学测序机构负责人。该机构距离布洛德研究所总部仅有几个街区，位于曾为芬威公园存放啤酒和爆米花的旧仓库。能将实验室变成检测新冠病毒的机构吗？加布里埃尔告诉德博拉，能。随后，加布里埃尔打电话给兰德尔，询问德博拉的想法是否可行。兰德尔一如既往地渴望使用科学造福大众，并对自己刚刚召集的与自己想法相同的队友颇感骄傲。兰德尔说："那通电话有些多此一举。我当然会同意。但是无论如何，她都会采取行动，她也应该这么做。"3 月 24 日，实验室开始全面运作，收到了波士顿地区各家医院的样本。[6] 在特朗普政府未能实施大范围检测的情况下，大学研究实验室开始发挥通常由政府所起到的作用。

第 50 章

# 伯克利实验室

## 志愿者

在 3 月 13 日举行的会议上，杜德纳和伯克利创新基因组学研究所的同事决定，将工作重点放在建设自己的新冠病毒检测实验室上。参会人员就应使用的技术展开了讨论。是否应像早期说明的那样，使用聚合酶链式反应，大量复制从检测拭子中获取的遗传物质，利用这一可靠却复杂的方法进行病毒检测？或设法发明一种新型检测方法，使用 CRISPR 技术，直接检测病毒的 RNA？

恩里克·林肖（Enrique Lin Shiao）与珍妮弗·汉密尔顿

参会人员决定双管齐下，但是先紧急采用第一种方法。在会上总结时，杜德纳说："我们需要先学会走路，再迈步奔跑。我们要立刻利用现有技术，随后才能实现创新。"[1] 通过建立自己的检测实验室，创新基因组学研究所将能获取数据与病人样本，就新方法进行试验。

会后，研究所发布了一条推文：

创新基因组学研究所 @igisci：我们正竭尽所能，在 @ 加州大学伯克利分校获取开展 # 新冠肺炎临床检测的能力。我们将经常更新此页面，寻求试剂、设备和志愿者。

在两天时间里，有 860 余人做出回应，研究所不得不减少志愿者名单上的人数。

杜德纳组建的团队体现出其实验室的多样性，也从整体上展现出生物领域技术的丰富性。为了做好行动指挥，杜德纳向基因编辑奇才费奥多·厄诺夫寻求帮助。厄诺夫曾是创新基因组学研究所的带头人，领导开发人们负担得起的镰状细胞贫血治疗方法。

厄诺夫于 1968 年生于莫斯科市中心。其母亲朱莉亚·帕列夫斯基（Julia Palievsky）是一位教授，她教会了厄诺夫英语。父亲德米特里·厄诺夫（Dmitry Urnov）是一位杰出的文学评论家和莎士比亚学者，崇拜威廉·福克纳，是丹尼尔·迪福的传记的作者，现在在伯克利生活，与自己的儿子相距不远。我问费奥多，面对新冠肺炎大流行，他是否会向父亲了解迪福 1722 年的作品《瘟疫年纪事》（*A Journal of the Plague Year*）。费奥多说："我会的。我会让他以这本书为主题，为我和我生活在巴黎的女儿做一次线上讲座。"[2]

与杜德纳一样，厄诺夫在 13 岁左右读到了沃森的《双螺旋》一书，由此下定决心成为一名生物学家。厄诺夫说："我和珍妮弗在相仿的年龄读了《双螺旋》。我们会拿这段往事开玩笑。尽管身为凡人的沃森有诸多缺点，但是他创造了一段超凡绝伦的故事，使得对生命构造的探索令人热血沸腾。"

在18岁时，略为叛逆的厄诺夫应召入伍，加入苏联军队，剃光了头发。前往美国后，厄诺夫说："我安然无恙，毫发未损。1990年8月，我乘飞机降落在波士顿洛根机场。当时，我已被布朗大学录取。一年后，我母亲获得了富布赖特奖学金，成为弗吉尼亚大学的访问学者。"之后不久，厄诺夫在布朗大学开始攻读博士学位，将自己埋在试验之中。他说："我当时意识到，我不会回俄罗斯了。"

厄诺夫属于既愿意涉足学术研究、又喜欢涉足产业的研究人员。16年来，厄诺夫在伯克利任教，同时担任桑加莫治疗公司（Sangamo Therapeutics）的团队领导。该公司致力于将科学发现转化为医学疗法。在俄罗斯长大，出身于书香门第，使厄诺夫才华横溢，引人注目。而他自己则用热情和真诚，将自身才华与对美国乐观向上精神的热情彼此融合。接到杜德纳要求其担任实验室负责人的任务时，厄诺夫引用托尔金的《指环王》中的话予以回复：

> 佛罗多说："我希望这事不要发生在我的时代。"
>
> 甘道夫说："我也是。亲眼见证这些时代的所有人同样如此。但是，这由不得他们。我们需要决定的是，如何利用好上天给予我们的时间。"

厄诺夫手下有两名科学界元帅，其中一位是珍妮弗·汉密尔顿。汉密尔顿是杜德纳的门徒。一年前，汉密尔顿用一天时间，教会我使用CRISPR编辑人类基因。汉密尔顿在西雅图长大，在华盛顿大学学习生物化学与遗传学，随后成为一名实验室技术员。在此期间，她收听了播客《本周病毒学》（*This Week in Virology*）。汉密尔顿在纽约市西奈山医学中心获得博士学位。在那里，她对病毒和类病毒颗粒进行了改造，使之成为进行医学治疗的手段。此后，她以博士后身份加入杜德纳实验室。在2019年冷泉港会议上，杜德纳自豪地听了汉密尔顿关于自己研究的报告。报告主题是使用类病毒颗粒，将CRISPR-Cas9基因编辑工具送入人体。

新冠病毒危机于3月初暴发时，汉密尔顿告诉杜德纳，自己想要像自己的母校华盛顿大学的相关人员一样，参与危机应对工作。因此，杜德纳任命汉密尔顿领导实验室技术开发工作。汉密尔顿说："这种感觉如同应召入伍，我必须同意。"汉密尔顿从未想到，在一场全球危机中，自己熟练掌握的 RNA 提取优化技术成为迫切需要的技能。该技术的实际应用也为汉密尔顿和其学术同事创造了机会，使他们体验到商业世界中项目导向型的团队合作。汉密尔顿说："这是我第一次成为这样一支科学团队的一员。团队里有许多在不同领域拥有天赋异禀的队友，他们团结一心，为同一目标努力。"[3]

与汉密尔顿共同运营检测实验室的，是恩里克·林肖。林肖的父母是一对移民哥斯达黎加的中国台湾夫妇。他们抛家舍业，在一个全新的地方重新开始自己的生活。林肖自己则在哥斯达黎加出生并长大。1996 年，克隆羊多莉的成功激发了林肖对遗传学的兴趣。高中毕业后，林肖获得了慕尼黑工业大学的奖学金。在那里，林肖研究了如何将 DNA 折叠成不同形状，打造纳米技术生物学工具。大学毕业后，林肖进入剑桥大学，研究 DNA 折叠对细胞功能的重要作用。研究生毕业后，林肖前往宾夕法尼亚大学攻读博士学位。此前，人们将我们基因组的非编码区域称为"垃圾 DNA"。在林肖攻读博士学位期间，他弄清了该区域在疾病发展过程中的作用。换言之，与张锋一样，林肖的经历是一个典型的美国成功故事。在此期间，美国如磁石一般，吸引了世界各地的各类人才。

作为杜德纳实验室的博士后研究员，林肖努力通过多种方法，创造出新型基因编辑工具，剪切拼接长 DNA 序列。2020 年 3 月在家中躲避新冠病毒时，林肖浏览了自己的推特推送，发现了创新基因组学研究所同事发布的推文。在推文中，同事们为已规划的检测实验室招募志愿者。林肖说："他们需要有提取 RNA 和聚合酶链式反应相关经验的人，而我在实验室日常工作中使用了这些技术。第二天我收到了杜德纳发来的邮件，询问我是否有兴趣与他人共同领导技术工作，我立马答应了。"[4]

## 实验室

创新基因组学研究所非常幸运。研究所大楼的一楼有一片 230 多平方米的区域，正通过改造变成一间基因编辑实验室。杜德纳团队开始将新设备和装满化学品的盒子搬入实验室，将这片空间变为新冠病毒检测设施。正常情况下需耗费数月的实验室建设项目在短短几天内便大功告成。[5]

杜德纳团队在校园里通过恳求、借用、征用等方式，从各实验室里获取实验室用品。一天，团队成员们准备好开展实验，却发现没有与聚合酶链式反应设备匹配的孔板。林肖和其他人找遍了创新基因组学研究所大楼的所有实验室，随后在附近的两栋建筑中找到了需要的孔板。林肖说："由于校园里大部分建筑都已经关门，这感觉像一场大型寻宝游戏。每天跌宕起伏，有点儿像坐过山车。我们在早上发现新问题，变得忧心忡忡，而在一天结束时将问题解决。"

实验室在设备和实验室用品方面耗资约 55 万美元。[6]一台非常精妙的重要设备能自动进行患者样本的 RNA 提取。汉密尔顿全自动核酸提取工作站（Hamilton STARlet）使用自动化移液器，从每位患者样本中吸取少量成分，将其放入含有 96 个小孔、苹果手机大小的板子上。随后，设备将托盘移入机器提取间，在样本中加入试剂，提取 RNA。通过使用条形码，设备可以持续追踪每个样本中的患者信息，确保遵循隐私准则。对于科研人员而言，这是一种新体验。林肖说："对于像我们这样的一线科研工作者而言，我们通常觉得自己不会对医学产生直接影响，或者需要经过很长时间，这种影响才会显现。现在，我们觉得我们对医学产生了直接且迅速的影响。"[7]

汉密尔顿的祖父曾是美国国家航空航天局阿波罗火箭发射计划的工程师。有一天，汉密尔顿的团队暂停手中工作，观看了在团队的 Slack 频道账号上发布的《阿波罗十三号》（*Apollo 13*）电影片段。在电影中，工程师们为了拯救宇航员，研究出如何将"方形滤器放入圆洞"问题的方法。汉密尔顿说："每天，我们都会面临挑战，但是随着问题的出现，我们也会将问题一一解决。因为我们知道，时间不等人。此次实验让我思考了我现在所处的这种境况，是否和自己祖父于 20 世纪 60 年代在美国国家航空航天局工作时的情况类似。"这一类比恰到好处。新冠肺炎和 CRISPR 都推动人类细胞研究成了下一个前沿领域。

杜德纳必须厘清，对外部人员进行检测，大学可能需要承担哪些法律责任。通常情况下，完成这一过程需要律师花费数周编写文件材料。因此，杜德纳致电加利福尼亚大学校长珍妮特·纳波利塔诺（Janet Napolitano）。纳波利塔诺曾担任美国国土安全部部长。在 12 小时内，纳波利塔诺向杜德纳提供了许可，说服了学校法律机构对杜德纳提供支持。厄诺夫说，在这种情况下，将杜德纳当作撒手锏颇为有用。他说："我将杜德纳戏称为'美国军舰杜德纳号'。"

在联邦检测方法仍然遥遥无期、商业实验室需耗费一周以上才能出具检测结果的情况下，对伯克利检测方法的需求极大。镇卫生官员丽萨·赫尔南德斯请求厄诺夫进行 5 000 次检测。其中一些检测对象为该地区穷困潦倒、无家可归的人。消防队队长戴维·布兰尼根（David Brannigan）告诉厄诺夫，自己手下有 30 名消防员因无法获取检测结果而遭到隔离。杜德纳和厄诺夫承诺，将为他们提供帮助。

## "谢谢你们，创新基因组学研究所"

新实验室的首个重大挑战就是确保自己的新冠病毒检测准确无误。由于自研究生时期开始，杜德纳就是破解 RNA 相关信息的专家，因此她为这一任务做出了特别贡献。结果出来后，研究人员会通过 Zoom 界面共享数据，随后在线进行观察。同时杜德纳会前倾着身子，仔细查看蓝色倒三角、绿色三角、方块等指明数据点的图像。有时，她会坐下来紧盯屏幕，一动不动，而其他人在此时都会屏住呼吸。在一次会议期间，杜德纳用光标指向 RNA 检测的部分内容，说："没错，看上去没有问题。"然后，Zoom 会议中所有人都能清楚地看到杜德纳的表情变了，因为她指着另一处低声说道："不好，不好，不好。"

最终，在 4 月初，杜德纳检查了林肖汇总的最新数据，然后说道："太棒了。"检测方法已准备到位，可以实施了。

4 月 6 日星期一上午 8：00，一辆消防部门的运输车停在了创新基因组学研究所门口。一位名叫多莉·蒂奥的消防部门人员将一个装满样本的盒子送到研究所。厄诺夫戴着白手套和蓝色口罩，在同事德克·霍克梅尔的注视下，从蒂奥手中接过了泡沫保温盒。厄诺夫和霍克梅尔保证，他们在第二天早上会得到检测结果。

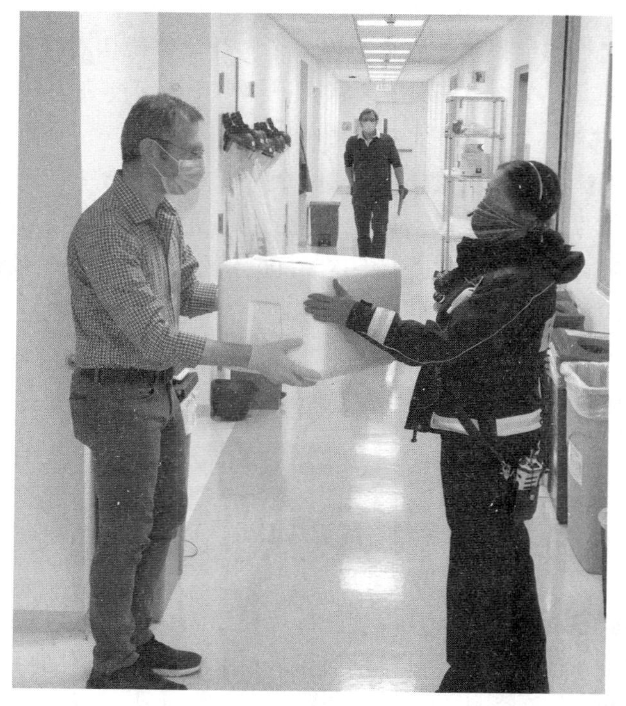

在德克·霍克梅尔的注视下，费奥多·厄诺夫从伯克利消防部门的多莉·蒂奥手中接过首批检测样本

在他们为实验室投入运营做最后准备期间，厄诺夫为自己住在附近的父母买了一份外卖。当他回到创新基因组学研究所大楼时，看到玻璃大门上贴了一张纸，上面写着：

谢谢你们，创新基因组学研究所！

真诚的伯克利和世界人民

第 51 章

# 猛犸和神探夏洛克

## 检测工具 CRISPR

在 3 月 13 日的会议中，杜德纳号召大家应对新冠病毒，认定当务之急是创建常规高速聚合酶链式反应检测实验室。但是，在讨论期间，费奥多·厄诺夫表示，他们也应考虑一个更具创新性的想法：使用 CRISPR 检测冠状病毒的 RNA。该方法与细菌使用 CRISPR 检测来袭病毒类似。

费奥多·厄诺夫为留言拍照时，玻璃门上反射出他的身影

一位参会者突然说：“有一篇这方面的论文最近刚刚发表了。”

厄诺夫脸上闪过些许急躁，因为他对这篇论文非常了解。他打断了这位参会者的发言，说：“没错，论文作者是曾在杜德纳实验室工作的珍妮斯·陈。”

实际上，近期有两篇主题相似的论文被发表。其中一篇论文的作者是杜德纳实验室的前成员。他们创建了一家公司，将 CRISPR 用作检测工具。丝毫不令人意外的是，另一篇论文的作者是布洛德研究所的张锋。两个组织再次展开激烈竞争。然而，这一次的竞争并非关于人类基因编辑方法的专利。在这场新的竞赛中，目标在于将人类从新冠肺炎大流行中拯救出来。双方免费共享了各自的相关科学发现。

珍妮斯·陈和卢卡斯·哈林顿

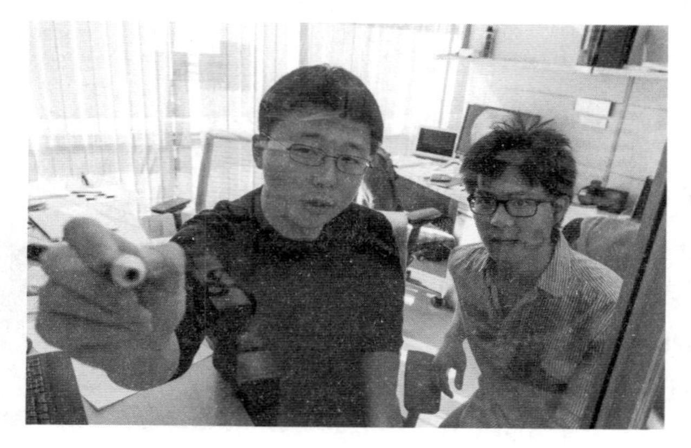

张锋和帕特里克·许

## Cas12 和猛犸

在 2017 年，珍妮斯・陈和卢卡斯・哈林顿还是在杜德纳实验室工作的博士生，探索新近发现的 CRISPR 相关酶。具体而言，两人当时对一种名为 Cas12a 的酶进行了分析。这种酶像 Cas9 一样，具有靶向性，可用于发现并切割特定 DNA 序列。但是，其作用不仅限于此。一旦完成双链 DNA 目标切割，这种酶便不加选择地疯狂切割附近的单链 DNA。哈林顿说："我们开始将这视为非常怪异的行为。"[1]

一天早餐期间，杜德纳的丈夫杰米・凯特指出，可以利用该酶的这一特性创制一种诊断工具。珍妮斯・陈和哈林顿的想法与凯特的不谋而合。他们将 CRISPR-Cas12 系统与一个"报告"分子相结合。后者与一小段 DNA 相连，可发出荧光信号。CRISPR-Cas12 系统找到靶向 DNA 序列后，便会切割"报告"分子，产生一个发光信号。一个检测工具由此诞生，可以检测患者是否携带某一特定病毒或细菌，或是否患有癌症。珍妮斯・陈和哈林顿将其命名为"DNA 内切酶靶向 CRISPR 反式报告系统"。这一名称复杂难记，但其目的是创造一个与 CRISPR 类似的缩写——DETECTR①。

2017 年 11 月，珍妮斯・陈、哈林顿和杜德纳将自己的发现写成一篇文章，提交至《科学》杂志。杂志编辑们要求他们进一步写明，如何将这一发现转化为诊断性检测。现在，甚至传统的科学杂志也提高了对基础科学和其潜在应用间联系的兴趣。哈林顿说："如果一家期刊要求你进行该类工作，你会非常努力地完成它。"因此，2017 年圣诞节假期期间，哈林顿和珍妮斯・陈与加利福尼亚大学旧金山分校的一位研究人员合作，证明他们的 CRISPR-Cas12 工具如何检测一种性传播病毒——人乳头瘤病毒（HPV）。哈林顿说："我们用一辆优步（Uber）出租车，装载着一台大型设备，东奔西跑，检测不同的患者样本。"

杜德纳敦促《科学》杂志让自己的论文进入快速通道程序，加速论

---

① 英文全称为 DNA endonuclease targeted CRISPR trans reporter，首字母组成词语 DETECTR 发音与 detector 相同，意为探测器、侦探。——译者注

文的发表。2018 年 1 月，他们在文章中加入了杂志编辑要求提供的数据，重新提交文章。这些数据证明 DETECTR 可以检测 HPV 感染。《科学》杂志接收了文章，并于 2 月在网上公开发布。

沃森和克里克在他们著名的 DNA 论文的结尾写道："我们注意到，我们假定的特定配对直接表明，可能存在一种遗传物质的复制机制。"自两人以这句话作为论文结束语以来，在期刊论文结尾写下一段简单朴素又至关重要的前瞻性表述便成了标准要求。珍妮斯·陈、哈林顿和杜德纳在论文结尾写道，CRISPR-Cas12 系统"为核酸检测的速度、敏感性和针对性提供了新的策略，推动了该类检测在诊断治疗方面的应用"。换言之，该系统可用于创建一种简单检测方法，人们在家中或在医院中就能迅速检测出是否感染病毒。[2]

虽然哈林顿和珍妮斯·陈当时尚未取得博士学位，但杜德纳依然鼓励他们成立公司。现在，杜德纳坚信，基础研究可以与转化研究结合，让实验台上所获科学发现进入寻常百姓家。哈林顿说："大型公司购买了我们此前发现的许多技术。它们将这一做法视为一种防御性策略，在购买技术后并没有对技术进行开发。这种情况驱使我们成立自己的公司。"2018 年 4 月，猛犸生物科学公司正式成立，杜德纳任公司科学顾问委员会主席。

## Cas13 和神探夏洛克

杜德纳和其团队经常与其位于美国另一端的对手——布洛德研究所的张锋进行竞争。张锋与 CRISPR 先驱、美国国立卫生研究院的尤金·库宁共同合作，使用计算生物学方法，对成千上万微生物的基因组进行分类，并于 2015 年 10 月报告发现许多新型 CRISPR 相关酶。除了此前以 DNA 为目标的 Cas9 和 Cas12，张锋和库宁还发现了一类以 RNA 为靶向的酶，[3] 即人们所知的 Cas13。

Cas13 拥有与 Cas12 一样的奇异特性：在发现其目标之后，它会进入疯狂切割状态。Cas13 不仅会切割其目标 RNA，而且会在随后继续切割附近其他的 RNA。

起初，张锋认为这一发现是个错误。他说："我们认为，Cas13 会完全按照 Cas9 切割 DNA 的方法切割 RNA。但是不论在什么时候使用 Cas13，观察其反应，我们都会发现 RNA 在许多不同的位置遭到切割。"张锋询问自己的团队成员，他们是否确定使用了正确的方法对酶进行提纯。也许，所用的酶遭到了污染。他们付出了巨大努力，消除了所有可能存在的污染源，但是 Cas13 依然在毫无节制地进行切割。张锋猜测，如果受到某一入侵病毒的感染，细胞便会使用这一进化性方法进行自我了结，防止病毒迅速扩散。[4]

杜德纳实验室随后进行了研究，为发现 Cas13 的具体作用原理做出了贡献。2016 年 10 月，杜德纳与其他作者联合发表了一篇论文，其共同作者包括杜德纳的丈夫杰米·凯特和在 2012 年关键性人类细胞 CRISPR 实验中做出贡献的研究生亚历山德拉·伊斯特-塞莱特斯基。在论文中，杜德纳等人对 Cas13 的不同功能做出了解释，包括抵达目标后非特异切割附近成千上万的 RNA。这种不加区分的切割特性使 Cas13 能为研究人员所用，结合荧光报告分子（正如使用 Cas12 时一样），将 Cas13 变为一种针对特定 RNA 序列的检测工具，检测诸如冠状病毒基因组等的 RNA 序列。[5]

2017 年 4 月，张锋与布洛德研究所的同事成功创制出这一检测工具。他们将其命名为"特异性高灵敏酶学报告探测系统"。这一名称是根据神探夏洛克（SHERLOCK）的缩写反向得出的（但是并不理想）。① 游戏开始了！张锋和同事证明，"神探夏洛克"可以检测出寨卡病毒和登革病毒的特定毒株。[6] 在接下来的一年，他们制作了一种检测工具，将 Cas13 和 Cas12 结合，能一次性检测出多个目标。随后，他们成功对这一系统进行简化，使检测可以像孕检一样，通过试纸条便可得出结果。[7]

像珍妮斯·陈和哈林顿成立猛犸生物科学公司一样，张锋决定成立一家诊断公司，实现"神探夏洛克"的商业化。公司的联合创始人包括

---

① 英文全称 specific high sensitivity enzymatic reporter unlocking，缩写为 SHERLOCK，即夏洛克·福尔摩斯的名字。—— 译者注

张锋实验室的两位研究生，两人是多篇介绍 CRISPR-Cas13 论文的首席作者。其中一位是奥马尔·阿布达耶（Omar Abudayyeh），另一位是乔纳森·古腾伯格（Jonathan Gootenberg）。古腾伯格回忆道，在首次发现 Cas13 进入非特异性切割 RNA 的疯狂状态后，两人差点儿决定放弃发表论文。三人当时认为，这是一个并无用处的大自然奇事。但是，张锋发现如何利用这一特点开发出一种病毒检测技术后，古腾伯格便意识到，基础科学发现最终能产生意料之外的现实应用。古腾伯格说："自然蕴含着数量巨大的惊人秘密。"[8]

神探夏洛克生物科学公司（Sherlock Biosciences）耗费了一定时间才获得资金支持，并最终成立。张锋和其两名研究生不希望公司将营利视为主要目标。他们希望，降低技术获取费用，从而使发展中国家有能力获取此项技术。因此，公司确定了组织架构，这一架构使公司能够通过创新获取利润，同时在迫切需要公司技术的地方使用非营利性方法。

与杜德纳-张的专利竞争不同，在此次涉及诊断公司的竞争中，双方并未剑拔弩张。双方知道，相关技术具有巨大潜力，可造福千万大众。不论哪里暴发新的流行病，猛犸和"神探夏洛克"都能迅速调整自己的诊断工具，针对新型病毒生产检测试剂。例如，2019 年，布洛德研究所团队派出一支队伍，携"夏洛克"前往尼日利亚，协助为拉沙热疫情中的患者进行检测，这种病毒与赫赫有名的埃博拉病毒一样危险。[9]

当时，虽然使用 CRISPR 作为检测工具似乎物有所值，使研究人员的付出产生了价值，但是并未达到振奋人心的程度，也未像使用 CRISPR 治疗或编辑人类基因一样引起轰动。但是后来，在 2020 年年初，世界发生剧变。快速检测入侵病毒的能力变得举足轻重。比传统聚合酶链式反应检测的速度更快、成本更低的最佳方法，就是使用由 RNA 引导、能按照设计检测出病毒遗传物质的酶。换言之，就是细菌数百万年来所用的 CRISPR 系统。

第 52 章

# 新冠病毒检测

## 张锋

2020 年 1 月初，张锋开始收到关于新冠病毒的邮件。这些邮件均为中文，其中一些来自与张锋见过面的中国学者。但是，出乎张锋意料的是，他还收到一份中国驻纽约总领事馆科技官员的邮件。邮件写道："即使你是美国人，未在中国生活，这也是对全人类至关重要的切实问题。"这位官员引用了一句中国古语：一方有难，八方支援。同时，这位官员敦促道："因此，我们希望你可以考虑，看看可以采取什么措施。"[1]

张锋对新冠肺炎还未了解太多，之前只在《纽约时报》上读过一篇介绍相关情况的文章。张锋说，但是"这封邮件使我感到疫情的紧迫性"。在张锋与中国驻纽约总领事馆官员的交流过程中，他的这种感受尤为真切。张锋 11 岁时便同父母移民至美国艾奥瓦州。他说："我平时与总领事馆没有什么交流。"

我问张锋，中国有关部门是否认为他是一位中国科学家。张锋沉默了片刻，说："也许是的。但是，这与此事并不相关。因为现如今，世界各地联系紧密，在大流行期间尤为如此。"

张锋决定重新调整"神探夏洛克"检测工具，确保其能用于新冠病毒检测。不幸的是，在张锋自己的实验室中，没人能做好相关必需的实验。因此，他下定决心前往工作台，亲自动手进行实验。他还招募了两位自己曾经的研究生，一位是奥马尔·阿布达耶，另一位是乔纳森·古腾伯格。此前，两人毕业后，在麻省理工学院麦戈文脑科学研究所开设了自己的实验室。实验室距布洛德研究所仅有一个街区。两人同意再次与张锋合作。

张锋（左上）与奥马尔·阿布达耶（右上）和乔纳森·古腾伯格（中右）正在参加一场以新冠病毒检测为主题的 Zoom 会议

最初，张锋无法获得从患者身上获取的新冠病毒样本，因此他自己合成了新冠病毒的基因。通过使用“神探夏洛克”工艺，张锋和其团队发明出一种检测方法，仅需三个步骤，在无须高端设备的情况下，就可在一小时内完成。而这一切只需要一个小型装置，通过比聚合酶链式反应更加简单的化学过程，复制放大样本的基因物质后，保障温度恒定不变。随后，可使用试纸读出检测结果。

2 月 14 日，美国大部分地区还远未开始关注新冠病毒。而张锋的实验室则于当日发布了一份白皮书，介绍了实验室开发的检测方法，并邀请其他实验室自由使用、改进检测技术。张锋发布推文说：“今天，我们将分享一个基于‘神探夏洛克’的新冠肺炎 # 新冠病毒检测研究方案。我们希望该方案能为正在抗击疫情的人们助一臂之力。我们将不断推进相关研究，继续对方案进行改进升级。”[2]

张锋成立的神探夏洛克生物科学公司迅速启动工作，就将该过程转化为商业检测设备开展研究，使该设备可在医院和医生办公室使用。公司首席执行官拉胡尔·丹达（Rahul Dhanda）告知自己的团队，希望公司将工作重点放在新冠病毒上，而研究人员完完全全按照要求，坐在滑轮椅上，滑到自己的工作台前，接受了这一任务。丹达说："我们谈论轴心时，的确既指椅子的轴心，也指公司实现新目标的轴心。"到 2020 年年末，公司与制造伙伴共同努力，生产出小型机器，可在一小时内提供检测结果。[3]

## 陈和哈林顿

在张锋开始就新冠病毒检测展开研究期间，珍妮斯·陈接到了一通电话。猛犸生物科学公司由珍妮斯与杜德纳和卢卡斯·哈林顿共同成立，而来电人正是猛犸公司科学咨询委员会的一名研究人员。在电话中，这名研究人员问道："你是否考虑开发一种基于 CRISPR 的诊断工具来检测新冠病毒？"珍妮斯·陈表示赞同，认为他们应该进行尝试。结果，她与哈林顿进入了杜德纳和张锋间的另一场全国性竞争中。[4]

在两周时间内，猛犸团队便改良了自己基于 CRISPR 开发的检测工具，使其具备检测新冠病毒的能力。与拥有自己医院的美国加利福尼亚大学旧金山分校合作的其中一个好处便是，学校可以对人类样本进行检测。这些样本源自 36 名新冠肺炎患者。这与布洛德研究所有所不同。在研究之初，布洛德研究所只能依赖合成的病毒基因。

猛犸检测基于以 DNA 为目标的 Cas 酶——Cas12。在杜德纳实验室工作期间，珍妮斯·陈和哈林顿曾对该酶进行研究。看起来，与 Cas12 相比，"神探夏洛克"所用的 Cas13 酶似乎更为合适。Cas13 酶以 RNA 为目标，而 RNA 是新冠病毒的遗传物质。然而，两种检测技术均需要将新冠病毒的 RNA 转换为 DNA，从而扩增遗传物质。在"神探夏洛克"检测中，必须将 DNA 转录为 RNA 才能进行检测，进而为整个过程增加了一个小步骤。

珍妮斯·陈和哈林顿急急忙忙在网上发布白皮书，说明猛犸检测方法的具体细节。在很多方面，这与“神探夏洛克”的相关过程非常相似。所有必备材料包括恒温加热器、试剂和试纸。使用这些材料便可获得检测结果。与张锋一样，猛犸团队决定，将自己的研究成果公之于众，免费共享。

2月14日，在为在网络上发布白皮书做准备工作之际，珍妮斯·陈和哈林顿发现，在他们的Slack频道账号上弹出了一条信息。有人发布了一条推文，称张锋表示他刚刚发布了自己的白皮书，说明如何使用“神探夏洛克”的方案检测新冠病毒。在回忆那个周五下午时，珍妮斯·陈说：“我们当时的反应是：‘噢，大事不妙。’”但是，几分钟后，两人意识到，自己和张锋的白皮书都能发布似乎是一件好事。珍妮斯·陈和哈林顿在即将发布的白皮书后附上了补充说明：“在我们准备此份白皮书之际，另一使用CRISPR诊断方法（‘神探夏洛克’20200214版）的新冠病毒检测方案也成功发布。”两人随后还附上一份颇为实用的表格，将两种技术的工作流程进行对比。[5]

张锋彬彬有礼，友好和善。由于以一天时间击败了猛犸团队，对于张锋而言，保持翩翩风度并不困难。他在推文中附上自己白皮书的链接并写道：“看看猛犸提供的资源。科学家们正同心协力，开诚布公，共享成果，我感到非常高兴。#新冠病毒。”

该条推文反映出CRISPR世界中的一个广受欢迎的新趋势。围绕专利和奖项的竞争如火如荼，导致各CRISPR公司对自己的研究和架构严格保密。但是，杜德纳、张锋和其同事们感觉到，战胜新冠病毒迫在眉睫，由此促使他们更加开放，更愿意分享各自的研究成果。竞争依然是至关重要、具有实际意义的一个组成部分。杜德纳和张锋的世界将继续彼此竞争，发表论文，取得新进步，开发出新的新冠病毒检测方法。杜德纳说：“我不会加以粉饰，竞争的的确确在进行。这使人产生一种紧迫感，要不断努力进步，否则其他人就会捷足先登。”但是，新冠病毒使竞争的残酷性降低了，因为专利并非重中之重。珍妮斯·陈说：“在这一糟糕情况下，好处在于，人们暂时将所有知识产权问题放在一旁，全神贯注于找到解决方法。这令人肃然起敬。人们全身心进行开发有效发明的研究，而不去关注其商业价值。”

## 居家检测

与传统聚合酶链式反应检测方法相比，猛犸和“神探夏洛克”团队开发出的基于 CRISPR 的检测方法价格更加低廉，检测更为高效。与诸如由雅培药厂开发、于大流行暴发的 2020 年 8 月获批的抗原检测相比，上述新的检测方法还具有一项优势。一旦感染病毒，基于 CRISPR 的检测就可以发现患者体内病毒的 RNA。而抗原检测是探测存在于病毒表面的蛋白质，这种检测方法只有在患者具有高传染性之后，才能获得最准确的结果。

此类方法的终极目标均为创建一种基于 CRISPR 的新冠病毒检测方法，像居家孕检一样，价格低廉、一气呵成、高效迅速、简单易行。你可以在街角药店买到检测用具，在洗手间内便可进行检测。

2020 年 5 月，猛犸团队的哈林顿和珍妮斯·陈公布了两人针对此类设备的概念，并宣布与总部位于伦敦的跨国制药公司葛兰素史克（GSK）[ 埃克塞德林止痛药（Excedrin）和塔姆斯咀嚼片（Tums）制造商 ] 建立合作伙伴关系，进行该设备的生产。该设备无须任何特殊用具，便能在 20 分钟内提供准确的检测结果。

无独有偶，张锋的实验室也在同月开发出一种方法，以简化“神探夏洛克”检测系统。起初，该系统需要通过两个步骤完成检测。经过改良后，系统只需一个简单步骤，便可通过反应完成检测。其所需唯一设备是恒温炉，以确保通过加热，系统温度始终保持在 60 摄氏度。张锋将其命名为“阻止”（STOP），该名称是神探夏洛克单炉检测（SHERLOCK Testing in One Pot）的缩写。[6] 在一次 Zoom 会议中，张锋带着孩子般的热情，展示着幻灯片和研究成果。他对我说：“我将向大家展示如何使用它。你只需将鼻拭子样本或唾液样本放入这个小盒中，将盒子推入设备，滴一滴溶液便可提取病毒的 RNA，随后加入另一个滴剂，释放出经冷冻干燥处理的 CRISPR，即可在设备内发生反应。”

张锋把该设备命名为“阻止新冠肺炎”（STOP-COVID）。实际上，该平台可轻易被改造以检测任何病毒。张锋说：“这就是我们选择‘阻止’作为该设备名称的原因。该设备可以指向任何目标。我们可以在同一平台，创建阻止流感病毒或艾滋病病毒的程序，或设定多种检测目标。没人知道该设备可检测多少种病毒。”[7]

猛犸团队与张锋团队怀有同样的愿景，希望自己的检测工具便于改造，以检测所有新型病毒。珍妮斯·陈解释说：“CRISPR 的魅力在于，一旦拥有了合适的平台，你只需要调整所用化学原理，就可检测一种截然不同的病毒。该平台可在下一场大流行期间使用，可检测任何病毒。此外，该平台还可用于检测细菌或任何拥有基因序列的生物，癌症也不例外。”

## 生物学拨云见日

家用试剂盒的开发所产生的潜在影响不仅限于抗击新冠肺炎大流行：像 20 世纪 70 年代个人电脑将数字产品和服务、芯片和软件代码意识带入人们的日常生活与意识中，家用试剂盒将生物学送进了千家万户。

个人计算机和后来出现的智能手机变成了平台，供大量创新者打造出优秀产品。此外，此类平台推动数字革命转变为个人事务，促使人们对技术形成一定理解。

在张锋的成长过程中，他父母向其强调，他应该使用自己的电脑，将其作为发明创造的工具。在将注意力从微芯片转向微生物后，张锋想知道，为什么生物学未能像电脑一样，影响人们的日常生活。当时，并没有简易的生物学设备或平台供创新者进行发明创造，或让人们在自己家中使用。张锋说：“我当时正在开展分子生物学实验。我想：‘实验太棒了，令人兴奋。但是，为什么这种实验还没有像软件应用一样影响人们的生活？’”

张锋在攻读研究生期间，依然在问同样的问题。他会问自己的同班同学：“你能想到我们如何才能将分子生物学带进人们的厨房乃至家里其他地方吗？”在研究开发居家 CRISPR 病毒检测工具的过程中，他发现，可用 CRISPR 检测病毒，将家用试剂盒作为平台、操作系统和框架，帮助我们将分子生物学奇迹与日常生活进一步结合。

有朝一日，开发者和企业家也许能将基于 CRISPR 的家用试剂盒作为平台，打造出各种各样的生物医学应用：病毒检测、疾病诊断、癌症筛查、营养分析、杀菌剂评测及基因检测。张锋说：“我们可以让人们在家检查自己患的是流感还是普通感冒。如果他们的孩子嗓子疼，他们可以确定孩子是否患有链球菌咽喉炎。”在这一过程中，所有人可能都会加深对分子生物学作用原理的理解。对于大多数人而言，分子内部的运作原理依然像微芯片一样神秘。但是，至少所有人将稍稍增加对这两者的魅力与力量的认识。

第 53 章

# 疫苗

## 我的接种经历

“看着我的眼睛。”医生戴着塑料面罩，眼睛紧紧盯着我，命令道。眼前这位女医生长着一双深蓝色的眼睛，与她医用口罩的颜色几乎完全相同。过了一会儿，我却开始看向左侧的另一位医生——这位医生正将一根长长的针头刺入我上臂的肌肉中。刚才那位女医生突然对我厉声喊道：“不对！看着我！”

达莉亚·丹特塞娃（Dariia Dantseva）、扎耶那和大卫·伊希（David Ishee）给自己注射疫苗

随后，女医生做了解释。我参加了一种实验性新冠肺炎[①]疫苗的双

① 此处原词为 COVID，即冠状病毒肺炎，但根据语境，此处指 2020 年新冠肺炎，故翻译为“新冠肺炎”。本章同类问题均按这一情况修改。——编者注

盲临床试验，[1]因此他们必须确保我不知道自己接种的到底是真正的疫苗，还是由盐水溶液制成的安慰剂。我真能仅凭看一眼注射器，就能区分出自己所接种的针剂究竟为何物吗？女医生说："可能不能，但是我们希望把事情做得滴水不漏。"

当时是在大流行暴发的 2020 年 8 月初。我参加了一项新冠肺炎疫苗临床试验。该项试验由美国辉瑞制药公司与德国拜恩泰科公司共同实施。双方开发的是一种新型疫苗，此前从未获得使用。该疫苗并非像传统疫苗一样，将目标病毒灭活成分注入人体，而是向人体内注入一小段 RNA。

现在我们已经知道，RNA 是贯穿杜德纳职业生涯和本书的线索。20 世纪 90 年代，在其他科学家专注于 DNA 研究之际，哈佛大学的教授杰克・绍斯塔克让杜德纳转移研究重点，转向 DNA 并不出名但更加任劳任怨的兄弟 RNA。RNA 负责蛋白质的生成，充当酶的向导，能够自我复制，可能还是地球所有生命的根基。我告诉杜德纳，我参加了 RNA 疫苗试验。杜德纳说："我一直对 RNA 为何具有如此之多的功用而着迷。RNA 是新冠病毒的遗传物质，也是疫苗和疗法的基础。这非常有意思。"[2]

## 传统疫苗

疫苗是通过刺激接种者的免疫系统发挥作用的。一种与危险病毒（或任何病原体①）相似的物质通过注射进入人体。该物质既可以是一种灭活病毒或没有危害的病毒"碎片"，也可以是一段生成该碎片的基因指令。注射疫苗旨在激活人体的免疫系统。当免疫系统发挥作用时，人体内会产生抗体，有时抗体在多年内都能发挥作用。如果真正的病毒入侵接种者的身体，激活后的免疫系统便能抵抗所有由该病毒引发的感染。

18 世纪 90 年代，一位名叫爱德华・詹纳（Edward Jenner）的英国医生率先推广了疫苗接种。詹纳注意到，许多挤奶工对天花免疫。这些

---

① 病原体，通常指"细菌"，是引发疾病或感染的微生物的统称，其中病毒、细菌、真菌和原生动物最为常见。

挤奶工都生过一种“痘”。该病会影响奶牛，却对人类无害。詹纳推测，这种牛痘使这些挤奶工对天花免疫。因此，詹纳故意抓伤了自己园丁8岁儿子的胳膊，随后从牛痘脓包中取了一些脓汁，通过揉搓，使脓汁进入孩子的伤口。之后，詹纳让这个孩子暴露于天花病毒之中（这发生在生物伦理委员会建立之前）。结果，孩子并未患病。

疫苗通过各种各样的方法刺激人体免疫系统。一种传统方法是将弱化、安全（减毒）的病毒注入人体。此类病毒可以成为优秀的老师，因为它们与真正的病毒几乎一模一样。作为响应，人体会产生抗体，以抗击疫苗中的病毒。由此产生的免疫力可以伴随接种者一生。20世纪50年代，阿尔伯特·萨宾使用该方法研制出口服脊髓灰质炎疫苗。现在，我们正是通过这一方法，免受麻疹、腮腺炎、风疹和水痘感染。虽然研发和制造这些疫苗历时漫长（必须将病毒放在鸡蛋中培养），但是2020年，一些公司正使用这一方法，作为抗击新冠肺炎攻击的长期手段。

萨宾努力为疫苗接种而研发脊髓灰质炎减毒疫苗时，乔纳斯·索尔克成功开发出一种似乎更为安全的方法：灭活病毒疫苗。这种疫苗同样能够指导人类免疫系统抗击活病毒。总部位于北京的科兴控股生物技术有限公司使用该方法，较早研制出一种新冠肺炎疫苗。

另一个传统方法是注射病毒的亚单位，比如病毒外部的一种蛋白质。免疫系统随后会记住亚单位，促使身体在遭遇真正的病毒时迅速予以有力回应。例如，乙肝疫苗便是以此种方式发挥作用的。仅使用病毒“碎片”意味着，将碎片注入患者体内会更加安全，也更为容易。但是，通常情况下，此类疫苗难以使人体形成长效免疫。在2020年的“竞赛”中，许多公司使用这一方式，开发将新冠病毒表面的刺突蛋白送入人体细胞的方法，研制新冠肺炎疫苗。

## 基因疫苗

2020年是疫情之年，也是基因疫苗开始替代传统疫苗之年。人们可能因此将这一年铭记于心。使用此类新型疫苗时，无须将减毒或具有部分危险性的病毒注入人体。新型疫苗会将一个基因或一段基因序列送入人体，进而引导人类细胞自行产生病毒成分，从而刺激患者免疫系统。

达到这种目的的一个方法是使用无毒害作用的病毒，将其改造成一个可以生成所需成分的基因。正如我们目前所知，病毒嵌入人体的能力很强。这就是为何可使用无害病毒作为输送系统或载体，将物质送入患者细胞之中。

在最早一批候选新冠肺炎疫苗中，有一种因该方法得以问世。该疫苗由牛津大学詹纳研究所研发——研究所的命名恰如其分。该研究所的科学家使用基因改造技术，将基因编入病毒中，生成新冠病毒刺突蛋白，进而制成一种“安全”病毒。这是一种能使黑猩猩患流感的腺病毒。2020 年，其他公司使用能感染人类的腺病毒，开发出与之类似的疫苗。例如，美国强生公司开发的疫苗使用人类腺病毒作为运输载体，将携带部分刺突蛋白序列的基因送入患者体内。但是，牛津大学团队发现，使用取自黑猩猩的腺病毒的效果更为显著。因为此前感染感冒的患者可能对人类腺病毒产生了免疫。

牛津大学和强生公司所开发疫苗的背后原理别无二致。二者均利用经改造腺病毒可自主进入人类细胞的能力，进而使细胞生成大量该类刺突蛋白。刺突蛋白会刺激患者的免疫系统，在患者体内产生抗体。患者免疫系统将因此做好准备。如果真正的新冠病毒来袭，免疫系统将迅速做出反应。

萨拉·吉尔伯特（Sarah Gilbert）是牛津大学首席研究员。[3] 1998 年，她早产生下三胞胎。她的丈夫放下了手中的工作去照顾孩子，确保萨拉能返回实验室工作。2014 年，萨拉使用了一种经过编辑、含有刺突蛋白基因的黑猩猩腺病毒，就 MERS 疫苗开发进行研究。虽然等到萨拉研发的疫苗有用武之地时，MERS 疫情已销声匿迹，但是在新冠肺炎来袭之际，萨拉因此前的研究而获得了优势。她知道，此前，黑猩猩腺病毒已成功将 MERS 的刺突蛋白送入患者体内。2020 年 1 月，中国分享了新冠病毒基因序列。萨拉便立刻开始每天早上 4：00 起床，将新冠病毒刺突蛋白基因融入黑猩猩腺病毒。

此时，萨拉的三胞胎已 21 岁，都在学习生物化学。三人自愿成为早期实验对象，接种了萨拉研发的疫苗，观察自己体内是否产生了抗体。（结果确实产生了抗体。）3 月，萨拉于蒙大拿灵长类动物中心对猴子进行了试验，同样获得了可喜结果。

盖茨基金会为研究提供了早期资金。比尔·盖茨还推动牛津大学与大型公司建立团队，若疫苗有效，可进行量产和分配。因此，牛津大学与由英国捷利康（Zeneca）和瑞典阿斯特拉（Astra）合并而成的阿斯利康（AstraZeneca）制药公司建立了合作伙伴关系。

## DNA 疫苗

还有一种方式可将遗传物质送入人类细胞，使细胞产生刺激免疫系统的病毒成分。你无须生产病毒成分中的基因，只需将该成分的遗传序列（DNA 或 RNA）送入人类细胞即可。这些细胞因此变成了疫苗制造设备。

我们首先介绍 DNA 疫苗。虽然在新冠肺炎暴发前，没有一款 DNA 疫苗获批，但是这一概念似乎能创造良好前景。2020 年，伊诺维奥制药公司（Inovio Pharmaceuticals）等诸多公司创建了一个小型环状 DNA。该类 DNA 经过编辑，拥有新冠病毒部分刺突蛋白的遗传序列。这些公司的想法是，若能将该环状 DNA 送入细胞核，那么 DNA 便可以极高效率产出大量信使 RNA，继而生成刺突蛋白的一部分。所生成部分将对免疫系统产生刺激作用。DNA 造价低廉，不涉及活病毒处理，也无须在鸡蛋中进行培育。

DNA 疫苗面临的巨大挑战在于输送。如何将这个改造后的环状 DNA 送入人体细胞，使其进入细胞核？虽然向患者的胳膊注入大剂量 DNA 疫苗可使部分 DNA 进入细胞，但是这种做法效率并不高。

在 DNA 疫苗开发者中，包括伊诺维奥在内的部分开发公司设法通过电穿孔方法，提高将疫苗输入人类细胞的效率。这一方法要求患者在接种现场接受电击脉冲。此举会打开细胞膜的小孔，让 DNA 进入细胞。电击脉冲枪上有许多小型针头，人们看到后会紧张不安。不难看出，这种技术为何不受欢迎，对接种对象来说尤为如此。

2020 年 3 月新冠病毒危机暴发之初，杜德纳组建了几支团队。其中一支团队的研究重点是应对 DNA 疫苗面临的输送方面的挑战。该团队由杜德纳昔日学生罗斯·威尔逊和加州大学的亚历克斯·马森（Alex Marson）领导。威尔逊如今在伯克利运营自己的实验室，与杜德纳实验室相距不远。在杜德纳的一场定期 Zoom 会议中，威尔逊用一张幻灯片展示了伊诺维奥公司的电动控制器。威尔逊说："他们竟然用这种枪将疫苗打入患者肌肉。十年来，他们所做唯一可见的改进，就是在枪上安装一个塑料装置，隐藏小型针头，以此缓解患者的恐惧感。"

马森和威尔逊设计出一种方法，使用 CRISPR-Cas9 解决 DNA 疫苗输送问题。两人合成了一种 Cas9 蛋白、一个向导 RNA 和一个核定位信号，帮助将该化合物送入细胞核。通过这种方法，一个"运输梭"应运而生，可将 DNA 疫苗送入细胞。随后，DNA 指挥细胞产生新冠病毒刺突蛋白，进而刺激免疫系统，防御真正的新冠病毒。[4] 这是一个绝妙的想法，在未来可用于多种疾病的治疗。但是，难点在于使该方法发挥作用。到 2021 年年初，威尔逊和马森依然在努力证明该方法行之有效。

## RNA 疫苗

由此，我们回头谈一谈我们最喜爱的分子，本书的生化之星：RNA。

在我身上进行的临床试验中，所用疫苗应用了 RNA 在生物学中心法则中的最基本功能：发挥信使 RNA（mRNA）的作用，从细胞核 DNA 中，将遗传指令传达至生产区域。在那里，生产区域将按照 RNA 的指令，生产所需类型的蛋白质。在新冠肺炎疫苗的案例中，信使 RNA 能指挥细胞生产位于新冠病毒表面刺突蛋白的片段。[5]

RNA 疫苗使用名为脂质纳米粒的小型油质胶囊，输送疫苗有效物质，通过长针管注入上臂肌肉。我的胳膊疼了好几天。

与 DNA 疫苗相比，RNA 疫苗拥有无可比拟的优势。最引人注意的是，RNA 无须进入人类 DNA 大本营所在的细胞核。RNA 在细胞外部区域，即蛋白质形成所在的细胞质内，便可发挥作用。因此，RNA 疫苗仅需将自身有效物质送至细胞核外部区域。

2020 年，两家成立不久的创新型制药公司生产出了新冠肺炎 RNA 疫苗：一家是总部位于美国马萨诸塞州剑桥的莫德纳（Moderna），另一家是德国公司拜恩泰科。后者与美国公司辉瑞建立了合作伙伴关系。我接受临床试验，就是为了检测拜恩泰科 / 辉瑞疫苗的效果。

拜恩泰科于 2008 年由一支夫妻团队成立。团队成员中，一位是乌尔·萨欣（Uğur Şahin），另一位是厄兹勒姆·图雷西（Özlem Türeci）。二人成立公司的目标是创造癌症免疫治疗，以刺激免疫系统，抗击癌细胞。该公司迅速发展为 mRNA 疫苗研发领域的领军企业。2020 年 1 月，萨欣通过一篇医学期刊文章，了解到当时在中国出现的新冠病毒。萨欣给拜恩泰科董事会发了一封电子邮件。在邮件中，他表示，这种病毒不会像 MERS 和 SARS 一样轻而易举地被清除。他告诉董事会："这一次，情况截然不同。"[6]

拜恩泰科公司启动了"光速项目"，以 RNA 序列为基础研发出一种疫苗，使人类细胞产生多种新冠病毒刺突蛋白。该项目展现出可观前景后，萨欣立刻致电辉瑞疫苗研发负责人凯瑟琳·詹森（Kathrin Jansen）。自 2018 年以来，两家公司便一直合作使用 mRNA 技术开发流感疫苗。萨欣问詹森，辉瑞是否希望就开发新冠肺炎疫苗，与拜恩泰科建立类似的合作伙伴关系。詹森说，自己此前就想给萨欣打电话提出同样的建议。3 月，双方签订合作协议。[7]

当时，莫德纳公司正在就一款类似的 RNA 疫苗进行研发。与拜恩泰科和辉瑞相比，莫德纳的规模要小得多。莫德纳员工仅有 800 人。公司董事长、共同创始人努巴尔·阿费扬是一位生于贝鲁特的亚美尼亚人，随后移民美国。2005 年，阿费扬对将 mRNA 注入人类细胞、指导生成所需蛋白质的前景颇为着迷。因此，他从杰克·绍斯塔克在哈佛大学的实验室聘用了数名年轻研究生。绍斯塔克曾是珍妮弗·杜德纳的博士生导师，引导杜德纳将研究重点转向 RNA 的神奇功能。莫德纳的业务重点是使用 mRNA，开发适用于个体情况的癌症治疗方法。而莫德纳此前也已使用 mRNA 技术，着手就开发抗病毒疫苗开展实验。

2020 年 1 月，莫德纳首席执行官斯特凡尔·班塞尔（Stéphane Bancel）在瑞士向阿费扬发送了一条紧急短消息。收到短信时，阿费扬正在剑桥一家餐馆为女儿庆生。因此，当时阿费扬走出了餐馆，在严寒之中给斯特凡尔·班塞尔回电。班塞尔说，自己想要启动一个项目，尝试使用 mRNA 生产出一种对抗新冠病毒的疫苗。虽然在当时，莫德纳旗下有 20 种药物处于开发过程中，但是没有一款获得批准，甚至没有一款能进入临床试验的最终阶段。阿费扬等不及董事会全员同意，便立刻授权班塞尔开始相关工作。莫德纳缺少辉瑞所拥有的资源，因而不得不依靠美国政府提供的资金。美国传染病专家安东尼·福奇对此持支持态度。福奇表示："加油！不要担心费用问题。"莫德纳只用了两天，便创制出所需的 RNA 序列，该序列能产生刺突蛋白。38 天后，莫德纳向美国国立卫生研究院运出了第一箱药剂，开展早期试验。阿费扬一直在手机里保存着箱子的照片。

与 CRISPR 疗法一样，疫苗开发的困难在于创建将疫苗输入细胞的机制。莫德纳此前已进行十年研究，不断改进脂质纳米粒，这种微小的胶囊可将分子输送至人类细胞。这使莫德纳具有拜恩泰科和辉瑞所没有的一项优势：莫德纳疫苗的分子更为稳定，无须在超低温条件下存储。莫德纳也将使用此项技术，将 CRISPR 送入人类细胞。[8]

## 我们的生物黑客加入抗疫

此时，曾为自己注射 CRISPR 的车库科学家乔赛亚·扎耶那重回舞台，再次扮演恶作剧精灵。2020 年夏天，在其他人都翘首等待基因疫苗的临床试验结果之际，扎耶那与几名志同道合的生物黑客一起，将自己的聪明愚人精神带到了抗疫战场。扎耶那的计划是制造出在诸多尚在开发、具有潜力的冠状病毒疫苗中的一种，然后将其注入自己体内。随后，他会观察：（1）自己是否能够存活；（2）自己体内是否产生抗体，以保护自己免受新冠肺炎影响。扎耶那告诉我："如果你愿意，你可以将我的做法称为炒作。但是，其目的确确实实是使科学能掌握在人民手中，进而加速推进科学发展。"[9]

具体来说，扎耶那决定制造并检测一种具有潜在能力的疫苗。在2020年5月的一篇发表于《科学》杂志的文章中，哈佛大学研究人员已对该疫苗进行了介绍。针对该疫苗的人类试验刚刚开始。[10] 该疫苗是一种 DNA 疫苗，其中包含冠状病毒刺突蛋白的遗传序列。在该文中，哈佛大学研究人员细致地介绍了疫苗制造方法。掌握疫苗成分后，扎耶那订购了所需材料并开始工作。

扎耶那的车库实验室位于奥克兰，距杜德纳在伯克利的实验室仅 11 千米。扎耶那在自己的车库实验室里创建了优兔直播课程，以一款杀毒软件的名字将其命名为迈克菲项目（Project McAfee），进而让其他人能够相继效仿，在自己身上开展实验。扎耶那称："生物黑客可以做些需要完成、略显疯狂的事情，成为现代世界的领航员。"

扎耶那拥有两位副手。一位是大卫·伊希，留着马尾辫的密西西比州乡村养狗人。伊希使用 CRISPR 编辑斑点狗和獒的基因，设法让它们更加健康、强壮。在一次非同寻常的实验中，伊希还设法让它们在黑暗中发光。伊希通过 Skype，在自己堆满实验设备的后院木棚中与扎耶那沟通。扎耶那提到他们将在未来两个月就实验做直播时，伊希嘬了一口魔爪（Monster）能量饮料，用自己显得无精打采、充满金银花香的口吻，慢吞吞地打断了扎耶那。伊希说："或者至少，在有关部门找上门来之前，我们可以这么做。"同时使用 Skype 与他们联系的还有达莉亚·丹特塞娃。丹特塞娃是乌克兰第聂伯罗（Dnipro）的一名学生。丹特塞娃说："乌克兰对生物黑客活动的管控很松，因为政府实际上子虚乌有。我认为，知识不是精英专属，而属于我们所有人。这就是我们这么做的原因。"

与在旧金山会议上将 CRISPR 注入自己胳膊一样，扎耶那于 2020 年夏天所做的实验并非炒作。在谈及哈佛大学研究人员介绍的 DNA 疫苗时，扎耶那说："我们只能打这种破玩意儿。但是，我认为这种疫苗不会对任何人产生效果。我们想要增添更多价值。"扎耶那和自己的副手一周接着一周认真地进行直播展示，教人们如何制作冠状病毒刺突蛋白序列。通过这种方法，他们可以让数十甚至成百上千人对该序列进行检测，进而收集关于其有效性的可用数据。扎耶那说："如果像我们这样一群市井小民都能试验成功，那么成百上千人同样可以完成试验，加速推进科学进步。我们希望所有人都有机会创制这种 DNA 疫苗，并检测该疫苗是否能在人类细胞中产生抗体。"

我问扎耶那，他为何无须使用电穿孔冲击或其他某些研究人员所说的技术，确保 DNA 进入人类细胞核，而只要简单打一针，便可让 DNA 疫苗起效。他回答道："我们想要尽可能地按照哈佛大学的文章操作，文章作者并未使用任何诸如电穿孔等特殊技术。生成 DNA 并不困难。所以，如果某些输送方法可以事半功倍，那么你只需将注射 DNA 的量增加一倍左右，便可获得相同结果。"

8 月 9 日周日，三名分别来自美国加利福尼亚州、美国密西西比州和乌克兰的生物黑客现身同一网络视频直播间，将自己在过去两个月制造的疫苗注射进自己的胳膊。在视频开头，扎耶那解释道："我们三人设法展示，在一个自己能动手的环境中，人们能为推动科学进步做哪些事情。不管怎样，我们开始了！"随后，扎耶那身穿迈克尔·乔丹同款红色紧身篮球衣，将一根长针头扎进自己的胳膊。丹特塞娃和伊希紧随其后。扎耶那安抚观众说："我想对所有进入直播间、希望看到我们一命呜呼的人说，你们要大失所望了。"

扎耶那说得没错。他们三人安然无恙，仅仅多次面露痛苦的表情。最终，有证据表明，三人制作的疫苗可能有效。扎耶那的实验并未使用任何特殊方法，促使 DNA 进入人类细胞核，因此结果并非完全明确，或者说无法令人彻底信服。但是，在 9 月就血液自检进行网络直播时，扎耶那发现有证据表明，自己体内已经产生了中和抗体，能抗击新冠病毒。扎耶那将其称为一次"小小的成功"。但是他说，在生物学领域，经常会出现模糊不清的结果。这让他更加欣赏小心谨慎开展的临床试验。

在我曾与之交谈的科学研究人员中，有一些人对扎耶那的行为瞠目结舌。但是，我却支持扎耶那。如果扎耶那制造的阴影使人们不悦，只要想想以下这一点，一切困扰便会烟消云散：参与科学活动的公民数量增加是一件好事。虽然基因密码永远无法像软件代码那样，实现众包和大众化，但是生物学不会成为外行人无法涉足的神圣之地。当扎耶那慷慨地寄给我一剂他自制的疫苗时，我决定不注射。但是，因为其所作所为，我十分钦佩他和他的两个“火枪手”。这使我想要参与疫苗检测工作，但是我会在得到官方授权的情况下开展工作。[11]

## 我的临床试验

我参与的公民科学活动是报名参加了辉瑞和拜恩泰科的 mRNA 疫苗临床试验。正如在本章开篇所说，该试验为双盲研究，这意味着我和研究人员均不知道哪位志愿者接种了真疫苗，哪位志愿者接种了安慰剂。

我在美国新奥尔良州奥克斯纳医院（Ochsner Hospital）做志愿者时，有人告诉我该项研究最多持续两年。这让我想到了几个问题。我问协调员，如果疫苗在研究结束前获批，会出现什么情况？协调员告诉我，我会“复明”。这意味着他们会告诉我他们是否为我接种了安慰剂，如果是，研究人员则会为我接种真正的疫苗。

如果在我们的试验进行期间，其他疫苗获批会出现什么情况？协调员告诉我，我可以随时退出试验，要求接种获批的疫苗。随后，我提出了一个难度更大的问题：如果我退出，那么我随后会“复明”吗？协调员犹豫了片刻，然后打电话询问了自己的上级。其上级也未能提供答案。最终，他们告诉我：“这个问题尚未确定。”[12]

因此，我询问了该项研究的高层人员。美国国立卫生研究院负责监管疫苗研究。我向研究院的弗朗西斯·柯林斯提出了同样的问题。（这是当作家所具有的一项优势。）柯林斯回答道：“当前，疫苗工作组成员正对你所问的问题进行严肃讨论。”仅几天前，在马里兰州贝塞斯达的美国国立卫生研究院，其生物伦理部准备了一份关于该问题的“咨询报告”。[13] 在尚未读到这份 5 页的报告前，我已对研究院设立了生物伦理部这样的部门心生敬佩，备受慰藉。

报告内容细致全面，涵盖多种场景，实现了在持续双盲试验过程中科学价值与试验参与者健康状况之间的平衡。在疫苗获得食品药品监督管理局批准方面，报告中的建议是："有义务告知试验参与者审批结果，以便参与者决定是否接种疫苗。"

充分消化报告的全部内容后，我决定不再提问，转而登记报名。我也许能借此为科学发展尽微薄之力，也可能获得与 RNA 疫苗有关的第一手，或者说第一"胳膊"信息。有人对疫苗和临床试验心存疑虑，而我选择相信科学。

## RNA 获得胜利

2020 年 12 月，随着新冠肺炎疫情在全球大部分地区出现反弹，美国首先批准了两种 RNA 疫苗。在这场生物技术战争中，两种疫苗由此成为击退大流行的先锋。微小的 RNA 分子曾催生地球生命，又以新冠病毒的形式让我们饱受疫情折磨。现在，不畏艰险的 RNA 分子拍马赶到，救我们于水火之中。珍妮弗·杜德纳和其同事以 RNA 为工具，编辑我们的基因，随后使用 RNA 检测新冠病毒。现在，科学家们发现了一种方法，可使用 RNA 最基础的生物学功能，进而将我们的细胞变成制造工厂，生产刺突蛋白，刺激我们的免疫系统，抗击新冠病毒。

碱基组成的光环——GCACGUAGUGU 是能形成部分刺突蛋白的一小段 RNA。刺突蛋白能与人类细胞结合。这些碱基则成为我们新疫苗中所用的部分基因序列。此前，未有 RNA 疫苗获批使用。但是首次完成新冠病毒鉴定一年后，辉瑞、拜恩泰科和莫德纳均研发出新的基因疫苗，并大规模开展疫苗临床试验。除了我，还有其他人报名参加了试验。经过试验，几家公司证明，疫苗有效率超过 90%。阿尔伯特·布尔拉（Albert Bourla）是辉瑞首席执行官。在一次电话会议上得知了试验结果后，他也深感震惊。布尔拉问："再说一遍。你刚才说的是 19% 还是 90%？"[14]

在整个人类历史中，我们经历了一次又一次病毒性和细菌性的疾病浪潮的冲击。我们知道的首次疫情是约公元前1200年的巴比伦流感疫情。公元前429年，雅典大瘟疫导致近10万人死亡。公元2世纪，安东尼瘟疫夺去了1 000万人的生命。公元6世纪，汝斯汀瘟疫使5 000万人殒命。公元14世纪，黑死病几乎令2亿人命丧黄泉，因该病死亡的人数占当时欧洲总人口的近一半。

2020年，新冠肺炎大流行已造成超过150万人死亡。这不会是人类经历的最后一场疫情。然而，多亏了新RNA疫苗技术，我们可能会极大提高构建自身防线的速度和效率，抵御大多数未来病毒的入侵。谈到2020年11月那个收到临床试验最新结果的周日，莫德纳董事长阿费扬说："对于病毒而言，这是糟糕的一天。转瞬之间，人类技术的作用和病毒破坏力之间的进化天平便发生了倾斜。我们可能再也不会遭遇大流行。"

便于改造的RNA疫苗横空出世是人类智慧快如闪电般的胜利。但是，这场胜利的基础是在好奇心的驱使下，对地球生命最基础方面的数十载研究：由DNA编码的基因如何转录为RNA，通过RNA指挥细胞合成所需蛋白质。同样，CRISPR基因编辑技术的发明源自对基础方面的理解，即细菌如何利用RNA片段指导酶切割危险病毒。伟大发明产生于对基础科学的理解。大自然以如此方式，展现其自身之美。

第 54 章

# CRISPR 治疗

传统型疫苗和 RNA 疫苗的开发最终将为战胜新冠肺炎大流行助一臂之力。但是，疫苗并非完美无缺的解决方案。疫苗的起效有赖于刺激个人免疫系统，而刺激免疫系统总是存在风险的。（大多数新冠肺炎患者死于过度免疫系统反应引发的器官炎症。）[1] 疫苗生产方一而再再而三地发现，要控制多层人类免疫系统并非易事。其中潜藏着诸多秘密。人类免疫系统并不包含一键式开关，而是通过难以确定的复杂分子间的相互作用发挥功效的。[2]

亓磊（Stanley Qi）

使用处于恢复期的患者血浆中的抗体，或人工合成的抗体，将有助于抗击新冠肺炎。但是，对于每次由变异病毒引发的新疫情而言，这些治疗方法同样不是完美的长期解决方案。从处于恢复期的捐献者身上难以获取大量血浆，而实验室制造的单克隆抗体则难以量产。

内森（Nathan）和卡梅隆·迈沃尔德（Cameron Myhrvold）

我们抗击病毒的长期解决方案与对细菌所获发现一样：使用 CRISPR，引导一种如同剪刀的酶，切割病毒的遗传物质，而无须患者免疫系统参与。在围绕杜德纳和张锋两人的科学家圈子中，科学家们发现，自己陷入了与对方圈子的竞争。双方你追我赶，改造 CRISPR，完成这项迫在眉睫的使命。

### 卡梅隆·迈沃尔德和雕刻师

卡梅隆·迈沃尔德在数字和遗传编码领域均有涉猎。鉴于其家庭背景，这种情况并不令人感到意外。卡梅隆·迈沃尔德是内森·迈沃尔德的儿子，他与父亲几乎是一个模子刻出来的。父亲内森长期担任微软首席技术官，是一位活力四射的天才。卡梅隆长着同父亲一样的闪着快乐光芒的眼睛，有一张圆嘟嘟的脸，笑起来活力十足。与父亲一样，卡梅隆对万事万物充满好奇。我们这代人总是对卡梅隆父亲的才华心生敬意。内森·迈沃尔德不仅在数字领域展现出过人智慧，也在食品科学、小行星追踪、恐龙摆动尾巴的速度等诸多领域彰显卓越才智。卡梅隆与父亲共用父亲的计算机编码设备。但是，与许多同时代的人一样，卡梅隆更加关注基因编码和生物学的奇迹。

卡梅隆本科毕业于美国普林斯顿大学，学习分子与计算生物学。毕业后，他进入哈佛大学学习，取得系统、合成和计量生物学项目博士学位。他热爱智力挑战，但是也担心自己在生物纳米工程方面的研究过于超前，在可预见的未来几乎不会产生实际影响。[3]

因此，卡梅隆取得博士学位后，给自己放了个假，到科罗拉多栈道进行徒步旅行。他说："我当时很想弄明白，自己以后将在哪个科学领域发展。"在旅行的一段路上，他遇见了一个人，此人认真地向卡梅隆询问了许多与科学相关的问题。卡梅隆说："在那段对话中，我发现，我显然喜欢研究与人类健康直接相关的问题。"

这段经历使卡梅隆决定进入哈佛大学生物学家帕迪斯·萨贝蒂（Pardis Sabeti）的实验室，成为一名博士后。萨贝蒂的研究是使用计算机算法，解释疾病的发展。萨贝蒂生于伊朗德黑兰。在伊朗革命期间，还是孩子的她与家人背井离乡，逃到了美国。萨贝蒂是布洛德研究所的一员，与张锋合作密切。卡梅隆说："为了就抗击病毒问题进行研究，加入帕迪斯的实验室、与张锋共事似乎是一个绝好方式。"因此，卡梅隆成了以张锋为中心的波士顿圈的一部分。在与以珍妮弗·杜德纳为中心的伯克利圈开展的 CRISPR"星球大战"中，卡梅隆最终成了其中一员。

在哈佛大学攻读博士学位期间，卡梅隆·迈沃尔德与乔纳森·古腾伯格和奥马尔·阿布达耶成了朋友。古腾伯格和阿布达耶是研究生，与张锋合作研究 CRISPR-Cas13。迈沃尔德在到访张锋实验室、使用基因测序仪期间，经常与两人探讨一些想法。迈沃尔德说："正是在那段时间，我意识到，那两个人真是非同一般。我们想出了多个方法，使用Cas13检测不同的RNA序列。我觉得这是非常棒的机会。”

迈沃尔德向萨贝蒂建议，他们应该与张锋的实验室开展合作。对此，萨贝蒂热情满满。因为两支团队能形成巨大合力。这一建议使一支适合拍成电影的多元美国团队应运而生，团队成员包括：古腾伯格、阿布达耶、张锋、迈沃尔德和萨贝蒂。

团队成员协同合作，完成了张锋于2017年所发表的论文，介绍了神探夏洛克RNA病毒探测工具。[4]接下来的一年，他们又合作撰写了一篇论文。该篇论文揭示了如何进一步简化神探夏洛克的过程。[5]该论文与杜德纳实验室所编写论文发表于同一期《科学》杂志。杜德纳实验室的论文介绍了由珍妮斯·陈和哈林顿开发的病毒检测工具。

除了使用CRISPR-Cas13检测病毒，迈沃尔德对将其转化为治疗方法产生了兴趣。这种治疗方法可以一劳永逸，使人们彻底摆脱病毒。他说：“能感染人类的病毒有成百上千种，但是人类可获取的药物只对其中少数病毒有效。其部分原因在于，病毒之间差异巨大。如果我们能构建一套可由我们自行调整的系统，针对不同病毒进行治疗，那将会是怎样的情形？”[6]

引发人类问题的大多数病毒都以RNA为遗传物质，冠状病毒也不例外。迈沃尔德说：“此类病毒正适合让你使用诸如Cas13等CRISPR酶，以病毒RNA为目标，使这种酶大显身手。”因此，他想出了一种方法，使用CRISPR-Cas13在人类身上实现其在细菌中发挥的功能：锁定一种危险病毒，将病毒切成碎片。迈沃尔德延续了基于CRISPR发明反向命名、确定缩写的传统，将其计划开发的系统命名为雕刻师（CARVER）。其全称为“Cas13辅助的病毒表达和读出限制”。①

2016年12月，就在迈沃尔德成为萨贝蒂实验室博士后不久，他向萨贝蒂发送了一封电子邮件，就一些初始实验情况做了汇报。实验中，迈沃尔德使用“雕刻师”系统，锁定会引起脑膜炎或脑炎症状的病毒。

---

① 英文全称为Cas13-assisted restriction of viral expression and readout。——译者注

迈沃尔德的数据表明，“雕刻师”系统能显著降低病毒的感染水平。[7]

萨贝蒂获得 DARPA 的拨款，研究使用“雕刻师”系统，摧毁人体内病毒。[8] 迈沃尔德和自己实验室的其他研究人员对 350 余个基因组进行了计算机分析。这些基因组取自感染人类的 RNA 病毒。在这些病毒中，他们发现了“保守序列”，这意味着在诸多病毒中，此类序列同样存在。在进化过程中，这些序列原封不动地得以保存，因此不可能在短期内发生突变。迈沃尔德团队打造了一个向导 RNA 军械库。这些向导 RNA 会将目标对准保守序列。他随后对 Cas13 遏制三种病毒的能力进行了测试，其中包括引发严重流感的病毒。在实验室细胞培养皿中，“雕刻师”系统能使病毒数量极为显著地减少。[9]

2019 年 10 月，他们在线发表了论文。他们写道：“我们的结果显示，可利用 Cas13 锁定大量单链 RNA 病毒。使用一种可编辑的抗病毒技术，能推动抗病毒药物快速产生。该种药物能将目标锁定于现有或新发现的病原体。”[10]

关于雕刻师系统的论文发表几周后，中国报告了新冠肺炎病例。迈沃尔德说：“在某些瞬间，你会发现，你长期以来所做研究具有超乎想象的重大作用。而这就是其中的一个瞬间。”由于当时病毒尚未获得官方命名，迈沃尔德新建了一个计算机文件夹，将其命名为新冠（nCov），代表“新型冠状病毒”。

到 2020 年 1 月末，迈沃尔德和同事已完成对新冠病毒基因组序列的研究，开始努力开发基于 CRISPR 的病毒检测方法。这种努力的结果是，大量关于改进基于 CRISPR 病毒检测技术的论文于 2020 年春天发表。这些论文中，包括关于一次性检测 169 种病毒的卡门（CARMEN）系统。[11] 还包括一种方法，该方法能将“神探夏洛克”检测的能力与一种叫哈德森（HUDSON）的 RNA 提取方法结合，创造出一种名为晴天（SHINE）的一步检测技术。[12] 除了善用 CRISPR 魔法，布洛德研究所还是创造缩写的大师。

迈沃尔德发现，自己最好将时间用于开发能够检测病毒的工具，而非研究像“雕刻师”这样以消灭病毒为目的的治疗方法。他正将自己的实验室搬到普林斯顿大学，因为他接受了普林斯顿提供的一个职位，将于 2021 年入职。他说："我认为，虽然长远来看，我们需要治疗方法，但是，诊断方法是可以让我们迅速产出成果的领域。"

然而，在珍妮弗·杜德纳的西海岸圈，有一支团队正努力推进另一种新冠病毒疗法的开发。该疗法与迈沃尔德发明的"雕刻师"系统类似，将使用 CRISPR 搜寻并消灭病毒。

## 亓磊和"吃豆人"

中国的潍坊市位于北京以南约 480 千米的海岸。在亓磊口中，潍坊是一座小城市。亓磊就在那里长大。实际上，潍坊市中心人口超过 260 万，几乎与芝加哥相当。亓磊说："尽管如此，在中国，潍坊仍是人们眼中的小城市。"虽然潍坊充斥着喧闹繁忙的工厂，却没有一所世界级大学。因此，他前往北京的清华大学数学与物理学专业学习。虽然他申请了攻读伯克利的物理学研究生，但是他发现自己对生物学的兴趣日益浓厚。他说："在促进世界发展方面，生物学似乎更有用途。因此，在我进入伯克利的第二年，我决定将自己的专业从物理学转为生物工程。"[13]

在伯克利，杜德纳的实验室深深吸引了亓磊。亓磊有两位导师，杜德纳便是其中一位。亓磊并未重点研究基因编辑，而是专注开发使用 CRISPR 的新方法，干扰基因表达。亓磊说："杜德纳花时间与我探讨科学问题的方式令我颇感惊讶。我们探讨的问题格外深入，甚至包含关键性技术细节。"2019 年，他（像迈沃尔德和杜德纳一样）得到 DARPA 的项目资金支持，准备抗击这场大流行。从那时起，他对病毒的兴趣更为浓厚。他说："起初，研究重点是找到一种抗击流感的 CRISPR 方法。"随后，新冠肺炎大流行来袭。2020 年 1 月末，在阅读了关于中国疫情的报道后，他召集自己的团队成员，将研究重点从流感转为新冠肺炎。

亓磊的方法与迈沃尔德的方法颇为相似。亓磊想要使用一种引导性的酶，锁定并切割入侵病毒的 RNA。与张锋和迈沃尔德一样，亓磊决定使用一种 Cas13 酶。Cas13a 和 Cas13b 酶由张锋在布洛德研究所发现。但是，还有一种 Cas13 酶则由杜德纳圈子中杰出的生物工程师帕特里克·许发现。帕特里克·许曾于布洛德研究所任职，也有在伯克利校园内工作的经历。[14]

帕特里克·许生于中国台湾，在伯克利获得学士学位，于哈佛大学获得博士学位。在张锋和杜德纳彼此竞争、努力使 CRISPR 在人类细胞中发挥作用期间，帕特里克·许在张锋的实验室工作。此后两年，在由张锋创建、杜德纳退出的 CRISPR 公司爱迪塔斯医药公司，帕特里克·许担任科学家。接着，他进入南加利福尼亚州的索尔克生物研究所。在研究所工作期间，帕特里克·许发现了 Cas13d 酶。2019 年，他任伯克利助教，并成为杜德纳团队中的一位领队，帮助杜德纳团队应对新冠肺炎。

因为帕特里克·许发现的 Cas13d 酶体积小，具有极高的特异靶向性，亓磊由此将其选为用于锁定人类肺细胞内新冠病毒的最佳用酶。在随后确定合适缩写的竞争中，他获得高分。他将自己的系统命名为“吃豆人”（PAC-MAN），即“人类细胞预防性抗病毒 CRISPR”技术的缩写①。这一名称是一款曾风靡一时的电子游戏内角色的名字。在接受《连线》杂志作者兼编辑史蒂文·利维（Steven Levy）的采访时，亓磊说：“我喜欢这个电子游戏。吃豆人努力吃到饼干，同时幽灵对吃豆人穷追不舍。但是，当吃到特殊的能量豆时——在我们这里就是 CRISPR-Cas13 的设计，它突然就变得很强大，可以反过来吞掉幽灵，清除整个战场。”[15]

亓磊和团队使用人工合成的新冠病毒碎片，对“吃豆人”进行了检测。2 月中旬，亓磊的博士生蒂姆·阿博特（Tim Abbott）进行了实验。结果显示，在实验室环境下，“吃豆人”会让新冠病毒的数量减少 90%。亓磊和其合作者写道：“我们证明，基于 Cas13d 的基因靶向可有效瞄准并切割新冠病毒碎片的 RNA 序列。‘吃豆人’是一项前景广阔的策略，不仅可抗击包括引发新冠肺炎在内的新冠病毒，也能消灭其他多种病

① 英文全称为 prophylactic antiviral CRISPR in human cells。——译者注

毒。”[16]

2020年3月13日，杜德纳领导湾区新冠肺炎抗疫研究人员召开了首场会议。第二天，亓磊在线发表了关于“吃豆人”的论文。亓磊通过电子邮件向杜德纳发送了一个链接。不到一个小时，杜德纳便回复了邮件，她邀请亓磊加入自己的团队，并在第二次线上周会上将亓磊介绍给团队成员。亓磊说：“我告诉杜德纳，我们需要一些资源，进一步让‘吃豆人’的相关概念落地，获取活病毒样本，并弄清可将‘吃豆人’送入患者肺细胞的输送系统。杜德纳对此极力支持。”[17]

## 输送

尽管为了公平，我应该说明，10亿年前，细菌就想到了“雕刻师”和“吃豆人”背后的概念，但是两套系统背后的这一概念仍然超凡绝伦。切割RNA的Cas13酶可以切割人类细胞中的新冠病毒。如果通过研究人员的努力，此类酶能够发挥作用，“雕刻师”和“吃豆人”将比催生免疫反应的疫苗更加高效。此类基于CRISPR的技术直接将目标锁定于入侵人体的病毒，无须依赖人体复杂的免疫反应。

该技术应用面对的挑战在于输送：如何将该类酶输送至患者体内的正确细胞，并使其穿过这些细胞的细胞膜？应对这一挑战的确并非易事，在涉及将酶送入肺细胞的情况下更是如此。正是基于这一原因，在2021年，“雕刻师”和“吃豆人”依然无法在人体内应用。

在3月22日举行的周会上，杜德纳把亓磊介绍给团队成员，并展示了一张幻灯片，介绍了亓磊在与新冠病毒的抗争中所领导的团队。[18]杜德纳安排了亓磊与自己实验室的研究团队合作。当时，与亓磊组队的研究者正就新型输送方法进行研究。同时，杜德纳也与亓磊合作，共同准备白皮书，向潜在出资人介绍这一项目。在白皮书中，两人写道：“我们使用CRISPR的一种变体——Cas13d，将目标锁定于病毒RNA序列，对其进行切割和破坏。我们的研究提供了一项新策略，使该酶具有潜力，用以研发新冠肺炎的基因疫苗和治疗新冠肺炎。”[19]

输送 CRISPR 和其他基因疗法的传统方式是使用“安全病毒”——比如不引发疾病、造成严重免疫反应的腺相关病毒，将其作为“病毒载体”，把遗传物质输送进细胞内。或者创制人工合成的类病毒粒子，完成输送任务。杜德纳实验室的珍妮弗·汉密尔顿和其他研究人员是该领域的专家。另一个方法是电穿孔。该方法通过在细胞膜上形成的电场产生作用，使细胞膜更易渗透。此类方法均存在缺陷。病毒载体体积较小，往往限制了可运输的 CRISPR 蛋白质的种类和向导 RNA 的数量。在探寻安全有效的输送机制的过程中，创新基因组学研究所要开拓创新，不负盛名。

为了与亓磊合作研究输送系统，杜德纳为亓磊和自己曾经的博士后罗斯·威尔逊牵线搭桥。威尔逊是一位将物质输送至患者细胞的专家，现在在伯克利拥有自己的实验室。其实验室就在杜德纳实验室隔壁。正如前文所述，罗斯·威尔逊正与亚历克斯·马森合作，开发一套适用于 DNA 疫苗的输送系统。[20]

威尔逊担心，把“吃豆人”或“雕刻师”送入细胞将遇到重重困难。然而，亓磊则怀有希望，认为在未来几年，可将此类基于 CRISPR 的疗法投入实际应用。其中一个颇具前景的方法是：将 CRISPR-Cas13 化合物包裹在叫作类脂质（lipitoid）的合成分子之中。类脂质与病毒的大小相当。劳伦斯伯克利国家实验室的生物纳米结构中心是一套不断发展的政府综合设施，位于伯克利校园的山上。威尔逊一直与该机构合作，创制能够将“吃豆人”输送进肺部细胞的类脂质。[21]

亓磊说，该方法能发挥作用的一个方式是，通过鼻腔喷雾或其他喷雾的形式，将“吃豆人”治疗物质送入人体。他说：“我的儿子患有哮喘。由于他踢足球，便使用一种喷雾器预防哮喘。人们经常使用此类方法，在自己暴露于某种物质的情况下减少肺部过敏反应。”在新冠肺炎大流行期间，亦可以采取同样的方法。人们可以使用鼻腔喷雾，确保“吃豆人”和另一个 CRISPR-Cas13 预防方法能保护自己。

一旦输送机制成功起效，诸如“吃豆人”和“雕刻师”等基于 CRISPR 的系统将能治愈疾病，保护人类，而无须激活行为古怪、精细敏感的人体自身免疫系统。同时，可以调整此类系统，使其将目标锁定于病毒遗传密码中的必要序列，不会因病毒变异而使病毒轻易逃脱。在出现新病毒的情况下，系统调整简单易行。

在更加宏观的层面上，这一调整的概念同样适用。人类在自然界中发现了一套系统，并对该系统进行调整，CRISPR 治疗便应运而生。迈沃尔德说："这给予了我希望，让我看到，在面对巨大医学挑战的情况下，我们将能够在自然界中找到其他与之类似的技术，对其加以应用。"这提醒人们，在好奇心的驱使下，对列奥纳多·达·芬奇口中的无限自然奇迹进行研究，能带来巨大价值。迈沃尔德说："你永远不会知道，你当前正在研究的前途未卜之物，在何时会对人类健康产生重大影响。"正如杜德纳常说的："大自然以这种方式展现魅力。"

第 55 章

# 虚拟冷泉港

## CRISPR 与新冠肺炎

2020 年 8 月，在冷泉港实验室 CRISPR 年度会议上，CRISPR 和新冠肺炎相关报道成为会议探讨的主要内容。其中一个主要议题是，在当前如何使用 CRISPR 抗击新冠病毒。该部分内容以对话形式展现，主要嘉宾包括珍妮弗·杜德纳、张锋和在两个彼此竞争的圈子中的一些抗击新冠肺炎的斗士。参会者并未相聚在能俯瞰长岛海峡（Long Island Sound）入口的绵延起伏的校区，而是使用 Zoom 和 Slack 在线开会。数月以来，参会者们面对电脑屏幕，看着软件对话框中的人脸，彼此进行交流。而此次会议期间，他们看起来身心俱疲。

冷泉港实验室

此次会议也与本书另一部分内容相关。会议庆祝了罗莎琳德·富兰克林百年诞辰。富兰克林对 DNA 结构的开创性研究使杜德纳备受鼓舞。在还是一个小姑娘时，杜德纳通过《双螺旋》一书了解了富兰克林的研究，从而相信女性可以从事科学研究工作。此次会议计划的封面是一张彩色照片，照片里的人物是正通过显微镜进行观察的富兰克林。

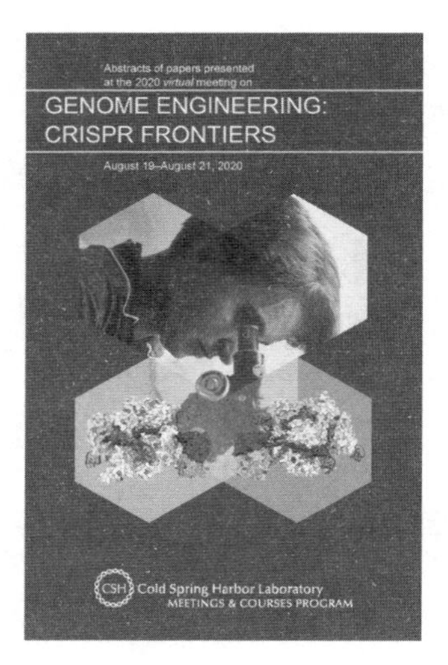

《基因工程——CRISPR倡议》

杜德纳在伯克利创建了新冠肺炎检测实验室。费奥多·厄诺夫负责指导该实验室的工作。厄诺夫在会议开幕致辞中向富兰克林致敬。我原以为厄诺夫将展现自己引人注目的才华，在开幕致辞中慷慨陈词。但是，厄诺夫恰如其分地回顾了富兰克林的科学研究，包括其对烟草花叶病毒 RNA 位置的研究。唯一美中不足之处在于，厄诺夫展示了富兰克林去世后的一张照片。照片展示的是富兰克林空荡荡的实验台。厄诺夫略带哽咽地说："纪念富兰克林的最好方式是时刻铭记。时至今日，富兰克林当年所面对的结构性性别歧视依然存在。罗莎琳德是基因编辑的教母。"

在会议发言时，杜德纳首先回顾了 CRISPR 和新冠肺炎之间的自然关联。她说："CRISPR 是自然进化应对病毒感染问题的绝佳方式。在这场大流行中，我们可以从 CRISPR 中收获良多。"张锋在杜德纳之后发言，他介绍了其阻止技术在便携易用的检测设备中的最新应用。张锋发言结束后，我给他发了一条信息，询问何时可在机场和学校批量使用此类设备。几秒过后，张锋回了消息，并附上了几张最新原型机的照片。这些原型机已在当周交付。张锋说："我们正努力在今年秋天将设备投入使用。"在接下来的发言中，卡梅隆·迈沃尔德像自己父亲一样一边双手打着手势，一边生动地介绍了如何改编自己的卡门系统，一次性检测多种病毒。迈沃尔德发言结束后，曾师从杜德纳的珍妮斯·陈使用幻灯片，介绍了自己与卢卡斯·哈林顿在猛犸公司创建的探测器平台。帕特里克·许做了报告，介绍了与杜德纳团队合作创造的改良遗传物质的扩增方法，确保可以对遗传物质进行检测。亓磊介绍了自己的“吃豆人”系统，详细说明了如何使用该系统检测新冠病毒，并将这些病毒彻底消灭。

我受到邀请，主持了一场关于新冠肺炎的研讨会。会议开始时，我首先向张锋和杜德纳提问，请两人谈谈此次大流行对提高公众对生物学兴趣的可能性。张锋回答道，在居家检测套件价格低廉、易于使用的情况下，医学将变得大众化，不再成为少数人掌握的知识。接下来，最为重要的做法是实现“微流控术”创新。这需要将少量液体注入一台仪器，随后将相关信息与我们的手机连接。该项技术能使所有人在自己家中等私密场所检测唾液和血液，获取成百上千个医学指标，使用手机检测我们的健康状况，与医生和研究人员共享数据。杜德纳补充道，此次大流行加快了科学与其他领域的融合。她预测：“在我们的研究工作中，非科学界人员的参与将有助于实现难以置信、引人注目的生物技术革命。”这是属于分子生物学的时刻。

研讨会行将结束之际，一位名叫凯文·毕晓普（Kevin Bishop）的观众通过会议软件举手示意。[1] 毕晓普任职于美国国立卫生研究院，他询问为何在新冠肺炎疫苗临床试验中，几乎没有像自己一样的美国非裔人员参与。该问题引发了美国黑人对医学试验缺乏信任的讨论。这一现象源自历史上诸如塔斯基吉实验所带来的恐惧。在此类实验中，研究人员对患有梅毒的佃农使用安慰剂，而佃农则以为自己接受了真正的药物治疗。部分参会人员质疑，新冠肺炎疫苗试验中种族多样性是否具有重要意义。（共识是：从医学和道德角度考虑，试验中的种族多样性至关重要。）毕晓普提议，请美国非裔教会和学会帮助征招志愿者。

我突然意识到，多样性问题涉及的方面远远超过临床试验的范围。从参会者名单中判断，在生物研究领域，女性代表人数占比颇为合理。但是，不论是在会议中还是在各个实验室的实验台旁，几乎看不见美国非裔人的身影。不幸的是，在这一方面，新的生命科学革命与数字革命十分相似。如果不努力扩大招生群体，不改善导师制度，生物技术将成为又一场落下大多数黑人的革命。

## CRISPR 稳步前进

会上，关于如何使用 CRISPR 抗击新冠肺炎的报告令人难忘。但是，关于推动 CRISPR 基因编辑发展的相关发现的报告同样令人印象深刻。其中一位与杜德纳协办会议的组织者获得了最为重要的发现。这位组织者是哈佛大学的超级明星刘如谦。刘如谦说话语气温和，在剑桥和伯克利大学均有研究工作。在以全班第一名的成绩从哈佛大学毕业后，刘如谦前往伯克利攻读博士学位。博士毕业后，他又回到哈佛任教。在任教期间，刘如谦与张锋成为布洛德研究所的同事，与张锋联合创建光束疗法公司（Beam Therapeutics）。带着谦和的绅士风度和友善的智慧，他与杜德纳和张锋都来往密切。

从 2016 年起，刘如谦便开始开发一种名为“碱基编辑”的技术。该技术如同一根尖锐的编辑铅笔，无须剪切 DNA 链，便可精确改变 DNA 中的碱基。在 2019 年冷泉港会议上，刘如谦公布了名为引导编辑（prime editing）的技术进步。在该技术作用过程中，一个向导 RNA 可携带一长段序列，通过编辑，使其与目标 DNA 段结合。只需在 DNA 中形成一个小缺口，无须破坏双链，便可使用该技术发挥作用。其最多可编辑 80 个碱基。[2] 刘如谦解释说：“如果说 CRISPR-Cas9 像一把剪刀，碱基编辑器如同一根铅笔，那么你可将引导编辑视为词语处理器。”[3]

在 2020 年会议上，有数十份报告为年轻研究人员所做，内容涉及使用碱基编辑和引导编辑的新方法。刘如谦介绍了自己的最新发现，描述了如何在细胞能量生成区域使用碱基编辑工具。[4] 此外，刘如谦还是一篇论文的共同作者。该论文介绍了一款简单易用的应用软件。用户可使用该软件设计引导编辑实验。[5] 新冠肺炎并未使 CRISPR 革命放慢步伐。

在会议手册封面上，碱基编辑的重要意义得到了凸显。就在罗莎琳德·富兰克林彩色照片的正下方，有一张碱基编辑器的漂亮三维照片。照片中的碱基编辑器附着在一个紫色向导 RNA 和蓝色目标 DNA 上。使用富兰克林开创的部分结构生物学知识和成像技术，杜德纳和刘如谦的实验室于一个月前将这张图像公之于众。在图像公布过程中，曾教会我如何使用 CRISPR 编辑 DNA 的博士后嘉文·诺特做了大量工作。[6]

## 布莱克福德酒吧

在冷泉港会场的餐厅有一间休息室，名为布莱克福德酒吧。酒吧四周立着木板墙，内部宽敞，环境舒适。休息室墙上依次挂着些老照片。酒架上摆着各种各样的麦芽酒和啤酒，供来宾随时饮用。休息室内设有数台电视，既播放科学讲座，也直播扬基队的棒球比赛。休息室外是露天平台，可供宾客俯瞰静谧的海港。在夏夜里，你总能在这里看到参会者和附近实验室研究员的身影。场地管理员和校工偶尔也会来此放松。在此前举行的 CRISPR 会议期间，布莱克福德酒吧的宾客都在谈论将要横空出世的发现、天马行空的想法、可能出现的职位空缺及各路小道消息。

2020 年，会议组织者们尝试使用 Slack 频道和 Zoom 会议室，重建布莱克福德酒吧的场景，并将其命名为虚拟酒吧（virtual-bar）。组织者们说，此举旨在“模拟你们在布莱克福德酒吧偶然相识的体验”。因此，我决定一试。虚拟酒吧开放的第一天晚上，除了我，还有约 40 人出现。与在现实中的鸡尾酒会上一样，人们生硬地向别人介绍自己。随后，一位主持人将我们分成小组，每组 6 人，将我们送至 Zoom 的讨论房间。20 分钟后，各小组会议结束。然后我们被随机分配到与之前不同的小组。奇怪的是，在开始就具体科学问题进行深入交流时，这一形式效果显著。就蛋白质合成技术、新赛格（Synthego）在建细胞编辑自动化硬件等主题的讨论颇为有趣。但是，与会者并未进行普通的社交，没有彼此闲聊，排解现实生活中的不快，增强彼此的情感联系。背景中没有扬基队的比赛，也没有可坐在露天平台、供大家共同欣赏的日落美景。两轮会议后，我便离开了房间。

1890 年，在对面对面会议魔力的信念的基础上，冷泉港实验室成立。实验室的准则是将才华横溢的人吸引至具有田园环境的场所，为他们提供彼此互动的机会。在这些场所中，环境优美、气氛和谐的酒吧就是其中之一。将自然之美和非正式互动之乐结合，会产生强大的效果。即使在非互动期间——比如在冷泉港校园小路上，年纪轻轻而满含敬畏的杜德纳遇见了已步入老年的偶像芭芭拉·麦克林托克——人们也可从一种能激发创造力的氛围中受益匪浅。

新冠肺炎大流行导致了巨大变化。其中一个变化是，未来将有更多会议需要通过网络举行。这是一件憾事。如果新冠肺炎未能杀死我们，那么 Zoom 也将把我们置于死地。正如史蒂夫·乔布斯在建造皮克斯总部、规划苹果公司新园区时强调的，新的想法诞生于偶遇。在就新想法开展最初的头脑风暴、建立人际纽带的阶段，人际互动尤为重要。正如亚里士多德教导的那样，我们是社会动物。而我们无法通过使用网络，彻底满足这一本能需求。

无论如何，新冠病毒扩展了我们的工作和交流方式，这会带来积极影响。通过推动 Zoom 时代快速发展，大流行将扩展科学合作的范围，进一步增强科学全球化，扩大科学众包范围。沿阿根廷圣胡安鹅卵石街道的一次漫步，催生了杜德纳和沙尔庞捷的合作。而 Skype 和多宝箱的技术使两人及其博士后在三国共同合作，破解 CRISPR-Cas9 的密码。现在人们通过电脑屏幕，在线上房间见面。由于人们对此感到轻松自在，团队协作将更加高效。我希望，未来将实现一种平衡：我们的高效虚拟会议将带来回报，能提供机会，使我们在诸如冷泉港园区等地方面对面相聚。

## 远程连线沙尔庞捷

会上，在杜德纳所做科学报告的结尾，一位年轻研究人员提出了一个与杜德纳个人相关的问题："是什么最先激发你开展对 CRISPR-Cas9 进行研究的？"杜德纳沉默了片刻。因为在技术类报告结束后，科研人员通常不会提出此类问题。杜德纳回答道："我的研究始于与埃玛纽埃勒·沙尔庞捷的合作。我们共同开展研究，我对她感激不尽。"

这是一个非常有意思的回答。因为几天前，杜德纳和我谈话时说，自己与沙尔庞捷在科学研究和个人关系方面渐行渐远，她对此深感遗憾。她哀叹道，自己不断发现，两人的感情日益冷淡。杜德纳问我，在与沙尔庞捷交谈的过程中，我是否能捕捉到一些细节，解释背后的原因。杜德纳说："在 CRISPR 的故事里，我最为难过的事情是，我的确喜欢沙尔庞捷，但是我们的关系最终破裂了。"在高中和大学期间，杜德纳学习过法语，甚至在某个阶段曾考虑更改专业，从化学专业转至法语专业。她说："我总是会幻想自己是一个法国姑娘。沙尔庞捷以某种方式使我回想起这一想法。在某种程度上，我对她崇拜有加。我希望我们能在工作和个人方面建立密切的关系，享受科学，享受随友谊产生的一切。"

杜德纳对我说了这番话后，我向她建议，邀请沙尔庞捷在冷泉港线上会议中发言。杜德纳立刻心领神会，通过会议联合组织者玛利亚·贾辛（Maria Jasin），请沙尔庞捷向罗莎琳德·富兰克林致敬，或就其他任何主题发言。我随即联系沙尔庞捷，支持她接受邀请。

起初，沙尔庞捷有些犹豫不决。随后，她回复说，在那段时间，她需要参加另一场远程会议。虽然贾辛和杜德纳主动提出，可灵活安排沙尔庞捷的发言日期和时间，但是沙尔庞捷依然予以回绝。我感觉到了沙尔庞捷的不情愿，便尝试采取不同方法：我邀请沙尔庞捷在会议结束后第二天，通过 Zoom 与我和杜德纳进行一次私人对话。我告诉沙尔庞捷，我希望将两人的陈年往事写在本书末尾。沙尔庞捷欣然接受，这令我颇感意外。沙尔庞捷甚至向杜德纳发送电子邮件，告诉杜德纳自己充满期待。

最终，我们于会议结束后的周日在网上见了面。我准备了一张问题清单，供其间提问使用。但是，杜德纳和沙尔庞捷一上线便开始同对方交谈叙旧。最初，两人如同两个好久不见的人，交谈十分生硬。几分钟以后，气氛变得愉快起来。杜德纳开始以马努埃（Manue）这个昵称称呼沙尔庞捷。没过多久，两人便都开怀大笑。我关掉了自己的摄像头，确保两人能把注意力放在彼此身上，而我则默不作声，静静听着两人的对话。

杜德纳提到了自己十几岁的儿子安迪，说他正在青春期，长高了不少。接着，杜德纳分享了一张马丁·吉尼克发来的照片，照片里是吉尼克刚刚出生的孩子。后来，杜德纳还就 2018 年与沙尔庞捷及美国癌症协会举办的一场颁奖典礼开起了玩笑。在那场颁奖典礼上，乔·拜登告诉他们，自己并不打算竞选总统。在纳什维尔治疗镰状细胞贫血的临床试验中，沙尔庞捷创建的 CRISPR 治疗公司取得了成功。杜德纳向她表示了祝贺。杜德纳说："2012 年，我们一起发表了论文。现在是 2020 年，有人已经成功治疗一种疾病。"沙尔庞捷连连点头，并开怀大笑。沙尔庞捷说："我们应该对这方面的快速进步感到非常高兴。"

随后，谈话内容逐渐转向更为私人的话题。沙尔庞捷回忆了两人合作的开始阶段。当时，两人在波多黎各会议上共进午餐，在铺有鹅卵石的街道散步，最终来到一家酒吧喝了点儿酒。沙尔庞捷说，在许多情况下，你见到另一名科学家后，你就知道你永远无法与其合作。但是，自己与杜德纳会面的结果则恰恰相反。沙尔庞捷告诉杜德纳："我当时知道，我们的合作将非常顺利。"后来，两人共同回忆起长达 6 个月的 CRISPR-Cas9 破解竞赛。在那段时间，两人通过 Skype 和多宝箱夜以继日地工作。沙尔庞捷坦言，自己担心，不论自己何时将所写论文发给杜德纳，都需要两人共同确认。沙尔庞捷说："我当时以为，你一定会更正我的英语表达。"杜德纳回答道："你的英语很棒。我记得，你当时不得不更正我自己的一些语言错误。共同创作论文充满乐趣，因为我们对事物的思考方式有所不同。"

最后，在两人的交流开始减少时，我打开了我的摄像头，提了一个问题。我说，在过去几年里，两人在科学领域和个人关系方面都渐行渐远，她们想念彼此曾拥有的友情吗？

沙尔庞捷立刻接上我的问题，非常希望解释前因后果。她说："基于获奖、参加颁奖典礼及其他原因，我们曾长期在一条道路上共同前行。人们将我们的日程安排得满满当当，我们不堪重负。我们也没有可供享受的闲暇时光。所以，部分问题在于一个简单的事实：我们两人当时都忙得不可开交。"沙尔庞捷心怀伤感，谈到了两人于 2012 年 6 月在伯克利共同度过的一周。当时，两人即将完成论文。沙尔庞捷说："这是我们在你们研究所前拍的照片。我留着有趣的发型。"（她所说的是本书第 17 章开头的照片。）沙尔庞捷说，那是她们最后一次一起放松，享受休闲时光。"从那以后，由于我们的论文产生了巨大影响，我们忙得抽不出身，几乎没有自己的时间。"

听了沙尔庞捷的话，杜德纳微微一笑，开始敞开心扉，进一步讲述自己当时的情况。杜德纳说："我像享受科学研究一样，享受着我们的友情带来的欢乐。你待人接物的方式令人感到愉快，我非常喜欢。自我在学校学习法语以来，我便一直幻想自己在巴黎生活。马努埃，对我而言，你就是这种幻想的具体体现。”

在对话的最后，两人讨论了有朝一日再度合作。沙尔庞捷说，杜德纳此前做了计划，让自己在美国建立一家公司，开展研究，从而让两人共度哥伦比亚大学 2021 年的春假。该计划因新冠肺炎而搁浅。两人同意，将就假期进行协调。杜德纳建议：“也许我们可以在纽约共度 2022 年春假。”沙尔庞捷回答道：“我非常愿意届时与你共度假期。我们可以再次合作。”

第 56 章

# 诺贝尔奖

## “重写生命密码”

2020年10月9日凌晨2：53，杜德纳处于振动模式的手机嗡嗡作响。熟睡中的她因此醒来。当时，她独自一人，在帕洛阿尔托一家酒店的房间里。她当时之所以在帕洛阿尔托，是因为要参加一场关于衰老的生物学小型会议。这是自新冠病毒危机暴发7个月来，杜德纳亲自到现场参加的首个活动。来电人是《自然》杂志的一位记者。这位记者说：“非常抱歉这么晚打扰你。但是，我想知道，你对获得诺贝尔奖有何感想？”

诺贝尔奖结果刚刚宣布，杜德纳与安迪和杰米在厨房共同庆祝

杜德纳以略带愤怒的口吻问道："谁赢了？"

记者说："你还没收到消息？你和埃玛纽埃勒·沙尔庞捷赢得了诺贝尔奖！"

杜德纳看看自己的手机，看到一串未接电话，似乎是斯德哥尔摩的来电。她安静了片刻，定了定神，然后说："我会给你回电。"[1]

杜德纳和沙尔庞捷赢得了2020年诺贝尔化学奖。这似乎并不完全出人意料。但是，人们对两人的认可速度可谓史无前例。距离两人获得关于CRISPR的发现仅有8年时间。一天前，罗杰·彭罗斯爵士（Sir Roger Penrose）因自己50余年前所获关于黑洞的发现，与另两名物理学家共同荣获诺贝尔物理学奖。2020年诺贝尔化学奖具有历史意义也合情合理。该奖项不仅仅是对一项成就的认可，似乎也预示着一个新时代的来临。瑞典皇家科学院院长在宣布获奖者时说："今年的诺贝尔化学奖与重写生命密码有关，这些基因剪刀将生命科学带入了新时代。"

另一个值得注意的点是，通常情况下，获奖者为三人，而此次只有两人。鉴于当前就谁先发现CRISPR基因编辑工具的专利之争，第三人本应为张锋。如此一来，在同一时期获得类似发现的乔治·丘奇便与诺贝尔奖擦肩而过。除此之外，还有许多杰出候选人，包括弗朗西斯科·莫伊卡、鲁道夫·巴兰古、菲利普·霍瓦特、埃里克·松特海姆、卢西亚诺·马拉菲尼及维吉尼亚斯·斯克斯尼斯。

两名女性获得了2020年的诺贝尔化学奖，这也具有重要的历史意义。人们仿佛可以感觉到，罗莎琳德·富兰克林的亡魂紧绷的面庞露出了微笑。虽然罗莎琳德制成了图像，帮助詹姆斯·沃森和弗朗西斯·克里克发现了DNA结构，但是她却成为早期历史中无足轻重的人物。沃森和克里克尚未获得1962年诺贝尔奖时，罗莎琳德便与世长辞。即使罗莎琳德当时没有去世，她取代莫里斯·威尔金斯成为当年获得诺贝尔生理学或医学奖第三人的可能性也微乎其微。1911年，玛丽·居里成为首位获得诺贝尔化学奖的女科学家。直到2020年，在累计184位诺贝尔化学奖获得者中，仅有5位女性。

杜德纳回拨了自己语音信箱中来自斯德哥尔摩的号码，听到了电话答录机的回复。几分钟后，杜德纳成功接通电话，正式收到自己获奖的消息。然后在接完几通马丁·吉尼克和《自然》杂志坚持不懈的记者等人的来电后，杜德纳立刻打包衣物，上了车，驱车一小时赶回伯克利。在途中，杜德纳和杰米通了电话。杰米说，伯克利的一支沟通团队已在室外设置场地，等待杜德纳的到来。凌晨 4：30，杜德纳到家，通过短信告诉街坊邻居，自己对晚上的喧闹和闪光灯造成的影响表示歉意。

几分钟后，杜德纳得以利用喝咖啡的时间，与杰米和安迪庆祝自己获奖。随后，她在自家门外向摄像团队发表了一些感想，接着便前往伯克利，参加一场仓促召开的线上全球新闻发布会。在途中，杜德纳与同事吉莉安·班菲尔德通了电话。班菲尔德曾于 2006 年出人意料地打电话给杜德纳，请她在校园内的言论自由运动咖啡馆与自己见面，讨论自己在细菌 DNA 中不断发现的一些成簇重复序列。在电话中，杜德纳告诉班菲尔德："能有你这样的朋友和合作伙伴，我心怀感激。一路走来，乐趣无穷。"

在新闻发布会上，许多问题的重点是，杜德纳此次获奖如何体现女性所取得的突破。杜德纳开怀大笑，说道："我为自己是一名女性而感到骄傲。我此次能获奖意义重大，对于更为年轻的女性尤为如此。对许多女性而言，她们会感觉，不论她们从事什么工作，如果自己是男性，自己的工作将得到更多认可。我希望看到这一情况发生改变，这是朝着正确方向前进的一步。"接着，杜德纳想起了自己在学校学习的时光。她说："有许多人告诉我，女孩子不能学习化学或女孩子不能从事科学研究。幸运的是，我对这些话充耳不闻。"

在杜德纳回答问题之际，沙尔庞捷正在柏林举办自己的新闻发布会。此时是当地下午 3 点左右。数小时前，就在沙尔庞捷刚刚收到斯德哥尔摩官方来电后，我就与她取得了联系。沙尔庞捷一反常态，心情激动。她告诉我："以前就有人告诉我，有朝一日，我可能会获奖。但是，接到获奖电话后，我还是深受触动，激动不已。"沙尔庞捷说，此次获奖使自己想起了童年时光。当时，她在巴黎步行途经巴斯德研究院，自此便下定决心，有朝一日要成为一名科学家。但是，在自己的新闻发布会上，沙尔庞捷用自己的蒙娜丽莎式微笑完美隐藏了情绪。她拿着一杯白葡萄酒，进入自己研究所的大厅，在一尊马克斯·普朗克的半身像旁摆好造型，接着以既轻松惬意又热情认真的方式，回答现场提问。与在伯克利的情况一样，大多数对沙尔庞捷的问题聚焦于该奖项对女性的意义。沙尔庞捷说："今天，珍妮弗和我获得了诺贝尔化学奖。这可以为年轻女孩们发送一条强有力的信息，向她们表明，女性也能获得科学奖项。"

当天下午，两人的竞争对手埃里克·兰德尔在布洛德研究所发送了一条推文："热烈祝贺沙尔庞捷和杜德纳博士，凭借对神奇的 CRISPR 科学所做贡献，荣获 @ 诺贝尔奖！看到无尽的科学前沿进一步扩展，为患者带来重大影响，令人备感兴奋。"在公共场合，杜德纳优雅地对这条推文予以回应。"对埃里克·兰德尔的认可，我深表谢意。能收到他对我们的祝贺，我感到荣幸。"私下里，杜德纳怀疑，兰德尔是否按照律师的做法，使用"贡献"一词，以不易觉察的方式最大限度地表达了其对两人获诺贝尔奖认可的发现的轻视。最引我注意的是兰德尔就未来"为患者带来重大影响"的表述。这使我产生憧憬，有朝一日，张锋和丘奇，也许还有刘如谦，将赢得诺贝尔生理学或医学奖，与杜德纳和沙尔庞捷所获得的诺贝尔化学奖交相辉映。

在自己的新闻发布会上，杜德纳提到，自己正"在大洋彼岸，向沙尔庞捷挥手"。但是，她迫切渴望与沙尔庞捷交谈。杜德纳在白天多次向沙尔庞捷发送短信，三次在沙尔庞捷的语音信箱留言。在一条短信中，杜德纳写道："请一定一定打电话给我，我不会占用你太多时间。我只是想通过电话向你表示祝贺。"最终，沙尔庞捷予以回复："我真的非常非常疲惫。但是我保证，我明天会打给你。"因此，第二天早上，两人最终通了电话，轻松悠闲地聊了聊。

新闻发布会结束后，杜德纳前往实验室大楼，参加香槟庆祝会及随后进行的 Zoom 线上庆祝会。在线上庆祝会上，一百余位朋友举起酒杯，向杜德纳敬酒祝贺。马克·扎克伯格和陈慧娴在线上参加庆祝会。两人的基金会为杜德纳的部分研究提供了资金支持。吉莉安·班菲尔德和伯克利各系主任及官员也在线上出席庆祝会。在杜德纳还是一名研究生时，哈佛大学教授杰克·绍斯塔克便引导她将研究重点转向 RNA 的神奇作用。2009 年，杰克·绍斯塔克荣获诺贝尔生理学或医学奖（与两位女性共享殊荣）。当天的最佳祝酒也来自杰克·绍斯塔克。绍斯塔克坐在自己波士顿宅邸富丽堂皇的后院，举起一杯香槟，说：“唯一比自己赢得诺贝尔奖更棒的事，就是自己的一名学生同样赢得了诺贝尔奖。”

杜德纳和杰米做了西班牙煎蛋饼当晚餐。随后，杜德纳使用苹果手机的 FaceTime 与自己的两个妹妹视频聊天。三人谈到了如果已故父母依然在世，会对此有何反应。杜德纳说：“我真的希望他们依然在世。妈妈会激动万分。爸爸会假装内心毫无波澜，但会确保自己理解了其中的科学原理，接着问我下一步打算怎么做。”

## 翻天巨变

CRISPR 是科研人员于自然中发现的一套抗击病毒系统。在新冠肺炎大流行肆虐之际，诺贝尔奖委员会将荣誉给予了 CRISPR，以此提醒我们，好奇心驱动的基础研究最终可以产出具有实际价值的应用成果。CRISPR 和新冠肺炎推动我们加速进入生命科学时代。分子正成为新的微芯片。

在新冠病毒危机形势最为严峻之际，杜德纳受《经济学人》之邀，以正在发生的社会巨变为题，撰写一篇文章。杜德纳写道：“与当今生活中的诸多方面一样，科学与科学实践似乎正经历着快速甚至永久性的变化。这将使现状得到改善。”[2] 她预测，公众将增进对生物学和科学方法的理解。官员会更加重视为基础科学提供资金的重要作用。科学家彼此合作、相互竞争、互相交流的方式也将不断改变。

在大流行出现之前，科研人员的沟通与合作受到束缚。大学创建了大型法务团队，专注于获取每一项新发现的所有权。不论新发现有多小，团队都绝不放松。同时，法务团队还谨防影响专利应用的信息共享。伯克利生物学家迈克尔·艾森说：“他们将科学家彼此进行的每项互动变成了知识产权交易。另一学术研究机构的同事向我发送或从我这里收到信息，均会涉及复杂的法律协议。而这些协议的作用并非推动科学发展，仅仅是保护大学，使大学能从尽职尽责的科学家所做研究可能产生的发明中获利。而彼此分享研究信息才是尽职尽责的具体做法。”[3]

在击败新冠肺炎的竞赛中，此类规则不是推动竞赛发展的因素。相反，在杜德纳和张锋的引领下，大多数学术实验室表示，自己会把所获发现无偿提供给任何抗击病毒的人员使用。此举进一步加强了研究人员之间，甚至国与国之间的合作。杜德纳在湾区号召各实验室组建了联盟。如果他们不得不担心知识产权问题，该组织就不会在短时间内迅速成立。世界各地的科学家同样做出努力，推动建立开放的新冠病毒序列数据库。到 2020 年 8 月底，该数据库已经包含 3.6 万个条目。[4]

新冠肺炎催生了紧迫感，动摇了学术期刊的守门人作用。诸如《科学》和《自然》等学术期刊价格昂贵，需同行评议，且因收取费用而难以获取。在新冠病毒危机形势最为严峻之际，研究人员无须耗费数月，等待编辑和评审人员决定是否同意刊登论文，便可在诸如《医学档案》（*medRxiv*）和《生物学档案》（*bioRxiv*）的预印本服务器上，每天发布 100 余篇论文。此类服务器免费开放，将所需评审流程最简化。通过这种方式，人们可以实时免费共享信息，甚至可以在社交媒体上仔细分析有关信息。尽管存在因传播未经充分审查的研究所带来的潜在风险，但是快速开放的信息传播产生了良好效果：以各项新发现为基础的发展进程速度加快，公众得以即时跟踪科学的发展情况。在一些关于新冠病毒的重要论文中，再印本服务器上的刊物使世界各地专家可以凝聚智慧，进行众包审查。[5]

乔治·丘奇说，长期以来，自己一直在思考，是否会有一项生物事件能够发挥催化剂作用，推动科学进入我们的日常生活。丘奇说："新冠肺炎就是此类生物事件。不知在何时，陨石撞击了地球，突然之间，哺乳动物成了世界的主宰。"[6] 有朝一日，我们大多数人都能在家中拥有检测设备，能使我们检测多种病毒和许多其他疾病。我们还会拥有可穿戴设备，设备上配有纳米孔和分子晶体管，可监测我们所有的生物功能。此类设备可以连接网络，进而能共享信息，创建一张全球生物气候图，实时显示生物威胁的扩散情况。这一切让生物学变成更为激动人心的研究领域。2020 年 8 月，医学院产品的应用数量同比增长了 17%。

学术界也将发生改变，不仅体现于在线课程数量的不断增加。大学不再是象牙塔，而将会参与解决现实世界的问题，既包括大规模的流行病，也涉及气候变化。此类项目将跨越学科，打破实验室之间的壁垒。

一直以来，实验室传统上是相互独立的封地，彼此坚定捍卫自己的自治权。而抗击新冠病毒需要开展跨学科合作。从这方面来看，这与为开发CRISPR所做努力大同小异，需要微生物猎手与遗传学专家、结构生物学专家、生物化学家和电脑极客合作。这也与创新企业的运营方式非常相似。在创新企业中，各单位会相互合作，完成特定项目或任务。我们所面对的科学威胁的本质将加快这一趋势，使不同实验室之间开展以项目为导向的合作。

科学的一个根本性方面将依然保持不变。从达尔文和孟德尔到沃森和克里克，再到杜德纳和沙尔庞捷，不变的是跨越几代人的合作。沙尔庞捷说："最终，能流传百世的是研究人员所获发现。在这个星球上，我们只是匆匆过客。我们完成自己的工作，然后便会离去，其他人则会接过我们的工作，继续将其完善。"[7]

在本书中，我描写的所有科学家均表示，自己的主要动力并非金钱，甚至也不是荣耀，而是能有机会破解自然之谜、使用所获发现让世界变得更加美好。我对他们的这番话深信不疑。我认为，大流行留下的最为重要的遗产之一是：使科学家牢记自己使命的崇高和光荣。也许，这些价值观也会深刻于新一代学生心中。由于他们已经看到科学研究有多么激动人心、至关重要，那么也许，在仔细思考自己职业发展的过程中，这些新一代学生更可能投身于科学研究。

# 结语

## 2020 年秋，新奥尔良皇室街

大流行暂时退去，大地开始恢复元气。坐在法语区，我能再次听见街道上的音乐。街角餐馆正煮着虾，阵阵香味在空气中飘散。

但是我知道，更多的病毒浪潮可能即将袭来，有的可能源自当下的新冠病毒，有的可能源自未来的新型病毒。因此，仅凭疫苗，无法满足我们的需要。与细菌一样，我们需要一套能轻松调整的系统，将每一种新型病毒彻底消灭。CRISPR 能为我们提供这样的系统，正如它为细菌提供这一系统一样。有朝一日，我们也许可以使用 CRISPR 修复基因问题，战胜癌症，增强子女的能力，使我们能应对进化，主导人类未来的方向。

在开启这段旅程时，我认为生物技术将是下一场伟大的科学革命。在科学革命中，包含了令人敬畏的自然奇迹、研究竞争、惊人发现、能救人性命的胜利，以及诸如珍妮弗·杜德纳、埃玛纽埃勒·沙尔庞捷、张锋等开拓创新的先驱。大流行之年使我意识到，我对实际情况的描述不够充分。

几周前，我找到了一本旧书——詹姆斯·沃森的《双螺旋》。与杜德纳一样，在我上学时，我父亲将这本书作为礼物送给了我。这本《双螺旋》是第一版，有淡红色的护封。我读大二时，用铅笔在书上做了笔记，记录了诸如“生物化学”等自己不知道的词和相关概念，因此弄脏了书的空白处。不然现如今，我也许还能在易贝上把这本书卖个好价钱。

读了这本书，我像杜德纳一样，想要成为一名生物化学家。但与杜德纳不同的是，我并未成功。如果我必须重来一次——读到这里的学生们，你们要集中注意力——我会更加注重生命科学的学习。假使我在21世纪成年，我会格外关注生命科学。我们这一代人对个人计算机和网络极为着迷。我们会努力确保自己的孩子学会如何编写代码。现在，我们必须确保他们理解生命的密码。

要成功做到这一点，其中一个方法是让我们这些“大龄孩子”意识到，正如CRISPR和新冠肺炎相互交织的故事所揭示的，理解生命的运作方式多么具有现实意义。有些人就是否食用转基因食品立场坚定，这是一件好事。但是，如果其中有更多人能知道转基因生物体为何物（以及年轻的酸乳制造者有何发现），情况将更为理想。就人类使用基因工程技术持坚定立场是一件好事。但是，如果你知道何为基因，那就更好了。

彻底理解生命奇迹不仅仅具有现实意义，而且能鼓舞人心，获得乐趣。这就是为何我们人类如此幸运，拥有与生俱来的好奇心。

一只小蜥蜴沿着我的阳台护栏的边缘爬行，然后爬上藤蔓，微微改变了自己的颜色。这令我受到启发，想出了上述道理。我对眼前的一幕感到好奇：是什么导致蜥蜴改变皮肤颜色的？为什么这场新冠肺炎大流行暴发后，出现了大量蜥蜴？我不得不阻止自己想出一些毫无逻辑的解释。我迅速上网搜索，转移自己的注意力，以满足我的好奇心。这是一段令人愉快的经历，令我想起我最喜欢的注释。这一注释位于列奥纳多·达·芬奇笔记本的页边空白处，笔记本内则写满了笔记。注释写道：“描述啄木鸟的舌头。”有谁早上一觉醒来，就觉得自己需要知道啄木鸟舌头的构造？那就是热情满满、兴致盎然、充满好奇的列奥纳多·达·芬奇。

从本杰明·富兰克林和阿尔伯特·爱因斯坦，到史蒂夫·乔布斯和列奥纳多·达·芬奇，在这些令我为之着迷的人物中，好奇心都是他们所具有的一个关键特质。詹姆斯·沃森和噬菌体集团（Phage Group）想要理解攻击细菌的病毒；西班牙研究生弗朗西斯科·莫伊卡对DNA成簇重复序列充满好奇；珍妮弗·杜德纳希望理解含羞草受到触碰后，为何会自行卷曲。好奇心是驱使他们前进的动力。也许正是这一本能——好奇心，纯粹的好奇心——会救我们于水火之中。

一年前，在结束伯克利之行和各类会议后，我坐在我的阳台上，试着整理我对基因编辑的想法。接着，我开始担心人类的多样性。

为了参加利娅·蔡斯（Leah Chase）的葬礼，我返回家乡。蔡斯是新奥尔良的一位德高望重、备受爱戴的女性。在法国区经营一家餐馆近70年后，她离开人世，享年96岁。她会使用自己的木勺搅拌乳酪面粉糊，烹制鲜虾香肠秋葵浓汤（一杯花生油和八勺面粉）。浓汤变成浅褐色后，便可出锅装盘，能与各式配料搭配组合。她是一位克里奥尔黑人[①]。其经营的餐馆同样将新奥尔良生活的多样性融入其中。餐馆内既有黑人，也有白人，还有克里奥尔人。

在那个周末，法国区举行了各式各样的活动。有旨在促进交通安全的裸体自行车赛（非常奇怪），也有歌颂利娅女士和时尚音乐家“约翰博士”马克·雷本纳克（Mac Rebennack）的游行与庆祝活动，还有一年一度的彩虹游行和相关街区活动。同样如火如荼的还有法国市场克里奥尔番茄节。在番茄节上，菜农和厨师大显身手，展示着当地多种多样、美味多汁的非转基因番茄。

我在阳台上，对眼前的人类多样性惊叹不已。人们有高有矮，有异性恋也有同性恋，有胖有瘦，肤色有深有浅，还有浅褐色。我看见一群身穿加劳德特大学[②]短袖衬衣的人，激动地打着手语。我们对CRISPR寄予厚望，希望有朝一日它能为我们的孩子和所有子孙后代选择我们想要的特性。我们可以为他们做出选择，让他们身材高大、肌肉强健、发色金黄、免于失聪、拥有蓝色眼睛……根据你的偏好，挑选所需特性。

查看了CRISPR自然品种的所有资料后，我开始思考，CRISPR所带来的希望可能也会将我们置于险境。自然耗费数百万年，以复杂且时

① 克里奥尔人是在拉丁美洲、西印度群岛及美国南部出生的早期法国、西班牙和葡萄牙移民的后代。——译者注

② 世界上第一所为失聪群体设立的私立综合性大学，是唯一专门为失聪和重听者设置本硕博课程的大学。——译者注

而不完美的方式，编织了30亿个DNA碱基对，使我们人类拥有惊人的多样性。我们认为自己现在能够后来居上，编辑大自然所编织的基因组，消除我们眼中的瑕疵。这么做是否为正确之举？我们是否会失去我们的多样性、谦卑之心和共情能力？我们是否会像味道变淡的番茄一样，变得不如以往那么有人情味？

在2020年新奥尔良狂欢节上，圣安妮街游行队伍中的人们昂首阔步，从我的阳台前走过。其中一些游行者将自己打扮成新冠病毒。他们穿着模仿科罗娜啤酒瓶的紧身衣裤，戴着兜帽，看起来如同病毒火箭。几周之后，我们收到了封城令。多琳·凯琴（Doreen Ketchens）是一位受人敬爱的单簧管演奏者。她经常在我们街角的杂货店前吹奏单簧管。收到封城令后，凯琴在近乎空无一人的人行道上进行了道别表演。她最后一次演唱了《当圣人莅临》，着重演唱了片段“太阳开始照耀”。

2020年狂欢节[①]

与一年前相比，现在的气氛截然不同。在这一年里，我对CRISPR的看法也发生了巨大变化。与我们人类一样，我的想法也会随着情况改变而不断调整。现在，我更加清楚地看到了CRISPR带来的希望，而非

① 图中人物将自己装扮成科罗娜（Corona）啤酒。该品牌与冠状病毒（Coronavirus）中的“冠状”（corona）相同。——译者注

其所带来的危险。如果我们明智地使用它，那么生物技术将会进一步提高我们抗击病毒、战胜基因缺陷、保护我们身心的能力。

所有生物，无论大小，都会竭尽全力谋求生存，我们也应如此。这符合自然规律。虽然细菌发展出一套绝妙的抗病毒技术，但其耗费了数万亿个生命周期才成功实现这一点。我们不能等待如此之久。我们必须将自己的好奇心与创造力相结合，加快这一进程。

生物体“自然”进化数百万个世纪后，人类现在有能力侵入生命密码，设计创造我们基因的未来。或者说，有人为基因编辑贴上“违背自然规律”“扮演上帝”的标签。为了使此类人对自己的看法产生怀疑，让我们换一种表述方式：自然和自然之神以自己无穷无尽的智慧，让一个物种不断进化，具有了修改自己基因组的能力，而这一物种恰巧是我们自己。

与所有进化特征一样，这一新能力或许能帮助这一物种发展壮大，甚至可能产出演替物种。或许不会。有时，其中一种进化特征会将一个物种领上一条道路，危及该物种的生存。进化就是如此变化无常，令人捉摸不定。

这就是进化在缓慢发展的情况下，能发挥最佳效果的原因。时不时会出现离经叛道或我行我素之人，如贺建奎和乔赛亚·扎耶那，促使我们加快前进的步伐。但是如果小心谨慎，我们能暂且停下脚步，下定决心，谨小慎微，继续前行。如此一来，我们将更不容易在前方的坡道上滑倒。

为了引导人类，我们不仅需要科学家，也需要人文学者。至关重要的是，我们需要像珍妮弗·杜德纳这样的在两个世界中均感到舒适的学术人士。我们即将进入这一看似神秘莫测却丰富多彩、充满希望的新领域。我认为，正因该领域需要各类学者，因此我们所有人努力理解这一新领域，会令自身受益匪浅。

没有必要立刻就所有事情做出决定。我们首先可以提出一个问题：我们希望为我们的子孙后代留下一个什么样的世界？随后，我们可以一步一个脚印，最好能携手合作，共同探索前进的道路。

# 致谢

我想要感谢珍妮弗·杜德纳，感谢她忍受我为她增添的麻烦。她接受了我的数十次采访，接听了我不断打给她的电话，回复了我不停发给她的邮件，准许我进入她的实验室，为我提供机会，参加许许多多、各种各样的会议，甚至让我潜伏于她的 Slack 频道。她的丈夫杰米·凯特也对我带来的麻烦予以包容，同时为我的工作提供了帮助。

张锋格外彬彬有礼。虽然本书聚焦的对象是他的竞争对手，但他愉快地在自己的实验室接待了我，接受了我的多次采访。我逐渐对他产生好感，心生敬佩。在采访张锋的同事埃里克·兰德尔的过程中，我也获得了同样的感受。兰德尔慷慨大度，毫不吝惜投入时间，接受采访。在撰写本书的过程中，其中一件乐事是，在德国柏林与魅力十足的埃玛纽埃勒·沙尔庞捷共度时光。与乔治·丘奇相处的过程同样乐趣十足。丘奇将自己伪装成一位疯狂的科学家，实际则是一位魅力四射的绅士。

创新基因组学研究所的凯文·多克斯泽恩和杜兰大学的斯宾塞·奥莱斯基（Spencer Olesky）审查了本书中与科学相关的内容。两人深入思考，提供了意见，做出了修正。马克斯·温德尔（Max Wendell）、本杰明·伯恩斯坦（Benjamin Bernstein）和瑞安·布朗（Ryan Braun）也为本书提出了意见。他们都令人钦佩，因此，倘若发现错误，请不要责怪他们。

我也对所有与我共处的科学家和他们的科学迷心怀感激。这些科学家花时间与我共处，提供了深刻见解，接受了采访，核查了实情：努巴尔·阿费扬、理查德·阿克塞尔（Richard Axel）、大卫·巴尔的摩、吉莉安·班菲尔德、科里·巴格曼（Cori Bargmann）、鲁道夫·巴兰古、乔·邦迪-德诺米、达纳·卡罗尔、珍妮斯·陈、弗朗西斯·柯林斯、凯文·戴维斯、梅雷迪思·德萨拉查（Meredith DeSalazar）、菲尔·多米策（Phil Dormitzer）、萨拉·杜德纳、曹文凯、埃尔朵拉·埃利森、萨拉·古德温（Sarah Goodwin）、玛格丽特·汉伯格、珍妮弗·汉密尔顿、卢卡斯·哈林顿、雷切尔·赫尔维茨、克里斯丁·希南、唐·赫姆斯、梅根·霍克斯特拉塞尔（Megan Hochstrasser）、帕特里克·许、玛利亚·贾辛、马丁·吉尼克、艾里奥特·基尔申纳（Elliot Kirschner）、嘉文·诺特、埃里克·兰德尔、丛乐、理查德·利夫顿、恩里克·林肖、刘如谦、卢西亚诺·马拉菲尼、亚历克斯·马森、安迪·梅、西尔万·莫罗、弗朗西斯科·莫伊卡、卡梅隆·迈沃尔德、罗杰·诺瓦克、瓦尔·帕卡卢克（Val Pakaluk）、裴端卿、马修·波蒂厄斯、亓磊、安东尼奥·雷加拉多、马特·里德利、戴夫·萨维奇、雅各布·谢科（Jacob Sherkow）、维吉尼亚斯·斯克斯尼斯、埃里克·松特海姆、山姆·斯腾伯格、杰克·绍斯塔克、费奥多·厄诺夫、伊丽莎白·沃森、詹姆斯·沃森、乔纳森·韦斯曼（Jonathan Weissman）、布雷克·威登海夫特、罗斯·威尔逊和乔赛亚·扎耶那。

我一如既往向阿曼达·厄本（Amanda Urban）致以我深深的谢意。迄今为止，她担任我的经纪人已有40年。厄本既关心他人，又理性真诚，能振奋人心，让人精神焕发。我和皮斯西拉·佩恩顿（Priscilla Painton）在少不更事时，曾在《时代周刊》共事。在自家孩子们还小时，我们曾是邻居。转眼之间，她已成为我的编辑。世界的变化令人欣喜。皮斯西拉用自己的勤奋和天赋，调整本书结构，一字一句精心打磨了本书内容。

科学是集体努力的结果，成功撰写一本书亦是如此。与西蒙 & 舒斯特出版公司合作，其乐趣在于，我能与一支出色的团队共事。团队的领导者为热情洋溢、见解深刻的乔纳森·卡普（Jonathan Karp）。卡普似乎多次阅读了本书书稿，不断提出改进意见。团队成员包括斯蒂芬·贝德福德（Stephen Bedford）、达娜·卡内迪（Dana Canedy）、乔纳森·埃文斯（Jonathan Evans）、玛丽·弗洛里奥（Marie Florio）、金伯莉·古德斯坦（Kimberly Goldstein）、朱迪思·胡佛（Judith Hoover）、露丝·李-缪伊（Ruth Lee-Mui）、汉娜·帕克（Hana Park）、朱莉亚·普罗瑟（Julia Prosser）、理查德·罗雷尔（Richard Rhorer）、埃莉斯·林格（Elise Ringo）和杰基·塞奥（Jackie Seow）。柯蒂斯·布朗公司的海伦·曼德尔斯（Helen Manders）和佩帕·米奥尼（Peppa Mignone）与国际出版社合作，出色完成了工作。我还想感谢我通情达理、聪慧博学的助手林赛·比卢普斯（Lindsey Billups）。她每天都提供了巨大的帮助。

一如既往，我最感谢我的妻子凯西（Cathy）。凯西帮我做了调查研究，认认真真地阅读我的书稿，提供了启迪心智的建议，一直（或者说努力）使我稳步前进。我们的女儿贝齐（Betsy）也阅读了书稿，发挥了自己的聪明才智，提出了建议。她们母女俩是我生活的基石。

本书由爱丽丝·梅休负责发行。梅休担任我此前出版的全部图书的编辑。在我们首次讨论的过程中，梅休丰富的科学知识便令我惊讶不已。她自始至终坚持认为，我应将本书打造为一场发现之旅。1979年，梅休曾担任《创世纪的第八天》一书的编辑。该书由霍勒斯·弗里兰·贾德森（Horace Freeland Judson）创作，是科学技术类的经典著作。40年后，梅休似乎依然记得书中的每个篇章段落。2019年圣诞假期期间，梅休阅读了本书的前半部分，反馈了大量意见和感悟，字里行间充满了欣喜和愉悦。但是，梅休未能亲眼看到本书完成。西蒙 & 舒斯特出版公司首席执行官卡洛琳·莱迪同样未能见证本书完结。一直以来，莱迪都是我的良师益友，与她相识，令我备感欢乐。我生命中最大的乐事之一，便是让爱丽丝和卡洛琳面露微笑。如果你们见过她们的微笑，你们会感同身受。倘若两人依然在世，我希望本书会让她们面露笑容。谨以此书，纪念爱丽丝·梅休和卡洛琳·莱迪。

# 注释

## 引言　挺身而出

1. 作者对杜德纳的访谈。比赛由第一机器人挑战赛（First Robotics）主办。该挑战赛是成果不断的赛格威发明家迪恩·卡门（Dean Kamen）创建的一项全美项目。
2. 珍妮弗·杜德纳、梅根·霍克斯特拉塞尔和费奥多·厄诺夫提供的访谈记录、录音、录像、笔记和幻灯片页。
3. 参见本书第12章中对该重复性过程的全面讨论。这是基础研究人员实现技术创新所需经历的过程。

## 第1章　希洛

1. 作者对珍妮弗·杜德纳和萨拉·杜德纳的访谈。该部分其他内容参见：*The Life Scientific*, BBC Radio, Sept. 17, 2017; Andrew Pollack, "Jennifer Doudna, a Pioneer Who Helped Simplify Genome Editing," *New York Times*, May 11, 2015; Claudia Dreifus, "The Joy of the Discovery: An Interview with Jennifer Doudna," *New York Review of Books*, Jan. 24, 2019; Jennifer Doudna interview, National Academy of Sciences, Nov. 11, 2004; Jennifer Doudna, "Why Genome Editing Will Change Our Lives," *Financial Times*, Mar. 14, 2018; Laura Kiessling, "A Conversation with Jennifer Doudna," *ACS Chemical Biology Journal*, Feb. 16, 2018; Melissa Marino, "Biography of Jennifer A. Doudna," *PNAS*, Dec. 7, 2004。
2. Dreifus, "The Joy of the Discovery."
3. 作者对丽萨·特威格-史密斯和珍妮弗·杜德纳的访谈。
4. 作者对珍妮弗·杜德纳和詹姆斯·沃森的访谈。
5. Jennifer Doudna, "How COVID-19 Is Spurring Science to Accelerate," *The Economist*, June 5, 2020.

## 第2章　基因

1. 该部分关于遗传学和DNA历史的内容参见：Siddhartha Mukherjee, *The Gene* (Scribner, 2016); Horace Freeland Judson, *The Eighth Day of Creation* (Touchstone, 1979); Alfred Sturtevant, *A History of Genetics* (Cold Spring Harbor, 2001); Elof Axel Carlson, *Mendel's Legacy* (Cold Spring Harbor, 2004)。
2. Janet Browne, *Charles Darwin*, vol. 1 (Knopf, 1995) and vol. 2 (Knopf, 2002); Charles Darwin, *The Journey of the Beagle,* originally published 1839; Darwin, *On the Origin of Species*, originally published 1859. Electronic copies of Darwin's books, letters, writings, and journals can be found at Darwin Online, darwin-online.org.uk.

3. Isaac Asimov, "How Do People Get New Ideas," 1959, reprinted in *MIT Technology Review*, Oct. 20, 2014; Steven Johnson, *Where Good Ideas Come From* (Riverhead, 2010), 81; Charles Darwin, *Autobiography*, describing events of October 1838, Darwin Online, darwin-online.org.uk.
4. 除参考穆克吉、贾德森和斯特蒂文特（Sturtevant）的著作，本章关于孟德尔的内容也参考了：Robin Marantz Henig, *The Monk in the Garden* (Houghton Mifflin Harcourt, 2000)。
5 Erwin Chargaff, "Preface to a Grammar of Biology," *Science*, May 14, 1971.

### 第3章 DNA

1. 本章内容参考我多年来对詹姆斯·沃森的多次访谈，也引用最早由Atheneum出版社于1968年出版的沃森的《双螺旋》。我引用了亚历山大·甘恩（Alexander Gann）和简·维特科夫斯基（Jan Witkowski）共同编辑的《双螺旋评注和图解》（*The Annotated and Illustrated Double Helix*, Simon & Schuster, 2012)。该著作还包括用于描述DNA模型的碱基和其他补充性材料。本章还参考了：James Watson, *Avoid Boring People* (Oxford, 2007); Brenda Maddox, *Rosalind Franklin: The Dark Lady of DNA* (Harper Collins, 2002); Judson, *The Eighth Day*; Mukherjee, *The Gene*; Sturtevant, *A History of Genetics*。
2. 贾德森说哈佛大学拒绝了沃森。沃森告诉我，自己被哈佛大学录取，但未获得奖学金或任何费用。在《不要烦人》一书中，沃森也对此进行了说明。
3. 当今最年轻的诺贝尔奖获得者是巴基斯坦的马拉拉·优素福·扎伊，获诺贝尔和平奖。她曾遭到塔利班枪击，而后成了一名为女性争取受教育权利的斗士。
4. Mukherjee, *The Gene*, 147.
5. Rosalind Franklin, "The DNA Riddle: King's College, London, 1951–1953," Rosalind Franklin Papers, NIH National Library of Medicine, https://profiles.nlm.nih.gov/spotlight/kr/feature/dna; Nicholas Wade, "Was She or Wasn't She?," *The Scientist*, Apr. 2003; Judson, *The Eighth Day*, 99; Maddox, *Rosalind Franklin*, 163; Mukherjee, *The Gene*, 149.

### 第4章 生物化学家的培养

1. 作者对珍妮弗·杜德纳的访谈。
2. 作者对珍妮弗·杜德纳的访谈。
3. 作者通过邮件对唐·赫姆斯的访谈。
4. 作者对珍妮弗·杜德纳的访谈；Jennifer A. Doudna and Samuel H. Sternberg, *A Crack in Creation* (Houghton Mifflin, 2017), 58; Kiessling, "A Conversation with Jennifer Doudna"; Pollack, "Jennifer Doudna"。
5. 除特别注明外，本章中对珍妮弗·杜德纳的所有引用均取自我对她的访谈。
6. Sharon Panasenko, "Methylation of Macromolecules during Development in *Myxococcus xanthus*," *Journal of Bacteriology*, Nov. 1985 (submitted July 1985).

### 第5章 人类基因组

1. 美国能源部于1986年启动了人类基因组测序工作。在里根总统1988年的预算中，记录了官方对人类基因组计划提供的资金数额。1990年，美国能源部和美国国立卫生研究院签署了一份谅解备忘录，正式确立了人类基因组计划。
2. Daniel Okrent, *The Guarded Gate* (Scribner, 2019).
3. "Decoding Watson," directed and produced by Mark Mannucci, *American Masters*, PBS, Jan. 2, 2019.
4. 作者对詹姆斯·沃森、伊丽莎白·沃森和鲁弗斯·沃森的访谈和会面；Algis Valiunas, "The Evangelist of Molecular Biology," *The New Atlantis*, Summer 2017; James Watson, *A Passion for DNA* (Oxford, 2003); Philip Sherwell, "DNA Father James Watson's 'Holy Grail' Request," *The Telegraph*, May 10, 2009; Nicholas Wade, "Genome of DNA Discoverer Is Deciphered," *New York Times*, June 1, 2007。
5. 作者对乔治·丘奇、埃里克·兰德尔和詹姆斯·沃森的访谈。
6. Frederic Golden and Michael D. Lemonick, "The Race Is Over," and James Watson, "The Double Helix Revisited," *Time*, July 3, 2000; 作者与阿尔·戈尔、克莱格·温特、詹姆斯·沃森、乔治·丘奇和弗朗西斯·柯林斯的对话。

7. 作者自己关于白宫典礼的记录；Nicholas Wade, "Genetic Code of Human Life Is Cracked by Scientists," *New York Times*, June 27, 2000。

## 第6章 RNA

1. Mukherjee, *The Gene*, 250.
2. Jennifer Doudna, "Hammering Out the Shape of a Ribozyme," *Structure*, Dec. 15, 1994.
3. Jennifer Doudna and Thomas Cech, "The Chemical Repertoire of Natural Ribozymes," *Nature*, July 11, 2002.
4. 作者对杰克·绍斯塔克和珍妮弗·杜德纳的访谈；Jennifer Doudna, "Towards the Design of an RNA Replicase," PhD thesis, Harvard University, May 1989。
5. 作者对杰克·绍斯塔克和珍妮弗·杜德纳的访谈。
6. Jeremy Murray and Jennifer Doudna, "Creative Catalysis," *Trends in Biochemical Sciences*, Dec. 2001; Tom Cech, "The RNA Worlds in Context," *Cold Spring Harbor Perspectives in Biology*, July 2012; Francis Crick, "The Origin of the Genetic Code," *Journal of Molecular Biology*, Dec. 28, 1968; Carl Woese, *The Genetic Code* (Harper & Row, 1967), 186; Walter Gilbert, "The RNA World," *Nature*, Feb. 20, 1986.
7. Jack Szostak, "Enzymatic Activity of the Conserved Core of a Group I Self-Splicing Intron," *Nature*, July 3, 1986.
8. 作者对理查德·利夫顿、珍妮弗·杜德纳和杰克·绍斯塔克的访谈；2018年10月2日，绿色卫士奖（Greengard Prize）对珍妮弗·杜德纳的介绍；Jennifer Doudna and Jack Szostak, "RNA-Catalysed Synthesis of Complementary-Strand RNA," *Nature*, June 15, 1989; J. Doudna, S. Couture, and J. Szostak, "A Multisubunit Ribozyme That Is a Catalyst of and Template for Complementary Strand RNA Synthesis," *Science*, Mar. 29, 1991; J. Doudna, N. Usman, and J. Szostak, "Ribozyme-Catalyzed Primer Extension by Trinucleotides," *Biochemistry*, Mar. 2, 1993。
9. Jayaraj Rajagopal, Jennifer Doudna, and Jack Szostak, "Stereochemical Course of Catalysis by the Tetrahymena Ribozyme," *Science*, May 12, 1989; Doudna and Szostak, "RNA-Catalysed Synthesis of Complementary-Strand RNA"; J. Doudna, B. P. Cormack, and J. Szostak, "RNA Structure, Not Sequence, Determines the 5' Splice-Site Specificity of a Group I Intron," *PNAS*, Oct. 1989; J. Doudna and J. Szostak, "Miniribozymes, Small Derivatives of the sunY Intron, Are Catalytically Active," *Molecular and Cell Biology*, Dec. 1989.
10. 作者对杰克·绍斯塔克的访谈。
11. 作者对詹姆斯·沃森的访谈；James Watson et al., "Evolution of Catalytic Function," Cold Spring Harbor Symposium, vol. 52, 1987。
12. 作者对珍妮弗·杜德纳和詹姆斯·沃森的访谈；Jennifer Doudna . . . Jack Szostak, et al., "Genetic Dissection of an RNA Enzyme," Cold Spring Harbor Symposium, 1987, p. 173。

## 第7章 螺旋与折叠

1. 作者对杰克·绍斯塔克和珍妮弗·杜德纳的访谈。
2. Pollack, "Jennifer Doudna."
3. 作者对丽萨·特威格-史密斯的访谈。
4. Jamie Cate . . . Thomas Cech, Jennifer Doudna, et al., "Crystal Structure of a Group I Ribozyme Domain: Principles of RNA Packing," *Science*, Sept. 20, 1996. 科罗拉多大学博尔德分校所做研究的重要的第一步，参见：Jennifer Doudna and Thomas Cech, "Self-Assembly of a Group I Intron Active Site from Its Component Tertiary Structural Domains," *RNA*, Mar. 1995。
5. NewsChannel 8 report, "High Tech Shower International," YouTube, May 29, 2018, https://www.youtube.com/watch?v=FxPFLbfrpNk&feature=share.

## 第8章 伯克利

1. Cate et al., "Crystal Structure of a Group I Ribozyme Domain."
2. 作者对杰米·凯特和珍妮弗·杜德纳的访谈。
3. Andrew Fire . . . Craig Mello, et al., "Potent and Specific Genetic Interference by Double-Stranded RNA in *Caenorhabditis elegans*," *Nature*, Feb. 19, 1998.

4. 作者对珍妮弗·杜德纳、马丁·吉尼克和罗斯·威尔逊的访谈；Ian MacRae, Kaihong Zhou ... Jennifer Doudna, et al., "Structural Basis for Double-Stranded RNA Processing by Dicer," *Science*, Jan. 13, 2006; Ian MacRae, Kaihong Zhou, and Jennifer Doudna, "Structural Determinants of RNA Recognition and Cleavage by Dicer," *Natural Structural and Molecular Biology*, Oct. 1, 2007; Ross Wilson and Jennifer Doudna, "Molecular Mechanisms of RNA Interference," *Annual Review of Biophysics*, 2013; Martin Jinek and Jennifer Doudna, "A Three-Dimensional View of the Molecular Machinery of RNA Interference," *Nature*, Jan. 22, 2009。
5. Bryan Cullen, "Viruses and RNA Interference: Issues and Controversies," *Journal of Virology*, Nov. 2014.
6. Ross Wilson and Jennifer Doudna, "Molecular Mechanisms of RNA Interference," *Annual Review of Biophysics,* May 2013.
7. Alesia Levanova and Minna Poranen, "RNA Interference as a Prospective Tool for the Control of Human Viral Infections," *Frontiers of Microbiology*, Sept. 11, 2018; Ruth Williams, "Fighting Viruses with RNAi," *The Scientist*, Oct. 10, 2013; Yang Li . . . Shou-Wei Ding, et al., "RNA Interference Functions as an Antiviral Immunity Mechanism in Mammals," *Science*, Oct. 11, 2013; Pierre Maillard . . . Olivier Voinnet, et al., "Antiviral RNA Interference in Mammalian Cells," *Science*, Oct. 11, 2013.

第9章　成簇重复序列

1. Yoshizumi Ishino . . . Atsuo Nakata, et al., "Nucleotide Sequence of the iap Gene, Responsible for Alkaline Phosphatase Isozyme Conversion in *Escherichia coli*," *Journal of Bacteriology*, Aug. 22, 1987; Yoshizumi Ishino et al., "History of CRISPR-Cas from Encounter with a Mysterious Repeated Sequence to Genome Editing Technology," *Journal of Bacteriology*, Jan. 22, 2018; Carl Zimmer, "Breakthrough DNA Editor Born of Bacteria," *Quanta*, Feb. 6, 2015.
2. 作者对弗朗西斯科·莫伊卡的访谈。本部分内容也参考了：Kevin Davies, "Crazy about CRISPR: An Interview with Francisco Mojica," *CRISPR Journal*, Feb. 1, 2018; Heidi Ledford, "Five Big Mysteries about CRISPR's Origins," *Nature*, Jan. 12, 2017; Clara Rodríguez Fernández, "Interview with Francis Mojica, the Spanish Scientist Who Discovered CRISPR," *Labiotech*, Apr. 8, 2019; Veronique Greenwood, "The Unbearable Weirdness of CRISPR," *Nautilus*, Mar. 2017; Francisco Mojica and Lluis Montoliu, "On the Origin of CRISPR-Cas Technology," *Trends in Microbiology*, July 8, 2016; Kevin Davies, *Editing Humanity* (Pegasus Books, 2020)。
3. Francesco Mojica . . . Francisco Rodriguez-Valera, et al., "Long Stretches of Short Tandem Repeats Are Present in the Largest Replicons of the Archaea *Haloferax mediterranei* and *Haloferax volcanii* and Could Be Involved in Replicon Partitioning," *Journal of Molecular Microbiology*, July 1995.
4. 2001年11月21日吕德·詹森发给弗朗西斯科·莫伊卡的电子邮件。
5. Ruud Jansen . . . Leo Schouls, et al., "Identification of Genes That Are Associated with DNA Repeats in Prokaryotes," *Molecular Biology*, Apr. 25, 2002.
6. 作者对弗朗西斯科·莫伊卡的访谈。
7. Sanne Klompe and Samuel Sternberg, "Harnessing 'a Billion Years of Experimentation,'" *CRISPR Journal*, Apr. 1, 2018; Eric Keen, "A Century of Phage Research," *Bioessays*, Jan. 2015; Graham Hatfull and Roger Hendrix, "Bacteriophages and Their Genomes," *Current Opinions in Virology*, Oct. 1, 2011.
8. Rodríguez Fernández, "Interview with Francis Mojica"; Greenwood, "The Unbearable Weirdness of CRISPR."
9. 作者对弗朗西斯科·莫伊卡的访谈；Rodríguez Fernández, "Interview with Francis Mojica"; Davies, "Crazy about CRISPR"。
10. Francisco Mojica . . . Elena Soria, et al., "Intervening Sequences of Regularly Spaced Prokaryotic Repeats Derive from Foreign Genetic Elements," *Journal of Molecular Evolution*, Feb. 2005 (received Feb. 6, 2004; accepted Oct. 1, 2004).
11. Kira Makarova . . . Eugene Koonin, et al., "A Putative RNA-Interference-Based Immune System in Prokaryotes," *Biology Direct*, Mar. 16, 2006.

## 第10章 言论自由运动咖啡馆

1. 作者对吉莉安·班菲尔德和珍妮弗·杜德纳的访谈；Doudna and Sternberg, *A Crack in Creation*, 39; "Deep Surface Biospheres," Banfield Lab page, Berkeley University website。
2. 作者对吉莉安·班菲尔德和珍妮弗·杜德纳的共同访谈。
3. 作者对珍妮弗·杜德纳的访谈。

## 第11章 果断投身

1. 作者对布雷克·威登海夫特和珍妮弗·杜德纳的访谈。
2. Kathryn Calkins, "Finding Adventure: Blake Wiedenheft's Path to Gene Editing," National Institute of General Medical Sciences, Apr. 11, 2016.
3. Emily Stifler Wolfe, "Insatiable Curiosity: Blake Wiedenheft Is at the Forefront of CRISPR Research," *Montana State University News*, June 6, 2017.
4. Blake Wiedenheft . . . Mark Young, and Trevor Douglas, "An Archaeal Antioxidant: Characterization of a Dps-Like Protein from *Sulfolobus solfataricus*," *PNAS*, July 26, 2005.
5. 作者对布雷克·威登海夫特的访谈。
6. 作者对布雷克·威登海夫特的访谈。
7. 作者对马丁·吉尼克和珍妮弗·杜德纳的访谈。
8. Kevin Davies, "Interview with Martin Jinek," *CRISPR Journal*, Apr. 2020.
9. 作者对马丁·吉尼克的访谈。
10. Jinek and Doudna, "A Three-Dimensional View of the Molecular Machinery of RNA Interference"; Martin Jinek, Scott Coyle, and Jennifer A. Doudna, "Coupled 5' Nucleotide Recognition and Processivity in Xrn1-Mediated mRNA Decay," *Molecular Cell*, Mar. 4, 2011.
11. 作者对布雷克·威登海夫特、马丁·吉尼克、雷切尔·赫尔维茨和珍妮弗·杜德纳的访谈。
12. 作者对布雷克·威登海夫特和珍妮弗·杜德纳的访谈；Blake Wiedenheft, Kaihong Zhou, Martin Jinek . . . Jennifer Doudna, et al., "Structural Basis for DNase Activity of a Conserved Protein Implicated in CRISPR-Mediated Genome Defense," *Structure*, June 10, 2009。
13. Jinek and Doudna, "A Three-Dimensional View of the Molecular Machinery of RNA Interference."
14. 作者对马丁·吉尼克、布雷克·威登海夫特和珍妮弗·杜德纳的访谈。
15. Wiedenheft et al., "Structural Basis for DNase Activity of a Conserved Protein."

## 第12章 科学是创新之母

1. Vannevar Bush, "Science, the Endless Frontier," Office of Scientific Research and Development, July 25, 1945.
2. Matt Ridley, *How Innovation Works* (Harper Collins, 2020), 282.
3. 作者对鲁道夫·巴兰古的访谈。
4. Rodolphe Barrangou and Philippe Horvath, "A Decade of Discovery: CRISPR Functions and Applications," *Nature Microbiology,* June 5, 2017; Prashant Nair, "Interview with Rodolphe Barrangou," *PNAS*, July 11, 2017; 作者对鲁道夫·巴兰古的访谈。
5. 作者对鲁道夫·巴兰古的访谈。
6. Rodolphe Barrangou . . . Sylvain Moineau . . . Philippe Horvath, et al., "CRISPR Provides Acquired Resistance against Viruses in Prokaryotes," *Science*, Mar. 23, 2007 (submitted Nov. 29, 2006; accepted Feb. 16, 2007).
7. 作者对西尔万·莫伊诺、吉莉安·班菲尔德和鲁道夫·巴兰古的访谈。2008—2012会议议程由班菲尔德提供。
8. 作者对卢西亚诺·马拉菲尼的访谈。
9. 作者对埃里克·松特海姆的访谈。
10. 作者对埃里克·松特海姆和卢西亚诺·马拉菲尼的访谈；Luciano Marraffini and Erik Sontheimer, "CRISPR Interference Limits Horizontal Gene Transfer in Staphylococci by Targeting DNA," *Science*, Dec. 19, 2008; Erik Sontheimer and Luciano Marraffini, "Target DNA Interference

with crRNA," U.S. Provisional Patent Application 61/009,317, Sept. 23, 2008; Erik Sontheimer, letter of intent, National Institutes of Health, Dec. 29, 2008。
11. Doudna and Sternberg, *A Crack in Creation*, 62.

## 第13章 从基础科学到应用科学

1. 作者对吉莉安·班菲尔德和珍妮弗·杜德纳的访谈。
2. Eugene Russo, "The Birth of Biotechnology," *Nature*, Jan. 23, 2003; Mukherjee, *The Gene,* 230.
3. Rajendra Bera, "The Story of the Cohen-Boyer Patents," *Current Science*, Mar. 25, 2009; US Patent 4,237,224 "Process for Producing Biologically Functional Molecular Chimeras," Stanley Cohen and Herbert Boyer, filed Nov. 4, 1974; Mukherjee, *The Gene*, 237.
4. Mukherjee, *The Gene*, 238.
5. Frederic Golden, "Shaping Life in the Lab," *Time*, Mar. 9, 1981; Laura Fraser, "Cloning Insulin," Genentech corporate history; *San Francisco Examiner* front page, Oct. 14, 1980.
6. 作者对雷切尔·赫尔维茨的访谈。
7. 作者对珍妮弗·杜德纳的访谈。

## 第14章 杜德纳实验室

1. 作者对雷切尔·赫尔维茨、布雷克·威登海夫特和珍妮弗·杜德纳的访谈。
2. 作者对雷切尔·赫尔维茨的访谈。
3. Rachel Haurwitz, Martin Jinek, Blake Wiedenheft, Kaihong Zhou, and Jennifer Doudna, "Sequence- and Structure-Specific RNA Processing by a CRISPR Endonuclease," *Science*, Sept. 10, 2010.
4. Samuel Sternberg . . . Ruben L. Gonzalez Jr., et al., "Translation Factors Direct Intrinsic Ribosome Dynamics during Translation Termination and Ribosome Recycling," *Nature Structural and Molecular Biology*, July 13, 2009.
5. 作者对山姆·斯腾伯格的访谈。
6. 作者对山姆·斯腾伯格和珍妮弗·杜德纳的访谈。
7. 作者对山姆·斯腾伯格和珍妮弗·杜德纳的访谈。Sam Sternberg, "Mechanism and Engineering of CRISPR-Associated Endonucleases," PhD thesis, University of California, Berkeley, 2014.
8. Samuel Sternberg, . . . and Jennifer Doudna, "DNA Interrogation by the CRISPR RNA-Guided Endonuclease Cas9," *Nature*, Jan. 29, 2014; Sy Redding, Sam Sternberg . . . Blake Wiedenheft, Jennifer Doudna, Eric Greene, et al., "Surveillance and Processing of Foreign DNA by the *Escherichia coli* CRISPR-Cas System," *Cell*, Nov. 5, 2015.
9. Blake Wiedenheft, Samuel H. Sternberg, and Jennifer A. Doudna, "RNA-Guided Genetic Silencing Systems in Bacteria and Archaea," *Nature*, Feb. 14, 2012.
10. 作者对山姆·斯腾伯格的访谈。
11. 作者对罗斯·威尔逊和马丁·吉尼克的访谈。
12. Marc Lerchenmueller, Olav Sorenson, and Anupam Jena, "Gender Differences in How Scientists Present the Importance of Their Research," *BMJ*, Dec. 19, 2019; Olga Khazan, "Carry Yourself with the Confidence of a Male Scientist," *Atlantic*, Dec. 17, 2019.
13. 作者对布雷克·威登海夫特和珍妮弗·杜德纳的访谈。Blake Wiedenheft, Gabriel C. Lander, Kaihong Zhou, Matthijs M. Jore, Stan J. J. Brouns, John van der Oost, Jennifer A. Doudna, and Eva Nogales, "Structures of the RNA-Guided Surveillance Complex from a Bacterial Immune System," *Nature,* Sept. 21, 2011 (received May 7, 2011; accepted July 27, 2011).

## 第15章 卡利布

1. 作者对珍妮弗·杜德纳和雷切尔·赫尔维茨的访谈。
2. Gary Pisano, "Can Science Be a Business?," *Harvard Business Review*, Oct. 2006; Saurabh Bhatia, "History, Scope and Development of Biotechnology," *IPO Science*, May 2018.
3. 作者对雷切尔·赫尔维茨和珍妮弗·杜德纳的访谈。
4. Bush, "Science, the Endless Frontier."

5. "Sparking Economic Growth," The Science Coalition, April 2017.
6. "Kit for Global RNP Profiling," NIH award 1R43GM105087-01, for Rachel Haurwitz and Caribou Biosciences, Apr. 15, 2013.
7. 作者对珍妮弗·杜德纳和雷切尔·赫尔维茨的访谈；Robert Sanders, "Gates Foundation Awards $100,000 Grants for Novel Global Health Research," *Berkeley News*, May 10, 2010。

## 第16章 埃玛纽埃勒·沙尔庞捷

1. 作者对埃玛纽埃勒·沙尔庞捷的访谈。本章节也参考了：Uta Deffke, "An Artist in Gene Editing," *Max Planck Research Magazine*, Jan. 2016; "Interview with Emmanuelle Charpentier," *FEMS Microbiology Letters*, Feb. 1, 2018; Alison Abbott, "A CRISPR Vision," *Nature*, Apr. 28, 2016; Kevin Davies, "Finding Her Niche: An Interview with Emmanuelle Charpentier," *CRISPR Journal*, Feb. 21, 2019; Margaret Knox, "The Gene Genie," *Scientific American*, Dec. 2014; Jennifer Doudna, "Why Genome Editing Will Change Our Lives," *Financial Times*, Mar. 24, 2018; Martin Jinek, Krzysztof Chylinski, Ines Fonfara, Michael Hauer, Jennifer Doudna, and Emmanuelle Charpentier, "A Programmable Dual-RNA–Guided DNA Endonuclease in Adaptive Bacterial Immunity," *Science*, Aug. 17, 2012。
2. 作者对埃玛纽埃勒·沙尔庞捷的访谈。
3. 作者对罗杰·诺瓦克和埃玛纽埃勒·沙尔庞捷的访谈；Rodger Novak, Emmanuelle Charpentier, Johann S. Braun, and Elaine Tuomanen, "Signal Transduction by a Death Signal Peptide Uncovering the Mechanism of Bacterial Killing by Penicillin," *Molecular Cell*, Jan. 1, 2000.
4. Emmanuelle Charpentier . . . Pamela Cowin, et al., "Plakoglobin Suppresses Epithelial Proliferation and Hair Growth in Vivo," *Journal of Cell Biology*, May 2000; Monika Mangold . . . Rodger Novak, Richard Novick, Emmanuelle Charpentier, et al., "Synthesis of Group A Streptococcal Virulence Factors Is Controlled by a Regulatory RNA Molecule," *Molecular Biology*, Aug. 3, 2004; Davies, "Finding Her Niche"; Philip Hemme, "Fireside Chat with Rodger Novak," *Refresh Berlin*, May 24, 2016, Labiotech.eu.
5. 作者对埃玛纽埃勒·沙尔庞捷的访谈。
6. Elitza Deltcheva, Krzysztof Chylinski . . . Emmanuelle Charpentier, et al., "CRISPR RNA Maturation by Trans-encoded Small RNA and Host Factor RNase III," *Nature*, Mar. 31, 2011.
7. 作者对埃玛纽埃勒·沙尔庞捷、珍妮弗·杜德纳和埃里克·松特海姆的访谈；Doudna and Sternberg, *A Crack in Creation*, 71–73。
8. 作者对马丁·吉尼克和珍妮弗·杜德纳的访谈，也参考了凯文·戴维斯于2020年4月在《CRISPR期刊》发布的对马丁·吉尼克的访谈。

## 第17章 CRISPR-Cas9

1. 作者对马丁·吉尼克、珍妮弗·杜德纳和埃玛纽埃勒·沙尔庞捷的访谈。
2. Richard Asher, "An Interview with Krzysztof Chylinski," *Pioneers Zero21*, Oct. 2018.
3. 作者对珍妮弗·杜德纳、埃玛纽埃勒·沙尔庞捷、马丁·吉尼克和罗斯·威尔逊的访谈。
4. 作者对珍妮弗·杜德纳和马丁·吉尼克的访谈。
5. 作者对珍妮弗·杜德纳、马丁·吉尼克、山姆·斯腾伯格、雷切尔·赫尔维茨和罗斯·威尔逊的访谈。

## 第18章 2012年《科学》杂志

1. 作者对珍妮弗·杜德纳、埃玛纽埃勒·沙尔庞捷和马丁·吉尼克的访谈。
2. Jinek et al., "A Programmable Dual-RNA–Guided DNA Endonuclease in Adaptive Bacterial Immunity."
3. 作者对埃玛纽埃勒·沙尔庞捷的访谈。
4. 作者对埃玛纽埃勒·沙尔庞捷、珍妮弗·杜德纳、马丁·吉尼克和山姆·斯腾伯格的访谈。

第19章 报告决斗

1. 作者对维吉尼亚斯·斯克斯尼斯的访谈。
2. Giedrius Gasiunas, Rodolphe Barrangou, Philippe Horvath, and Virginijus Šikšnys, "Cas9–crRNA Ribonucleoprotein Complex Mediates Specific DNA Cleavage for Adaptive Immunity in Bacteria," *PNAS*, Sept. 25, 2012 (received May 21, 2012; approved Aug. 1; published online Sept. 4).
3. 作者对鲁道夫·巴兰古的访谈。
4. 作者对埃里克·兰德尔的访谈。
5. 作者对埃里克·兰德尔和珍妮弗·杜德纳的访谈。
6. 作者对鲁道夫·巴兰古的访谈。
7. Virginijus Šikšnys et al., "RNA-Directed Cleavage by the Cas9-crRNA Complex," international patent application WO 2013/142578 Al, priority date Mar. 20, 2012, official filing Mar. 20, 2013, publication Sept. 26, 2013.
8. 作者对维吉尼亚斯·斯克斯尼斯、珍妮弗·杜德纳、山姆·斯腾伯格、埃玛纽埃勒·沙尔庞捷和马丁·吉尼克的访谈。
9. 作者对山姆·斯腾伯格、鲁道夫·巴兰古、埃里克·松特海姆、维吉尼亚斯·斯克斯尼斯、珍妮弗·杜德纳、马丁·吉尼克和埃玛纽埃勒·沙尔庞捷的访谈。

第20章 人类工具

1. Srinivasan Chandrasegaran and Dana Carroll, "Origins of Programmable Nucleases for Genome Engineering," *Journal of Molecular Biology,* Feb. 27, 2016.

第21章 生命科学的竞赛

1. 作者对珍妮弗·杜德纳的访谈；Doudna and Sternberg, *A Crack in Creation*, 242。
2. Ferric C. Fang and Arturo Casadevall, "Is Competition Ruining Science?," *American Society for Microbiology*, Apr. 2015; Melissa Anderson . . . Brian Martinson, et al., "The Perverse Effects of Competition on Scientists' Work and Relationships," *Science Engineering Ethics*, Dec. 2007; Matt Ridley, "Two Cheers for Scientific Backbiting," *Wall Street Journal*, July 27, 2012.
3. 作者对埃玛纽埃勒·沙尔庞捷的访谈。

第22章 张锋

1. 作者对张锋的访谈。该部分内容也参考了2017年3月31日埃里克·托波尔（Eric Topol）通过Medscape播客对张锋的访谈；Michael Specter, "The Gene Hackers," *New Yorker*, Nov. 8, 2015; Sharon Begley, "Meet One of the World's Most Groundbreaking Scientists," *Stat*, Nov. 6, 2015。
2. Galen Johnson, "Gifted and Talented Education Grades K–12 Program Evaluation," Des Moines Public Schools, September 1996.
3. Edward Boyden, Feng Zhang, Ernst Bamberg, Georg Nagel, and Karl Deisseroth, "Millisecond-Timescale, Genetically Targeted Optical Control of Neural Activity," *Nature Neuroscience*, Aug. 14, 2005; Alexander Aravanis, Li-Ping Wang, Feng Zhang . . . and Karl Deisseroth, "An Optical Neural Interface: In vivo Control of Rodent Motor Cortex with Integrated Fiberoptic and Optogenetic Technology," *Journal of Neural Engineering*, Sept. 2007.
4. Feng Zhang, Le Cong, Simona Lodato, Sriram Kosuri, George M. Church, and Paola Arlotta, "Efficient Construction of Sequence-Specific TAL Effectors for Modulating Mammalian Transcription," *Nature Biotechnology*, Jan. 19, 2011.

第23章 乔治·丘奇

1. 该部分内容基于作者对乔治·丘奇的访谈和拜访经历，也参考了：Ben Mezrich, *Woolly* (Atria, 2017); Anna Azvolinsky, "Curious George," *The Scientist*, Oct. 1, 2016; Sharon Begley, "George Church Has a Wild Idea to Upend Evolution," *Stat*, May 16, 2016; Prashant Nair, "George Church," *PNAS*, July 24, 2012; Jeneen Interlandi, "The Church of George Church," *Popular Science*, May 27, 2015。

2. Mezrich, *Woolly*, 43.
3. George Church Oral History, National Human Genome Research Institute, July 26, 2017.
4. Nicholas Wade, "Regenerating a Mammoth for $10 Million," *New York Times*, Nov. 19, 2008; Nicholas Wade, "The Wooly Mammoth's Last Stand," *New York Times*, Mar. 2, 2017; Mezrich, *Woolly*.
5. 作者对乔治·丘奇和珍妮弗·杜德纳的访谈。

## 第24章 张锋破解CRISPR

1. Josiane Garneau . . . Rodolphe Barrangou . . . Philippe Horvath, Alfonso H. Magadán, and Sylvain Moineau, "The CRISPR/Cas Bacterial Immune System Cleaves Bacteriophage and Plasmid DNA," *Nature,* Nov. 3, 2010.
2. Davies, *Editing Humanity*, 80; 作者对丛乐的访谈。
3. 作者对埃里克·兰德尔和张锋的访谈；Begley, "George Church Has a Wild Idea . . ."; Michael Specter, "The Gene Hackers," *New Yorker*, Nov. 8, 2015; Davies, *Editing Humanity*, 82。
4. Feng Zhang, "Confidential Memorandum of Invention," Feb. 13, 2013.
5. David Altshuler, Chad Cowan, Feng Zhang, et al., Grant application 1R01DK097758-01, "Isogenic Human Pluripotent Stem Cell-Based Models of Human Disease Mutations," National Institutes of Health, Jan. 12, 2012.
6. Broad Opposition 3; UC reply 3.
7. 作者对卢西亚诺·马拉菲尼和埃里克·松特海姆的访谈；Marraffini and Sontheimer, "CRISPR Interference Limits Horizontal Gene Transfer in Staphylococci by Targeting DNA"; Sontheimer and Marraffini, "Target DNA Interference with crRNA," U.S. Provisional Patent Application; Kevin Davies, "Interview with Luciano Marraffini," *CRISPR Journal*, Feb. 2020。
8. 作者对卢西亚诺·马拉菲尼和张锋的访谈；张锋于2012年1月2日向马拉菲尼发送的电子邮件（由马拉菲尼提供）。
9. 马拉菲尼于2012年1月11日向张锋发送的电子邮件。
10. Eric Lander, "The Heroes of CRISPR," *Cell*, Jan. 14, 2016.
11. 作者对张锋的访谈。
12. Feng Zhang, "Declaration in Connection with U.S. Patent Application Serial 14/0054,414," USPTO, Jan. 30, 2014.
13. Shuailiang Lin, "Summary of CRISPR Work during Oct. 2011–June 2012," Exhibit 14 to Neville Sanjana Declaration, July 23, 2015, UC et al. Reply 3, exhibit 1614, in *Broad v. UC*, Patent Interference 106,048.
14. 林帅亮于2015年2月28日向珍妮弗·杜德纳发送的电子邮件。
15. Antonio Regalado, "In CRISPR Fight, Co-Inventor Says Broad Institute Misled Patent Office," *MIT Technology Review*, Aug. 17, 2016.
16. 作者对达纳·卡罗尔的访谈；Dana Carroll, "Declaration in Support of Suggestion of Interference," University of California Exhibit 1476, Interference No. 106,048, Apr. 10, 2015。
17. Carroll, "Declaration"; Berkeley et al., "List of Intended Motions," Patent Interference No. 106,115, USPTO, July 30, 2019.
18. 作者对珍妮弗·杜德纳和张锋的访谈；Broad et al., "Contingent Responsive Motion 6" and "Constructive Reduction to Practice by Embodiment 17," USPTO, Patent Interference 106,048, June 22, 2016。
19. 作者对张锋和卢西亚诺·马拉菲尼的访谈。也参考了：Davies, "Interview with Luciano Marraffini"。

## 第25章 杜德纳加入竞赛

1. 作者对马丁·吉尼克和珍妮弗·杜德纳的访谈。
2. Melissa Pandika, "Jennifer Doudna, CRISPR Code Killer," *Ozy*, Jan. 7, 2014.
3. 作者对珍妮弗·杜德纳和马丁·吉尼克的访谈。

## 第26章 毫厘之差

1. 作者对张锋的访谈；Fei Ann Ran, "CRISPR-Cas9," *NABC Report* 26, ed. Alan Eaglesham and Ralph Hardy, Oct. 8, 2014。
2. Le Cong, Fei Ann Ran, David Cox, Shuailiang Lin . . . Luciano Marraffini, and Feng Zhang, "Multiplex Genome Engineering Using CRISPR/Cas Systems," *Science*, Feb. 15, 2013 (received Oct. 5, 2012; accepted Dec. 12; published online Jan. 3, 2013).
3. 作者对乔治·丘奇、埃里克·兰德尔和张锋的访谈。
4. 作者通过邮件对丛乐的访谈。
5. 作者对乔治·丘奇的访谈。
6. Prashant Mali . . . George Church, et al., "RNA-Guided Human Genome Engineering via Cas9," *Science*, Feb. 15, 2013 (received Oct. 26, 2012; accepted Dec. 12, 2012; published online Jan. 3, 2013).

## 第27章 杜德纳的最后冲刺

1. Pandika, "Jennifer Doudna, CRISPR Code Killer."
2. 作者对珍妮弗·杜德纳和马丁·吉尼克的访谈。
3. Michael M. Cox, Jennifer Doudna, and Michael O'Donnell, *Molecular Biology: Principles and Practice* (W. H. Freeman, 2011). 第一版售价为195美元。
4. 马克斯·普朗克研究所发育生物学部门的德特勒夫·韦格尔（Detlef Weigel）。
5. 作者对埃玛纽埃勒·沙尔庞捷和珍妮弗·杜德纳的访谈。
6. Detlef Weigel decision letter and Jennifer Doudna author response, *eLife*, Jan. 29, 2013.
7. Martin Jinek, Alexandra East, Aaron Cheng, Steven Lin, Enbo Ma, and Jennifer Doudna, "RNA-Programmed Genome Editing in Human Cells," *eLife*, Jan. 29, 2013 (received Dec. 15, 2012; accepted Jan. 3, 2013).
8. Jin-Soo Kim email to Jennifer Doudna, July 16, 2012; Seung Woo Cho, Sojung Kim, Jong Min Kim, and Jin-Soo Kim, "Targeted Genome Engineering in Human Cells with the Cas9 RNA-Guided Endonuclease," *Nature Biotechnology*, Mar. 2013 (received Nov. 20, 2012; accepted Jan. 14, 2013; published online Jan. 29, 2013).
9. Woong Y. Hwang . . . Keith Joung, et al., "Efficient Genome Editing in Zebrafish Using a CRISPR-Cas System," *Nature Biotechnology*, Jan. 29, 2013.

## 第28章 组建公司

1. 作者对安迪·梅、珍妮弗·杜德纳和雷切尔·赫尔维茨的访谈。
2. George Church interview, "Can Neanderthals Be Brought Back from the Dead?," *Spiegel*, Jan. 18, 2013; David Wagner, "How the Viral Neanderthal-Baby Story Turned Real Science into Junk Journalism," *The Atlantic*, Jan. 22, 2013.
3. 作者对罗杰·诺瓦克的访谈；Hemme, "Fireside Chat with Rodger Novak"; Jon Cohen, "Birth of CRISPR Inc.," *Science*, Feb. 17, 2017; 作者对埃玛纽埃勒·沙尔庞捷的访谈。
4. 作者对珍妮弗·杜德纳、乔治·丘奇和埃玛纽埃勒·沙尔庞捷的访谈。
5. 作者对罗杰·诺瓦克和埃玛纽埃勒·沙尔庞捷的访谈。
6. 作者对安迪·梅的访谈。
7. Hemme, "Fireside Chat with Rodger Novak."
8. 作者对珍妮弗·杜德纳的访谈。
9. Editas Medicine, SEC 10-K filing 2016 and 2019; John Carroll, "Biotech Pioneer in 'Gene Editing' Launches with $43M in VC Cash," *FierceBiotech*, Nov. 25, 2013.
10. 作者对珍妮弗·杜德纳、雷切尔·赫尔维茨、埃里克·松特海姆和卢西亚诺·马拉菲尼的访谈。

## 第29章 我的法国朋友

1. 作者对珍妮弗·杜德纳、埃玛纽埃勒·沙尔庞捷和马丁·吉尼克的访谈；Martin Jinek . . . Samuel Sternberg . . . Kaihong Zhou . . . Emmanuelle Charpentier, Eva Nogales, Jennifer A.

Doudna, et al., "Structures of Cas9 Endonucleases Reveal RNA-Mediated Conformational Activation," *Science*, Mar. 14, 2014。
2. Jennifer Doudna and Emmanuelle Charpentier, "The New Frontier of Genome Engineering with CRISPR-Cas9," *Science*, Nov. 28, 2014.
3. 作者对珍妮弗・杜德纳和埃玛纽埃勒・沙尔庞捷的访谈。
4. Hemme, "Fireside Chat with Rodger Novak"; 作者对罗杰・诺瓦克的访谈。
5. 作者对鲁道夫・巴兰古的访谈。
6. Davies, *Editing Humanity*, 96.
7. 作者对珍妮弗・杜德纳的访谈；"CRISPR Timeline," Broad Institute website, broadinstitute.org。
8. 作者对埃里克・兰德尔的访谈；2015年3月19日突破奖颁奖典礼。
9. 作者对珍妮弗・杜德纳和乔治・丘奇的访谈；2016年10月27日盖尔德纳奖颁奖典礼。

## 第30章 CRISPR英雄

1. 作者对埃里克・兰德尔和埃玛纽埃勒・沙尔庞捷的访谈。
2. Lander, "The Heroes of CRISPR."
3. Michael Eisen, "The Villain of CRISPR," *It Is Not Junk*, Jan. 25, 2016.
4. "Heroes of CRISPR," eighty-four comments, PubPeer, https://pubpeer.com/publications/D400145518C0A557E9A79F7BB20294; Sharon Begley, "Controversial CRISPR History Set Off an Online Firestorm," *Stat*, Jan. 19, 2016.
5. Nathaniel Comfort, "A Whig History of CRISPR," *Genotopia*, Jan. 18, 2016; @nccomfort, "I made a hashtag that became a thing! #Landergate," Twitter, Jan. 27, 2016.
6. Antonio Regalado, "A Scientist's Contested History of CRISPR," *MIT Technology Review*, Jan. 19, 2016.
7. Ruth Reader, "These Women Helped Create CRISPR Gene Editing. So Why Are They Written Out of Its History?," *Mic*, Jan. 22, 2016; Joanna Rothkopf, "How One Man Tried to Write Women Out of CRISPR, the Biggest Biotech Innovation in Decades," *Jezebel*, Jan. 20, 2016.
8. Stephen Hall, "The Embarrassing, Destructive Fight over Biotech's Big Breakthrough," *Scientific American*, Feb. 4, 2016.
9. Tracy Vence, "'Heroes of CRISPR' Disputed," *The Scientist*, Jan. 19, 2016.
10. 作者对杰克・绍斯塔克的访谈。
11. 埃里克・兰德尔于2016年1月28日向布洛德研究所员工发送的电子邮件。
12. Joel Achenbach, "Eric Lander Talks CRISPR and the Infamous Nobel 'Rule of Three,'" *Washington Post*, Apr. 21, 2016.

## 第31章 专利

1. *Diamond v. Chakrabarty*, 447 U.S. 303, U.S. Supreme Court, 1980; Douglas Robinson and Nina Medlock, "*Diamond v. Chakrabarty*: A Retrospective on 25 Years of Biotech Patents," *Intellectual Property & Technology Law Journal*, Oct. 2005.
2. Michael Eisen, "Patents Are Destroying the Soul of Academic Science," *it is NOT junk* (blog), Feb. 20, 2017. 亦可参见Alfred Engelberg, "Taxpayers Are Entitled to Reasonable Prices on Federally Funded Drug Discoveries," *Modern Healthcare*, July 18, 2018。
3. 作者对埃尔朵拉・埃利森的访谈。
4. Martin Jinek, Jennifer Doudna, Emmanuelle Charpentier, and Krzysztof Chylinski, U.S. Patent Application 61/652,086, "Methods and Compositions, for RNA-Directed Site-Specific DNA Modification," filed May 25, 2012; Jacob Sherkow, "Patent Protection for CRISPR," *Journal of Law and the Biosciences*, Dec. 7, 2017.
5. "CRISPR-Cas Systems and Methods for Altering Expressions of Gene Products," provisional application No. 61/736,527, filed on Dec. 12, 2012, which in 2014 resulted in U.S. Patent No. 8,697,359. 这一申请经过修改后，发明者包括卢西亚诺・马拉菲尼、张锋、丛乐和林帅亮。
6. 通过美国专利及商标局可找到的张锋、布洛德研究所的主要专利申请和相关文件，美国临时专利申请号：61/736527。杜德纳/沙尔庞捷/伯克利相关文件隶属61/652086号专利申请。纽约法学院的雅各布·谢科的相关研究工作对专利问题发挥了良好导向作用，包括："Law, History and Lessons in the CRISPR Patent Conflict," *Nature Biotechnology*, Mar. 2015; "Patents in the Time of CRISPR," *Biochemist*, June 2016; "Inventive Steps: The CRISPR Patent Dispute and Scientific Progress," *EMBO Reports*, May 23, 2017; "Patent Protection for CRISPR"。

7. 作者对乔治·丘奇、珍妮弗·杜德纳、埃里克·兰德尔和张锋的访谈。
8. "CRISPR-Cas Systems and Methods for Altering Expressions of Gene Products," provisional application No. 61/736,527.
9. 作者对卢西亚诺·马拉菲尼的访谈。
10. 作者对张锋和埃里克·兰德尔的访谈；Lander, "Heroes of CRISPR"。
11. 美国专利号8697359。
12. 作者对安迪·梅和珍妮弗·杜德纳的访谈。
13. 美国2012/61652086P号临时专利申请和杜德纳等人公开的美国2014/0068797A1号专利申请；美国2012/61736527P号临时专利申请（2012年12月12日）及张锋等人获批的美国8697359B1号专利（2014年4月15日）。
14. "Suggestion of Interference" and "Declaration of Dana Carroll, PhD, in Support of Suggestion of Interference," in re Patent Application of Jennifer Doudna et al., serial no. 2013/842859, U.S. Patent and Trademark Office, Apr. 10 and 13, 2015; Mark Summerfield, "CRISPR—Will This Be the Last Great US Patent Interference?," *Patentology*, July 11, 2015; Jacob Sherkow, "The CRISPR Patent Interference Showdown Is On," Stanford Law School blog, Dec. 29, 2015; Antonio Regalado, "CRISPR Patent Fight Now a Winner-Take-All Match," *MIT Technology Review*, Apr. 15, 2015.
15. Feng Zhang, "Declaration," in re Patent Application of Feng Zhang, Serial no. 2014/054,414, Jan. 30, 2014, provided privately to the author.
16. *In re Dow Chemical Co.*, 837 F.2d 469, 473 (Fed. Cir. 1988).
17 Jacob Sherkow, "Inventive Steps: The CRISPR Patent Dispute and Scientific Progress," *EMBO Reports*, May 23, 2017; Broad et al. contingent responsive motion 6 for benefit of Broad et al. Application 61/736,527, USPTO, June 22, 2016; University of California et al., Opposition motion 2, Patent Interference case 106,048, USPTO, Aug. 15, 2016 (Opposing Broad's Allegations of No Interference-in-Fact).
18. Alessandra Potenza, "Who Owns CRISPR?," *The Verge*, Dec. 6, 2016; Jacob Sherkow, "Biotech Trial of the Century Could Determine Who Owns CRISPR," *MIT Technology Review*, Dec. 7, 2016; Sharon Begley, "CRISPR Court Hearing Puts University of California on the Defensive," *Stat*, Dec. 6, 2016.
19. 美国专利审判和专利委员会上口头争论的记录，2016年12月6日，专利干预案106048号，美国专利商标局。
20. Jennifer Doudna interview, *Catalyst*, UC Berkeley College of Chemistry, July 10, 2014.
21. 伯克利4号实质性动议，专利干预案106048，美国联邦巡回上诉法院，2016年5月23日。亦可参考布洛德研究所2、3、5号实质性动议。
22. 美国专利审判上诉委员会对动议的裁决，专利干预案106048，2017年2月15日。
23. Judge Kimberly Moore, decision, Patent Interference Case 106,048, United States Court of Appeals for the Federal Circuit, Sept. 10, 2018.
24. 作者对埃尔朵拉·埃利森的访谈。
25. Patent Interference No. 106,115, Patent Trial and Appeal Board, June 24, 2019.
26. Oral argument, Patent Interference No. 106,115, Patent Trial and Appeal Board, May 18, 2020.
27. "Methods and Compositions for RNA-Directed Target DNA Modification," European Patent Office, patent EP2800811, granted Apr. 7, 2017; Jef Akst, "UC Berkeley Receives CRISPR Patent in Europe," *The Scientist*, Mar. 24, 2017; Sherkow, "Inventive Steps."
28. 作者对卢西亚诺·马拉菲尼的访谈；"Engineering of Systems, Methods, and Optimized Guide Compositions for Sequence Manipulation," European Patent Office, patent EP2771468; Kelly Servick, "Broad Institute Takes a Hit in European CRISPR Patent Struggle," *Science*, Jan. 18, 2018;

Rory O'Neill, "EPO Revokes Broad's CRISPR Patent," *Life Sciences Intellectual Property Review*, Jan. 16, 2020。
29. 作者对安迪·梅的访谈。

## 第32章 治疗能力

1. Rob Stein, "In a First, Doctors in U.S. Use CRISPR Tool to Treat Patient with Genetic Disorder," *Morning Edition*, NPR, July 29, 2019; Rob Stein, "A Young Mississippi Woman's Journey through a Pioneering Gene-Editing Experiment," *All Things Considered*, NPR, Dec. 25, 2019.
2. "CRISPR Therapeutics and Vertex Announce New Clinical Data," CRISPR Therapeutics, June 12, 2020.
3. Rob Stein, "A Year In, 1st Patient to Get Gene-Editing for Sickle Cell Disease Is Thriving," *Morning Edition*, NPR, June 23, 2020.
4. 作者对埃玛纽埃勒·沙尔庞捷的访谈。
5. 作者对珍妮弗·杜德纳的访谈。
6. "Proposal for an IGI Sickle Cell Initiative," Innovative Genomics Institute, February 2020.
7. Preetika Rana, Amy Dockser Marcus, and Wenxin Fan, "China, Unhampered by Rules, Races Ahead in Gene-Editing Trials," *Wall Street Journal*, Jan. 21, 2018.
8. David Cyranoski, "CRISPR Gene-Editing Tested in a Person for the First Time," *Nature,* Nov. 15, 2016.
9. Jennifer Hamilton and Jennifer Doudna, "Knocking Out Barriers to Engineered Cell Activity," *Science*, Feb. 6, 2020; Edward Stadtmauer . . . Carl June, et al., "CRISPR-Engineered T Cells in Patients with Refractory Cancer," *Science*, Feb. 6, 2020.
10. "CRISPR Diagnostics in Cancer Treatments," Mammoth Biosciences website, June 11, 2019.
11. "Single Ascending Dose Study in Participants with LCA10," ClinicalTrials.gov, Mar. 13, 2019, identifier: NCT03872479; Morgan Maeder . . . and Haiyan Jiang, "Development of a Gene-Editing Approach to Restore Vision Loss in Leber Congenital Amaurosis Type 10," *Nature*, Jan. 21, 2019.
12. Marilynn Marchione, "Doctors Try 1st CRISPR Editing in the Body for Blindness," AP, Mar. 4, 2020.
13. Sharon Begley, "CRISPR Babies' Lab Asked U.S. Scientist for Help to Disable Cholesterol Gene in Human Embryos," *Stat*, Dec. 4, 2018; Anthony King, "A CRISPR Edit for Heart Disease," *Nature*, Mar. 7, 2018.
14. Matthew Porteus, "A New Class of Medicines through DNA Editing," *New England Journal of Medicine*, Mar. 7, 2019; Sharon Begley, "CRISPR Trackr: Latest Advances," *Stat Plus*.

## 第33章 生物黑客

1. Josiah Zayner, "DIY Human CRISPR Myostatin Knock-Out," YouTube, Oct. 6, 2017; Sarah Zhang, "Biohacker Regrets Injecting Himself with CRISPR on Live TV," *The Atlantic*, Feb. 20, 2018; Stephanie Lee, "This Guy Says He's the First Person to Attempt Editing His DNA with CRISPR," *BuzzFeed*, Oct. 14, 2017.
2. Kate McLean and Mario Furloni, "Gut Hack," *New York Times* op-doc, Apr. 11, 2017; Arielle Duhaime-Ross, "A Bitter Pill," *The Verge*, May 4, 2016.
3. "About us," The Odin, https://www.the-odin.com/about-us/; author's interviews with Josiah Zayner.
4. 作者对乔赛亚·扎耶那和凯文·多克斯泽恩的访谈。
5. 作者对乔赛亚·扎耶那的访谈。亦可参考Josiah Zayner, "CRISPR Babies Scientist He Jiankui Should Not Be Villainized," *Stat*, Jan. 2, 2020。

## 第34章 DARPA和抗CRISPR系统

1. Heidi Ledford, "CRISPR, the Disruptor," *Nature*, June 3, 2015. Danilo Maddalo . . . and Andrea Ventura, "In vivo Engineering of Oncogenic Chromosomal Rearrangements with the CRISPR/Cas9 System," *Nature,* Oct. 22, 2014; Sidi Chen, Neville E. Sanjana . . . Feng Zhang, and Phillip A.

Sharp, "Genome-wide CRISPR Screen in a Mouse Model of Tumor Growth and Metastasis," *Cell*, Mar. 12, 2015.
2. James Clapper, "Threat Assessment of the U.S. Intelligence Community," Feb. 9, 2016; Antonio Regalado, "The Search for the Kryptonite That Can Stop CRISPR," *MIT Technology Review*, May 2, 2019; Robert Sanders, "Defense Department Pours $65 Million into Making CRISPR Safer," *Berkeley News*, July 19, 2017.
3. Defense Advanced Research Projects Agency, "Building the Safe Genes Toolkit," July 19, 2017.
4. 作者对珍妮弗·杜德纳的访谈。
5. 作者对乔·邦迪-德诺米的访谈；Joe Bondy-Denomy, April Pawluk . . . Alan R. Davidson, et al., "Bacteriophage Genes That Inactivate the CRISPR/Cas Bacterial Immune System," *Nature*, Jan. 17, 2013; Elie Dolgin, "Kill Switch for CRISPR Could Make Gene Editing Safer," *Nature*, Jan. 15, 2020。
6. Jiyung Shin . . . Joseph Bondy-Denomy, and Jennifer Doudna, "Disabling Cas9 by an Anti-CRISPR DNA Mimic," *Science Advances*, July 12, 2017.
7. Nicole D. Marino . . . and Joseph Bondy-Denomy, "Anti-CRISPR Protein Applications: Natural Brakes for CRISPR-Cas Technologies," *Nature Methods*, Mar. 16, 2020.
8. 作者对费奥多·厄诺夫的访谈；Emily Mullin, "The Defense Department Plans to Build Radiation-Proof CRISPR Soldiers," *One Zero*, Sept. 27, 2019。
9. 作者对珍妮弗·杜德纳和嘉文·诺特的访谈。
10. 作者对乔赛亚·扎耶那的访谈。

第35章　道路规则

1. Robert Sinsheimer, "The Prospect of Designed Genetic Change," *Engineering and Science*, Caltech, Apr. 1969.
2. Bentley Glass, Presidential Address to the AAAS, Dec. 28, 1970, *Science*, Jan. 8, 1971.
3. John Fletcher, *The Ethics of Genetic Control: Ending Reproductive Roulette* (Doubleday, 1974), 158.
4. Paul Ramsey, *Fabricated Man* (Yale, 1970), 138.
5. Ted Howard and Jeremy Rifkin, *Who Should Play God?* (Delacorte, 1977), 14; Dick Thompson, "The Most Hated Man in Science," *Time*, Dec. 4, 1989.
6. Shane Crotty, *Ahead of the Curve* (University of California, 2003), 93; Mukherjee, *The Gene*, 225.
7. Paul Berg et al., "Potential Biohazards of Recombinant DNA Molecules, " *Science*, July 26, 1974.
8. 作者对大卫·巴尔的摩的访谈；Michael Rogers, "The Pandora's Box Conference," *Rolling Stone*, June 19, 1975; Michael Rogers, *Biohazard* (Random House, 1977); Crotty, *Ahead of the Curve*, 104–8; Mukherjee, *The Gene*, 226–30; Donald S. Fredrickson, "Asilomar and Recombinant DNA: The End of the Beginning," in *Biomedical Politics* (National Academies Press, 1991); Richard Hindmarsh and Herbert Gottweis, "Recombinant Regulation: The Asilomar Legacy 30 Years On," *Science as Culture*, Fall 2005; Daniel Gregorowius, Nikola Biller-Andorno, and Anna Deplazes-Zemp, "The Role of Scientific Self-Regulation for the Control of Genome Editing in the Human Germline," *EMBO Reports*, Feb. 20, 2017; Jim Kozubek, *Modern Prometheus* (Cambridge, 2016), 124。
9. 作者对詹姆斯·沃森和大卫·巴尔的摩的访谈。
10. Paul Berg et al., "Summary Statement of the Asilomar Conference on Recombinant DNA Molecules," *PNAS*, June 1975.
11. Paul Berg, "Asilomar and Recombinant DNA," *The Scientist*, Mar. 18, 2002.
12. Hindmarsh and Gottweis, "Recombinant Regulation," 301.
13. Claire Randall, Rabbi Bernard Mandelbaum, and Bishop Thomas Kelly, "Message from Three General Secretaries to President Jimmy Carter," June 20, 1980.
14. Morris Abram et al., *Splicing Life*, President's Commission for the Study of Ethical Problems in Medicine and Biomedical and Behavioral Research, Nov. 16, 1982.
15. Alan Handyside et al., "Birth of a Normal Girl after in vitro Fertilization and Preimplantation Diagnostic Testing for Cystic Fibrosis," *New England Journal of Medicine*, Sept. 1992.

16. Roger Ebert, *Gattaca* review, Oct. 24, 1997, rogerebert.com.
17. Gregory Stock and John Campbell, *Engineering the Human Germline* (Oxford, 2000), 73–95; 作者对詹姆斯·沃森的访谈；Gina Kolata, "Scientists Brace for Changes in Path of Human Evolution," *New York Times*, Mar. 21, 1998。
18. Steve Connor, "Nobel Scientist Happy to 'Play God' with DNA," *The Independent*, May 17, 2000.
19. Lee Silver, *Remaking Eden* (Avon, 1997), 4.
20. Lee Silver, "Reprogenetics: Third Millennium Speculation," *EMBO Reports*, Nov. 15, 2000.
21. Gregory Stock, *Redesigning Humans: Our Inevitable Genetic Future* (Houghton Mifflin, 2002), 170.
22. Council of Europe, "Oviedo Convention and Its Protocols," April 4, 1997.
23. Sheryl Gay Stolberg, "The Biotech Death of Jesse Gelsinger," *New York Times*, Nov. 28, 1999.
24. Meir Rinde, "The Death of Jesse Gelsinger," *Science History Institute*, June 4, 2019.
25. Harvey Flaumenhaft, "The Career of Leon Kass," *Journal of Contemporary Health Law & Policy*, 2004; "Leon Kass," Conversations with Bill Kristol, Dec. 2015, https://conversationswithbillkristol.org/video/leon-kass/.
26. Leon Kass, "What Price the Perfect Baby?," *Science*, July 9, 1971; Leon Kass, "Review of *Fabricated Man* by Paul Ramsey," *Theology Today*, Apr. 1, 1971; Leon Kass, "Making Babies: the New Biology and the Old Morality," *Public Interest*, Winter 1972.
27. Michael Sandel, "The Case against Perfection," *The Atlantic*, Apr. 2004; Michael Sandel, *The Case Against Perfection* (Harvard, 2007).
28. Francis Fukuyama, *Our Posthuman Future* (Farrar, Straus and Giroux, 2000), 10.
29. Leon Kass et al., *Beyond Therapy: Biotechnology and the Pursuit of Happiness*, report of the President's Council on Bioethics, October 2003.

## 第36章 杜德纳介入

1. Doudna and Sternberg, *A Crack in Creation*, 198; Michael Specter, "Humans 2.0," *New Yorker*, Nov. 16, 2015; 作者对珍妮弗·杜德纳的访谈。
2. 作者对山姆·斯腾伯格和劳伦·布克曼的访谈。
3. 作者对乔治·丘奇和劳伦·布克曼的访谈。
4. Doudna and Sternberg, *A Crack in Creation*, 199–220; 作者对珍妮弗·杜德纳和山姆·斯腾伯格的访谈。
5. 作者对大卫·巴尔的摩、珍妮弗·杜德纳、山姆·斯腾伯格和达纳·卡罗尔的访谈。
6. David Baltimore, et al., "A Prudent Path Forward for Genomic Engineering and Germline Gene Modification," *Science*, Apr. 3, 2015 (published online Mar. 19).
7. Nicholas Wade, "Scientists Seek Ban on Method of Editing the Human Genome," *New York Times*, Mar. 19, 2015.
8. 参见：例如，Edward Lanphier, Fyodor Urnov, et al., "Don't Edit the Human Germ Line," *Nature*, Mar. 12, 2015。
9. 作者对珍妮弗·杜德纳和山姆·斯腾伯格的访谈；Doudna and Sternberg, *A Crack in Creation*, 214ff。
10. Puping Liang . . . Junjiu Huang, et al., "CRISPR/Cas9-Mediated Gene Editing in Human Tripronuclear Zygotes," *Protein & Cell*, May 2015 (published online Apr. 18).
11. Rob Stein, "Critics Lash Out at Chinese Scientists Who Edited DNA in Human Embryos," *Morning Edition*, NPR, April 23, 2015.
12. 作者对吴婷、乔治·丘奇和珍妮弗·杜德纳的访谈；Johnny Kung, "Increasing Policymaker's Interest in Genetics," pgEd briefing paper, Dec. 1, 2015。
13. Jennifer Doudna, "Embryo Editing Needs Scrutiny," *Nature*, Dec. 3, 2015.
14. George Church, "Encourage the Innovators," *Nature*, Dec. 3, 2015.
15. Steven Pinker, "A Moral Imperative for Bioethics," *Boston Globe*, Aug. 1, 2015; Paul Knoepfler, Steven Pinker interview, *The Niche*, Aug. 10, 2015.
16. 作者对珍妮弗·杜德纳、大卫·巴尔的摩和乔治·丘奇的访谈；*International Summit on*

*Human Gene Editing, Dec. 1–3, 2015* (National Academies Press, 2015); Jef Akst, "Let's Talk Human Engineering," *The Scientist*, Dec. 3, 2015。
17. R. Alto Charo, Richard Hynes, et al., "Human Genome Editing: Scientific, Medical, and Ethical Considerations," report of the National Academies of Sciences, Engineering, Medicine, 2017.
18. Françoise Baylis, *Altered Inheritance: CRISPR and the Ethics of Human Genome Editing* (Harvard, 2019); Jocelyn Kaiser, "U.S. Panel Gives Yellow Light to Human Embryo Editing," *Science*, Feb. 14, 2017; Kelsey Montgomery, "Behind the Scenes of the National Academy of Sciences' Report on Human Genome Editing," *Medical Press*, Feb. 27, 2017.
19. "Genome Editing and Human Reproduction," Nuffield Council on Bioethics, July 2018; Ian Sample, "Genetically Modified Babies Given Go Ahead by UK Ethics Body," *Guardian*, July 17, 2018; Clive Cookson, "Human Gene Editing Morally Permissible, Says Ethics Study," *Financial Times*, July 17, 2018; Donna Dickenson and Marcy Darnovsky, "Did a Permissive Scientific Culture Encourage the 'CRISPR Babies' Experiment?," *Nature Biotechnology*, Mar. 15, 2019.
20. Consolidated Appropriations Act of 2016, Public Law 114-113, Section 749, Dec. 18, 2015; Francis Collins, "Statement on NIH Funding of Research Using Gene-Editing Technologies in Human Embryos," Apr. 28, 2015; John Holdren, "A Note on Genome Editing," May 26, 2015.
21. "Putin said scientists could create Universal Soldier-style supermen," YouTube, Oct. 24, 2017, youtube.com/watch?v=9v3TNGmbArs; "Russia's Parliament Seeks to Create Gene-Edited Babies," *EU Observer*, Sept. 3, 2019; Christina Daumann, "'New Type of Society'," *Asgardia*, Sept. 4, 2019.
22. Achim Rosemann, Li Jiang, and Xinqing Zhang, "The Regulatory and Legal Situation of Human Embryo, Gamete and Germ Line Gene Editing Research and Clinical Applications in the People's Republic of China," Nuffield Council on Bioethics, May 2017; Jing-ru Li, et. al., "Experiments That Led to the First Gene-Edited Babies," *Journal of Zhejiang University Science B*, Jan. 2019.

第37章 贺建奎与基因编辑婴儿

1. 本部分内容基于谢欣和许悦的报道："The Life Track of He Jiankui," *Jiemian News*, Nov. 27, 2018; Jon Cohen, "The Untold Story of the 'Circle of Trust' behind the World's First Gene-Edited Babies," *Science*, Aug. 1, 2019; Sharon Begley and Andrew Joseph, "The CRISPR Shocker," *Stat*, Dec. 17, 2018; Zach Coleman, "The Businesses behind the Doctor Who Manipulated Baby DNA," *Nikkei Asian Review*, Nov. 27, 2018; Zoe Low, "China's Gene Editing Frankenstein," *South China Morning Post,* Nov. 27, 2018; Yangyang Cheng, "Brave New World with Chinese Characteristics," *Bulletin of the Atomic Scientists*, Jan. 13, 2019; He Jiankui, "Draft Ethical Principles," YouTube, Nov. 25, 2018, youtube.com/watch?v=MyNHpMoPkIg; Antonio Regalado, "Chinese Scientists Are Creating CRISPR Babies," *MIT Technology Review*, Nov. 25, 2018; Marilynn Marchione, "Chinese Researcher Claims First Gene-Edited Babies," AP, Nov. 26, 2018; Christina Larson, "Gene-Editing Chinese Scientist Kept Much of His Work Secret," AP, Nov. 27, 2018; Davies, *Editing Humanity*。
2. Jiankui He and Michael W. Deem, "Heterogeneous Diversity of Spacers within CRISPR," *Physical Review Letters*, Sept. 14, 2010.
3. Mike Williams, "He's on a Hot Streak," *Rice News*, Nov. 17, 2010.
4. Cohen, "The Untold Story"; Coleman, "The Businesses behind the Doctor."
5. Davies, *Editing Humanity*, 209.
6. Yuan Yuan, "The Talent Magnet," *Beijing Review*, May 31, 2018.
7. Luyang Zhao . . . Jiankui He, et al., "Resequencing the *Escherichia coli* Genome by GenoCare Single Molecule," bioRxiv, posted online July 13, 2017.
8. Teng Jing Xuan, "CCTV's Glowing 2017 Coverage of Gene-Editing Pariah He Jiankui," *Caixan Global*, Nov. 30, 2018; Rob Schmitz, "Gene-Editing Scientist's Actions Are a Product of Modern China," *All Things Considered*, NPR, Feb. 5, 2019.
9. "Welcome to the Jiankui He Lab," http://sustc-genome.org.cn/people.html (site no longer active); Regalado, "Chinese Scientists Are Creating CRISPR Babies."
10. He Jiankui, "CRISPR Gene Editing Meeting," blog post (in Chinese), Aug. 24, 2016, http://blog.sciencenet.cn/home.php?mod=space&uid=514529&do=blog&id=998292.

11. Cohen, "The Untold Story"; Begley and Joseph, "The CRISPR Shocker"; 作者对珍妮弗・杜德纳的访谈。Jennifer Doudna and William Hurlbut, "The Challenge and Opportunity of Gene Editing," Templeton Foundation grant 217,398。
12. Davies, *Editing Humanity*, 221; George Church, "Future, Human, Nature: Reading, Writing, Revolution," Innovative Genomics Institute, January 26, 2017, innovativegenomics.org/multimedia-library/george-church-lecture/.
13. He Jiankui, "The Safety of Gene-Editing of Human Embryos to Be Resolved," blog post (in Chinese), Feb. 19, 2017, blog.sciencenet.cn/home.php?mod=space&uid=514529&do=blog&id=1034671.
14. 作者对珍妮弗・杜德纳的访谈。
15. He Jiankui, "Evaluating the Safety of Germline Genome Editing in Human, Monkey, and Mouse Embryos," Cold Spring Harbor Lab Symposium, July 29, 2017, youtube.com/watch?v=llxNRG-MxyCc&t=3s; Regalado, "Chinese Scientists Are Creating CRISPR Babies."
16. 医学伦理审查申请表，深圳和美妇儿科医院，2017年3月7日，theregreview.org/wp-content/uploads/2019/05/He-Jiankui-Documents-3.pdf; Cohen, "The Untold Story"; Kathy Young, Marilynn Marchione, Emily Wang, et al., "First Gene-Edited Babies Reported in China," YouTube, Nov. 25, 2018, https://www.youtube.com/watch?v=C9V3mqswbv0; Gerry Shih and Carolyn Johnson, "Chinese Genomics Scientist Defends His Gene-Editing Research," *Washington Post*, Nov. 28, 2018。
17. Jiankui He, "Informed Consent, Version: Female 3.0," Mar. 2017, theregreview.org/wp-content/uploads/2019/05/He-Jiankui-Documents-3.pdf; Cohen, "The Untold Story"; Marilynn Marchione, "Chinese Researcher Claims First Gene-Edited Babies," AP, Nov. 26, 2018; Larson, "Gene-Editing Chinese Scientist Kept Much of His Work Secret."
18. Kiran Musunuru, *The Crispr Generation* (BookBaby, 2019).
19. Begley and Joseph, "The CRISPR Shocker." 亦可参见Pam Belluck, "How to Stop Rogue Gene-Editing of Human Embryos?," *New York Times*, Jan. 23, 2019; Preetika Rana, "How a Chinese Scientist Broke the Rules to Create the First Gene-Edited Babies," *Wall Street Journal*, May 10, 2019。
20. 作者对马修・波蒂厄斯的访谈。
21. Cohen, "The Untold Story"; Begley and Joseph, "The CRISPR Shocker"; Marilyn Marchione and Christina Larson, "Could Anyone Have Stopped Gene-Edited Babies Experiment?," AP, Dec. 2, 2018.
22. Pam Belluck, "Gene-Edited Babies: What a Chinese Scientist Told an American Mentor," *New York Times*, Apr. 14, 2019; "Statement on Fact-Finding Review related to Dr. Jiankui He," *Stanford News*, Apr. 16, 2019. 布克曼是第一个公布贺建奎和奎克之间邮件往来内容的人。
23. He Jiankui, question-and-answer session, the Second International Summit on Human Genome Editing, Hong Kong, Nov. 28, 2018; Cohen, "The Untold Story"; Marchione and Larson, "Could Anyone Have Stopped Gene-Edited Babies Experiment?"; Marchione, "Chinese Researcher Claims First Gene-Edited Babies"; Jane Qiu, "American Scientist Played More Active Role in 'CRISPR Babies' Project Than Previously Known," *Stat*, Jan. 31, 2019; Todd Ackerman, "Lawyers Say Rice Professor Not Involved in Controversial Gene-Edited Babies Research," *Houston Chronicle*, Dec. 13, 2018; decommissioned web page: Rice University, Faculty, https://profiles.rice.edu/faculty/michael-deem; 参见Michael Deem search on Rice website: https://search.rice.edu/?q=michael+deem&tab=Search。
24. Cohen, "The Untold Story."
25. He Jiankui, Ryan Ferrell, Chen Yuanlin, Qin Jinzhou, and Chen Yangran, "Draft Ethical Principles for Therapeutic Assisted Reproductive Technologies," *CRISPR Journal*, 最初发布于2019年11月26日，但后来被撤回并从网站上删除。亦可参见Henry Greeley, "CRISPR'd Babies," *Journal of Law and the Biosciences*, Aug. 13, 2019。
26. Allen Buchanan, *Better Than Human* (Oxford, 2011), 40, 101.
27. He Jiankui, "Draft Ethical Principles for Therapeutic Assisted Reproductive Technologies."
28. He Jiankui, "Designer Baby Is an Epithet" and "Why We Chose HIV and *CCR5* First," The He Lab, YouTube, Nov. 25, 2018.

29. He Jiankui, "HIV Immune Gene CCR5 Gene Editing in Human Embryos," Chinese Clinical Trial Registry, ChiCTR1800019378, Nov. 8, 2018.
30. Jinzhou Qin . . . Michael W. Deem, Jiankui He, et al., "Birth of Twins after Genome Editing for HIV Resistance," submitted to *Nature* Nov. 2019 (never published; I was given a copy by an American researcher who received it from He Jiankui); Qiu, "American Scientist Played More Active Role in 'CRISPR Babies' Project Than Previously Known."
31. Greely, "CRISPR'd Babies"; Musunuru, *The Crispr Generation*; 作者对达纳·卡罗尔的访谈。
32. Regalado, "Chinese Scientists Are Creating CRISPR Babies."
33. Marchione, "Chinese Researcher Claims First Gene-Edited Babies"; Larson, "Gene-Editing Chinese Scientist Kept Much of His Work Secret."
34. He Jiankui, "About Lulu and Nana," YouTube, Nov. 25, 2018.

### 第38章　香港峰会

1. 作者对珍妮弗·杜德纳的访谈。
2. 作者对大卫·巴尔的摩的访谈。
3. Cohen, "The Untold Story."
4. 作者对曹文凯、大卫·巴尔的摩和珍妮弗·杜德纳的访谈。
5. 作者对裴端卿的访谈。
6. 作者对珍妮弗·杜德纳的访谈；Robin Lovell-Badge, "CRISPR Babies," *Development*, Feb. 6, 2019。
7. 作者对裴端卿和珍妮弗·杜德纳的访谈。
8. 作者对珍妮弗·杜德纳和曹文凯的访谈。
9. 第二届国际基因编辑峰会，香港大学，2018年11月27—29日。
10. 贺建奎发言环节，第二届国际基因编辑峰会，香港大学，2018年11月28日。
11. Davies, *Editing Humanity*, 235.
12. 作者对大卫·巴尔的摩的访谈。
13. 作者对马修·波蒂厄斯的访谈。
14. 作者对珍妮弗·杜德纳的访谈。
15. 作者对裴端卿的访谈。
16. 作者对珍妮弗·杜德纳和大卫·巴尔的摩的访谈。
17. 作者对马修·波蒂厄斯和大卫·巴尔的摩的访谈。
18. Mary Louise Kelly, "Harvard Medical School Dean Weighs In on Ethics of Gene Editing," *All Things Considered*, NPR, Nov. 29, 2018. 亦可参见Baylis, *Altered Inheritance*, 140; George Daley, Robin Lovell-Badge, and Julie Steffann, "After the Storm—A Responsible Path for Genome Editing," and R. Alta Charo, "Rogues and Regulation of Germline Editing," *New England Journal of Medicine*, Mar. 7, 2019; David Cyranoski and Heidi Ledford, "How the Genome-Edited Babies Revelation Will Affect Research," *Nature*, Nov. 27, 2018。
19. David Baltimore, et al., "Statement by the Organizing Committee of the Second International Summit on Human Genome Editing," Nov. 29, 2018.

### 第39章　认可

1. 作者对乔赛亚·扎耶那的访谈。
2. Zayner, "CRISPR Babies Scientist He Jiankui Should Not Be Villainized."
3. 作者对乔赛亚·扎耶那的访谈。
4. 作者对珍妮弗·杜德纳的访谈，以及与她和安德鲁·杜德纳·凯特共同用餐时所谈论的内容。
5. 作者对珍妮弗·杜德纳和比尔·卡西迪的访谈。
6. 作者对玛格丽特·汉伯格和曹文凯的访谈；Walter Isaacson, "Should the Rich Be Allowed to Buy the Best Genes?," *Air Mail*, July 27, 2019。
7. Belluck, "How to Stop Rogue Gene-Editing of Human Embryos?"
8. Eric S. Lander, et. al., "Adopt a Moratorium on Heritable Genome Editing," *Nature*, Mar. 13, 2019.

9. Ian Sample, "Scientists Call for Global Moratorium on Gene Editing of Embryos," *Guardian*, Mar. 13, 2019; Joel Achenbach, "NIH and Top Scientists Call for Moratorium on Gene-Edited Babies," *Washington Post*, Mar. 13, 2019; Jon Cohen, "New Call to Ban Gene-Edited Babies Divides Biologists," *Science*, Mar. 13, 2019; Francis Collins, "NIH Supports International Moratorium on Clinical Application of Germline Editing," National Institutes of Health statement, Mar. 13, 2019.
10. 作者对玛格丽特・汉伯格的访谈。亦可参考Sara Reardon, "World Health Organization Panel Weighs In on CRISPR-Babies Debate," *Nature*, Mar. 19, 2019。
11. 作者对珍妮弗・杜德纳的访谈。想了解对杜德纳观点的强烈批评，参见Baylis, *Altered Inheritance*, 163–66。
12. Kay Davies, Richard Lifton, et al., "Heritable Human Genome Editing," International Commission on the Clinical Use of Human Germline Genome Editing, Sept. 3, 2020.
13. "He Jiankui Jailed for Illegal Human Embryo Gene-Editing," Xinhua news agency, Dec. 30, 2019.
14. Philip Wen and Amy Dockser Marcus, "Chinese Scientist Who Gene-Edited Babies Is Sent to Prison," *Wall Street Journal*, Dec. 30, 2019.

## 第40章 红线

1. 本章参考了基因工程伦理的大量书面资料。其作者包括弗朗索瓦・贝里斯（Françoise Baylis）、迈克尔・桑德尔、里昂・卡斯、弗朗西斯・福山、纳撒尼尔・康福特、杰森・斯科特・罗伯特、埃里克・科恩、比尔・麦吉本（Bill McKibben）、马西・达诺夫斯基（Marcy Darnovsky）、埃里克・帕伦斯（Erik Parens）、乔瑟芬・约翰斯顿（Josephine Johnston）、罗斯玛丽・加兰德-汤姆森（Rosemarie Garland-Thomson），罗伯特・斯帕罗（Robert Sparrow）、罗纳德・德沃金（Ronald Dworkin）、尤尔根・哈伯马斯（Jürgen Habermas）、迈克尔・豪斯科勒（Michael Hauskeller）、乔纳森・格罗佛（Jonathan Glover）、格雷戈里・斯托克、约翰・哈里斯（John Harris）、马克斯韦尔・梅尔曼（Maxwell Mehlman）、盖・卡亨（Guy Kahane）、詹米・梅茨尔（Jamie Metzl）、艾伦・布坎南（Allen Buchanan）、朱利安・瑟武列斯库、李・西尔弗（Lee Silver）、尼克・博斯特罗姆（Nick Bostrom）、约翰・哈里斯（John Harris）、罗纳德・格林（Ronald Green）、尼古拉斯・阿加（Nicholas Agar）、亚瑟・卡普兰（Arthur Caplan）和汉克・格里利（Hank Greeley）。我也参考了黑斯廷斯中心、美国遗传学和社会中心、牛津大学尤希罗实践伦理中心和纳菲尔德生物伦理委员会的研究。
2. Sandel, *The Case against Perfection*; Robert Sparrow, "Genetically Engineering Humans," *Pharmaceutical Journal*, Sept. 24, 2015; Jamie Metzl, *Hacking Darwin* (Sourcebooks, 2019); Julian Savulescu, Ruud ter Meulen, and Guy Kahane, *Enhancing Human Capacities* (Wiley, 2011).
3. Gert de Graaf, Frank Buckley, and Brian Skotko, "Estimates of the Live Births, Natural Losses, and Elective Terminations with Down Syndrome in the United States," *American Journal of Medical Genetics*, Apr. 2015.
4. Steve Boggan, Glenda Cooper, and Charles Arthur, "Nobel Winner Backs Abortion 'for Any Reason,'" *The Independent*, Feb. 17, 1997.

## 第41章 思想实验

1. Matt Ridley, *Genome* (Harper Collins, 2000), 第四章，有力地描述了亨廷顿病及南希・韦克斯勒的研究工作。
2. Baylis, *Altered Inheritance*, 30; Tina Rulli, "The Ethics of Procreation and Adoption," *Philosophy Compass*, June 6, 2012.
3. Adam Bolt, director, and Elliot Kirschner, executive producer, *Human Nature*, documentary, the Wonder Collaborative, 2019.
4. 我向戴维・桑切斯提出的问题及其答复通过纪录片《人类本性》制片人梅雷迪思・德萨拉查转达。
5. Rosemarie Garland-Thomson, "Welcoming the Unexpected," in Erik Parens and Josephine Johnston, *Human Flourishing in an Age of Gene Editing* (Oxford, 2019); Rosemarie Garland-Thomson, "Human Biodiversity Conservation," *American Journal of Bioethics*, Jan. 2015. 亦可参见Ethan Weiss, "Should 'Broken' Genes Be Fixed?" *Stat*, Feb. 21, 2020。

6. Jory Fleming, *How to Be Human* (Simon & Schuster, 2021).
7. Liza Mundy, "A World of Their Own," *Washington Post*, Mar. 31, 2002; Sandel, *The Case against Perfection*; Marion Andrea Schmidt, *Eradicating Deafness?* (Manchester University Press, 2020).
8. Craig Pickering and John Kiely, "ACTN#: More Than Just a Gene for Speed," *Frontiers in Physiology*, Dec. 18, 2017; David Epstein, *The Sports Gene* (Current, 2013); Haran Sivapalan, "Genetics of Marathon Runners," *Fitness Genes*, Sept. 26, 2018.
9. 《美国残疾人法案》将残疾定义为"一种切实限制一种或多种重大生活活动的生理或心理损伤"。
10. Fred Hirsch, *Social Limits to Growth* (Routledge, 1977); Glenn Cohen, "What (If Anything) Is Wrong with Human Enhancement? What (If Anything) Is Right with It?," *Tulsa Law Review*, Apr. 21, 2014.
11. Nancy Andreasen, "The Relationship between Creativity and Mood Disorders," *Dialogues in Clinical Psychology*, June 2018; Neel Burton, "Hide and Seek: Bipolar Disorder and Creativity," *Psychology Today*, Mar. 19, 2012; Nathaniel Comfort, "Better Babies," *Aeon*, Nov. 17, 2015.
12. Robert Nozick, *Anarchy, State, and Utopia* (Basic Books, 1974).
13. 参见Erik Parens and Josephine Johnston, eds., *Human Flourishing in an Age of Gene Editing* (Oxford, 2019。
14. Jinping Liu . . . Yan Wu, et al., "The Role of NMDA Receptors in Alzheimer's Disease," *Frontiers in Neuroscience*, Feb. 8, 2019.

第42章　大权在谁？

1. National Academy of Sciences, "How Does Human Gene Editing Work?" 2019, https://thesciencebehindit.org/how-does-human-gene-editing-work/, page removed; Marilynn Marchione, "Group Pulls Video That Stirred Talk of Designer Babies," AP, Oct. 2, 2019.
2. Twitter thread, @FrancoiseBaylis, @pknoepfler, @UrnovFyodor, @theNASAcademies, and others, Oct. 1, 2019.
3. John Rawls, *A Theory of Justice* (Harvard, 1971), 266, 92.
4. Nozick, *Anarchy, State and Utopia*, 315n.
5. Colin Gavaghan, *Defending the Genetic Supermarket* (Routledge-Cavendish, 2007); Peter Singer, "Shopping at the Genetic Supermarket," in John Rasko, ed., *The Ethics of Inheritable Genetic Modification* (Cambridge, 2006); Chris Gyngell and Thomas Douglas, "Stocking the Genetic Supermarket," *Bioethics*, May 2015.
6. Fukuyama, *Our Posthuman Future*, chapter 1; George Orwell, *1984* (Harcourt, 1949); Aldous Huxley, *Brave New World* (Harper, 1932).
7. Aldous Huxley, *Brave New World Revisited* (Harper, 1958), 120.
8. Aldous Huxley, *Island* (Harper, 1962), 232; Derek So, "The Use and Misuse of Brave New World in the CRISPR Debate," *CRISPR Journal*, Oct. 2019.
9. Nathaniel Comfort, "Can We Cure Genetic Diseases without Slipping into Eugenics?," *The Nation*, Aug. 3, 2015; Nathaniel Comfort, *The Science of Human Perfection* (Yale, 2012); Mark Frankel, "Inheritable Genetic Modification and a Brave New World," *Hastings Center Report*, Mar. 6, 2012; Arthur Caplan, "What Should the Rules Be?," *Time*, Jan. 14, 2001; Françoise Baylis and Jason Scott Robert, "The Inevitability of Genetic Enhancement Technologies," *Bioethics*, Feb. 2004; Daniel Kevles, "If You Could Design Your Baby's Genes, Would You?," *Politico*, Dec. 9, 2015; Lee M. Silver, "How Reprogenetics Will Transform the American Family," *Hofstra Law Review*, Fall 1999; Jürgen Habermas, *The Future of Human Nature* (Polity, 2003).
10. 作者对乔治·丘奇的访谈，同时引用了Rachel Cocker, "We Should Not Fear 'Editing' Embryos to Enhance Human Intelligence," *The Telegraph*, Mar. 16, 2019; Lee Silver, *Remaking Eden* (Morrow, 1997); John Harris, *Enhancing Evolution* (Princeton, 2011); Ronald Green, *Babies by Design* (Yale, 2008)。
11. Julian Savulescu, "Procreative Beneficence: Why We Should Select the Best Children," *Bioethics*, Nov. 2001.
12. Antonio Regalado, "The World's First Gattaca Baby Tests Are Finally Here," *MIT Technology*

*Review*, Nov. 8, 2019; Genomic Prediction company website, "Frequently Asked Questions," retrieved July 6, 2020; Hannah Devlin, "IVF Couples Could Be Able to Choose the 'Smartest' Embryo," *Guardian*, May 24, 2019; Nathan Treff . . . and Laurent Tellier, "Preimplantation Genetic Testing for Polygenic Disease Relative Risk Reduction," *Genes*, June 12, 2020; Louis Lello . . . and Stephen Hsu, "Genomic Prediction of 16 Complex Disease Risks," *Nature*, Oct. 25, 2019. 2019年11月，《自然》杂志发布了一份利益冲突更正声明，称一些作者没有披露他们与基因组预测公司有关联。

13. 除上述引用来源，还可参见Laura Hercher, "Designer Babies Aren't Futuristic. They're Already Here," *MIT Technology Review*, Oct. 22, 2018; Ilya Somin, "In Defense of Designer Babies," *Reason*, Nov. 11, 2018。
14. Francis Fukuyama, "Gene Regime," *Foreign Policy*, Mar. 2002.
15. Francis Collins in Patrick Skerrett, "Experts Debate: Are We Playing with Fire When We Edit Human Genes?," *Stat*, Nov. 17, 2016.
16. Russell Powell and Allen Buchanan, "Breaking Evolution's Chains," *Journal of Medical Philosophy*, Feb. 2011; Allen Buchanan, *Better Than Human* (Oxford, 2011); Charles Darwin to J. D. Hooker, July 13, 1856.
17. Sandel, *The Case against Perfection*; Leon Kass, "Ageless Bodies, Happy Souls," *The New Atlantis*, Jan. 2003; Michael Hauskeller, "Human Enhancement and the Giftedness of Life," *Philosophical Papers*, Feb. 26, 2011.

### 第43章 杜德纳的道德之旅

1. 作者对珍妮弗·杜德纳的访谈；Doudna and Sternberg, *A Crack in Creation*, 222–40; Hannah Devlin, "Jennifer Doudna: 'I Have to Be True to Who I Am as a Scientist,'" *The Observer*, July 2, 2017。

### 第44章 魁北克

1. Sanne Klompe . . . Samuel Sternberg, et al., "Transposon-Encoded CRISPR-Cas Systems Direct RNA-Guided DNA Integration," *Nature*, July 11, 2019（2019年3月15日收稿，6月4日审核通过，6月12日在线公开发布）; Jonathan Strecker . . . Eugene Koonin, Feng Zhang, et al., "RNA-Guided DNA Insertion with CRISPR-Associated Transposases," *Science*, July 5, 2019（2019年5月4日收稿，5月29日审核通过，6月6日在线公开发布）。
2. 作者对山姆·斯腾伯格、马丁·吉尼克、珍妮弗·杜德纳、乔·邦迪-德诺米的访谈。
3. 作者对张锋的访谈。

### 第45章 学习编辑

1. 作者对嘉文·诺特的访谈。
2. "Alt-R CRISPR-Cas9 System: Delivery of Ribonucleoprotein Complexes into HEK-293 Cells Using the Amaxa Nucleofector System," IDTDNA.com; "CRISPR Gene-Editing Tools," GeneCopoeia.com.
3. 作者对珍妮弗·汉密尔顿的访谈。

### 第46章 再访沃森

1. 作者对詹姆斯·沃森和珍妮弗·杜德纳的访谈；"The CRISPR/Cas Revolution," Cold Spring Harbor Laboratory meeting, Sept. 24–27, 2015。
2. David Dugan, producer, *DNA*, documentary, Windfall Films for WNET/PBS and BBC4, 2003; Shaoni Bhattacharya, "Stupidity Should Be Cured, Says DNA Discoverer," *The New Scientist*, Feb. 28, 2003. See also Tom Abate, "Nobel Winner's Theories Raise Uproar in Berkeley," *San Francisco Chronicle*, Nov. 13, 2000。
3. Michael Sandel, "The Case against Perfection," *The Atlantic*, Apr. 2004.
4. Charlotte Hunt-Grubbe, "The Elementary DNA of Dr Watson," *Sunday Times* (London), Oct. 14, 2007; 作者对詹姆斯·沃森的访谈。

5. 作者对詹姆斯·沃森的访谈；Roxanne Khamsi, “James Watson Retires amidst Race Controversy,” *The New Scientist*, Oct. 25, 2007。
6. 作者对埃里克·兰德尔的访谈；Sharon Begley, “As Twitter Explodes, Eric Lander Apologizes for Toasting James Watson,” *Stat*, May 14, 2018。
7. 作者对詹姆斯·沃森的访谈。
8. “Decoding Watson.”
9. Amy Harmon, “James Watson Had a Chance to Salvage His Reputation on Race. He Made Things Worse,” *New York Times*, Jan. 1, 2019.
10. Harmon, “James Watson Had a Chance to Salvage His Reputation on Race.”
11. “Decoding Watson”; Harmon, “James Watson Had a Chance to Salvage His Reputation on Race”; 作者对詹姆斯·沃森的访谈。
12. James Watson, “An Appreciation of Linus Pauling,” *Time* magazine seventy-fifth anniversary dinner, Mar. 3, 1998.
13. 作者对詹姆斯·沃森的访谈。我引用了我所撰写的《应该允许富人购买最佳基因吗？》一文的部分内容。
14. “Decoding Watson.”
15. 作者与詹姆斯·沃森、鲁弗斯·沃森和伊丽莎白·沃森的会面。
16. Malcolm Ritter, “Lab Revokes Honors for Controversial DNA Scientist Watson,” AP, Jan. 11, 2019.

第47章 杜德纳来访

1. 作者对詹姆斯·沃森和珍妮弗·杜德纳的拜访。会议手册由在杜德纳实验室工作的梅根·霍克斯特拉塞尔设计。
2. 作者对珍妮弗·杜德纳的访谈。

第48章 战斗号令

1. Robert Sanders, “New DNA-Editing Technology Spawns Bold UC Initiative,” *Berkeley News*, Mar. 18, 2014; “About Us,” Innovative Genomics Institute website, https://innovativegenomics.org/about-us/. It was relaunched in January 2017 as the Innovative Genomics Institute.
2. 作者对大卫·萨维奇的访谈；Benjamin Oakes . . . Jennifer Doudna, David Savage, et al., “CRISPR-Cas9 Circular Permutants as Programmable Scaffolds for Genome Modification,” *Cell*, Jan 10, 2019。
3. 作者对大卫·萨维奇、嘉文·诺特和珍妮弗·杜德纳的访谈。
4. Jonathan Corum and Carl Zimmer, “Bad News Wrapped in Protein: Inside the Coronavirus Genome,” *New York Times*, Apr. 3, 2020; GenBank, National Institutes of Health, SARS-CoV-2 Sequences, updated Apr. 14, 2020.
5. Alexander Walls . . . David Veesler, et al., “Structure, Function, and Antigenicity of the SARS-CoV-2 Spike Glycoprotein,” *Cell*, Mar. 9, 2020; Qihui Wang . . . and Jianxun Qi, “Structural and Functional Basis of SARS-CoV-2 Entry by Using Human ACE2,” *Cell*, May 14, 2020; Francis Collins, “Antibody Points to Possible Weak Spot on Novel Coronavirus,” NIH, Apr. 14, 2020; Bonnie Berkowitz, Aaron Steckelberg, and John Muyskens, “What the Structure of the Coronavirus Can Tell Us,” *Washington Post*, Mar. 23, 2020.
6. 作者对梅根·霍克斯特拉塞尔、珍妮弗·杜德纳、大卫·萨维奇和费奥多·厄诺夫的访谈。

第49章 检测

1. Kary Mullis, “The Unusual Origin of the Polymerase Chain Reaction,” *Scientific American*, Apr. 1990.
2. Boburg et al., “Inside the Coronavirus Testing Failure”; David Willman, “Contamination at CDC Lab Delayed Rollout of Coronavirus Tests,” *Washington Post*, Apr. 18, 2020.
3. JoNel Aleccia, “How Intrepid Lab Sleuths Ramped Up Tests as Coronavirus Closed In,” *Kaiser Health News*, Mar. 16, 2020.

4. Julia Ioffe, "The Infuriating Story of How the Government Stalled Coronavirus Testing," *GQ*, Mar. 16, 2020; Boburg et al., "Inside the Coronavirus Testing Failure." 格雷宁格给朋友的电子邮件是在《华盛顿邮报》出色的重建工作中写的。
5. Boburg et al., "Inside the Coronavirus Testing Failure"; Patrick Boyle, "Coronavirus Testing: How Academic Medical Labs Are Stepping Up to Fill a Void," *AAMC,* Mar. 12, 2020.
6. 作者对埃里克·兰德尔的访谈；Leah Eisenstadt, "How Broad Institute Converted a Clinical Processing Lab into a Large-Scale COVID-19 Testing Facility in a Matter of Days," *Broad Communications*, Mar. 27, 2020。

## 第50章 伯克利实验室

1. 2020年3月13日IGI新冠肺炎快速响应研究会议。我获得批准，参加了快速响应小队及其工作组的会议。大多数会议通过Zoom举行，与会者通过Slack频道开展讨论。
2. 作者对费奥多·厄诺夫的访谈。德米特里·厄诺夫成为纽约阿德菲大学的教授，也是一位卓有成就的养马人。尼基塔·赫鲁晓夫曾希望将三匹马作为礼物赠予美国实业家塞勒斯·伊顿（Cyrus Eaton）。德米特里·厄诺夫飘洋过海，将三匹马护送至美国。他和妻子朱莉亚·帕列夫斯基撰写了《同宗作家：俄罗斯的狄更斯》（*A Kindred Writer: Dickens in Russia*）。两人也是研究威廉·福克纳的学者。
3. 作者对珍妮弗·汉密尔顿的访谈；Jennifer Hamilton, "Building a COVID-19 Pop-Up Testing Lab," *CRISPR Journal*, June 2020。
4. 作者对恩里克·林肖的访谈。
5. 作者对费奥多·厄诺夫、珍妮弗·杜德纳、珍妮弗·汉密尔顿和恩里克·林肖的访谈；Hope Henderson, "IGI Launches Major Automated COVID-19 Diagnostic Testing Initiative," *IGI News*, Mar. 30, 2020; Megan Molteni and Gregory Barber, "How a Crispr Lab Became a Pop-Up COVID Testing Center," *Wired*, Apr. 2, 2020。
6. Innovative Genomics Institute SARS-CoV-2 Testing Consortium, Dirk Hockemeyer, Fyodor Urnov, and Jennifer A. Doudna, "Blueprint for a Pop-up SARS-CoV-2 Testing Lab," *medRxiv*, Apr. 12, 2020.
7. 作者对费奥多·厄诺夫、珍妮弗·汉密尔顿和恩里克·林肖的访谈。

## 第51章 猛犸和神探夏洛克

1. 作者对卢卡斯·哈林顿和珍妮斯·陈的访谈。
2. Janice Chen . . . Lucas B. Harrington . . . Jennifer A. Doudna, et al., "CRISPR-Cas12a Target Binding Unleashes Indiscriminate Single-Stranded DNase Activity," *Science*, Apr. 27, 2018（2017年11月29日收稿，2018年2月5日审核通过，2月15日线上公开发布）; John Carroll, "CRISPR Legend Jennifer Doudna Helps Some Recent College Grads Launch a Diagnostics Up-start," *Endpoints*, Apr. 26, 2018。
3. Sergey Shmakov, Omar Abudayyeh, Kira S. Makarova . . . Konstantin Severinov, Feng Zhang, and Eugene V. Koonin, "Discovery and Functional Characterization of Diverse Class 2 CRISPR-Cas Systems," *Molecular Cell*, Nov. 5, 2015（2015年10月22日线上公开发布）; Omar Abudayyeh, Jonathan Gootenberg . . . Eric Lander, Eugene Koonin, and Feng Zhang, "C2c2 Is a Single-Component Programmable RNA-Guided RNA-Targeting CRISPR Effector," *Science*, Aug. 5, 2016（2016年6月2日线上公开发布）。
4. 作者对张锋的访谈。
5. Alexandra East-Seletsky . . . Jamie Cate, Robert Tjian, and Jennifer Doudna, "Two Distinct RNase Activities of CRISPR-C2c2 Enable Guide-RNA Processing and RNA Detection," *Nature*, Oct. 13, 2016. CRISPR-C2c2 更名为CRISPER-Cas13a。
6. Jonathan Gootenberg, Omar Abudayyeh . . . Cameron Myhrvold . . . Eugene Koonin . . . Feng Zhang et al., "Nucleic Acid Detection with CRISPR-Cas13a/C2c2," *Science,* Apr. 28, 2017.
7. Jonathan Gootenberg, Omar Abudayyeh . . . Feng Zhang, et al., "Multiplexed and Portable Nucleic Acid Detection Platform with Cas13, Cas12a, and Csm6," *Science,* Apr. 27, 2018. 亦可参见Abudayyeh et al., "C2c2 Is a Single Component Programmable RNA-Guided RNA-Targeting CRISPR Effector"。

8. 作者对张锋的访谈；Carey Goldberg, “CRISPR Comes to COVID,” WBUR, July 10, 2020。
9. Emily Mullin, “CRISPR Could Be the Future of Disease Diagnosis,” *OneZero*, July 25, 2019; Emily Mullin, “CRISPR Pioneer Jennifer Doudna on the Future of Disease Detection,” *OneZero*, July 30, 2019; Daniel Chertow, “Next-Generation Diagnostics with CRISPR,” *Science*, Apr. 27, 2018; Ann Gronowski “Who or What Is SHERLOCK?,” *EJIFCC*, Nov. 2018.

## 第52章　新冠病毒检测

1. 作者对张锋的访谈。
2. Feng Zhang, Omar Abudayyeh, and Jonathan Gootenberg, “A Protocol for Detection of COVID-19 Using CRISPR Diagnostics,” Broad Institute website, posted Feb. 14, 2020; Carl Zimmer, “With Crispr, a Possible Quick Test for the Coronavirus,” *New York Times*, May 5, 2020.
3. Goldberg, “CRISPR Comes to COVID”; “Sherlock Biosciences and Binx Health Announce Global Partnership to Develop First CRISPR-Based Point-of-Care Test for COVID-19,” *PR Newswire*, July 1, 2020.
4. 作者对珍妮斯·陈和卢卡斯·哈林顿的访谈；Jim Daley, “CRISPR Gene Editing May Help Scale Up Coronavirus Testing,” *Scientific American*, Apr. 23, 2020; John Cumbers, “With Its Coronavirus Rapid Paper Test Strip, This CRISPR Startup Wants to Help Halt a Pandemic,” *Forbes*, Mar. 14, 2020; Lauren Martz, “CRISPR-Based Diagnostics Are Poised to Make an Early Debut amid COVID-19 Outbreak,” *Biocentury*, Feb. 28, 2020。
5. James Broughton . . . Charles Chiu, Janice Chen, et al., “A Protocol for Rapid Detection of the 2019 Novel Coronavirus SARS-CoV-2 Using CRISPR Diagnostics: SARS-CoV-2 DETECTR,” Mammoth Biosciences website, posted Feb. 15, 2020. 包含患者数据和其他细节的猛犸团队的论文全文参见James Broughton . . . Janice Chen, and Charles Chiu, “CRISPR–Cas12-Based Detection of SARS-CoV-2,” *Nature Biotechnology*, Apr. 16, 2020 (received Mar. 5, 2020). 亦可参见Eelke Brandsma . . . and Emile van den Akker, “Rapid, Sensitive and Specific SARS Coronavirus-2 Detection: A Multi-center Comparison between Standard qRT-PCR and CRISPR Based DETECTR,” *medRxiv*, July 27, 2020。
6. Julia Joung . . . Jonathan S. Gootenberg, Omar O. Abudayyeh, and Feng Zhang, “Point-of-Care Testing for COVID-19 Using SHERLOCK Diagnostics,” *medRxiv*, May 5, 2020.
7. 作者对张锋的访谈。
8. 作者对珍妮斯·陈的访谈。

## 第53章　疫苗

1. Ochsner Health System, phase 2/3 study by Pfizer Inc. and BioNTech SE of investigational vaccine, BNT162b2, against SARS-CoV-2, beginning July 2020.
2. 作者对珍妮弗·杜德纳的访谈。
3. Simantini Dey, “Meet Sarah Gilbert,” *News18*, July 21, 2020; Stephanie Baker, “Covid Vaccine Front-Runner Is Months Ahead of Her Competition,” *Bloomberg BusinessWeek*, July 14, 2020; Clive Cookson, “Sarah Gilbert, the Researcher Leading the Race to a Covid-19 Vaccine,” *Financial Times*, July 24, 2020.
4. 作者对罗斯·威尔逊和亚历克斯·马森的访谈；2020年3月，IGI白皮书为DNA疫苗交付系统寻求资金；罗斯·威尔逊在2020年6月11日的新冠肺炎疫情应对会议上的报告。
5. “A Trial Investigating the Safety and Effects of Four BNT162 Vaccines against COVID-2019 in Healthy Adults,” ClinicalTrials.gov, May 2020, identifier: NCT04380701; “BNT162 SARS-CoV-2 Vaccine,” *Precision Vaccinations*, Aug. 14, 2020; Mark J. Mulligan . . . Uğur Şahin, Kathrin Jansen, et. al., “Phase 1/2 Study of COVID-19 RNA Vaccine BNT162b1 in Adults,” *Nature*, Aug. 12, 2020.
6. Joe Miller, “The Immunologist Racing to Find a Vaccine,” *Financial Times*, Mar. 20, 2020.
7. 作者对菲尔·多米策的访谈；“In the Race for a COVID-19 Vaccine, Pfizer Turns to a Scientist with a History of Defying Skeptics,” *Stat*, Aug. 24, 2020。
8. 作者对努巴尔·阿费扬和克里斯丁·希南的访谈。

9. 作者对乔赛亚·扎耶那的访谈和往来电子邮件；Kristen Brown, "One Biohacker's Improbable Bid to Make a DIY Covid-19 Vaccine," *Bloomberg Business Week*, June 25, 2020; Josiah Zayner videos, www.youtube.com/josiahzayner。
10. Jingyou Yu . . . and Dan H. Barouch, "DNA Vaccine Protection against SARS-CoV-2 in Rhesus Macaques," *Science*, May 20, 2020.
11. 作者对乔赛亚·扎耶那的访谈；Kristen Brown, "Home-Made Vaccine Appeared to Work, but Questions Remain," *Bloomberg BusinessWeek*, Oct. 10, 2020。
12. The Ochsner Health system clinical trial of Pfizer/BioNTech vaccine BNT162b2, led by Julia Garcia-Diaz, director of Clinical Infectious Diseases Research, and Leonardo Seoane, chief academic officer.
13. 作者对弗朗西斯·柯林斯的访谈；"Bioethics Consultation Service Consultation Report," Department of Bioethics, NIH Clinical Center, July 31, 2020。
14. Sharon LaFraniere, Katie Thomas, Noah Weiland, David Gelles, Sheryl Gay Stolberg and Denise Grady, "Politics, Science and the Remarkable Race for a Coronavirus Vaccine," *New York Times*, Nov. 21, 2020; author's interviews with Noubar Afeyan, Moncef Slaoui, Philip Dormitzer, Christine Heenan.

## 第54章 CRISPR治疗

1. David Dorward . . . and Christopher Lucas, "Tissue-Specific Tolerance in Fatal COVID-19," *medRxiv*, July 2, 2020; Bicheng Zhag . . . and Jun Wan, "Clinical Characteristics of 82 Cases of Death from COVID-19," *Plos One*, July 9, 2020.
2. Ed Yong, "Immunology Is Where Intuition Goes to Die," *The Atlantic*, Aug. 5, 2020.
3. 作者对卡梅隆·迈沃尔德的访谈。
4. Jonathan Gootenberg, Omar Abudayyeh . . . Cameron Myhrvold . . . Eugene Koonin . . . Pardis Sabeti . . . and Feng Zhang, "Nucleic Acid Detection with CRISPR-Cas13a/C2c2," *Science*, Apr. 28, 2017.
5. Cameron Myhrvold, Catherine Freije, Jonathan Gootenberg, Omar Abudayyeh . . . Feng Zhang, and Pardis Sabeti, "Field-Deployable Viral Diagnostics Using CRISPR-Cas13," *Science*, Apr. 27, 2018.
6. 作者对卡梅隆·迈沃尔德的访谈。
7. Cameron Myhrvold to Pardis Sabeti, Dec. 22, 2016.
8. Defense Advanced Research Projects Agency (DARPA) grant D18AC00006.
9. Susanna Hamilton, "CRISPR-Cas13 Developed as Combination Antiviral and Diagnostic System," *Broad Communications*, Oct. 11, 2019.
10. Catherine Freije, Cameron Myhrvold . . . Omar Abudayyeh, Jonathan Gootenberg . . . Feng Zhang, and Pardis Sabeti, "Programmable Inhibition and Detection of RNA Viruses Using Cas13," *Molecular Cell*, Dec. 5, 2019（2019年4月16日收稿，7月18日修改，9月6日审核通过，10月10日线上公开发布）; Tanya Lewis, "Scientists Program CRISPR to Fight Viruses in Human Cells," *Scientific American*, Oct. 23, 2019。
11. Cheri Ackerman, Cameron Myhrvold . . . and Pardis C. Sabeti, "Massively Multiplexed Nucleic Acid Detection with Cas13m," *Nature*, Apr. 29, 2020 (received Mar. 20, 2020; accepted Apr. 20, 2020).
12. Jon Arizti-Sanz, Catherine Freije . . . Pardis Sabeti, and Cameron Myhrvold, "Integrated Sample Inactivation, Amplification, and Cas13-Based Detection of SARS-CoV-2," *bioRxiv*, May 28, 2020.
13. 作者对亓磊的访谈。
14. Silvana Konermann . . . and Patrick Hsu, "Transcriptome Engineering with RNA-Targeting Type VI-D CRISPR Effectors," *Cell*, Mar. 15, 2018.
15. Steven Levy, "Could CRISPR Be Humanity's Next Virus Killer?," *Wired*, Mar. 10, 2020.
16. Timothy Abbott . . . and Lei [Stanley] Qi, "Development of CRISPR as a Prophylactic Strategy to Combat Novel Coronavirus and Influenza," *bioRxiv*, Mar. 14, 2020.
17. 作者对亓磊的访谈。

18. 2020年3月22日IGI的Zoom周会; 作者对亓磊和珍妮弗·杜德纳的访谈。
19. Stanley Qi, Jennifer Doudna, and Ross Wilson, "A White Paper for the Development of Novel COVID-19 Prophylactic and Therapeutics Using CRISPR Technology," unpublished, Apr. 2020.
20. 作者对罗斯·威尔逊的访谈；Ross Wilson, "Engineered CRISPR RNPs as Targeted Effectors for Genome Editing of Immune and Stem Cells In Vivo," unpublished, Apr. 2020。
21. Theresa Duque, "Cellular Delivery System Could Be Missing Link in Battle against SARS-CoV-2," *Berkeley Lab News*, June 4, 2020.

第55章　虚拟冷泉港

1. 凯文·毕晓普和其他人同意我引用会上的内容。
2. Andrew Anzalone . . . David Liu, et al., "Search-and-Replace Genome Editing without Double-Strand Breaks or Donor DNA," *Nature*, Dec. 5, 2019（2019年8月26日收稿，10月10日审核通过，10月21日线上公开发布）。
3. Megan Molteni, "A New Crispr Technique Could Fix Almost All Genetic Diseases," *Wired*, Oct. 21, 2019; Sharon Begley, "New CRISPR Tool Has the Potential to Correct Almost All Disease-Causing DNA Glitches," *Stat*, Oct. 21, 2019; Sharon Begley, "You Had Questions for David Liu," *Stat*, Nov. 6, 2019.
4. Beverly Mok . . . David Liu, et al., "A Bacterial Cytidine Deaminase Toxin Enables CRISPR-Free Mitochondrial Base Editing," *Nature*, July 8, 2020.
5. Jonathan Hsu . . . David Liu, Keith Joung, Lucan Pinello, et al., "PrimeDesign Software for Rapid and Simplified Design of Prime Editing Guide RNAs," *bioRxiv*, May 4, 2020.
6. Audrone Lapinaite, Gavin Knott . . . David Liu, and Jennifer A. Doudna, "DNA Capture by a CRISPR-Cas9–Guided Adenine Base Editor," *Science*, July 31, 2020.

第56章　诺贝尔奖

1. 作者对海蒂·莱德福（Heidi Ledford）、珍妮弗·杜德纳和埃玛纽埃勒·沙尔庞捷的访谈。
2. Jennifer Doudna, "How COVID-19 Is Spurring Science to Accelerate," *The Economist*, June 5, 2020. 亦可参见Jane Metcalfe, "COVID-19 Is Accelerating Human Transformation—Let's Not Waste It," *Wired*, July 5, 2020。
3. Michael Eisen, "Patents Are Destroying the Soul of Academic Science," *it is NOT junk* (blog), Feb. 20, 2017.
4. "SARS-CoV-2 Sequence Read Archive Submissions," National Center for Biotechnology Information, https://www.ncbi.nlm.nih.gov/sars-cov-2/, n.d.
5. Simine Vazire, "Peer-Reviewed Scientific Journals Don't Really Do Their Job," *Wired*, June 25, 2020.
6. 作者对乔治·丘奇的访谈。
7. 作者对埃玛纽埃勒·沙尔庞捷的访谈。